水性涂料配方精选

第 3 版

张玉龙　庄建兴　主编

化学工业出版社

·北京·

本书详细介绍了水性丙烯酸酯涂料、水性醋酸乙烯酯涂料、水性聚乙烯醇涂料、水性苯乙烯涂料、水性环氧涂料、水性醇酸涂料、水性聚氨酯涂料、其他水性树脂涂料以及无机-有机水性涂料的原材料与配方、制备方法、性能与应用，全书共有配方900余例，是涂料行业研究、配方设计、制造、销售、管理和教学人员必读必备之书，也可作培训教材使用。

图书在版编目（CIP）数据

水性涂料配方精选/张玉龙，庄建兴主编. —3 版.
北京：化学工业出版社，2017.5（2023.4 重印）
ISBN 978-7-122-29474-6

Ⅰ.①水… Ⅱ.①张…②庄… Ⅲ.①水性漆-配方
Ⅳ.①TQ637.81

中国版本图书馆 CIP 数据核字（2017）第 075656 号

责任编辑：赵卫娟　仇志刚　　　　　装帧设计：关　飞
责任校对：吴　静

出版发行：化学工业出版社（北京市东城区青年湖南街 13 号　邮政编码 100011）
印　　装：北京盛通数码印刷有限公司
787mm×1092mm　1/16　印张 21½　字数 564 千字　2023 年 4 月北京第 3 版第 9 次印刷

购书咨询：010-64518888　　　　　　售后服务：010-64518899
网　　址：http://www.cip.com.cn
凡购买本书，如有缺损质量问题，本社销售中心负责调换。

定　　价：98.00 元　　　　　　　　　　　版权所有　违者必究

京化广临字 2017—3

编委会名单

主　编：张玉龙　庄建兴
副主编：李　萍　石　磊　李青霞　谭晓婷

编　委（按姓氏笔画排序）：

王　升	王志强	王敏芳	王瑞鑫	牛利宁
孔祥海	石　磊	白　真	白国厚	全识俊
孙平川	刘　川	刘向平	刘宝玉	庄建兴
任崇刚	朱洪立	陈　国	吴　迪	杜仕国
张文栋	张火荣	张玉龙	张军营	张婷婷
张振文	李　哲	李旭东	李桂变	李　萍
李青霞	杨　华	杨晓冬	邵颖惠	郑戍华
郑顺奇	官周国	姚春臣	宫　平	贺同正
胡海燕	高九萍	黄　晖	黄晓霞	程兴德
程如强	普朝光	蔡玉海	谭晓婷	

前 言 >>> FOREWORD

　　水性涂料是以水为连续相，以黏料（树脂）为分散相，再加入助剂而制成的一种涂料体系。由于该类涂料采用水取代溶剂，杜绝了污染的产生，是目前研究发展的热点和重点环保涂料，也符合我国可持续发展方针政策，其发展前景光明。近年来，随着高新技术在涂料研制中的应用，水性涂料的发展得到了长足进步，出现了很多实用性强的涂料品级，应用非常广泛。

　　为了普及水性涂料的基础知识、推广近年来水性涂料研究、配方设计和制备技术，我们再一次修订了《水性涂料配方精选》一书，全书共九章。重点介绍了丙烯酸酯、醋酸乙烯酯、聚乙烯醇、苯乙烯、环氧树脂、醇酸树脂、聚氨酯、其他树脂和无机-有机水性涂料的乳液、实用涂料配方、新型涂料的配方与制备，每一例配方均按照原材料与配方、制备方法、性能与效果的编写格式逐一加以叙述，是涂料行业研究、配方设计、制造、销售、管理和教学人员必读必备之书，也是良好的培训教材。

　　本书突出先进性、实用性和可操作性，理论介绍从简，侧重于用实例和使用数据说明问题。全书结构紧凑、语言精练、数据翔实可靠，此书的出版发行若对我国水性涂料的发展有积极的推动作用，作者将感到十分欣慰。

　　由于水平有限，文中不妥之处在所难免，敬请批评指教。

编者

2017 年 1 月

目 录 >>> CONTENTS

第三章　水性醋酸乙烯酯与聚乙烯醇涂料　/ 119

第四章　水性苯乙烯涂料 / 152

第五章　水性环氧涂料　/ 183

第六章　水性醇酸涂料 / 211

第七章　水性聚氨酯涂料 / 224

第八章　其他树脂基水性涂料 / 274

第一章

概　述

一、基本概念与区别

水性涂料又称水基涂料或水分散涂料，它是以水作为分散介质，即连续相，以树脂作为分散相而制成的一种涂料体系。此类涂料当属环保型，符合了当代可持续发展战略方针，应属大力推广之产品。

水性涂料与普通的溶剂型涂料大体相同，水性涂料也是由基料、水（溶剂）、颜料、填料和助剂组成的。不同之处是水性涂料所使用的基料为乳胶（液）树脂或水溶性树脂，而普通的溶剂型涂料使用的基料则为树脂溶液。由此造成两者在配方设计上有较大差别，且致使配方设计和制备工艺难度加大。两种涂料基料间的差别见表1-1。

表 1-1　乳胶与树脂溶液性能的差别

性能	树脂溶液	乳胶（液）
外观状态	黏稠状透明液体	乳白色不透明液体
流变性	非牛顿流体	非牛顿流体
黏度	十分黏稠	稀薄
调漆性能	需用溶剂稀释	需增稠
颜料润湿性	易润湿	不易润湿,需用分散剂
表面性质	表面张力小	表面张力大
起泡性	不易起泡	易起泡,需用消泡剂
成膜性	溶剂挥发成膜,容易	水分挥发并且颗粒变形融合,不容易

由此可见，水性涂料和溶剂性涂料在基料方面存在很大差别。为了使乳胶能制成性能优异的涂料产品，必须求助于一系列助剂。助剂的使用使得乳胶涂料的组成复杂化。一个性能全面的乳胶涂料，其所用的助剂往往多达十几种。而相比之下，溶剂型涂料的配方要简单得多。

二、水性涂料的分类

水性涂料分类方法较多，尚不完全统一，本书仅介绍常用的几种分类方法。

① 按树脂在水中的外观加以分类，可分为水溶性涂料、水溶胶（胶束分散）涂料和乳胶涂料（乳液涂料、胶乳涂料）三种。也有人干脆将其分为水溶性涂料和水分散性涂料两种。具体细分见表1-2。

表 1-2　水性涂料的分类

		自干型涂料	
水性涂料	水溶性涂料	烘干型涂料	
		电泳涂料	阳极电泳涂料
			阴极电泳涂料
		无机高分子涂料	
	水分散性涂料	聚合乳胶涂料	自动沉积涂料
			热塑性乳液涂料
			热固性乳液涂料
		乳化乳胶涂料	
		水溶胶涂料	
		水性粉末悬胶涂料	
		水原浆涂料	
		有机-无机复合涂料	
		多彩花纹饰面涂料	

② 按涂装方式可分为电泳涂料、自泳涂料、水性浸涂涂料、水性辊涂涂料、水性喷涂涂料等，电泳涂料又可分为阴极电泳涂料和阳极电泳涂料。

③ 按包装分类，有单组分水性涂料和双组分水性涂料。此处的单组分并非是组分而是指包装的形式，比较准确应称为单包装（one pack）和双包装（two pack），由于涂料行业已习惯用单、双组分的叫法而保留。

④ 按用途分类，有水性建筑涂料和水性工业涂料。水性工业涂料分为水性家具涂料、水性金属涂料、水性汽车涂料、水性塑料涂料等。

⑤ 按材料分类，可分为水性丙烯酸酯涂料、水性醋酸乙烯酯涂料、水性聚乙烯醇涂料、水性苯乙烯涂料、水性氯乙烯涂料、水性含氟涂料、水性酚醛涂料、水性氨基涂料、水性环氧涂料、水性醇酸涂料、水性聚氨酯涂料、水性无机-有机复合涂料等。

为叙述方便，本书按照材料分类法加以介绍。由于氯乙烯与含氟水性涂料配方不十分成熟，故本书不加介绍。

第二节　水性涂料的组成

水性涂料的组成包括水性树脂，颜、填料，助剂，中和剂，水等。

水性涂料与溶剂型涂料的组成大体是相同的，但水性涂料需用的助剂更多，配方更复杂。

一、各组分作用

① 水性树脂：聚合物乳胶，成膜材料。
② 颜料：涂膜的着色，涂装性能和涂膜性能的改变及调整。
③ 成膜助剂：改进成膜性、涂膜的致密性、光泽度。
④ 黏度调节剂：调节涂料的黏度。
⑤ 分散剂：促进颜料的分散和防止再凝聚。
⑥ 防霉剂：防止涂料和涂膜长霉。
⑦ 防腐剂：防止涂料在储存过程中发生腐败。
⑧ 消泡剂：消除涂料生产和施工中的泡沫。
⑨ 防冻剂：改进涂料的冻融稳定性。
⑩ 防锈剂：防止涂料在金属容器中存放时和在金属表面涂装时生锈。

二、基料

水性涂料基料主要有：丙烯酸酯树脂、醋酸乙烯酯树脂、聚乙烯醇树脂、苯乙烯类树脂、氯乙烯树脂、含氟树脂、酚醛树脂、环氧树脂、醇酸树脂、氨基树脂、无机盐、无机-有机复合物等。

三、颜、填料

1. 颜料
① 白色颜料：钛白粉、氧化锌、立德粉等。
② 红色颜料：氧化铁红、甲苯胺红、大红粉、镉红等。
③ 橙、黄色颜料：钼铬橙、铬黄、氧化铁黄、耐晒黄 G 等。
④ 绿色颜料：铅铬绿、氧化铬绿、酞菁绿等。
⑤ 蓝色颜料：铁蓝、群青、酞菁蓝等。
⑥ 黑色颜料：铁黑、炭黑等。

2. 填料（体质颜料）
主要有碳酸钙、滑石粉、瓷土、云母粉、硅藻土、重晶石粉、沉淀硫酸钡、凹凸棒土、白炭黑等。

四、水性涂料助剂

① 增稠剂。水溶性纤维素、聚羧酸盐、乳液型聚丙烯酸酯、聚甲基丙烯酸酯和聚氨酯等。
② 颜料分散剂。无机分散剂有焦磷酸盐、磷酸三钠、六偏磷酸钠等。有机分散剂有阴离子型、阳离子型及非离子型表面活性剂，如烷基酚聚氧乙烯醚、聚氧乙烯醚、聚氧乙烯蓖麻油、山梨糖醇烷基化合物等，用量为 0.1%～0.3%。
③ 消泡剂。常用的消泡剂有醚类、长链醇类、脂肪酸酰胺类、磷酸酯类、有机硅类、

正丁醇等，用量为 0.01%～0.3%。

④ 成膜助剂。常用的成膜助剂主要为醇类、醚类或酯类化合物，如乙二醇、丙二醇、己二醇、苯甲醇、一缩乙二醇、丙二醇乙醚、乙二醇丁醚、丙二醇丁醚、乙二醇丁醚醋酸酯、十二碳醇酯等，用量为 2%～4%。

⑤ 防霉防腐剂。1,2-苯并异噻唑啉-3-酮（BIT）、2-(4-噻唑基)苯并咪唑（TBZ）、四甲基二硫代秋兰姆（TMTD）、2,4,5,6-四氯间苯二腈（TPN）、苯并咪唑氨基甲酸甲酯（BCM）等。

⑥ 防冻剂。防冻剂一般采用低分子的醇类和醚类，如乙二醇、1,2-丙二醇、一缩二乙二醇、乙二醇乙醚、乙二醇丁醚等。其中最常用的为乙二醇。

⑦ 流平剂。1,2-丙二醇和其他专用流平剂。

⑧ 防锈剂。常用的防锈剂为苯甲酸钠和亚硝酸钠，两者混合使用效果更好。用量一般为涂料的 0.2%～0.5%。

第三节　水性涂料制备

一、水性树脂的制备方法

（1）中和成盐法　单体首先在溶剂中进行聚合，在聚合物大分子链上引入一定量的强亲水基团，通常是—COOH 或—NH_2，然后用适量的碱或酸将聚合物中和成盐，该聚合物可用水稀释，成为水溶性树脂。

（2）Bunte 盐法　首先用硫代硫酸钠和溴代乙烷加热合成有机硫代硫酸盐，即 Bunte 盐。然后将 Bunte 盐与其他单体（如卤代烯类单体或甲基丙烯酸甘油酯）共聚形成水溶性树脂。树脂的水溶性取决于聚合物分子链上 Bunte 盐的含量，采用三聚氰胺为固化剂，其固化温度在 123～135℃（无催化剂）。

（3）离聚物法　离聚物即为含少量羧酸官能团的聚合物以金属离子或四级铵离子不同程度地中和后得到的聚合物。这种树脂的固化温度为 250℃，当加热至 200℃以上时，分子形成酸酐桥。由于离聚物法得到的水性树脂需要高的固化温度，因而限制了它的应用。

（4）引入非离子基团法　向聚合物分子链上引入某些非离子基团如多元羟基基团、多元醚键等也可以增加树脂的水溶性，得到水溶性树脂。常用的单体或链段有聚乙二醇、聚丙二醇、聚 1,4-丁二醇、聚醚-酯类、聚醚-氨基甲酸酯类和聚醚-多羟基类化合物。这种方法得到的树脂的最大缺陷是其漆膜耐水性差且对钢基材的黏结性差。

（5）Zwitterion 中间体法　向聚合物分子链上引入 Zwitterion 中间体，也可以得到水溶性树脂。

二、水性涂料制备中的注意事项

由于水性涂料的制备过程与普通涂料大致相同，在此不加赘述，仅将几点注意事项列下，请加以注意。

（1）水性涂料的稳定性问题　对于用非离子型乳化剂聚合的乳液，由于非离子型活性剂中具有的氧化乙烯基的作用而使之水合，在聚合物表面吸附有水分子，水覆盖微粒表面使粒子之间不会因融合而导致乳液凝聚。要破坏乳液中微粒的这种稳定分散状态则需要高浓度的电解质来解除水合作用。但是，我国目前所用的乳液（尤其是苯丙乳液）大部分是采用离子型乳化剂制备的。这些离子型乳化剂会使聚合物微粒带有电荷，并因其电性斥力而维持乳液的稳定状态。这样，如果在乳液涂料配方中的材料（例如分散剂）所带的电荷与乳化剂所带电荷的电性不同时，就可以中和乳化剂的电荷，使聚合物微粒所带的电荷数目减少或消失，从而使聚合物微粒融合凝聚，导致乳液破乳，使产品报废而造成浪费。因此，在使用新配方或使用新批号的原材料时，必须先按配方进行小批量的试验，待确认无误后再批量生产。

（2）增稠剂的加入方法　从外观形态上来讲，有机增稠剂有固体的和液体的，前者为羟乙基纤维素（HEC）、羧甲基纤维素（CMC）；后者为许多商品的乳液类增稠剂，例如缔合型的增稠剂 ASE-60。

对于固体增稠剂，必须无例外地采用先溶解后加入的步骤，即先将增稠剂溶解成水溶液，再加入颜、填料混合料中。

对于液体类增稠剂，例如上述的 ASE-60，则应先用 3～5 倍于增稠剂用量的水将其稀释，然后在乳液和色浆混合均匀以后的阶段，将经稀释的增稠剂缓慢地加入，并充分搅拌均匀。千万注意防止因局部增稠剂浓度过高而使乳液结团或形成颗粒，而无法有效地分散开，给生产操作带来很大麻烦。当然，预先将这类增稠剂分散于颜、填料浆中参与研磨工艺，也可以避免这类问题。

当使用钠基膨润土或经钠化改性处理的钙基膨润土作为增稠剂、悬浮剂时，由于膨润土在水中会电离而出现离子，应将其和所用的乳液进行相容性试验，以免因其电离的离子和乳液中乳化剂的离子电性相异而引起破乳现象。

（3）消泡剂的加入方式　最好是先将一部分消泡剂（一般可取 1/3～1/2）加入到色浆中去，其余则加入到乳液中。至于消泡剂的加入量，应参考厂商的推荐量并通过乳液涂料生产后静置 24h 的涂装效果来确定。

（4）颜料的选择问题　对于白色或浅色的乳液涂料，选用颜、填料时应注意，立德粉不能和汞盐防霉剂同时使用，以免引起涂膜泛黄。另外乳液涂料一般不宜选用氧化锌和铅白作颜料，以免造成乳液涂料的增稠和凝结。

（5）颜料的研磨问题　用胶体磨或三辊研磨机研磨色浆时，最好的操作方法是将胶体磨或三辊研磨机的细度调整得比设定的乳液涂料的细度大一些，而在研磨时重复地研磨 2～3遍。例如，如果乳液涂料的细度要求是 $50\mu m$，则可以将胶体磨或三辊研磨机的研磨细度调至 $70～80\mu m$，而反复研磨 2～3 遍，这样能够减小胶体磨和三辊研磨机的磨损，延长使用寿命。

（6）搅拌问题　在涉及乳液的搅拌混合时，应尽可能使用低速搅拌并且控制搅拌时间不超过 0.5h。通常最好将搅拌速度控制在 150～400r/min 的范围内，以免产生大量气泡甚至从搅拌罐中溢出而造成事故。此外，对于机械稳定性不良的乳液，高速搅拌还可能使乳液破乳。

第二章

水性丙烯酸酯涂料

第一节 水性丙烯酸酯乳液

一、丙烯酸酯乳液

(一) 简介

丙烯酸酯乳液是由（甲基）丙烯酸酯类单体、其他乙烯基单体等乳液聚合而成的。目前应用最多的是（甲基）丙烯酸酯类共聚物乳液、醋酸乙烯酯/（甲基）丙烯酸酯类共聚物乳液和苯乙烯/（甲基）丙烯酸酯类共聚物乳液。丙烯酸酯乳液性能优良、价格低廉且工艺简单，符合环保要求，是涂料、胶黏剂工业中最有发展前途的基体树脂；然而，丙烯酸酯乳液的基体树脂呈线型结构，故其最终产品的耐水性、耐热性、耐候性、耐污性以及力学性能等欠佳（如其作为涂料印花黏合剂时，相应制品的干、湿摩擦牢度较差）。因此，新型高性能丙烯酸酯聚合物乳液的合成，已成为该研究领域的热点之一。

丙烯酸酯乳液的改性可从两方面进行：①引入某些功能性单体对丙烯酸酯乳液进行共聚改性；②采用新的乳液聚合方法（如核/壳乳液聚合、互穿网络乳液聚合、无皂乳液聚合、微乳液聚合、超乳液聚合和辐射乳液聚合等）进行改性。

(二) 原材料与配方

原材料	用量/质量份	原材料	用量/质量份
丙烯酸丁酯	60	辛基苯酚聚氧乙烯醚（OP-10）乳化剂	2.0
甲基丙烯酸酯	15		
丙烯酸	2.0	硅油	1～2
甲基丙烯酸羟乙酯	10	十二烷基硫酸钠	0.5～1.5
丙烯酸-2-乙基己酯	13	水	适量
过硫酸钾	0.5～1.0	其他助剂	适量

(三) 制备方法

(1) 核/壳型丙烯酸酯乳液的制备

① 核预乳液或壳预乳液的制备：在三口烧瓶中加入组分1（核层单体）或组分2（壳层单体）、对应的乳化剂和水，40℃搅拌30min，制得核预乳液或壳预乳液。

② 核层的聚合：将四口烧瓶置于40℃恒温水浴锅中，加入核预乳液，边搅拌边升温至80℃；然后加入1/3的固体引发剂，反应至乳液呈蓝光时，继续反应5min即可。

③ 壳层的聚合：80℃时在装有核乳液的四口烧瓶中交替滴加壳预乳液、部分引发剂溶液（3h内滴毕），保温反应1h，出料，调节pH值至7即可。

（2）硅丙乳液的制备

① 有机硅前期加入：将有机硅加入到核组分中一起进行预乳化，然后进行后续的核/壳乳液聚合反应。

② 有机硅中期加入：将有机硅加入到壳组分中一起进行预乳化，制得壳预乳液；然后与引发剂一起交替加入到核乳液中进行反应。

③ 有机硅后期加入：将制备好的丙烯酸酯乳液置于四口烧瓶中，60℃时加入有机硅，溶胀40min；升温至80℃，滴加引发剂溶液（1h内滴毕），保温反应1h，出料，调节pH值至7即可。

（四）性能与效果

① 以软单体（BA、2-EHA）、硬单体（MMA）和功能单体（AA）为主单体，SDS/OP-10（阴/非离子型乳化剂）为复合乳化剂、KPS为引发剂、HEMA为交联单体和乙烯基硅油为有机硅改性剂，采用核/壳种子乳液聚合法制备了软核/硬壳型有机硅改性丙烯酸酯乳液。

② 采用单因素试验法优选出合成软核/硬壳型有机硅改性丙烯酸酯乳液的最佳工艺条件是：m（SDS）：m（OP-10）＝3：2，w（KPS）＝0.82%，w（复合乳化剂）＝3.4%，w（HEMA）＝3.5%，聚合温度为80℃，聚合中期加入乙烯基硅油至壳单体中且 w（乙烯基硅油）＝6.8%。

③ 由最佳工艺条件制成的有机硅改性丙烯酸酯乳液及其涂膜，其稳定性、耐水性和力学性能俱佳。

二、氟改性羟基丙烯酸酯乳液

（一）简介

氟原子极化率低，且在分子结构中分布相对比较对称，这使得聚合物的主链或侧链受到严密的屏蔽而免受外界因素的直接作用。因此，将氟元素引入聚合物的主链或侧链，能使聚合物具有很多特殊的性能，如优异的热稳定性、化学稳定性和耐候性。另外由于氟原子核对核外电子及成键电子云的束缚作用较强，C—F键的可极化性低，因此含氟聚合物分子间作用力较低，显示出极低的表面自由能，表现出优异的耐水性、耐油性和耐沾污性。利用氟原子的这些特点，在涂料工业、纺织整理和皮革、涂饰等领域有广泛应用。

目前，制备含氟丙烯酸酯共聚物主要有溶液聚合法和乳液聚合法。溶液聚合法由于使用了大量的有机溶剂，污染环境、成本较高，且制得的聚合物相对分子质量较低，从而导致膜的硬度较低。乳液聚合法以水为介质，无污染、温度易控制、膜硬度高，改变反应条件还可获得不同粒径的乳液，已成为人们研究的热点之一，尤其是核壳结构的乳液合成研究。

(二) 原材料与配方

1. 乳液配方

原材料	用量/质量份	原材料	用量/质量份
丙烯酸丁酯	60	壬基酚聚氧乙烯醚（OP-10）乳化剂	3.0
甲基丙烯酸酯	35	NaHCO₃	1～2
丙烯酸	5.0	丙烯酸羟乙酯	3～5
苯乙烯	8～10	过硫酸铵	0.1～0.5
丙烯酸全氟烷基酯	5～10	水	适量
十二烷基硫酸钠	1～2	其他助剂	适量

2. 涂料配方

原材料	用量/质量份	原材料	用量/质量份
乳液	100	颜料	1～2
氨基树脂	10～20	中和剂	1～2
填料	10～15	水	适量
分散剂	1～3	其他助剂	适量

(三) 制备方法

1. 乳液合成

先将各单体分别加入到设计质量的乳化剂溶液中预乳化 1h，制得预乳化液。在装有搅拌器、温度计、冷凝器的四口烧瓶中加入底料搅拌升温至 70℃，加入核预乳化液升温至 80℃，再加入 1/3 的引发剂溶液，待乳液变蓝且瓶内无明显回流后用两个滴液漏斗同步、缓慢滴加壳预乳化液及剩余的引发剂溶液，控制滴加速度在 4h 内滴完，引发剂滴完后升温至 85℃继续反应 1.5h，使残余单体反应完全。反应结束后降温至 50℃以下，在搅拌下用氨水调节 pH＝7.5～8.0，过滤出料。

2. 涂料制备

称料→配料→混料→中和→卸料→备用。

3. 清漆的配制

将 HMMM 按比例加入到含氟丙烯酸乳液中，搅拌均匀后得到清漆产品。

(四) 性能与效果

① 以氟烷基丙烯酸酯为功能单体，阴离子、非离子乳化剂为复合乳化剂采用预乳化半连续乳液聚合法合成了有机氟改性的羟基丙烯酸乳液，并与氨基树脂固化剂复配制得了一种具有良好机械性能、耐水性和耐化学腐蚀的清漆。

② 丙烯酸和交联单体的用量对乳液聚合及涂膜最终性能有重要影响，其最佳含量分别为 1.5% 和 6.0%。

③ 苯乙烯和甲基丙烯酸甲酯的配比对改性的羟基丙烯酸乳液和氨基树脂的混溶性有很大影响，其最佳质量比为 1:3。

④ 少量含氟丙烯酸酯单体的加入即可明显提高涂膜的耐水性及耐化学品性，含氟单体用量为 8% 时就能取得满意的效果。

三、硅丙杂化丙烯酸酯乳液

(一) 原材料与配方

原材料	用量/质量份	原材料	用量/质量份
丙烯酸丁酯	50	NaHCO$_3$	1～2
苯乙烯	40	无机硅溶液	5～6
丙烯酸	10	水	适量
过硫酸铵	1～2	其他助剂	适量
乳化剂	3.0		

(二) 制备方法

1. 预乳化种子聚合工艺

预乳化种子聚合工艺是传统丙烯酸乳液生产工艺,多次试验结果总是有结渣。这是因为传统的聚丙烯酸乳液制备是在酸性条件下进行的,而由于无机硅溶液的引入使聚合系统成为碱性,造成聚合速度缓慢以及聚合系统异常。

2. 匀速连续慢滴加工艺

匀速连续慢滴加工艺虽然完成了聚合过程,但由于各种单体竞聚率不同,参与共聚的反应速度也不同,仍未得到粒径均匀的乳液,乳液呈乳白色,粒径较粗。

3. 无机硅溶液进行预活化工艺

预先将无机硅溶液进行活化改性,聚合过程采取一次投料,匀速引发工艺,即以饥饿投料方式均匀滴加引发的工艺进行聚合,制得了较满意的产品。

4. 中型试验及其结果

按照实验室确定的配方和工艺在100L聚合釜为主体成套化工设备中进行了中试,很好地重复了实验室结果,得到新型硅丙杂化乳液产品。

将新型硅丙杂化乳液和传统的纯丙乳液、苯丙乳液分别进行调漆实验,按标准制备样板,进行性能考核实验,结果表明,本乳液综合性能高于丙烯酸乳液。

5. 工业化试生产

用5t反应釜进行了工业化试验,工艺稳定、产品质量稳定。由于天然活性硅的加入不仅提高了产品性能还减少了丙烯酸酯的用量,符合节能减排、低碳经济的发展趋势。

(三) 产品性能指标

固含量(50±1)%,黏度300～800mPa·s,pH值11,硅含量10%左右,外观为微蓝乳白色,T_g值30℃,最低成膜温度15℃。

(四) 效果

① 利用无机硅溶液的预活化技术和特殊工艺制备了有机-无机杂化硅丙聚合物乳液,产品的储存稳定性得到明显提高,经储存后不分层、黏度上下均匀如初。

② 和传统丙烯酸乳液相比产品不仅节能环保而且成本大幅降低。

③ 胶膜耐老化性在1000h以上,不起泡,不脱落,无裂纹。耐水、耐碱性15d无异常。

④ 该乳液制备的涂料具有超强附着力和硬度。

⑤ 胶膜具有优良的自洁功能及透气耐水性,防尘耐污染性好。

四、环氧改性硅丙乳液

(一) 简介

有机硅树脂结构中含有 Si—O 键，其键能高达 425kJ/mol，远远大于 C—C 键能（345kJ/mol）和 C—O 键能（351kJ/mol），具有低表面张力、低玻璃化温度、良好的渗透率以及耐水、耐高温、耐紫外线老化、耐沾污等性能，能弥补纯丙烯酸酯乳液最低成膜温度高、耐水性差等问题。但是，由于聚硅氧烷分子体积大，内聚能密度低，对金属、橡胶、塑料等的黏附力差，因此需对硅丙乳液（有机硅改性丙烯酸酯乳液）再次改性以提高其在基材表面的附着力。

环氧树脂分子中含有环氧基团与羟基基团以及醚键，具有优异的附着性和防腐蚀性、耐化学品性、热稳定性等性能。它虽然无不饱和双键，但含有醚键，其邻位碳上的 α-H 原子和叔碳原子上的 H 原子相对而言较活泼，在引发剂作用下可以形成自由基，能与丙烯酸类单体、苯乙烯、含有不饱和双键的有机硅单体发生共聚反应，形成致密的网状结构。其反应机理如图 2-1 所示。环氧树脂弥补了硅丙乳液附着力的缺陷，同时使硅丙乳液耐水性等其他的优势更加显著。作者因此合成了环氧树脂改性硅丙乳液，并以此乳液为主要成膜物质制备了隔热防腐涂料。

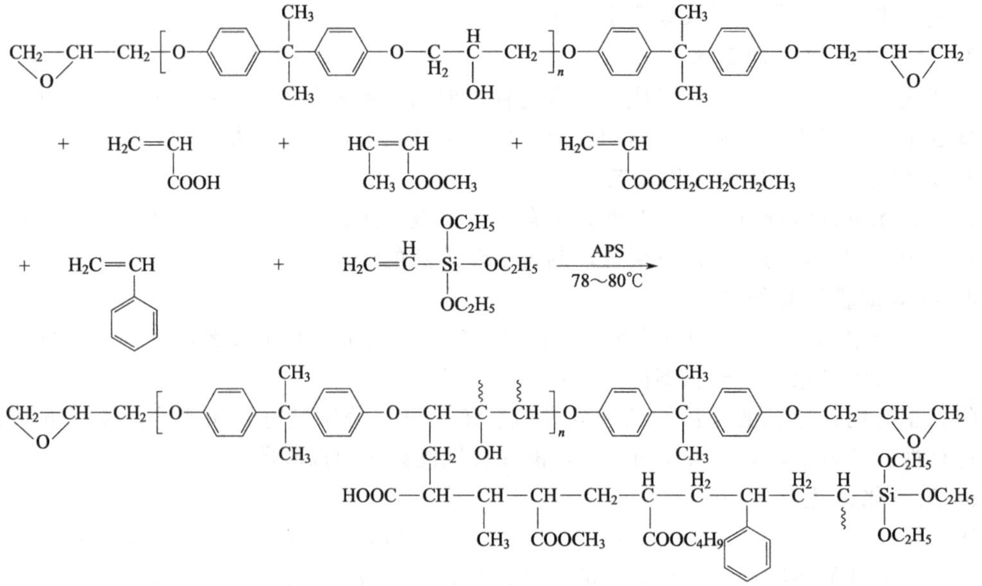

图 2-1 聚合反应机理

(二) 原材料与配方

原材料	用量/质量份	原材料	用量/质量份
水	230～280	玻璃微珠	40～60
消泡剂	1.6～2	防腐剂	1.6～2
润湿剂	0.8～2	防霉剂	2.4～3
分散剂	4.8～6	防冻剂	4～6
多功能助剂	1.6～2	成膜助剂	16～25
偶联剂	1.6～2	环氧改性硅丙乳液	350～380
钛白粉	96～120	流平剂	4～6
重质碳酸钙	50～60	增稠剂	0.8～2

（三）制备方法

1. 乳液的制备

在装有搅拌器、恒压滴液漏斗、冷凝管的四口烧瓶中，加入计量的水、全部的乳化剂、1/5 的混合丙烯酸类单体、适量的 $NaHCO_3$，快速搅拌，升温至 75℃时调整合适的搅拌转速，加入 1/3 的引发剂，继续搅拌升温至 78～80℃，出现蓝色放热高峰后，保温 0.5h。然后将剩余的丙烯酸类单体溶解环氧树脂 E-44 后与有机硅 VTES 混合均匀，配 2%的引发剂溶液，在 78～80℃下同时滴加剩余单体（含 E-44 和 VTES）和引发剂溶液，3～4h 滴完。80～82℃保温 1h，降温至 40℃以下，加氨水调节 pH＝7.5～8（pH 试纸）。用滤布过滤，装瓶。

2. 水性涂料的制备

第一步：在低速搅拌下往搅拌罐①中依次加入部分水、润湿分散剂、适量消泡剂和成膜助剂等充分混合均匀，然后添加钛白粉等颜、填料，高速搅拌 30min，使粉体粒子在高剪切速率作用下分散成原级粒子，并达到分散稳定状态。

第二步：在搅拌罐②中加入部分水、分散剂，缓慢加入玻璃微珠，低速搅拌 30～40min。为了避免过高的转速破坏微珠的空心结构，使其失去隔热反射能力，空心玻璃微珠应在低速状态下搅拌分散。

第三步：在低速搅拌的罐①中缓慢加入罐②的料，搅拌过程中加入环氧改性硅丙乳液，搅拌均匀后，再加入流平剂、剩余消泡剂、防霉剂、防腐剂等，然后加增稠剂调到合适的黏度。过滤，出料。

（四）性能与效果

环氧树脂改性硅丙乳液的性能与效果见表 2-1 和表 2-2。

表 2-1　环氧树脂改性硅丙乳液与硅丙乳液的性能比较

检测项目	环氧树脂改性硅丙乳液	硅丙乳液
乳液外观	乳白色微蓝光	乳白色微蓝光
固含量	42%	42%
乳液粒径	128nm	115nm
pH	7～8	7～8
凝胶率	1.4%	3.5%
钙离子稳定性	通过	通过
稀释稳定性	通过	通过
耐酸性	120h 不起泡,不脱落	96h 不起泡,不脱落
耐碱性	96h 不起泡,不脱落	48h 不起泡,有脱落
耐盐水性	120h 不起泡,不脱落	120h 不起泡,有脱落
吸水率	5.0%	7.6%

根据乳液性能和稳定性的因素，确定了最佳条件，阴离子与非离子乳化剂的最佳配比是 2:1，适宜温度 78～80℃，引发剂的最佳用量 0.7%，有机硅的最佳用量 3%，环氧树脂最佳用量 7%。

表 2-2　涂料的性能检测结果

检测项目	技术要求	检测结果
固含量	商定	54%
涂膜外观	平滑无缺陷	合格
表干时间	≤2h	1.2h
耐水性	96h 无异常	400h 无异常
耐酸性	48h 无异常	400h 无异常
耐碱性	48h 无异常	400h 无异常
耐盐水性	48h 无异常	400h 无异常
耐擦洗次	≥2000	5000
附着力	2 级	1 级
硬度	1H	2H

五、有机硅改性环氧/丙烯酸酯乳液

(一) 原材料与配方

原材料	用量/质量份	原材料	用量/质量份
丙烯酸酯	80	烷基酚聚氧乙烯醚（OP-10）乳化剂	
环氧树脂（E-44）	20		1.5
γ-甲基丙烯脱氧基丙基三甲氧基		十二烷基磺酸钠（SLS）	1.0
硅烷（KH-370）	10	过硫酸钠	0.5
苯乙烯	5.0	去离子水	适量
NaOH	0.8～1.0	其他助剂	适量

(二) 有机硅改性环氧树脂乳液制备

将 50% 的复合乳化剂（OP-10 和 SLS 的混合物）加到去离子水中，搅拌溶解，然后滴加 BA、MMA、St、KH-570 和 E-44，充分搅拌制得预乳化液。将引发剂 ABS 溶于水，制成引发剂溶液。剩余 50% 的复合乳化剂和 $NaHCO_3$ 溶于水，倒入装有回流冷凝管及搅拌器的 250mL 四口烧瓶中，再加入 10% 的预乳化液和 50% 的引发剂溶液进行预聚合，逐渐升温至 75℃，体系逐渐有蓝相出现。在 2～3h 内将剩余的预乳化液和引发剂溶液逐步加入，升温至 80℃ 时保温 1h，停止反应。降温至 30℃ 以下，氨水调节 pH＝7～8，用 100 目筛子过滤，出料。

(三) 性能

乳液性能检测结果见表 2-3。

表 2-3　乳液性能检测结果

检测项目	检测结果	检测项目	检测结果
乳液外观	乳白色均匀液体,无杂质,无沉淀,不分层	实干时间/h	1
固含量/%	32.58	附着力/级	0
转化率/%	94.72	硬度/H	2～3
黏度/mPa·s	48.24	耐水性	96h 无异常
Ca^{2+} 稳定性	通过	耐酸碱性	48h 无异常
稀释稳定性	通过	吸水率/%	6.92
pH	7	耐冲击性/cm	50
表干时间/h	0.5		

一、实用配方

1. 丙烯酸酯建筑用乳胶漆

乳液配方

原材料	用量/质量份	原材料	用量/质量份
甲基丙烯酸甲酯	30～35	去离子水	100～130
甲基丙烯酸丁酯	28～30	过硫酸铵	4.5～6.5
丙烯酸丁酯	18～25	十二烷基苯磺酸钠	0.2～0.3
丙烯酸甲酯	8～12	吐温-60	0.3～0.4
丙烯酸	5～9	消泡剂	适量

涂料配方

原材料	用量/质量份	原材料	用量/质量份
去离子水	45	钛白粉	21
杀菌剂	0.02	滑石粉	18
乙二醇	2	高岭土	17
二乙二醇单甲醚	3	丙烯酸乳液	140
三聚磷酸钠	1	消泡剂	0.3
丁炔二醇	0.8	N-甲基乙醇胺	8
羟乙基纤维素	6	羟乙基纤维素	7.0

乳液性能：外观为乳白色呈蓝相，固体分为 45%～50%，pH 值为 2～5。

乳胶漆的指标：外观为白色，均匀不结块，细度为 ≤50μm，固体分为 45%～50%，pH 值为 6～7，黏度（涂-4 杯）为 35～40s。

2. 核壳共聚耐低温丙烯酸乳液内墙涂料

① 复合乳液配方。

原材料	用量/%	原材料	用量/%
单体（核壳聚合）	40～44	过硫酸铵	0.2～0.4
聚乙烯醇	0.6～0.8	碳酸氢钠	0.2～0.3
乳化剂（OP-10、SDS）	1.0～1.5	去离子水	53～55

② 涂料配方。

原材料	用量/质量份	原材料	用量/质量份
制浆：		增稠剂	4.0
水	16.5	调漆：	
阴离子分散剂	0.7	复合乳液	37.5
分散稳定剂（三聚磷酸钠）	0.2	浓氨水	0.3
细微云母粉	0.5	丙二醇	0.5
氧化锌	2.5	润湿剂	0.07
滑石粉	13.5	消泡剂	0.1
钛白粉	20.0	酯醇-12	1.5
		防腐剂	0.03

涂膜和复合乳液涂料的性能指标见表 2-4 和表 2-5。

表 2-4　涂膜的性能指标

检测项目	性能指标	检测项目	性能指标
表干时间/min	5～6	弯曲度/mm	1
实干时间/h	6～7	硬度(摆杆硬度计)	＞0.3
厚度/μm	25～40	附着力(划圈法)/级	2
冲击强度/kN·cm	0.392～0.490		

表 2-5　复合乳液涂料性能指标

检测项目	性能指标
容器中状态	搅拌混合后无硬块,呈均匀状
施工性	涂刷 2 道无障碍
细度/μm	40～50
固含量/%	55±1
遮盖力/(g/m²)	120～160
黏度(涂 4-杯,25℃)/s	40～60
pH 值	8.0～9.0
热稳定性(60℃)	100h 通过
冻融稳定性	5 个周期通过
常温储存稳定性	半年以上

3. 零 VOC 内墙涂料

原材料	用量/%	原材料	用量/%
丙烯酸乳液	45～55	防霉剂	0.1～0.2
PVC	45～55	流变增稠剂	适量
分散剂	0.5～1.0	pH 调节剂（氨水）	适量
消泡剂	0.1～0.3	润湿剂	0.2～0.5

零 VOC 内墙涂料技术指标见表 2-6。

表 2-6　零 VOC 内墙涂料技术指标

检测项目	性能指标	检测项目	性能指标
干燥时间(表干)/h	2	低温稳定性	不变质
涂膜外观	正常	耐沾污性/%	≤15
对比率	0.93	最低成膜温度/℃	≤5
耐碱性	24h 无异常	VOC 含量/(g/L)	≤2 或未检出
耐洗刷性/次	≥1000		

4. 防霉抗菌内墙涂料

原材料	用量/质量份	原材料	用量/质量份
合成树脂乳液	200～250	消泡剂	3～8
防霉抗菌剂	20～40	流平剂	10～20
颜料	200～250	成膜助剂	8～12
填料	250～300	增稠剂	5～10
分散剂	5～10	纯水	250～300

环保型防霉抗菌内墙涂料性能见表 2-7 和表 2-8。

表 2-7　环保型防霉抗菌内墙涂料常规物理性能

项目	技术指标(GB/T 9756—2009)	产品性能指标
容器中状态	无硬块，搅拌后呈均匀状态	无硬块，搅拌后呈均匀状态
施工性	刷涂 2 道无障碍	刷涂 2 道无障碍
涂膜外观	正常	正常
干燥时间(表干)/h	≤2	1
对比率(白色和浅色)	≥0.95	0.96
耐碱性(24h)	无异常	无异常
耐洗刷性/次	≥1000	通过
低温稳定性	不变质	不变质

表 2-8　环保型防霉抗菌建筑内墙涂料防霉抗菌性能

项目	技术指标	产品性能指标	项目	技术指标	产品性能指标
防霉等级/级	0	0	抗菌率/％	90	99.9

5. 聚丙烯酸酯乳液彩色涂料

① 乳液基料配方

原材料	用量/g	原材料	用量/g
水	185	丙烯酸丁酯	110
OP-10	3.5	甲基丙烯酸甲酯	50
十二烷基硫酸钠	1.1	甲基丙烯酸	5
过二硫酸钾	0.6	浓氨水	1～2mL

② 乳胶清漆配方

原材料	用量/g	原材料	用量/g
去离子水	20mL	磷酸三丁酯	0.3
羧甲基纤维素	0.2	苯甲酸钠	0.4
乳液基料	100	亚硝酸钠	0.4
乙二醇	8	五氯酚钠	0.6

③ 乳胶色漆配方

原材料	用量/g	原材料	用量/g
去离子水	80	乳液基料（43％）	100
六偏磷酸钠	0.5	乙二醇	8
滑石粉	35	磷酸三丁酯	0.1
轻钙	40	增稠剂	4
颜料（群青）	18	其他助剂	适量

乳液基料、乳胶清漆、乳胶色漆主要性能指标见表 2-9、表 2-10 和表 2-11。

表 2-9　乳液基料主要性能指标

项目	指标
外观	乳白色液体
固含量/％	44
耐冻融性(−5℃放置 6h,25℃放置 6h,循环 3 次)	不变质

表2-10　乳胶清漆主要性能指标

项目	指标
外观	乳白色液体
固含量/%	40
涂膜外观	无色透明
干燥时间(25℃)/h　表干	0.5
实干	12
耐水性(25℃±1℃,100h)	无鼓泡,无脱落
耐洗刷性(1000 次)	不露底
耐冻融性(−5℃放置 6h,25℃放置 6h,循环 3 次)	不变质

表2-11　乳胶色漆主要性能指标

项目	指标
光泽	≥70
干燥时间(25℃)/h　表干	≤0.5
实干	≤20
遮盖力(淡蓝色)/(g/m²)	≤110
固含量/%	≥20

6. 纳米 TiO₂ 改性内墙功能涂料

原材料	用量/质量份	原材料	用量/质量份
普通内墙涂料	100	其他助剂	适量
纳米 TiO₂	1~2		

TiO₂ 掺杂银、铈材料改性涂料常规性能检验结果见表2-12。

表2-12　TiO₂ 掺杂银、铈材料改性涂料常规性能检验结果

项目	改性前配方	TiO₂ 掺杂银、铈 1%	TiO₂ 掺杂银、铈 2%
硬度	4H	4H	4H
遮盖力/(g/m²)	194	183	171
耐冻融稳定性	合格	合格	合格
耐洗刷性/次	500	1000	1200
耐碱性/h	≥48	≥96	≥96
耐水性/h	≥48	≥96	≥96
流动性	合格	优	优
流平性	合格	优	优
悬浮性	合格	优	优
综合评定	合格	优	优

7. 纳米 SiO₂ 改性聚丙烯酸酯乳液涂料

原材料	用量/质量份	原材料	用量/质量份
丙烯酸丁酯	70	阴离子乳化剂	0.1~1.0
甲基丙烯酸甲酯	30	非离子乳化剂	0.5~2.0
纳米 SiO₂ 水分散液	50	缓冲剂	0.1~0.5
引发剂	0.1	水	适量
丙烯酸	1~5	其他助剂	适量

乳胶涂料及涂膜的主要技术性能见表 2-13。

表 2-13　乳胶涂料及涂膜的主要技术性能

项目	性能指标	项目	性能指标
在容器中状态	搅拌混合后均匀无硬块	耐碱性(实测 14d)	不起泡,不开裂
		耐擦洗性/次	>10000
施工性	涂刷二道无障碍	耐紫外线照射(500h)	未粉化,未开裂,
涂膜外观	正常		保光率>90%
干燥时间/h	≤1.5	冻融稳定性	合格
对比率	0.98	耐温变性(20 次循环)	通过
耐水性(实测 14d)	不起泡,不开裂	耐沾污性/%	<5

以含有共聚基团的有机硅氧烷改性的纳米 SiO_2 和丙烯酸酯类单体为主要原料,采用"原位复合"技术合成了纳米 SiO_2/聚丙烯酸酯复合乳液,此复合乳液具有乳胶粒径小、粒度分布窄、稳定性好的特点,以它为基料配制的"纳米涂料"性能优异。

8. 纯丙烯酸外墙乳胶漆

原材料	用量/%	原材料	用量/%
纯丙烯酸乳液	40～60	颜、填料	20～35
成膜助剂	适量	增稠剂	适量
消泡剂	适量	去离子水	适量
分散剂	适量	其他助剂	适量

纯丙烯酸外墙乳胶漆是高性能外墙乳胶涂料品种之一。纯丙烯酸乳胶漆是指以纯丙烯酸乳胶树脂为成膜物的乳胶漆,具有良好的抗污性、耐磨性及耐候性,在美国等发达国家,外用建筑乳胶涂料主要以纯丙烯酸乳胶漆为主。其优异的耐老化性可以满足应用要求,耐老化性一般可以达到 1000h 以上。

9. 新型丙烯酸外墙乳胶涂料

原料	用量/%	原料	用量/%
丙烯酸乳液	0.3	六偏磷酸钠	0.02
云母粉	0.05	磷酸三丁酯	0.001
去离子水	0.27	立德粉	0.28
聚乙烯醇	0.01	氨水	适量
钛白粉	0.05	乙二醇	0.015

丙烯酸乳胶漆是以丙烯酸乳液为基料,加入颜料、助剂等制成的一种新型水性涂料,具有无毒、无味、不燃烧、色泽浅、干燥迅速、耐化学腐蚀、保光、保色等优点。它优于仿瓷涂料,主要体现在:比仿瓷涂料的耐候性好;丙烯酸乳胶漆可用作内、外墙涂料,而仿瓷涂料不适合作外墙涂料,所以丙烯酸乳胶漆的适用面更广;施工技术比仿瓷涂料更先进、更方便,可采用喷涂或涂刷,目前它已取代了仿瓷涂料。但施工前应注意将其摇匀,且需保持墙面清洁。

10. 高性能水性外墙涂料

原材料	用量/%	原材料	用量/%
纯丙烯酸乳液	41.6	丙二醇	1.5
钛白粉	12.9	消泡剂	0.2
绢云母	15.9	C-12 (成膜助剂)	1.5
去离子水	24.9	增稠剂	1.2
分散润湿剂	1.2		

该涂料生产易于控制、储存过程稳定、成膜性良好，从涂料的半成品到涂膜的最终产品都有较高的稳定性和均一性。本涂料以水为溶剂，无毒无害，符合环保要求，耐候性良好、抗污染、保色性好，符合高性能水性外墙涂料的要求。

11. 有机硅改性丙烯酸乳液外墙涂料

原材料	用量/质量份	原材料	用量/质量份
硅丙乳液	100	增稠剂	1~2
颜、填料	10~25	硅酸乙酯水解物	适量
成膜剂	2~3	其他助剂	适量

硅丙乳液和硅丙乳胶漆的性能见表2-14和表2-15。

表 2-14 硅丙乳液主要技术性能

性能	结果	性能	结果
固含量/%	50±1	乳液粒径/μm	0.2
有机硅含量/%	>8	最低成膜温度/℃	15
黏度/s	16	稳定性[①]	优良
pH 值	8	游离单体含量/%	<0.1

① 包括 Ca^{2+} 稳定性、机械稳定性、稀释稳定性和储存稳定性。

表 2-15 硅丙乳胶漆性能

耐沾污率/%	14	附着力/级	0
耐老化性[①]/h	500	缩孔[②]	无
耐水性/h	>500	对比率	0.97
耐洗刷性/次	>8000		

① 人工加速老化。
② 在洁净玻璃片上涂刷成薄膜后，立即观察 4mm×4mm 面积上缩孔的数目。

12. 硅丙外墙乳胶漆

原材料	用量/质量份	原材料	用量/质量份
去离子水	160.0	碱溶胀型增稠剂	4.0
AMP-95	2.0	硅丙乳液	500.0
润湿分散剂	18.0	杀菌剂	2.0
成膜助剂	30.0	防霉剂	10.0
消泡剂	5.0	遮盖性乳液	30.0
钛白粉	200.0	聚氨酯增稠剂	5.0
填料	80.0	其他助剂	适量

硅丙乳液的主要性能见表2-16，外墙硅丙乳胶漆的检测结果见表2-17。

表 2-16 硅丙乳液的主要技术性能

检验项目	主要技术性能	检验项目	主要技术性能
外观	乳白带浅蓝色	机械稳定性	通过
固含量/%	50±2	冻融稳定性	通过
pH 值	8.0	稀释稳定性	通过
钙离子稳定性	通过	残余单体/%	≤0.5

表 2-17　外墙硅丙乳胶漆的检测结果

检验项目	技术指标(一等品)	检测结果
在容器中状态	搅拌混合后无硬块,呈均匀状态	搅拌混合后无硬块,呈均匀状态
固含量/%	≥45	53
施工性	涂刷 2 道无障碍	涂刷 2 道无障碍
冻融稳定性	不变质	不变质
对比率	0.90	0.95
涂膜外观	正常	正常
表干时间/h	≤2	≤2
耐擦洗性/次	>1000	>20000
耐水性(96h)	无异常	无异常
耐碱性(48h)	无异常	无异常
耐温变性	无异常	无异常
耐人工老化性(250h)	粉化≤1 级,变色≤2 级	1500h,粉化为 0 级,变色 1 级

13. 硅丙乳液外墙涂料

① AB-1 硅丙乳液合成的原材料及配方。

原材料	规格	用量/质量份
丙烯酸丁酯	工业级	130
甲基丙烯酸甲酯	工业级	183
(甲基) 丙烯酸	工业级	4
有机硅乙烯基活性单体 1	工业级	21
具有环状结构的有机硅氧烷单体 2	工业级	84
保护胶 (25%)	工业级	14～16
混合乳化剂 (25%)	工业级	20～29
过硫酸铵	试剂	6～7
$NaHCO_3$	试剂	3
抑制剂	试剂	4～10
水	去离子水	530

② 用 AB-1 硅丙乳液配制硅丙外墙涂料的配方。

原材料	用量/质量份	原材料	用量/质量份
AB-1 硅丙乳液	500	水	100
中和剂 AMP-95	2	润湿分散剂	18
成膜助剂	16	消泡剂 202	3
防冻剂	20	钛白粉 R902	250
超细硫酸钠	25	超细硅灰石粉	25
绢云母粉	25	增稠剂 TT935	3
干膜防霉剂 BAF	2	防腐剂 HX6050	1
综合型触变增稠剂	5	流平剂	5

AB-1 硅丙乳液的性能指标见表 2-18,AB-1 硅丙外墙涂料的性能见表 2-19。

表 2-18　AB-1 硅丙乳液性能指标

项目	性能指标	项目	性能指标
外观	乳白色、蓝光	冻融稳定性	通过
固含量/%	40±2	机械稳定性	通过
pH 值	7～8	稀释稳定性	通过
玻璃化温度/℃	－30	游离单体含量/%	<0.5
最低成膜温度/℃	5	涂膜外观及耐水性	涂膜透明,浸水
黏度/Pa·s	<1		168h 乳液膜不泛白
钙离子稳定性	通过		

表 2-19　AB-1 硅丙外墙涂料的性能

项目	GB/T 9755—2014(优等品要求)	检测结果
在容器中状态	无硬块,搅拌后呈均匀状态	无硬块,搅拌后呈均匀状态
施工性	涂刷 2 道无障碍	涂刷 2 道无障碍
低温稳定性	不变质	不变质
干燥时间(表干)	≤2h	35s
涂膜外观	正常	正常
对比率(白色和浅色)	≥0.93	0.95
耐水性	96h,无异常	96h,无异常
耐碱性	48h,无异常	48h,无异常
耐洗刷性/次	≥2000	>5000
耐沾污性(白色和浅色)/%	≤15	7
涂层耐温变性(5 次循环)	无异常	无异常
耐人工老化性	600h,不起泡、不剥落、无裂纹	600h,不起泡、不剥落、无裂纹
粉化及变色	粉化≤1 级,变色≤2 级	粉化≤1 级,变色≤2 级

14. 高装饰性、耐冲刷硅丙外墙乳胶漆

原材料	用量/%	原材料	用量/%
丙烯酸树脂	40～50	分散剂	0.3～0.5
钛白粉	20～30	消泡剂	0.3～0.6
填料	10～15	防冻剂	1.5～2.5
增稠剂	0.5～1.0	杀菌防霉剂	0.5～0.8

与国内外产品对比见表 2-20。

表 2-20　硅丙外墙乳胶漆与国内同类外墙涂料性能对比

检验项目	国家标准(优等品)	乳胶漆	A 公司乳胶漆	B 公司乳胶漆
在容器中状态	搅拌混合后无硬块,呈均匀状态	搅拌混合后无硬块,呈均匀状态	搅拌混合后无硬块,呈均匀状态	搅拌混合后无硬块,呈均匀状态
施工性	刷涂 2 道无障碍	刷涂 2 道无障碍	刷涂 2 道无障碍	刷涂 2 道无障碍
低温稳定性	不变质	不变质	不变质	不变质
干燥时间/h	≤2	≤1	≤1	≤1
涂膜外观	正常	正常	正常	正常

检验项目	国家标准(优等品)	乳胶漆	A 公司乳胶漆	B 公司乳胶漆
对比率	0.93	0.95	0.93	0.93
耐水性	96h 无异常	168h 无异常	168h 无异常	168h 无异常
耐碱性	48h 无异常	168h 无异常	168h 无异常	168h 无异常
耐洗刷性/次	≥2000	≥15000	≥10000	≥8000
耐人工气候老化性	600h 不起泡,不剥落,无裂纹	1000h 无异常	600h 无异常	600h 无异常
粉化/级	≤ 1	0	0	0
变色/级	≤ 2	1	1	1
耐沾污性/%	≤ 15	3.2	5.8	6.4
耐温变性(5 次循环)	无异常	无异常	无异常	无异常

15. 防水防尘硅丙外墙涂料

① 硅丙乳液原料及配方。

原材料	用量/g	原材料	用量/g
甲基丙烯酸甲酯（MMA）	44	过硫酸铵	0.8
丙烯酸丁酯（BA）	41	亚硫酸氢钠	0.006
丙烯酸（AA）	2	十二烷基苯磺酸钠（SDS）	2.8
丙烯酸羟乙酯（HEA）	4	OP-10	5
羟基硅油	8	pH 缓冲剂	0.5
乙烯基功能性		去离子水	120
单体 151	1	其他助剂	适量

② 白色硅丙外墙涂料的原料与配方。

原材料	用量/g	原材料	用量/g
硅丙乳液（固含量45%）	40	滑石粉（涂料级，600 目）	9
金红石型钛白粉（R-750）	15	硅灰石（涂料级，500 目）	4
去离子水	30	消泡剂	0.3
成膜助剂	2	防霉杀菌剂	0.2
增稠剂	0.5	防沉剂	0.6

硅丙乳液的技术性能见表 2-21，硅丙外墙涂料的性能见表 2-22。

表 2-21　硅丙乳液的技术性能

项目	指标	项目	指标
固含量/%	45	耐水性/d	10
玻璃化温度/℃	22	钙离子稳定性	通过
最低成膜温度/℃	7	稀释稳定性	通过
pH 值	7~8	冻融稳定性	通过
自干时间/h	12	高温稳定性	通过

表 2-22 硅丙外墙涂料的性能

检查项目	技术性能	国家标准
容器中的状态	搅拌混合后无硬块,呈均匀状态	均匀、无硬块
涂膜外观	均匀细密	均匀细密
干燥时间/h	≤3	≤3～4
耐水性/h	240 无异常	≥48
耐人工老化性/h	500 无异常	300 无异常
耐碱性/h	≤96	≥48
耐冻融性	不变质	不变质
耐洗刷性/次	≥3000	≥1000
耐温变性(10 次循环)	无异常	无异常
耐沾污性/%	10	无异常

16. 超耐候性硅丙外墙涂料

原材料	用量/%	原材料	用量/%
硅丙乳液	40～60	成膜助剂	2～3
钛白粉	20～30	分散剂	0.1～0.2
改性膨润土	10～20	pH 调节剂	适量
复合增稠剂	0.1～0.3	增塑剂	0.7～1.0
消泡剂	0.1～0.3	去离子水	适量

硅丙乳液和硅丙乳胶涂料性能指标见表 2-23 和表 2-24。

表 2-23 硅丙乳液主要性能指标

项目	技术性能	项目	技术性能
外观	泛蓝光乳白色液体	耐碱性/h	>72
平均粒径/μm	0.1	钙离子稳定性	无絮凝,不分层
固体质量分数/%	45±2	稀释稳定性	通过
pH 值	8	机械稳定性	通过
黏度(涂-4 杯)/s	54	冻融稳定性	通过
最低成膜温度/℃	8.5	游离单体质量分数/%	<1
耐水性/h	>96		

表 2-24 硅丙乳胶涂料性能指标

检验项目	技术指标	纯丙乳胶漆	硅丙乳胶漆
耐刷洗性/次	不小于 1000	5000	10000
耐碱性(48h,实测 96h)	不起泡,不掉粉,允许轻微失光和变色	涂膜无变化	涂膜无变化
耐水性(96h)	不起泡,不掉粉,允许轻微失光和变色	涂膜无变化	涂膜无变化
耐冻融循环性(10 次,实测 20 次)	无粉化,不起鼓,不开裂,不剥落	合格	合格
耐人工老化性(250h,实测 600h)	不起泡,不剥落,无裂纹	起泡,剥落,有裂纹	不起泡,不剥落,无裂纹
粉化/级	不大于 1	1	<1
变色/级	不大于 2	2	<2
耐沾污性(5 次循环,实测 8 次)	—	不合格	合格
储存稳定性(0.5a)	—	合格	合格

17. 自清洁硅丙外墙涂料

原材料	用量/质量份	原材料	用量/质量份
去离子水	200	羟乙基纤维素	3.2
AMP-95	2	硅丙乳液	400
润湿分散剂	7	杀菌剂	2
成膜助剂	30	防霉剂	6
消泡剂	3	遮盖性乳液	30
钛白粉	220	聚氨酯增稠剂	6.8
填料	90		

耐候自清洁外墙涂料和涂膜的常规性能见表2-25。

表2-25 耐候自清洁外墙涂料和涂膜的常规性能

检测项目	技术指标	检测结果
容器中状态	无硬块,搅拌后呈均匀状态	合格
施工性	刷涂2道无障碍	多道喷(抹)涂无障碍
涂膜外观	涂膜外观正常	合格
干燥时间/h	$\leqslant 2$	2
对比率(白色)	$\geqslant 0.93$	0.98
耐碱性(168h)	无异常	无异常
耐洗刷性/次	$\geqslant 5000$	超5000
耐人工老化性		1000h无粉化
耐沾污性(白色)/%	$\leqslant 10$	5
耐温变性(5次循环)	无异常	符合

18. 金属闪光硅丙外墙乳胶漆

① 水性铝粉浆的配方。

原材料	用量/%	原材料	用量/%
闪光铝粉	3~5	乳化剂A	0~2
去离子水	85~95	乳化剂B	0~2
分散剂	2~5		

② 水性金属闪光外墙乳胶漆的配方。

原材料	用量/%	原材料	用量/%
杀菌剂	0.1~0.2	成膜助剂	1~2
水性铝粉浆	20~30	定向剂	0.1~0.3
硅丙乳液	28~35	pH调节剂	0.1~0.2
丙二醇	1~2	增稠剂	0.3~0.6
气相二氧化硅	2~3	去离子水	余量

硅丙乳液性能见表2-26,乳胶漆性能见表2-27。

表2-26 硅丙乳液性能

检测项目	性能指标
外观	乳白色带蓝红光半透明液体
固含量/%	48.7

检测项目	性能指标
pH 值	8.5
最低成膜温度/℃	16.0
黏度(NDJ-79)/Pa·s	0.4
机械稳定性	通过(无破乳)
钙离子稳定性	通过(1∶1)
冻融稳定性	通过(无絮凝)

表 2-27　乳胶漆性能

检测项目	标准	结果
容器中状态	搅拌混合后无硬块,呈均匀状态	符合
施工性	刷涂 2 道无障碍	刷涂 2 道无障碍
涂膜外观	正常	正常
冻融稳定性	3 个循环无结块、分层、沉淀	3 个循环无结块、分层、沉淀
耐人工老化/h	250	800
耐擦洗/次	500	10000
耐水	72h	70d 无异常
耐碱	48h	70d 无异常
附着力/级	>3	1
储存稳定性(6 个月)	无分层、结块、沉淀	无分层、结块、沉淀

19. 硅溶胶/丙烯酸乳液外墙涂料

原材料	用量/%	原材料	用量/%
复合基料	46.0	DX 消泡剂	适量
钛白粉	18.0	羟乙基纤维素	0.5
硅灰石粉	10.0	有机增稠剂	0.9
滑石粉	6.0	氨水	适量
F-974 成膜助剂	2.8	去离子水	补足100%用量
Tamol 731	0.5		

硅溶胶/丙烯酸乳液外墙涂料性能测试结果见表 2-28。

表 2-28　硅溶胶/丙烯酸乳液外墙涂料性能测试结果

项目	一等品指标	测试结果
在容器中状态	搅拌混合后无硬块,呈均匀状态	搅拌混合后无硬块,呈均匀状态
施工性	刷涂 2 道无障碍	刷涂 2 道无障碍
涂膜外观	涂膜外观正常	涂膜外观正常
对比率(白色和黑色)	≥0.90	≥0.97
耐水性(96h)	无异常	18d 无异常
耐碱性(48h)	无异常	18d 无异常
耐酸性(1% H₂SO₄ 水溶液浸泡)		18d 无异常

项目	一等品指标	测试结果
耐洗刷性/次	≥1000	3000 不露底
耐人工老化性	250h 粉化≤1 级	500h 粉化 0 级
	变色≤2 级	变色 1 级
涂层耐温变性(10 次循环)	无异常	无异常
涂层耐沾污性①	常温	5%
	70℃	6%

① 15 次循环白度下降。

20. 耐沾污型硅溶胶-丙烯酸酯乳液复合外墙涂料

原材料	用量/g	原材料	用量/g
膨润土浆（20%固含量）	100	云母粉	30
75 防霉剂	0.5	JN-25 型硅溶胶	150
耐沾污剂分散液	100	Texanol 酯醇（成膜助剂）	14
SPA-202 消泡剂	1.5	丙二醇	12
共增稠剂溶液	10～20	Orotan731A 分散剂	3.5
煅烧高岭土	60	氨水	2.5～4.0
轻质碳酸钙	25	金红石型钛白粉	140
重质碳酸钙	150	苯丙乳液	200

注：共增稠剂溶液的配比为：去离子水∶丙二醇∶SCT-275 增稠剂＝2∶2∶1。

耐沾污型硅溶胶-丙烯酸酯乳液复合外墙涂料的技术性能见表 2-29。

表 2-29　耐沾污型硅溶胶-丙烯酸酯乳液复合外墙涂料的技术性能

项目	技术要求	实测性能
容器中状态	无硬块,搅拌后呈均匀状态	符合
施工性	刷涂 2 道无障碍	无障碍
低温稳定性	不变质	不变质
表干时间/h	≤2	1
涂膜外观	正常	正常
对比率	≥0.87	0.88
耐水性	96h 无异常	无异常
耐碱性	48h 无异常	无异常
耐洗刷性/次	≥500	≥1000
耐人工老化性	250h 不起泡,不剥落,无裂纹	500h 不起泡,不剥落,无裂纹
粉化/级	≤1	1
变色/级	≤2	1
耐沾污性/%	≤20	16
涂层耐温变性	无异常	正常

21. 聚氨酯改性丙烯酸酯水性外墙涂料

原材料	用量/质量份	原材料	用量/质量份
聚氨酯乳液	30~70	分散剂	1~2
丙烯酸酯乳液	30~70	增稠剂	1~2
颜、填料	20~40	其他助剂	适量
成膜剂	1~2	去离子水	适量
消泡剂	0.1~0.3		

聚丙烯酸酯乳液涂料和聚氨酯乳液涂料性能比较见表2-30。

表2-30 聚丙烯酸酯乳液涂料和聚氨酯乳液涂料性能比较

涂膜性能	聚氨酯乳液涂料(脂肪族)	聚丙烯酸酯乳液涂料
耐候性	○	○
光稳定性(耐黄变性)	○	○
耐低温性	○	△
耐沾污性	○	△
耐水性	○	○
耐碱性	○	○
耐磨性	○	△
耐酸性	○	△
染色性	△	○
流平性	○	△
涂料价格	高	稍低

注：表中性能○优于△。

水性聚氨酯-丙烯酸酯复合外墙涂料性能见表2-31。

表2-31 水性聚氨酯-丙烯酸酯复合外墙涂料性能

项目	指标
涂膜外观	平整、光洁
对比率(白色和浅色)	≥0.93
耐水性(96h)	无异常
耐碱性(48h)	无异常
耐酸性(48h,浸 5% H_2SO_4 溶液)	无异常
耐洗刷性	≥1000 次
耐沾污性	≤10%
耐人工气候老化性(1000h,白色或浅色)	不起泡、不剥落、无裂缝,粉化≤1级,变色≤2级

22. 烷氧基硅烷改性丙烯酸酯水性涂料

① 硅丙乳液的配方。

原材料	用量/质量份	原材料	用量/质量份
八甲基环四硅氧烷（D4）	7.2	壬基酚聚氧乙烯醚（OP-10）	2.0
乙烯基三甲氧基硅烷（WD-21）	0.6	过硫酸铵 $(NH_4)_2S_2O_8$	0.4
丙烯酸丁酯（BA）	52	WD-70	3.6
甲基丙烯酸甲酯（MMA）	32	去离子水	144
丙烯酸（AA）	4	其他助剂	适量
十二烷基硫酸钠（SDS）	4.0		

② 硅丙涂料配方。

原材料	用量/质量份	原材料	用量/质量份
硅丙乳液（固含量40%）	40	增稠剂	0.5
钛白粉	30	消泡剂	0.3
滑石粉	18	防霉杀菌剂	0.2
去离子水	75	其他助剂	适量
成膜助剂	2		

乳液性能指标见表2-32，硅丙涂料性能分析见表2-33。

表 2-32　乳液性能指标

项目	指标	项目	指标
外观	蓝光白色乳液	pH 值	7.0～7.5
产率/%	＞99	黏度/Pa·s	103×10^2
凝胶含量/%	＜1	稀释稳定性	通过
固含量/%	38.9	耐高温稳定性	通过
冻融稳定性	通过	机械稳定性	通过

表 2-33　硅丙涂料性能分析

检测项目	国家标准	硅丙涂料
容器中状态	混合无硬块,呈均匀状态	合格
涂膜外观	正常	白色均匀
干燥时间	＜2h	100min
施工性	涂刷2道无障碍	没做
耐水性(96h)	无异常	稍微变淡
耐碱性(48h)	无异常	有点失光
人工老化性	250h	没做
耐温变性	无异常	没做

23. 纳米 TiO_2 改性纯丙烯酸外墙涂料

原材料	用量/%	原材料	用量/%
纯丙乳液	30.0～45.0	消泡剂	0.3～0.6
金红石型钛白粉	20.0～30.0	增稠剂	0.5～1.0
遮盖性乳液	5.0～10.0	纳米二氧化钛	0.3～1.0
填料	5.0～10.0	pH 调节剂	适量
润湿剂	0.3～0.7	其他助剂	适量
分散剂	0.2～0.4	去离子水	加至100.0

性能及同类产品比较见表2-34。

表 2-34　含纳米材料的超耐候建筑外墙涂料的性能和同类产品的比较

检验项目	国家标准	超耐候产品	ICI公司产品	立邦公司产品
在容器中状态	搅拌混合后无硬块,呈均匀状态	符合	符合	符合
涂膜外观	涂膜外观正常	符合	符合	符合

检验项目	国家标准	超耐候产品	ICI公司产品	立邦公司产品
干燥时间/h	$\leqslant 2$	符合	符合	符合
遮盖力/(g/m²)	$\leqslant 110$	85	100	75
施工性	刷涂2道无障碍	符合	符合	符合
耐水性(96h)	无异常	符合	符合	符合
耐人工老化性/h	250	1000	500	250
粉化(1级)	—	无粉化	无粉化	无粉化
变色(2级)	—	2级变色	2级变色	2级变色
对比率	$\geqslant 0.90$	0.95	0.97	0.97
耐碱性(48h)	无异常	符合	符合	符合
耐洗刷性/次	$\geqslant 1000$	超1000	超3000	超3000
耐冻融性	不变质	符合	符合	符合
耐温变性(10次循环)	无异常	符合	符合	符合
耐沾污性(5次循环)	$\leqslant 30$	2	2	1

24. 纳米 SiO_2 改性纯丙烯酸外墙涂料

原材料	A-0 用量/%	A-1 用量/%	A-2 用量/%	A-3 用量/%	A-4 用量/%
去离子水	20～25	20～25	20～25	20～25	20～25
纯丙乳液	40～45	40～45	40～45	40～45	40～45
纳米级 SiO_2		3～1	5～1		3～1
纳米级 TiO_2		3～1		5～1	3～1
ZH-10			5～1	5～1	5～1
颜料	20～30	20～30	20～30	20～30	20～30
填料	10～15	10～15	10～15	10～15	10～15
增稠剂	0.5～0.8	0.5～0.8	0.5～0.8	0.5～0.8	0.5～0.8
分散剂	0.1～0.3	0.1～0.3	0.1～0.3	0.1～0.3	0.1～0.3
成膜助剂	0.8～1.5	0.8～1.5	0.8～1.5	0.8～1.5	0.8～1.5
消泡剂	0.5～0.8	0.5～0.8	0.5～0.8	0.5～0.8	0.5～0.8
防冻剂	1.5～2.5	1.5～2.5	1.5～2.5	1.5～2.5	1.5～2.5
防霉杀菌剂	0.5～0.8	0.5～0.8	0.5～0.8	0.5～0.8	0.5～0.8
pH 调节剂	0.06～0.10	0.06～0.10	0.06～0.10	0.06～0.10	0.06～0.10

纳米 SiO_2 粒子具有大颗粒所不具备的特殊光学性能，存在"蓝移"现象，即光吸收带向短波方向移动。

不同组成外墙乳胶漆性能比较见表2-35。

表 2-35 不同组成外墙乳胶漆性能比较

检验项目	国家标准	A-0 配方	A-1 配方	A-2 配方	A-3 配方	A-4 配方
在容器中状态	搅拌混合后无硬块，呈均匀状态	符合	符合	符合	符合	符合
涂膜外观	正常	符合	符合	符合	符合	符合

检验项目	国家标准	A-0 配方	A-1 配方	A-2 配方	A-3 配方	A-4 配方
干燥时间/h	≤2	2	2	2	2	2
遮盖力/(g/m²)	≤110	90	90	75	75	70
施工性	刷涂2道无障碍	符合	符合	符合	符合	符合
耐水性	96h 无异常	96h 无异常	96h 无异常	240h 无异常	240h 无异常	480h 无异常
耐人工老化性	600h	500h 1 级粉化、2级变色	500h 1 级粉化、2级变色	700h 无粉化、2级变色	800h 无粉化、2级变色	1000h 无粉化、2级变色
对比率	0.93	0.93	0.93	0.93	0.94	0.94
耐碱性	48h 无异常	48h 无异常	48h 无异常	200h 无异常	200h 无异常	360h 无异常
耐洗刷性/次	≥2000	>3000	>3000	>6000	10000	10000
耐冻融性	不变质	符合	符合	符合	符合	符合
耐温变性(10 次循环)	无异常	符合	符合	符合	符合	符合
耐沾污性(5 次循环)	≤15	15	15	12	10	10

25. 纳米复合水性金属光泽外墙涂料

原材料	用量/%	原材料	用量/%
乳液	50～60	增稠剂	0.8～1.5
金属光泽颜料	5～15	消泡剂	0.1～0.3
定向排布剂	3～6	防冻剂	3.5～4.5
膨润土	0.2～0.4	分散剂	0.1～0.3
纳米 SiO₂	0.2～0.4	流变剂	0.1～0.3
pH 调节剂	0.1～0.3	防霉杀菌剂	0.1～0.3
成膜助剂	2.5～3.5	去离子水	补足100 配方量

技术性能见表2-36。

表 2-36　水性金属光泽外墙涂料的技术性能

项目	GB/T 9755—2014 优等品	实测值
容器中状态	无硬块,搅拌后呈均匀状态	符合
施工性	刷涂 2 道无障碍	符合
低温稳定性	不变质	符合
表干时间/min ≤	120	40
涂膜外观	正常	符合
耐水性	96h 无异常	480h 无异常
耐碱性	48h 无异常	260h 无异常
耐洗刷性/次	≥2000	≥30000
老化时间/h	600h 不起泡,不剥落,无裂纹	1500
粉化/级 ≤	1	1
变色/级 ≤	2	2
耐沾污性(白色或浅色)/% ≤	15	2
涂层耐温变性(5 次循环)	无异常	符合

26. 纳米粒子复合改性硅丙外墙涂料

原材料	用量/质量份	原材料	用量/质量份
硅丙乳液	30~40	防冻剂	1.8~3.0
分散剂	0.6~0.8	流平剂	0.15~0.3
消泡剂	0.2~0.5	填料	47~61.5
增稠剂	0.2~0.4	氨水	0.15~0.2
防腐剂	0.1~0.2	去离子水	18~28
成膜助剂	1.5~2.5	其他助剂	适量

纳米改性硅丙外墙涂料性能测试结果见表2-37。

表 2-37　纳米改性硅丙外墙涂料性能测试结果

性能 \ 试验编号		1#	2#	3#	4#	5#	6#	7#	8#
耐洗刷性/次		18000	31207	47500	49870	49700	67000	61320	69430
对比率(白色和浅色)		0.93	0.98	0.95	0.95	0.96	0.95	0.95	0.96
耐沾污性/%		13.85	4.26	7.61	4.05	2.80	3.34	3.85	3.15
耐候性(600h)	粉化/级	2	2	1	1	≤1	≤1	1	0
	变色/级	0	0	0	0	0	0	0	0
抗菌性/级		2	2	0	2	1	0	0	0

27. 纳米改性硅丙耐候性外墙涂料

单位：%

原材料	配方 1	配方 2	配方 3	配方 4
去离子水	10~13	10~13	10~13	10~13
纤维素增稠剂	0.1~0.3	0.1~0.3	0.1~0.3	0.1~0.3
分散剂	0.8~1.5	0.8~1.5	0.8~1.5	0.8~1.5
防霉剂	0.5~0.8	0.5~0.8	0.5~0.8	0.5~0.8
杀菌剂	0.3~0.5	0.3~0.5	0.3~0.5	0.3~0.5
pH 调节剂	0.06~0.10	0.06~0.10	0.06~0.10	0.06~0.10
消泡剂	0.3~0.6	0.3~0.6	0.3~0.6	0.3~0.6
偶联剂	0.4~0.8	0.4~0.8	0.4~0.8	0.4~0.8
防冻剂	1.5~2.5	1.5~2.5	1.5~2.5	1.5~2.5
钛白粉	20~30	20~30	20~30	20~30
填料	10~15	10~15	10~15	10~15
纳米 SiO_2 浆料	—	0.7~1.5	1.8~2.5	3.6~4.5
纳米 TiO_2 浆料	—	0.7~1.5	1.8~2.5	3.6~4.5
成膜助剂	1.5~2.5	1.5~2.5	1.5~2.5	1.5~2.5
硅丙乳液	40~50	40~50	40~50	40~50
碱溶胀增稠剂	0.5~1.0	0.5~1.0	0.5~1.0	0.5~1.0

性能比较见表2-38。

表 2-38　不同配方的涂料性能比较

检验项目	国家标准	配方 1	配方 2	配方 3	配方 4
在容器中状态	无硬块,搅拌混合后呈均匀状态	符合	符合	符合	符合
施工性	刷涂 2 道无障碍	符合	符合	符合	符合
低温稳定性	不变质	符合	符合	符合	符合
涂膜外观	正常	符合	符合	符合	符合
干燥时间/h	≤2	2	2	2	2
对比率(白色及浅色)	≥0.93	0.93	0.93	0.94	0.95
耐水性(96h)	无异常	无异常	无异常	无异常	无异常
耐碱性(48h)	无异常	无异常	无异常	无异常	无异常
耐洗刷性/次	≥2000	≥3000	≥6000	≥10000	≥10000
耐人工老化性	600h,粉化≤1 级,变色≤2 级	500h,粉化1级 变色2级	600h无粉化 变色2级	800h,无粉化 变色2级	1000h,无粉化 变色2级
耐沾污性(白色及浅色)/%	≤15	15	12	10	10
涂层耐温变性(5 次循环)	无异常	符合	符合	符合	符合

28. 水性丙烯酸防水涂料

原材料	用量/质量份	原材料	用量/质量份
丙烯酸丁酯(BA)	30～35	丙烯酸(AA)	2～4
N-(羟甲基)丙烯	2	复合乳化剂	4～5
N-甲基乙酰胺(NMA)		引发剂	0.4
丙烯酸甲酯(MA)	30～35	去离子水	60～70

水基建筑防水涂料技术性能见表 2-39。

表 2-39　水基建筑防水涂料技术性能

项目	指标
外观	灰黑色黏稠液
耐碱性	饱和石灰水泡 15d 无变化
固含量/%	≥55
耐热性	(80±2)℃不流淌
不透水性	动水压 1kgf/cm^2、30min 无渗水现象
耐低温性	(−20±2)℃下,4d 涂层无变化
粘接强度	(20±2)℃下大于 1.5kgf/cm^2
耐酸性	1% H$_2$SO$_4$ 水溶液浸 15d 无变化
抗裂性	(20±2)℃涂层厚 0.3～0.4mm,基层裂缝宽＜0.2mm,涂层开裂
干燥时间	
表干/h	1
实干/h	8

注：1kgf/cm^2＝0.1MPa。

29. B型单组分丙烯酸建筑防水涂料

原材料	用量/%	原材料	用量/%
丙烯酸乳液	40～50	消泡剂	0.5～1
改性乳液	10	颜、填料	20～30
增塑剂	5～10	pH调节剂（氨水）	少量
成膜助剂	1～3		

B型防水涂料性能指标见表2-40。

表2-40　B型防水涂料性能指标

项目	标准值	实测值
拉伸强度/MPa	≥1.5	2.15
断裂伸长率/%	≥300	480
低温柔性(−20℃)/mm	10	无裂纹
耐热性能(80℃,5h)	无变化	合格
耐碱性	无起泡、掉粉、失光	合格
不透水性(0.3MPa,0.5h)	不渗水	不渗水
固含量/%	≥65	70
表干时间/h	≤4	0.5
实干时间/h	≤8	3

30. JS-丙烯酸防水建筑涂料

① 乳液配方

原材料	用量/质量份	原材料	用量/质量份
丙烯酸丁酯	65～95	甲基丙烯酯甲酯	41～72
丙烯酸	1～5	复合乳化剂	4～8
其他单体	0～10	保护胶体	0～10
功能单体	0～6	去离子水	150～180
引发剂	0.4～0.8		

② 防水涂料配方

原材料	用量/质量份	原材料	用量/质量份
乳液	40～70	助剂	4～8
填、颜料	40～80	去离子水	10～30

JS-丙烯酸建筑防水涂料的主要性能指标见表2-41。

表2-41　JS-丙烯酸建筑防水涂料的主要性能指标

项目	指标
固含量/%	≥65
干燥时间/h　表干	≤4 不黏手
实干	≤24 无黏着
拉伸强度/MPa	≥1.5
断裂伸长率/%	≥150
低温柔性	−50℃,2h,无裂缝
不透水性(0.3MPa,30min)	不透水
粘接强度/MPa	≥1.0

31. 节约型丙烯酸建筑防水涂料

① 乳液配方

原材料	用量/%	原材料	用量/%
苯乙烯	0～15	保护胶	0.1～0.5
丙烯酸丁酯	35～50	pH 调节剂	适量
官能单体	1～10	pH 缓冲剂	0.4～2
丙烯酸	1～4	引发剂	0.1～0.5
乳化剂	3～8	去离子水	40～60

② 涂料配方

原材料	氧化还原体系(R)/质量份	热引发体系(T)/质量份
乳液	100	100
颜、填料	46～77	46～59
分散剂	适量	适量
消泡剂	0.5～1	0.5～1
增稠剂	5～10	5～10
其他助剂	适量	适量
去离子水	适量	适量

乳液主要性能指标的测试结果见表 2-42，丙烯酸酯防水涂料性能测试结果比较见表 2-43。

表 2-42 乳液主要性能指标的测试结果

项目	测试结果	
	乳液(R)	乳液(T)
外观	带蓝色的乳白色液体	带蓝色的乳白色液体
固含量/%	45	45
机械稳定性	稳定,无析出物	稳定,无析出物
钙离子稳定性	不絮凝,不分层	不絮凝,不分层
黏度/mPa·s	750	43
粒径/μm	0.12	0.13
离散度/%	31	35
玻璃化转变温度/℃	-16.5	-20.5
成膜后拉伸强度/MPa	1.0	1.3
断裂伸长率/%	920	700

表 2-43 丙烯酸酯防水涂料性能测试结果比较

检测项目	测试结果	
	涂料(R)	涂料(T)
颜填料(F):基料(L)	1.0	0.46
无处理		
固含量/%	65	58
拉伸强度/MPa	0.7	0.6
断裂伸长率/%	456	792

检测项目	测试结果	
	涂料(R)	涂料(T)
低温柔韧性(−20℃弯曲)	无裂纹	无裂纹
不透水性(0.3MPa,30min)	不渗透	不渗透
1000h紫外老化后		
拉伸强度/MPa	2.05	1.70
断裂伸长率/%	277	383

注：刷涂数次，厚度达 2mm 左右、养护 7d 后，进行测试。

32. 水乳型丙烯酸酯阻燃涂料

原材料	用量	原材料	用量
丙烯酸丁酯	12mL	过硫酸铵	0.25g
甲基丙烯酸甲酯	16mL	碳酸氢钠	0.125g
丙烯酸	0.5mL	去离子水	50mL
丙烯腈	2.5mL	TBPMI	变量
聚乙烯醇	4.8g	其他助剂	适量

所合成的水乳型丙烯酸酯类阻燃涂料既保持了丙烯酸酯类涂料的色泽、硬度、丰满度、耐光、耐候、耐化学药品和抗紫外性能，又具有阻燃、耐热、环保、低成本、易于施工等优点，在文物保护、古代建筑的修复等方面具有重要的应用价值。

33. 膨胀型丙烯酸防火涂料

原材料	用量/%	原材料	用量/%
丙烯酸乳液	15~48	季戊四醇	2~8
聚磷酸铵	5~10	三聚氰胺	5~10
石棉粉	5~10	填料、颜料	5~12
去离子水	适量	其他助剂	适量

膨胀型防火涂料的性能见表 2-44。

表 2-44　膨胀型防火涂料的性能

项目	结果	项目	结果
耐燃时间/min	≥25	表干时间/h	≤0.5
防火性能/级	≤2	实干时间/h	≤18
细度/μm	≤50	耐水性(15h)	不起泡,不掉粉
黏度(涂-4 杯)/s	>25	容器中的状态	不结块,不沉底,
附着力/级	≤2		搅拌后均匀

由丙烯酸乳液为成膜物质配制而成的产品可用于建筑物、装潢材料的表面涂装，是一种具有较好阻燃性的二级防火涂料。

34. 膨胀型钢结构水性防火涂料

原料名称	配方一（质量份）	配方二（质量份）
聚丙烯酸酯乳液（48%）	30.0	10.0
氯乙烯-偏二氯乙烯共聚乳液 （75:25，40%）	—	22.0
聚磷酸铵	22.4	23
三聚氰胺	4.2	4.5
季戊四醇	8.4	10.0
钛白粉（金红石型）	5.0	3.0
氯化石蜡（含氯量42%）	2.0	3.0
乳化剂 OP-10	0.5	0.5
六偏磷酸钠	0.35	0.35
增稠剂 P-19	1.0	1.0
羟乙基纤维素	0.1	—
去离子水	26.0	23

本防火涂料性能良好，且附着力较强，可用于建筑、桥梁等钢结构的防火。

35. 有机硅改性丙烯酸荧光涂料

① 有机硅改性丙烯酸乳液的配方。

原材料	用量/%	原材料	用量/%
甲基丙烯酸甲酯（MMA）	12.0	保护胶 AP-1	2.1
丙烯酸丁酯（BA）	18.0	$FeSO_4$ 水溶液（2%）	0.1
丙烯酸（AA）	1.0	过硫酸钾	0.2
乙烯基三乙氧基硅烷（A-51）	5.0	NaOH 水溶液（10%）	适量
乳化剂 OS（MS-1）	1.5	去离子水	50.1

② 有机硅改性丙烯酸荧光涂料的配方。

原材料	用量/%	原材料	用量/%
有机硅改性丙烯酸乳液	40	成膜助剂	2
荧光颜料乳剂	24	增稠剂	0.5
滑石粉（600目）	5	消泡剂	0.3
去离子水	27	防沉剂	1.2

荧光涂层性能测试结果见表 2-45。

表 2-45 荧光涂层性能测试结果

项目	技术性能
在容器中的状态	搅拌混合后无硬块，呈均匀状态
荧光性	有较强荧光感
涂膜外观	均匀细密
干燥时间/h	表干1,实干5
耐水性	240h 无异常
耐碱性(24h)	不起泡、不掉粉、无失光和变色
耐老化性(400h)	变色<2级
耐洗刷性/次	>2000
耐沾污性(5次)/%	为7
耐冻融性循环(10次)	不起泡、不剥落、无裂纹
施工性	施工无困难

以有机硅改性丙烯酸树脂为基料,将荧光颜料乳剂直接分散于基料中制备荧光涂料,使工艺过程大大简化。制得的涂料具有荧光性强、耐候性好、涂层性能优良等优点,可广泛用于建筑装饰、广告设计、道路标记等。

二、水性丙烯酸酯建筑涂料配方与制备工艺

(一) 水性丙烯酸酯复合外墙隔热涂料

1. 原材料与配方 (见表 2-46)

表 2-46　水性丙烯酸酯复合外墙隔热涂料原材料与配方

反射型隔热涂料配方							
配方量	原材料名称					助剂	蒸馏水
	乳液	二氧化钛	反射型功能填料				
			实心陶瓷微珠	反光粉	防紫外线无机粉末	空心陶瓷微珠	
$w/\%$	28	14.5	4.0	3.6	6.0	12	适量	适量

辐射型隔热涂料配方							
配方量	原材料名称					助剂	蒸馏水
	乳液	二氧化钛	辐射型功能填料				
			纳米级红外陶瓷粉	氧化铝	325目红外陶瓷粉	ZR涂料粉	
$w/\%$	28	26.5	3.0	1.5	2.0	7.0	适量	适量

阻隔型隔热涂料配方						
配方量	原材料名称				助剂	蒸馏水
	乳液	二氧化钛	阻隔型功能填料			
			空心玻璃微珠	硅藻土	漂珠	
$w/\%$	28	21	1.8	16	1.2	适量	适量

三类功能填料的复合隔热涂料配方								
配方量	原材料						助剂	蒸馏水
	乳液	二氧化钛	反射型功能填料	辐射型功能填料		阻隔型功能填料		
			空心陶瓷微珠	纳米远红外陶瓷粉	ZR涂料粉	硅藻土	空心玻璃微珠	
$w/\%$	28	9.0	8.0	4.0	5.0	12	1.8	适量	适量

2. 制备方法

① 将分散剂和防冻剂加入蒸馏水中,放至电动搅拌器上低速搅拌均匀,将二氧化钛及功能填料按密度先小后大的顺序缓慢加入,同时根据情况加入适量消泡剂,然后缓慢加入成膜助剂及部分增稠剂,低速搅拌均匀后再移至高速搅拌分散机,加入剩余的部分增稠剂,高速分散约 30min 即得颜、填料色浆。

② 将乳液缓慢加入调制好的颜、填料色浆中,低速搅拌 30~40min,调节黏度和 pH,出料待制备试样。

3. 性能与效果

① 将 3 种功能填料以一定比例复合配制的涂层比 3 种隔热机理涂层叠加而得复合涂层的隔热效果好，更比单一隔热机理涂层的隔热效果好。该功能填料复合涂层在红外灯照射下的绝对温升为 27.4℃，在波长为 250～2500mm 范围内的太阳反射比为 87%，半球发射率为 89%。

② 通过对实际太阳光照射下外墙隔热涂料的隔热效果比较，功能填料复合涂层的热箱内最高温度比未涂覆的空石棉板箱内温度低 11.0℃，比空白样低 5.5℃，比叠加复合涂层低 0.9℃，比单涂反射涂层低 2.1℃，比单涂辐射涂层低 3.8℃，比单涂阻隔涂层低 1.2℃，这也表明功能填料复合涂层的隔热效果较好。

（二）水性丙烯酸酯高耐寒性涂料

1. 原材料与配方

（1）乳液配方（质量份）

丙烯酸丁酯	60	乳化剂（DSB）	1.0
甲基丙烯酸酯	40	乳化剂（OP-10）	2.6
异辛酯	5.0	过硫酸钠	0.5
苯乙烯	1～3	去离子水	适量
交联单体	1～2	其他助剂	适量
有机硅单体	5～10		

（2）涂料配方

① Ⅰ型 JS 防水涂料的基本配方。

原材料	用量/kg	原材料	用量/kg
乳液	450	PO 42.5 水泥	200
消泡剂	2.0	200 目石英砂	200
防腐剂	1.0	400 目重质碳酸钙	100
水	47	合计	1000

② Ⅱ型聚合物水泥防水涂料基本配方。

原材料	用量/kg	原材料	用量/kg
乳液	300	PO 42.5 水泥	269
消泡剂	2.0	200 目石英砂	269
防腐剂	1.0	400 目重质碳酸钙	129
水	30	合计	1000

2. 制备方法

（1）耐寒改性乳液的制备

① 采用种子乳液聚合法，先进行预乳液的制备：在乳化釜中加入乳化剂、去离子水后进行高速搅拌，待乳化剂完全溶解后，加入单体高速预乳化 30min，取出 8% 作种子备用。

② 反应釜中加入去离子水和乳化剂后升温，当温度升至 88℃ 时，初加种子预乳液，1min 后初加引发剂，当温度回升至最高值且开始下降时，滴加预乳液，并同时平行滴加引发剂，控制反应温度在 85～87℃，滴加 4.5h。滴加预乳液剩余 25% 时，加入有机硅单体，混合后再滴加 1h，滴加结束后保温 1.5h，然后降温至 65～75℃，后处理后再保温 30min，随后降温，并调节乳液的 pH 值至 8.0，过滤出料。

③ 耐寒改性乳液的合成工艺。对于丙烯酸酯类乳液,聚合的工艺不同,所得乳液的性能及转化率也不尽相同。采用预乳化工艺可以使单体混合均匀,有利于聚合反应的正常进行,同时也可以提高乳化剂在乳胶粒表面的吸附率,从而使得体系更加稳定,更好地控制体系的粒径分布。半连续的聚合工艺可以很好地控制聚合反应速率及放热率,使温度恒定、反应平稳进行。因此,采用半连续的预乳化聚合工艺制备耐寒改性乳液。

(2)涂料制备　称料—配料—混料—中和—卸料—产品。

3. 性能 （见表 2-47 和表 2-48）

表 2-47　Ⅰ型聚合物水泥防水涂料的性能

项目			性能指标
状态			液体组分为无杂质、无凝胶的乳液,固体为无杂质、无结块的粉末
固含量/%		≥	75
拉伸强度（无处理）/MPa		≥	2.2
断裂伸长率/%	≥	无处理	485
		热处理	390
		碱处理	370
		浸水处理	420
黏结强度/MPa	≥	无处理	1.3
		潮湿基层	1.2
		碱处理	1.2
		浸水处理	1.2
低温柔性（ϕ10mm 棒）			−20℃ 无裂纹
不透水性(0.3MPa,30min)			不透水

表 2-48　Ⅱ型聚合物水泥防水涂料的性能

项目			性能指标
状态			液体组分为无杂质、无凝胶的乳液,固体为无杂质、无结块的粉末
固含量/%		≥	83
拉伸强度（无处理）/MPa		≥	2.4
断裂伸长率/%	≥	无处理	156
		热处理	132
		碱处理	129
		浸水处理	127
黏结强度/MPa	≥	无处理	1.3
		潮湿基层	1.2
		碱处理	1.2
		浸水处理	1.3
不透水性(0.3MPa,30min)			不透水

4. 效果

采用预乳化半连续滴加法，聚合温度在 85～87℃，有机硅单体后加入，制得的耐寒改性乳液体系稳定，凝聚物少；有机硅用量为 1％时，制得的膜吸水率最低；乳化剂中 DSB 和 OP-10 的质量比在 3∶7～5∶5 范围内时，所制得的耐寒改性乳液的离子稳定性较好。由该耐寒改性乳液制得的 JS 防水涂料各项性能指标均达到或超过 GB/T 23445—2009 的要求，尤其Ⅰ型 JS 防水涂料，低温柔性可达到－20℃，能满足北方冬季寒冷气候下的应用要求。

（三）水性丙烯酸酯隔热保温建筑涂料

1. 原材料与配方

（1）乳液配方（单位：质量份）

丙烯酸丁酯（BA）	60	过硫酸铵（APS）	1～2
甲基丙烯酸甲酯（MMA）	35	碳酸氢钠	0.5～1.5
丙烯酸（AA）	5.0	乙烯基三乙氧基硅烷	7.0
壬基酚聚氧乙烯醚硫酸铵（DNS）	3.4	去离子水	适量
烷基酚与环氧乙烷缩合物（OP-1）	2.5	其他助剂	适量
十二烷基硫酸钠（SDS）	0.5		

（2）涂料配方（单位：质量份）

硅丙乳液	100	分散剂	2～3
空心玻璃微珠	6～8	自来水	适量
交联剂	1～2	其他助剂	适量

2. 制备方法

将单体 MMA、BA、AA 加入 250mL 三颈烧瓶中，再加入 3/4 溶解后的乳化剂和缓冲剂的水溶液，常温高速机械搅拌 0.5h 后制成预乳液。剩余的乳化剂和缓冲剂的水溶液加入另一个 250mL 三颈烧瓶中，加入少许引发剂 APS 后，水浴 80℃左右，边低速搅拌边滴加一部分预乳液至液体呈现淡蓝色。当预乳液滴加至 1/2 后，同时滴加乙烯基三乙氧基硅烷（DB-151），2h 滴完，滴加完后保温 1h，冷却至室温，出料。

3. 性能

① 有机硅 DB-151 的添加可以提高涂膜的耐水性，改善涂膜的附着力和硬度，添加量为 7％时较为合适。

② 硅丙乳液的最佳工艺条件：反应温度 75℃，乳化剂配比 OP-10∶SDS∶DNS ＝ 2∶1∶3，乳化剂添加量 2.5％，所制得的硅丙乳液综合性能优良。

③ 添加中空玻璃微珠可以显著提升涂料的隔热保温性能，添加量在 6％～8％时，涂料的隔热保温性及施工性等综合性能最优。

（四）水性丙烯酸酯彩色柔韧性防水涂料

1. 原材料与配方 （见表 2-49）

表 2-49　彩色柔韧性 K11 防水涂料的基本配方

原材料	用量/质量份	原材料	用量/质量份
42.5 等级白水泥	70～100	乳液	85～100
填料	15～55	水	1～10
活性矿物	20～30	增稠剂	1～10
助剂	1～10	消泡剂	1～10
色粉	1～20	成膜助剂	2～10

2. 制备方法

彩色柔韧性 K11 防水涂料由无机粉料和有机乳液组成。其生产工艺示意图见图 2-2 和图 2-3。

（1）无机粉料的配制

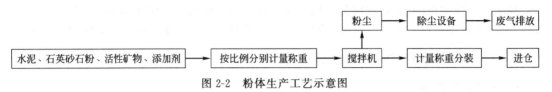

图 2-2　粉体生产工艺示意图

（2）有机乳液的配制

图 2-3　液体生产工艺示意图

（3）涂料的配制

乳液：粉料＝17：25，搅拌均匀，直至无生粉团。

3. 性能（见表 2-50）

表 2-50　彩色柔韧性 K11 防水涂料的物理力学性能

序号	试验项目		技术指标			检测结果	结论
			Ⅰ型	Ⅱ型	Ⅲ型		
1	固含量/%	≥	70	70	70	80	合格
2	拉伸强度	无处理/MPa ≥	1.2	1.8	1.8	2.1	合格
		加热处理后保持率/% ≥	80	80	80	90	合格
		碱处理后保持率/% ≥	60	70	70	80	合格
		浸水处理后保持率/% ≥	60	70	70	80	合格
		紫外线处理后保持率/% ≥	80	—	—	—	—
3	断裂伸长率	无处理/% ≥	200	80	30	110	合格
		加热处理/% ≥	150	65	20	85	合格
		碱处理/% ≥	150	65	20	70	合格
		浸水处理/% ≥	150	65	20	80	合格
		紫外线处理/% ≥	150	—	—	—	—
4	低温柔性（φ10mm 棒）		−10℃无裂纹	—	—	—	—
		无处理/MPa ≥	0.5	0.7	1.0	1.0	合格
5	黏结强度	潮湿基层/MPa ≥	0.5	0.7	1.0	0.9	合格
		碱处理/MPa ≥	0.5	0.7	1.0	0.8	合格
		浸水处理/MPa ≥	0.5	0.7	1.0	0.8	合格
6	不透水性（0.3MPa,30min）		不透水	不透水	不透水	不透水	合格
7	抗渗性（砂浆背水面）/MPa	≥	—	0.6	0.8	0.8	合格

彩色柔韧性 K11 防水涂料的防水机理是基于有机聚合物乳液失水而成为具有黏结性和

连续性的弹性膜层，水泥吸收乳液中的水而硬化，从而使柔性的聚合物膜层与水泥硬化体相互贯穿而牢固地黏结成一个坚固而有弹性的防水层。柔性的聚合物填充在水泥硬化体的空隙中，使水泥硬化体更加致密而又富有弹性，涂膜具有较好的延伸率；水泥硬化体又填充在聚合物中，使聚合物具有更好的户外耐久性和更好的基层适应性。因此聚合物水泥防水涂料是一种高强、坚韧、耐久的弹性涂膜防水层。

（五）水性有机硅改性丙烯酸酯多彩仿外墙砖涂料

1. 原材料与配方（单位：质量份）

甲组分	1	去离子水	10.0～16.0
	2	杀菌剂	0.1～0.2
	3	消泡剂	0.1～0.3
	4	多功能助剂	0.1～0.3
	5	乳液	60.0～90.0
	6	成膜助剂	3.0～5.0
	7	增稠剂	0.2～0.5
		合计	约 100
纤维素液	1	去离子水	90.0～100.0
	2	羟乙基纤维素	0.5～0.8
		合计	约 100
总配方	1	甲组分	20.0～30.0
	2	石英砂	60.0～70.0
	3	纤维素液	6.0～10.0
	4	色漆	3.0～5.0

2. 制备方法

（1）甲组分　将甲组分所示配方中 1～6 依次加入搅拌罐中，搅拌均匀，分散机转速为 300～500r/min，再加入增稠剂，调节体系黏度适中，过滤待用。

（2）纤维素液　准确称量去离子水加入搅拌罐中，在低速搅拌下缓慢加入羟乙基纤维素，边加入边搅拌，至体系均匀、黏度适中，待用。

（3）混合　先将准确称量的甲组分加入搅拌罐中，在低速搅拌下加入色漆，再加入石英砂，边加入边搅拌，最后加入纤维素液，至体系均匀、黏度适中，包装。

3. 性能（见表 2-51）

表 2-51　多彩仿外墙砖涂料技术指标

项目	技术指标
容器中状态	搅拌后无结块，呈均匀状态
低温储存稳定性（3 次）	无结块、凝聚及组成物的变化
热储存稳定性（1 个月）	无结块、霉变、凝聚及组成物的变化
初期干燥抗裂性	无裂纹
干燥时间（表干）/h	≤3
耐水性（96h）	涂层无起鼓、开裂、剥落，与未浸泡部分相比，允许颜色轻微变化
耐碱性（96h）	涂层无起鼓、开裂、剥落，与未浸泡部分相比，允许颜色轻微变化
耐沾污性（5 次）/级	≤2

项目		技术指标
耐冲击性		涂层无裂纹、剥落及明显变形
涂层耐温变性(10次)		涂层无粉化、开裂、剥落、起鼓,与标准板相比,允许颜色轻微变化
黏结强度/MPa	标准状态	≥0.70
	浸水后	≥0.50
耐人工老化性	老化时间/h	600
	外观	涂层无开裂、起鼓、剥落
	粉化/级	0
	变色/级	≤1

(六) 水性丙烯酸酯复合型外墙涂料

1. 原材料与配方

(1) 丙烯酸酯乳液配方 (单位:质量份)

丙烯酸丁酯	60	引发剂	0.1~1.0
甲基丙烯酸甲酯	40	水	适量
N-羟甲基丙烯酰胺	5.0	其他助剂	适量
乳化剂	3.0		

(2) 涂料配方 (单位:质量份)

原材料	配方1	配方2	配方3	配方4
丙烯酸酯乳液	100	100	100	100
二氧化钛	1.5	1.5	1.5	1.5
云母	6.0	6.0	6.0	6.0
硅藻土	4.5	—	—	—
空心玻璃微珠	—	3.0	—	—
热反射隔热粉	—	—	9.0	—
氧化铝粉	—	—	—	4.5
蒸馏水	适量	适量	适量	适量

2. 制备方法

(1) 水溶性丙烯酸树脂的制备 在带有搅拌的四口烧瓶中加入水、十二烷基硫酸钠、乳化剂 OP-10 升温到 50℃,将 N-羟甲基丙烯酰胺水溶液、单体(甲基丙烯酸甲酯、丙烯酸丁酯、苯乙烯等)按配方混合并加入反应体系,搅拌乳化,继续升温并缓慢滴加过硫酸铵水溶液,于 80~82℃保温搅拌反应回流 1.5h,待体系降温至 50℃后用少量的三乙胺水溶液调节 pH=7.5~8.5,用乙二醇丁醚和水混合稀释即可过滤出料,得到水溶性丙烯酸树脂。

(2) 不同类型隔热涂料的制备

① 阻隔型/反射型/热反射型/辐射型隔热涂料的制备:将二氧化钛和隔热功能填料(硅藻土/空心玻璃微珠/热反射隔热粉/氧化铝)加入乳化机,搅拌分散即得颜、填料色浆;然后将水溶性丙烯酸树脂乳液加入调制好的颜、填料色浆中搅拌,调节黏度和 pH,即可得到相应的阻隔型/反射型/热反射型/辐射型隔热涂料。

② 复合型隔热涂料的制备:结合上述 4 种隔热功能填料的用量和隔热效果关系,采用正交实验,探索最佳的复合型涂料的最佳配方,按上述实验方法制备复合型隔热涂料。

3. 性能与效果

以水溶性丙烯酸树脂为基体，通过添加硅藻土、空心玻璃微珠、热反射隔热粉、氧化铝粉等具有隔热性能的功能颜料，制备了 4 类隔热涂料，它们的最佳配方的隔热温差分别为 6.9℃、7.2℃、10.2℃（颜料质量分数为 45％条件下，掺量为 11％时）、6.3℃。在此基础上，对上述 4 种功能填料进行复合配制，制备得到了集 3 种隔热机理为一体的高效复合型隔热涂料，并利用正交实验得到复合型隔热涂料的最佳配方。测试结果表明：该配方制备的复合型隔热涂料隔热温差为 8.7℃，涂料的主要性能指标测试结果都符合相关标准要求，综合性能好，符合建筑外墙涂料低碳节能环保的发展趋势。

（七）水性丙烯酸酯/水泥防水涂料

1. 原材料与配方（单位：质量份）

丙烯酸酯乳液（S400F）	100	消泡剂	5.0
水泥	40	杀菌剂	0.5
石英砂	25	水	适量
重质 $CaCO_3$	30	其他助剂	适量

2. 制备方法

分别将乳液、消泡剂、杀菌剂按照 m（乳液）：m（消泡剂）：m（杀菌剂）＝100：0.5：0.5 的比例放入烧杯中，在 500r/min 的机械搅拌下，搅拌 5min，制得液料。将水泥、石英砂、重质碳酸钙、减水剂按照预定的份数放入 BJ-100 型混合器内，混合 5min，制得粉料。将粉料和液料按照配比，在 500r/min 的机械搅拌下，搅拌 5min，制得聚合物水泥防水涂料。

3. 性能与效果

① 随着水泥用量的增加，涂膜拉伸强度提高，断裂伸长率减小。当水泥用量为 40 份时，涂膜的拉伸强度为 2.32MPa，断裂伸长率为 214.3％。

② 随着石英砂用量的增加，涂膜拉伸强度降低，断裂伸长率增大。当石英砂用量为 25 份时，涂膜的拉伸强度为 2.49MPa，断裂伸长率为 210.9％。

③ 随着重质碳酸钙用量的增加，涂膜拉伸强度提高，断裂伸长率减小。当重质碳酸钙用量为 30 份时，涂膜的拉伸强度为 2.47MPa，断裂伸长率为 211.2％。

④ 按照 m（乳液）：m（消泡剂）：m（杀菌剂）＝100：0.5：0.5 的配比制备液料，当液料、水泥、石英砂、重质碳酸钙用量分别为 100 份、40 份、25 份、30 份时，制得的聚合物水泥防水涂料拉伸性能符合 GB/T 23445—2009 的要求。

（八）水性丙烯酸酯/醋酸乙烯酯阻燃涂料

1. 原材料与配方（单位：质量份）

丙烯酸酯乳液	100	引发剂	0.2
氢氧化铝	30	钛白粉	1～2
硼酸锌	10	成膜剂	5～8
分散剂	5.0	防腐剂	0.1～0.5
增塑剂	5～8	消泡剂	0.1～0.2
颜、填料	2～5	其他助剂	适量

2. 制备方法

按配方设计的配比（质量比）准确称量各组分，将水、增塑剂、成膜助剂、分散剂、防腐剂、部分消泡剂加入搅拌缸中，低速搅拌分散 15～20min；在高速搅拌的条件下，按配方设计用量加入颜填料、氢氧化铝、硼酸锌，搅拌分散 60～70min，然后通过砂磨机研磨至规定细度，出料备用；在低速搅拌的条件下，将聚合物乳液、剩余消泡剂和增稠剂加入浆料中，搅拌均匀并调整至合适的黏度，即得阻燃型聚合物乳液防水涂料。

3. 性能与效果

采用丙烯酸乳液作为基料，阻燃剂氢氧化铝和硼酸锌复配制得的阻燃型聚合物乳液防水涂料既有良好的力学性能，又具有良好的阻燃性能，该材料使用方便，绿色环保，安全稳定，可广泛应用于建筑物屋面、地下室、厨卫间以及内外墙等防水工程中，满足防水设计要求的同时，可以提高建筑物的防火性能。

（九）水性硅苯乳液弹性涂料

1. 原材料与配方（单位：质量份）

硅苯乳液（JRJ-5033）	100	SN50-40	2～3
重质 $CaCO_3$	30～40	KS-2	0.3～0.5
高岭土	40～45	钛白粉	20～30
202 消泡剂	1.0	硅灰石	20～40
成膜助剂	3～5	乙二醇	3～4
CF-01	0.3～0.5	ANP-95	0.4～0.5
TT938	1～2	ASE-60	1～3
水	适量	其他助剂	适量
颜、填料	适量		

2. 制备方法

称料—配料—混料—中和—调节—卸料—包装。

3. 性能（见表 2-52）

表 2-52　JRJ-5033 硅丙乳液技术指标

项目	指标
w（不挥发物）/%	48±2
pH 值	7～9
黏度（60r/min）/mPa·s	200～2000
最低成膜温度/℃	≤0
玻璃化温度/℃	—18
w（二氧化硅）/%	0.55～1.00
冻融稳定性（3 次）	无异常
储存稳定性	无硬块，无絮凝，无明显分层结皮
稀释稳定性/%	≤5
机械稳定性	不破乳，无明显絮凝物
钙离子稳定性（0.5% $CaCl_2$ 溶液,48h）	无分层，无沉淀，无絮凝
游离甲醛/（g/kg）	≤0.06
VOC 含量/（g/kg）	≤28
w（残余单体）/%	≤0.08

从表 2-53 所示指标可以看出，用硅丙乳液配制的弹性涂料，不但可完全满足保温后墙体材料变化可能造成的各种隐患，而且耐沾污性能及各项力学指标都表现突出，这正是外墙弹性涂料所必须具备的，因此能使涂膜长久地保持应有的性能。

表 2-53　硅丙乳液弹性涂料检验数据

项目		指标
容器中状态		搅拌混合后无硬块,呈均匀状态
干燥时间(表干)/h		<2
对比率(白色或浅色)		<2
低温稳定性		不变质
耐水性(96h)		无异常层
耐碱性(96h)		无异常
耐洗刷性/次		>10000
耐人工老化性(白色或浅色)(400h)		不起泡,不剥落,无裂纹,粉化≤1级,变色≤2级
涂层耐温变性(5次循环)		无异常
耐沾污性(5次,白色或浅色)		<10
拉伸强度/MPa		2.5
断裂伸长率/%	标准状态下	328
	−10℃	83
	热处理	305

4. 效果

硅丙乳液具有很大的质量、性能、环保优势，是一种全新型的建筑涂料。在配制弹性涂料时，添加量比其他乳液降低 10%，仍能达到其他乳液的效果，有优越的性价比，这为其推广应用提供了广阔的空间。

（十）水性丙烯酸酯缓释杀虫内墙乳胶漆

1. 原材料与配方

原材料	型号	用量/质量份
零 VOC 纯丙烯酸乳液	SF-016	36
硅丙乳液	HN-7167	4
分散剂	SN-5040	0.3
润湿剂	X-405	0.3
羟乙基纤维素	B-30K	0.2
消泡剂	CF-245	0.3
钛白粉	R-706	20
煅烧高岭土	DB-80	5
重质碳酸钙（1500 目）		3
甲基丙烯酸甲酯-苯乙烯-丙烯酸丁酯共聚物微球		4
高效氯氟氰菊酯	墨菊	0.7
艾草提取液	EC-2241	0.3
负离子抗菌添加剂		0.2

原材料	型号	用量/质量份
增稠剂	TT935	0.8
去离子水		24.4
pH 值调节剂	AMP-95	0.2
防沉剂	DB-107F	0.3

2. 制备方法

① 缓释载体和复合杀虫添加剂预吸附：在甲基丙烯酸甲酯-苯乙烯-丙烯酸丁酯共聚物微球粉末中，低速分散下先后加入配方中定量的氯氟氰菊酯、艾草提取液、微量增效醚，混合均匀后静置24h充分预吸附。

② 增稠剂预溶解：将需添加的增稠剂与15倍去离子水混合均匀，密封待用即预制浆。

③ 按顺序准确向分散缸加入去离子水（预留一部分可用于调整黏度、冲洗缸壁、溶解残留预制浆），低转速下依次投入羟乙基纤维素至完全溶解，随后加入分散剂、润湿剂、一半消泡剂、颜填料、准备好的杀虫粉体和负离子-抗菌添加剂，调快转速分散30～40min至浆料细度≤50μm。

④ 降低转速，按顺序加入纯丙乳液、硅丙乳液、另一半消泡剂，搅拌10～20min后，缓慢投入预制浆及余下的去离子水以调整黏度至要求范围（参考值105～115KU/25℃），最后加入缓和的pH值调节剂使pH值在8～9，过滤后包装。

3. 性能 （见表2-54～表2-56）

表 2-54　不同乳液及配比对成品性能的影响

乳液种类	耐擦洗/次	光泽/%	VOC/(g/L)	耐沾污/%
m（叔醋乳液）∶m（VAE乳液）＝5∶5	750	40	16.2	27.4
纯丙乳液 SF-016	1080	55	9.0	14.3
m（SF-016）∶m（HN-7167）＝9∶1	2380	70	9.1	9.7
苯丙乳液	540	30	20.5	38.8
弹性乳液	850	46	13.2	30.1
m（纯丙乳液）∶m（苯丙乳液）＝6∶4	830	43	14.1	21.3

表 2-55　环保性能检测结果

检测项目	限量标准	检测结果
VOC/(g/L)	≤120	8.82
游离甲醛/(g/kg)	0.1	6×10^3
可溶性铅/(mg/kg)	≤90	未检出
可溶性镉/(mg/kg)	≤75	未检出
可溶性铬/(mg/kg)	≤60	未检出
可溶性汞/(mg/kg)	≤60	未检出

表 2-56　杀虫效果评价

害虫种类	KT_{50}/min	KT_{95}/min	24h死亡率/%	
			试验	空白
苍蝇	7.6	16.5	96	1
蚊子	8.5	17.7	95	0

4. 效果

功能乳胶漆，尤其是杀虫乳胶漆在保证功能持续有效的前提下，为满足并超越环保标准不引入一般内墙涂料常用的防冻液和成膜助剂等有机挥发类助剂，对成膜基材提出了更高要求，故而通过乳液优化补正因功能引入导致的常规性能下降。运用新型甲基丙烯酸甲酯-苯乙烯-丙烯酸丁酯共聚物微球近饱和吸附高效氟氯氰菊酯与艾草提取液的复配杀虫组分，加入经硅丙乳液改良的基础内墙涂料中，制得的环保缓释杀虫内墙乳胶漆能够迅速持久地驱逐、触杀各种害虫，并比普通乳胶漆更加环保无毒。

（十一）水性丙烯酸、自交联弹性防水建筑涂料

1. 原材料与配方

原料	规格型号	用量/质量份
白水泥	白度≥82%	65.0
重质碳酸钙	1250 目	24.0
滑石粉	白度≥85%	12.0
丙烯酸乳液	固含量48.6%	80.0
减水剂（聚羧酸系）	AF-CA	2.5
消泡剂（改性聚醚酯）	DF50	0.4
流平剂	BYK-378	0.3
成膜助剂（1,2-丙二醇）	CP	2.8

2. 制备方法

（1）乳液聚合

① 预乳化：在烧杯中加入质量比（下同）为 6.2/56.8/1.4/11.6 的混合单体 St/BA/AA/MMA 和一定量的 NMA，并分别将 40%的 H_2O（30.4g）、60%的复合乳化剂（SDS/OP-10，1/2）加入烧杯中，常温搅拌 40min，得到预乳化液。

② 种子乳液聚合：在装有搅拌器、温度计、冷凝回流器和氮气导入管的四口烧瓶中分别加入剩余的 40%的 H_2O、20%的 APS、剩余的复合乳化剂、$NaHCO_3$（0.2g）和 5%的预乳化液，在一定的反应温度下进行乳液聚合，搅拌速度为 250r/min，保温 30min，得到种子乳液。

③ 乳液聚合：在给定的反应温度下，把剩余的预乳化液均匀滴加到种子乳液中，约 3h 滴完，在滴加 1h 后开始均匀滴加 APS 溶液，2h 滴完。滴完后升温到 90℃下熟化反应 2h，之后降温到 50℃下用氨水调节 pH 值为 7～8，过滤出料。

（2）防水涂料制备　分别称量粉料混合均匀；将液料加入反应釜中，在 300～400r/min 下搅拌 1～2min；向反应釜中加入混合好的粉料，转速调至 600～800r/min，继续搅拌 12～15min；停止搅拌，将涂料涂在玻璃板上，并用刮刀刮平，室温下干燥。

3. 性能 （见表2-57）

表 2-57　防水涂料性能

项目	标准	自制	国内某企业
吸水率/%	—	10.7	10.3
拉伸强度/MPa	JS 国家标准 I 型≥1.2	1.82	1.47
断裂伸长率/%	JS 国家标准 I 型≥200	357	338

丙烯酸弹性乳液制备的防水涂料的拉伸强度和断裂伸长率都超过国家标准，同时高于市售丙烯酸乳液制备的防水涂料，涂料成膜后的吸水率与市售丙烯酸乳液制备的防水涂料相近。

4. 效果

① 加入 NMA，能够提高自交联丙烯酸弹性乳液的钙离子稳定性、黏度和交联度。

② 正交实验表明：当 APS、复合乳化剂和 NMA 用量分别为单体质量的 0.7％、3％和 1％，聚合温度为 75℃时，可以制得凝聚率低、转化率高、黏度和交联度适中的自交联丙烯酸弹性乳液。

③ 以优化实验条件得到的自交联弹性乳液制备的防水涂料涂膜吸水率较低、拉伸强度和断裂伸长率良好，超过了国家标准和市售产品性能。

（十二）水性环氧改性丙烯酸酯高附着力涂料

1. 原材料与配方

（1）环氧改性丙烯酸树脂合成配方

原料名称	用量/％	原料名称	用量/％
顺丁烯二酸酐	3	E-20 环氧树脂	5～15
甲基丙烯酸环己酯	5～20	二月桂酸二丁基锡	0.01～0.05
甲基丙烯酸甲酯	10～30	丙二醇甲醚醋酸酯	20
苯乙烯	10～30	乙二醇丁醚	5
过氧化二异丙苯	0.5～1.0	醋酸乙酯	15

（2）单组分环氧改性丙烯酸涂料配方

原料名称	用量/g	原料名称	用量/g
环氧改性丙烯酸树脂	65.0	醋酸乙酯	5.0
DP101 分散剂	0.4	乙二醇乙醚醋酸酯	3.0
AX3301 消泡剂	0.2	FM 5410 流平剂	0.2
R902 金红石型钛白粉	20.0	215W 防沉剂	1.0
二甲苯	5.2		

2. 制备方法

（1）侧链带有酸酐基团的丙烯酸树脂的制备　将顺丁烯二酸酐、甲基丙烯酸环己酯、甲基丙烯酸甲酯、苯乙烯、过氧化二异丙苯混合均匀，作为 A 组分；将一部分醋酸乙酯、过氧化二异丙苯混合均匀，按质量等分成三份，分别作为 B、C、D 组分；将余下的醋酸乙酯、丙二醇甲醚醋酸酯、乙二醇丁醚投入反应釜，加热到回流状态，滴加 A 组分，滴加时间为 3h；滴加完毕后，回流温度下保温 2h，保温结束后加入 B 组分，回流温度下保温 1h；保温结束后加入 C 组分，回流温度下保温 1h；保温结束后再加入 D 组分，回流温度下保温 1h，保温结束后降温至 90℃，过滤，出料，即得侧链带有酸酐基团的丙烯酸树脂。

（2）环氧改性丙烯酸树脂的制备　将 E-20 环氧树脂、侧链带有酸酐基团的丙烯酸树脂、二月桂酸二丁基锡依次加入四口烧瓶中，升温至 90℃，在此温度下进行保温反应；每隔 1h 取样测定酸值，直至酸值小于 10mgKOH/g，结束反应，即得环氧改性丙烯酸树脂。

（3）涂料制备　称料—配料—混料—中和—卸料—备用。

3. 性能（见表 2-58）

环氧树脂用量在 15％左右，改性树脂保留了丙烯酸树脂的优异性能，所得单组分涂料的附着力、硬度、光泽得到了提高，丰满度佳，适合用于难附着的基材。

涂膜对金属、陶瓷、玻璃、混凝土、木材等极性底材的附着力好。

表 2-58　环氧树脂含量对漆膜性能的影响

检测项目	环氧树脂含量/%			
	0	5	10	15
铅笔硬度	HB	H	1～2H	2H
附着力（划圈法）/级	3～4	2～3	2	1～2
60°光泽	85	86	88	92

（十三）水性丙烯酸酯调湿内墙涂料

1. 原材料与配方

	组分	用量/%
分散阶段	去离子水	28～23
	十二烷基苯磺酸钠	0.2
	六偏磷酸钠	0.7
	二甲基硅油	0.3
	磷酸三丁酯	0.3
	四氯苯醌	0.13
	金红石型钛白粉	
	立德粉	
	滑石粉	13.3～40
	碳酸钙	
	吸水树脂	1.0～6.0
	松节油	2.6
调漆阶段	醋-丙乳液（50%）	53.3～26.7
	磷酸三丁酯	
	总计	100%

注：按所述组分的次序加料，调匀，并高速分散 20min；低速搅拌下，按上述次序加料。

2. 制备方法

（1）吸水树脂的制备　在装有搅拌装置、通氮气的三颈瓶中，加入丙烯酸和水，在氮气保护下，依次加入交联剂、引发剂，保持反应温度 55℃，搅拌 10min 后，停止通氮气。在 60～65℃下反应 2～3h 后，制备出聚丙烯酸吸水树脂。干燥，粉碎，备用。

（2）涂料制备　称料—配料—混料—中和—调试—卸料—备用。

3. 性能 （见表 2-59 和表 2-60）

表 2-59　颜基比对涂膜性能的影响

涂膜性能	颜基比					
	0.5∶1	1∶1	1.5∶1	2∶1	2.5∶1	3∶1
附着力/级	2	2	2	3	3	4
邵尔 A 硬度	69	63	60	56	43	29
耐水性	9min	4min	1.5min	60s	30s	18s
耐碱性	良好	良好	良好	一般	一般	一般
耐酸性	48h 内无明显现象					
防结露值/(g/cm³)	0.6395	0.8180	0.7957	0.7051	0.5873	0.4893

注：附着力 0 级最好，1 级次之，依次类推，5 级最差。

表 2-60　吸水树脂用量对涂膜性能的影响

涂膜性能	质量分数(吸水树脂)/%					
	1	2	3	4	5	6
邵尔 A 硬度	63	61	61	59	59	57
附着力/级	2	2	2	3	3	3
耐碱性	无明显溶胀现象					
耐酸性	48h 内无明显现象					
吸水率/%	54	58	86	139	163	204
黏度/s	24	48	65	94	130	>150
密度/(g/mL)	1.3440	1.3632	1.3942	1.3900	1.4132	1.4384
不挥发物含量/%	49.52	50.89	51.46	51.98	52.44	52.79

4. 效果

① 涂膜的物理性能和耐化学性能随着乳液含量的增大而有很大提高，在颜基比为 (1∶1)～(1.5∶1) 时，涂膜可同时获得较好的亲水性和耐水性。

② 随着吸水树脂用量的增多，涂膜的硬度和耐水性下降，附着力变化不大，亲水性则明显增强；其用量为 2%～5% 时，所得涂膜的综合性能较好。

③ 以聚丙烯酸树脂为吸水剂，制备的丙烯酸酯共聚乳液涂料具有一定的调湿性能，其调湿性能受颜基比、吸水树脂用量以及涂膜交联温度的影响。

(十四) 水性丙烯酸酯外墙反射隔热涂料

1. 原材料与配方

预混阶段的涂料组分	m/g	调稀阶段的涂料组分	m/g
水	若干	纯丙乳液	40
润湿剂、分散剂	0.8	杀菌防霉剂	1
消泡剂	0.2	成膜助剂	1.5
云母粉	4	pH 调节剂	0.2
滑石粉	4	其他助溶剂	1
金红石型钛白粉	15	增稠剂	0.5
功能性填料（空心微珠等）	若干	水	调整至100

2. 制备方法

将润湿剂、分散剂等助剂加入水中，低速搅拌约 15min，然后缓慢加入颜、填料，高速搅拌约 20min（以空心微珠为功能性填料时，应在其他颜、填料高速分散后加入，并低速搅拌混合均匀）。高速搅拌结束后，加入适量消泡剂，以减少搅拌过程中产生的气泡，并加入适量增稠剂，最后在低速搅拌下，将制得的颜、填料浆与成膜助剂、混合均匀的乳液等混合，再加入适量的消泡剂、pH 调节剂、防腐剂，搅拌均匀，即配制成隔热涂料。

3. 性能

外墙反射隔热涂料对太阳光中的可见光及红外线都有较高的反射能力，使物体表面吸收的太阳辐射减小，在波长 8～135μm 的范围内具有较高的发射率，此波段内的红外辐射可以直接辐射到外层空间，表面的热量以红外辐射的方式高效地发射到大气外层。外墙反射隔热涂料的隔热机理示意图见图 2-4。性能见表 2-61 和表 2-62。

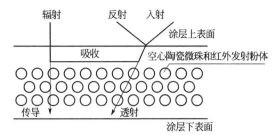

图 2-4　外墙反射隔热涂料隔热机理示意图

表 2-61　反射隔热涂料性能测试结果

检测项目	性能指标		检测结果
	JG/T 235—2014	GB/T 25261—2010	
太阳光反射比	≥0.80	≥0.80	0.83
半球发射率	≥0.80	≥0.80	0.87
隔热温差/℃	≥10	—	22
隔热温差衰减/℃	≤12	—	5

表 2-62　反射隔热涂料与现有保温系统比较

比较项目	外墙(屋面)反射隔热涂料	现有保温系统
机理	反射太阳光热辐射,并且能够以热辐射的形式将吸收的热量向外部空间发射	材料热导率低,减缓热量的传递
效果	能够以热发射的形式将吸收的热量辐射掉,从而可以使室内外保持恒定的温差;当室外温度降低时,室内可以室外以同样的速率降温	只能减慢,但不能阻挡热能的传递,长时间太阳光照射后,室内温度仍会升高至与室外温度相同。白天的热量经过屋顶和墙壁不断传入室内空间及结构,即使到晚上室外温度降低,热能还是存在其中
施工	与普通涂料施工方法相同,可喷涂、刷涂或辊涂,工艺简单;材料种类少,便于工程管理	EPS(膨胀聚苯乙烯板)/XPS等型材类保温材料要进行拼贴、铺网、锚栓固定等,接缝、结构层次多,工艺复杂;材料种类繁多,管理较困难
基面要求	适合各种形状表面	EPS/XPS外保温系统要求基面平整
施工周期	约1周	型材类保温系统约3个月,保温砂浆类体系1个月
安全性	无隐患	层间易分离、脱落,存在安全隐患
维护	铲掉面层涂料或对旧涂膜进行简单的清理,即可重新施工,维护简便,费用低	如出现问题需切割至原基层表面,工作量大,费用高

4. 效果

① 颜、填料折射率越大,则热反射性能越好;颜、填料的质量分数一般在20％～25％,热反射效果较好;粒径大的空心玻璃微珠绝热性能好,但涂层表面比较粗糙。

② 反射隔热涂料涂覆在建筑物外表面,可有效地隔绝太阳光热辐射。当热反射率在85％、辐射率在85％时,隔热效率为90.5％;当热反射率在90％、辐射率在90％时,隔热效率为95.8％。材料的热反射率比辐射率对隔热效果的影响更大。

③ 反射隔热涂料的一些指标太抽象,不能直观地表示节能效率。可根据墙体内外表面温差和热阻计算传热速率,比较隔热涂料和普通涂料传热速率的差异,得到隔热涂料的节能效率。

外墙反射隔热涂料具有高热反射、高热辐射、高热阻的特点，它是一种主动式的隔热材料。反射隔热涂料是近年开发的高性能保温材料，需要有相关理论与实践支持。

（十五）复合型水性丙烯酸酯外墙涂料

1. 原材料与配方（单位：质量份）

丙烯酸树脂	30	二氧化钛	0.42
硅藻土	1.5	云母	2.0
空心玻璃微珠	1.0	蒸馏水	6.58
热反射隔热粉	3.0	中和剂	适量
氧化铝	1.5	其他助剂	适量

2. 制备方法

（1）水溶性丙烯酸树脂的制备　在带有搅拌的四口烧瓶中加入水、十二烷基硫酸钠、乳化剂 OP-10 升温到 50℃，将 N-羟甲基丙烯酰胺水溶液、单体（甲基丙烯酸甲酯、丙烯酸丁酯、苯乙烯等）按配方混合并加入反应体系，搅拌乳化，继续升温并缓慢滴加过硫酸铵水溶液，于 80～82℃保温搅拌反应回流 1.5h，待体系降温至 50℃后用少量的三乙胺水溶液调节 pH＝7.5～8.5，用乙二醇丁醚和水混合稀释即可过滤出料，得到水溶性丙烯酸树脂。

（2）不同类型隔热涂料的制备

① 阻隔型/反射型/热反射型/辐射型隔热涂料的制备：将二氧化钛和隔热功能填料（硅藻土/空心玻璃微珠/热反射隔热粉/氧化铝）加入乳化机，搅拌分散即得颜、填料色浆；然后将水溶性丙烯酸树脂乳液加入调制好的颜、填料色浆中搅拌，调节黏度和 pH，即可得到相应的阻隔型/反射型/热反射型/辐射型隔热涂料。

② 复合型隔热涂料的制备：结合上述 4 种隔热功能填料的用量和隔热效果关系，采用正交实验，探索最佳的复合型涂料的最佳配方，按上述实验方法制备复合型隔热涂料。

3. 性能与效果

以水溶性丙烯酸树脂为基体，通过添加硅藻土、空心玻璃微珠、热反射隔热粉。氧化铝粉等具有隔热性能的功能颜料，制备了 4 类隔热涂料，它们的最佳配方的隔热温差分别为 6.9℃、7.2℃、10.2℃（颜料质量浓度为 45％条件下，掺量为 11％时）、6.3℃。在此基础上，对上述 4 种功能填料进行复合配制，制备得到了集 3 种隔热机理为一体的高效复合型隔热涂料，并利用正交实验得到复合型隔热涂料的最佳配方。测试结果表明：该配方制备的复合型隔热涂料隔热温差为 8.7℃，涂料的主要性能指标测试结果都符合相关标准要求，综合性能好，符合建筑外墙涂料低碳节能环保的发展趋势。

（十六）水性丙烯酸酯隔热保温外墙涂料

1. 原材料与配方

丙烯酸酯乳液	30％～50％	流变助剂	0.3％～0.5％
隔热功能填料	6％～15％	增稠剂	0.5％～2.0％
其他颜、填料	15％～30％	消泡剂	0.3％～0.7％
成膜助剂	2％～4％	防霉防菌剂	0.1％～0.3％
润湿分散剂	0.5％～1.5％	水	余量
疏水剂	1％～4％	其他助剂	适量
pH 调节剂	0.1％～0.3％		

2. 制备方法

按配方中的量，依次加入去离子水、防霉防菌剂、润湿分散剂、pH 调节剂、流变助剂和一半消泡剂，中速（1000～1200r/min）搅拌 3～5min，然后加入乳液、颜填料，再高速（2500～3000r/min）分散 30min，直到细度达 40μm 以下，接着在低速（600～800r/min）搅拌下加入成膜助剂、疏水剂和另一半消泡剂，搅拌 10min，最后添加适量增稠剂调节涂料至合适黏度（85～90KU），过滤即得成品。

将制得的隔热涂料按 GB/T 9755—2014《合成树脂乳液外墙涂料》的要求、采用线棒涂布器制板，在（23±2）℃、相对湿度 50%±5% 的条件下干燥 7d 即可测试。

3. 性能与效果

① 选择了综合性能优异的纯丙乳液 A 作为隔热保温涂料的成膜基料、隔热性能优异的热反射隔热粉作为功能填料，制备出一种新型建筑隔热保温外墙涂料。

② 相比于纳米 ATO 浆料、闭孔珍珠岩等隔热填料，热反射隔热粉和中空玻璃微珠的隔热保温效果较好，隔热效果分别在用量为 10% 和 7% 时达到最佳。但这两种隔热填料复配后，隔热效果反而比单独使用时差。热反射隔热粉和中空玻璃微珠涂层的宏观隔热效果、微观形貌和涂层厚度研究表明，热反射隔热粉的隔热效果较好，而且外观平整，适合作面漆。

③ 由自制仿真隔热测试仪和紫外-可见光-近红外分光光度计的测试结果可知，所制备的热反射隔热粉涂层具有良好的隔热保温功能，且可以薄涂施工，涂膜厚度仅需 200μm。

④ 当隔热保温涂料的颜、填料体积浓度（PVC）为 41.5% 时，涂层的耐沾污性和隔热性能最好，此时反射系数下降率为 4.31%，隔热温差为 8.5℃，太阳反射比为 0.8152，半球辐射率为 0.90。

（十七）水性纯丙/苯丙乳液建筑反射隔热涂料

1. 原材料与配方

序号	原材料	m/g
1	水	X
2	羟乙基纤维素	1.5
3	pH 调节剂	1.5
4	消泡剂	4
5	润湿剂	2.5
6	分散剂	6
7	填料	80
8	颜料	200
9	防腐剂	1.5
10	乳液	Y
11	流平剂	10
12	防冻剂	15
13	成膜助剂	适量
14	增稠剂	适量

注：X、Y 分别表示水和乳液的加量，可根据涂料配方设计需要确定具体的加量。

2. 涂料制备

按比例称取颜填料、树脂及相应溶剂，混合后用高速分散机进行分散，过滤，包装。

3. 性能（见表 2-63）

表 2-63　水性建筑反射隔热涂料的基本性能

检测项目	GB/T 9755—2014 技术要求	检测结果
容器中状态	无硬块，搅拌后呈均匀状态	合格
施工性	刷涂 2 道无障碍	合格
低温稳定性	不变质	合格
干燥时间（表干）/h	≤2	<2
涂膜外观	正常	正常
对比率（白色和浅色）	≥0.87	0.9
耐水性	96h 无异常	合格
耐碱性	48h 无异常	合格
耐洗刷性/次	≥500	>500
耐沾污性（白色或浅色）	≤20	16
涂层耐温变性（5 次循环）	无异常	合格
太阳光反射比（白色）[①]	≥0.80	合格
半球发射率[①]	≥0.80	合格

① 引自 JG/T 235—2014 建筑反射隔热涂料。

4. 效果

对多种反射填料进行紫外-可见-近红外反射率测试结果表明，金红石型二氧化钛和空心玻璃微珠能够有效地反射太阳热，二氧化钛的可见光反射率较高，玻璃微珠具有较好的红外反射作用，而且其低热导率有助于降低热传导和热对流。因此选用空心微珠和金红石型二氧化钛作为水性建筑热反射隔热涂料的填料。玻璃微珠的最优加入量为 4%～10%。采用金红石型二氧化钛、空心玻璃微珠作为填料同苯丙和纯丙乳液共混，制备的水性建筑热反射隔热涂料，其可见光反射率高达 91%，近红外反射率为 77%，半球发射率为 89.4%，涂层为 0.5mm 时，隔热指数超过 60%。

（十八）水性丙烯酸酯薄层保温隔热涂料

1. 原材料与配方（单位：质量份）

氟硅改性丙烯酸酯乳液	100	分散剂	1～3
纳米浆料	5～10	中和剂	1～2
中空玻璃微珠	10～15	去离子水	适量
二氧化钛	2～3	其他助剂	适量
消泡剂	0.2		

2. 制备方法

先将配方量的去离子水、二氧化钛、分散剂、消泡剂和其他助剂研磨成钛白浆，然后在钛白浆中加入乳液、纳米浆料和助剂，搅拌均匀后在慢速搅拌下加入中空玻璃微珠、流平剂等，继续搅拌均匀，即制得本涂料。

3. 性能

$1^\#$为没有刷涂料的玻璃试样，$2^\#$为玻璃样板上涂有普通涂料的试样，$3^\#$为玻璃样板上涂有本实验保温涂料的试样，t_4为试样下表面温度，t_5为恒温箱内温度（以下同）。测试结果见表 2-64。

表 2-64　不同试样的保温隔热效果比较

温度/℃	不同试样		
	$1^\#$	$2^\#$	$3^\#$
t_4	55	49	41
t_5	40	32	24

由表 2-65 结果可知，涂膜太薄保温隔热效果不理想。当涂膜达到一定厚度时，其保温隔热性能已相对恒定，再增加厚度，其保温性能改善幅度并不大，但会明显增加涂料成本和施工成本。保温涂料厚度仅需 0.5mm 就具有优良的保温隔热效果。涂膜的耐老化性能比较见表 2-66。

表 2-65　不同厚度涂膜的试样和恒温箱温度

温度/℃	涂膜厚度/mm				
	0.1	0.2	0.5	1.0	1.5
t_4	49	45	41	40	40
t_5	32	29	24	23	23

表 2-66　涂膜的耐老化性能比较

项目	涂料品种		
	A	B	本实验保温涂料
耐人工老化	600h变色 2 级,粉化 1 级	600h变色 2 级,粉化 1 级	1500h变色 2 级,粉化 1 级

4. 效果

① 相比于其他轻质保温材料，用中空玻璃微珠配制的保温涂料，其涂膜的热导率较低，且用量为 10%时，涂膜的综合性能最佳。

② 加入适当的纳米材料能提高涂膜的热反射率。

③ 由恒温箱测试结果可知，保温涂料具有良好的保温隔热功能，且可以薄涂施工（涂膜厚度仅需 0.5mm）。

④ 涂料中选用氟硅改性丙烯酸乳液为成膜物，且含有纳米材料，大幅度提高了涂膜的耐人工老化性能。

一、实用配方

1. 水性自交联丙烯酸防腐涂料

原料名称	用量/质量份	原料名称	用量/质量份
Acronal LR 8977	250	Acronal LR-8977	150
去离子水	80	乙二醇丁醚	15
FuC2003（分散剂）	3～5	丙二醇	适量
AMP-95	2.0	Texanol	25
BYK024	2.0	水	20
防沉剂	1.0	BYK028（消泡剂）	3.0
铁红	75	AnticorrosionL-1（防闪锈助剂）	3.0
1250 云母粉	150	PU85	适量
三聚磷酸铝	75～150	总计	约1000
改性磷酸锌	50～100		

注：Acronal LR-8977 为德国 BASF 自交联丙烯酸共聚物乳液。

水性防腐涂料由于用水替代溶剂型涂料中的溶剂，这样既可降低生产成本，又大大降低 VOC 的含量，所以水性涂料才得以迅猛发展。但水性防腐涂料与溶剂型防腐涂料之间的区别是不容忽视的，主要表现在三方面：①水的特殊性能（如表面张力、蒸发潜热、导电性）；②水性体系中的稳定剂（如乳化剂、分散剂）和水溶性助剂，例如溶剂型涂料的干燥速度可通过配方中各种溶剂的比例调节，虽然可通过一些高沸点或者低沸点的助溶剂进行调节，然而在水性体系中这种性能在很大程度上受水制约；另外水性体系中各种水溶性助剂对涂膜的性能影响较大，成膜之后它们都残留在涂膜中，增加了涂膜的吸水性，严重影响涂层体系的防腐性能；③钢铁底材遇水"闪锈"。

2. 水性铁红丙烯酸防锈涂料

① 乳液配方。

原材料	用量/%	原材料	用量/%
丙烯酸正丁酯（BA）	24.0	N-羟甲基丙烯酰胺（NMA）	5.6
苯乙烯（St）	15.0	过硫酸钾（$K_2S_2O_8$）	0.4
丙烯酸（AA）	1.5	OP-10 及烷基硫酸钠	1.0
甲基丙烯酸（MAA）	1.5	去离子水	49.0
甲基丙烯酸甲酯（MMA）	2.0		

② 水性铁红丙烯酸防锈涂料配方。

原材料	用量/%	原材料	用量/%
乳液	30.0	731 分散剂	0.4
氧化铁红	20.0	成膜剂及其他助剂	3.5
磷酸锌、锌黄	5.0	亚硝酸钠复合缓蚀剂	0.2
三聚磷酸铝	1.6	去离子水	22.0
六偏磷酸钠	0.3	合计	100.0
硫酸钡、滑石粉	17.0		

水性铁红丙烯酸防锈涂料是自干性涂料，其性能技术指标测试结果优于红丹酚醛防锈涂料和红丹醇酸防锈涂料。该涂料具有优良的耐盐水性、耐腐蚀性，漆膜附着力强、坚韧牢固，可与各类面漆配套使用。且以水为溶剂，无毒害、不燃不爆，对环境污染少。便于储存运输和施工涂装，安全可靠。该漆应用广泛：大型机械、车辆、船舶、桥梁、锅炉储罐与小型仪器仪表均可作为表面的防腐蚀涂装。

3. 水性丙烯酸富锌防腐涂料

原材料	用量/质量份	原材料	用量/质量份
LY-1	25～30	其他颜料	2～5
LY-2	7～12	助剂合计	4%～7%
锌粉	45～65	去离子水	适量

注：LY-1 和 LY-2 为丙烯酸类乳液，助剂加入量为乳液的质量分数。

① 水性丙烯酸富锌涂料是一种无污染的高效防蚀涂料，具有自干快、附着力强、施工方便等特点。

② 在该体系中，锌粉占总不挥发分质量的 70% 时，防蚀性能最佳。

4. 水性聚氨酯改性丙烯酸木器涂料

原材料	用量/%	原材料	用量/%
丙烯酸混合单体	50～60	增稠剂	0.5～1.0
水性聚氨酯分散体	20～25	润湿流平剂	0.2～0.4
成膜助剂和助溶剂	2.5～4.5	防腐剂	0.1～0.2
蜡乳液	2.0～4.0	香精	0.01～0.02

该木器涂料树脂最佳性能价格比的搭配为丙烯酸混合单体：水性聚氨酯分散体=(2～3)：1。对于本乳液体系选择 Texanol 酯醇做成膜助剂时效果较好。润湿流平剂选用兼具润湿和消泡作用的 BYK-341 比较合适。通过橡皮擦拭法选择了 C-1 乳化蜡，具有更好的耐擦能力，同时也提高了涂膜硬度，获得了满意的效果。为了保证涂料具有良好的施工性、储存性和使用效果，在涂料配制中加入一些其他的助剂，如调节黏度的增稠剂、防腐剂等，对于保证涂料的性能是必不可少的。

5. 水性丙烯酸铝粉浸涂涂料

① 树脂合成配方

原材料	用量/%	原材料	用量/%
水溶性专用有机溶剂	20～30	丙烯酸羟丙酯	1～3
异丁醇醚化三聚氰胺树脂	20～30	丙烯酸羟乙酯	2～8
甲基丙烯酸	2～5	丙烯酸丁酯	8～20
甲基丙烯酸甲酯	5～10	自配复合引发剂	适量
苯乙烯	2～8		

② 水性丙烯酸铝粉浸涂漆配方

原材料	用量/%	原材料	用量/%
水性树脂	40～60	特种铝粉	8～15
去离子水	20～30	各种助剂	1～4

该涂料既可作底面合一涂料，也可在其上再浸涂一道水性清漆，进而有效防止铝粉氧化变暗而得到更好的漆膜外观。

该涂料有良好的附着力、耐冲击性、耐候性、耐有机溶剂性，符合环保的要求。

6. 水性环氧丙烯酸浸涂涂料

原材料	用量/%	原材料	用量/%
水性环氧丙烯酸树脂（50%±2%）		多聚磷酸铝	4~8
	40~60	分散剂	适量
水性氨基树脂（75%±2%）	5~12	消泡剂	适量
色素炭黑	2~3	专用稀释剂	15~25
滑石粉	3~10	其他助剂	适量
高岭土	5~10		

水性环氧丙烯酸浸涂涂料不仅保留了溶剂型涂料的优点，而且使形状复杂工件的涂装简单化，主要用于汽车底盘的涂装。

7. 水性氨基丙烯酸涂料

① 羟基丙烯酸树脂的基本配方

原材料	用量/%	原材料	用量/%
单体：		中和剂：	
甲基丙烯酸甲酯	12.5	二甲基乙醇胺	4.8
苯乙烯	4.7	溶剂：	
丙烯酸丁酯	22.5	去离子水	19.0
丙烯酸	4.0	助溶剂：	
丙烯酸羟乙酯	6.3	乙二醇单丁醚	18.5
分子量调节剂：		异丙醇	6.5
硫基乙醇	0.5	其他助剂	适量
引发剂：			
偶氮二异丁腈	0.7		

② 水溶性漆配方。

原材料	用量/%	原材料	用量/%
钛白粉	9.0	去离子水	13.7
酞菁蓝	1.0	氨基树脂（H_1 或 H_2，55%）	6.0
分散剂	0.3	羟基丙烯酸树脂（45%）	70.0

水性氨基丙烯酸涂料性能测试结果见表 2-67。

表 2-67 水性氨基丙烯酸涂料性能测试结果

项目	测试结果
外观	蓝色
附着力/级别	1
柔软性/mm	<1
冲击强度/cm	>49
硬度	>2H
光泽（45℃）	>80 光泽单位
耐水（20~25℃）	1d 不起泡
固含量/%	>40
储存稳定性	>半年

具有漆膜性能好、固含量高等优点，遮盖力及施工性能良好。

8. 环氧改性丙烯酸乳胶防锈涂料

单位：g

编号	环氧 E-51	混合单体	去离子水	乳化剂
A	0	100	110	4
B	5	95	110	4
C	10	90	110	4
D	15	85	110	4

固化剂配方如下：

E-888 固化剂	100g	助剂	适量
颜、填料	20~40g	去离子水	适量

环氧改性丙烯酸乳胶防锈涂料性能测试结果见表 2-68。

表 2-68　环氧改性丙烯酸乳胶防锈涂料性能测试结果

检验项目	检测结果	检验项目	检测结果
外观	铁红色略有光泽	硬度	≥0.45
黏度(涂-4 杯)/s	50~90	柔韧性/mm	1
固含量/%	50±1	附着力/级	1
细度/μm	≤50	耐盐水(3% NaCl 浸)	96h 基本无变化
干燥时间/h	表干 0.5,实干 24, 烘干 1(105℃)	耐硝基、醇酸漆性	不咬起,不渗红

① 将环氧树脂与丙烯酸酯等单体混合，可以通过常规的乳液聚合手段，制成环氧改性丙烯酸乳液。

② 适量的极性单体共聚，可以大大提高乳液的各项稳定性。

③ 利用该乳液为成膜物，可以与颜填料、助剂、固化剂等制成双组分涂料，与现有乳胶防锈涂料相比，耐腐蚀性能有明显提高，且不需要成膜助剂即可形成良好的涂层。

9. 环氧丙烯酸热变色涂料

① 丙烯酸预聚物配方

原材料	用量/%	原材料	用量/%
丁醇	40.0	丙烯酸甲酯	2.9
甲基丙烯酸	17.4	过氧化苯甲酰（含30%水）	2.0
苯乙烯	8.7	丁基溶纤剂	29.0

② 环氧丙烯酸热变色涂料的配方

原材料	用量/%	原材料	用量/%
环氧丙烯酸乳液	40	去离子水	适量
热变色材料	40	助剂（增稠剂、成膜助剂、	
填料	20	防霉剂、消泡剂）	适量

环氧丙烯酸乳液的主要性能指标见表 2-69。

表 2-69　环氧丙烯酸乳液的主要性能指标

项目	性能指标	项目	性能指标
外观	清澈透明	酸值/(mgKOH/g)	2～8
固含量/%	≥50	储存稳定性(12 个月)	无分层、无析出
黏度/mPa·s	1300±300		

环氧丙烯酸热变色涂料的性能指标见表 2-70。

表 2-70　环氧丙烯酸热变色涂料的性能指标

项目	性能指标	项目	性能指标
漆膜外观	平整光滑	实干时间/h	≤2
附着力(划圈法)/级	≤1	硬度(摆杆法)	≥0.5
黏度(涂-4 杯)/s	≥50	柔韧性/mm	≤1
细度/μm	≤50	耐冲击性/cm	≥50
固含量/%	≥50	耐盐水性(3% NaCl,240h)	不起泡,不脱落
表干时间/min	≤15		

　　用性能优良的环保型环氧丙烯酸乳液作主要成膜物质，将无机热变色材料分散于环氧丙烯酸树脂中，制成的环氧丙烯酸热变色涂料，其性能优良，污染小，受热变色效果明显，可广泛用于装饰、汽车、化学防伪和各个工业领域。

二、水性丙烯酸酯涂料配方与制备工艺

(一) 水性丙烯酸酯木器涂料

1. 原材料与配方

（1）乳液配方（单位：质量份）

常规乳化剂	0.3～0.5	丙烯腈	4～8
聚合型乳化剂	0.3～0.5	官能单体	1.0～2.2
过硫酸钠（引发剂）	0.4～0.8	双丙酮丙烯酰胺	0.8～1.4
碳酸氢钠（缓冲剂）	0.03～0.05	水（溶剂）	55～60
甲基丙烯酸甲酯	14～19	氨水（中和剂）	0.5～0.8
苯乙烯	8～13	己二酸二酰肼（交联剂）	0.4～0.7
丙烯酸丁酯	10～15	其他助剂	适量

（2）涂料配方（单位：质量份）

丙烯酸酯乳液	100	颜填料	2～4
填料	10～15	分散剂	适量
增黏剂	5～6	去离子水	适量
钛白粉	1～3	其他助剂	适量

2. 制备方法

（1）乳液制备

① 核乳液的制备。将计量好的部分常规乳化剂、pH 值缓冲剂、水投入釜底，加热至 80～82℃，在另一个罐中加入剩余常规乳化剂、聚合型乳化剂、核单体、部分去离子水制备

预乳液。加入 1/3 的引发剂溶液至釜中，搅拌均匀后，加入部分预乳液制备种子乳液，15min 后滴加预乳液，滴加时间约 2h，温度控制在 83~85℃，保温 1h。

② 核/壳乳液的制备。继续滴加壳单体（或壳预乳液）约 1h，剩余引发剂溶液伴随单体滴完，总共滴加时间为 3h，温度控制在 83~85℃，保温 1h，降温至 60~65℃，氨水中和使 pH 值到 7.0~8.0，冷却，加入己二酸二酰肼。过滤出料，得核壳乳液。

（2）涂料制备　称料—配料—混料—中和—调节—卸料。

3. 性能与效果

① 采用预乳化工艺和半连续种子乳液聚合的方式，制得了具有核/壳结构且性能优异的丙烯酸酯乳液，可用于环保型木器涂料。

② 最佳乳化剂用量为 2%~3%，核壳两阶段乳化剂用量的配比在 10:1，最佳交联剂用量为 4%~6%。

③ 由于使用了环保型的乳化剂，使最终产品不含 APEO，是环保型产品。

（二）水性丙烯酸酯裂纹漆

1. 原材料与配方

（1）水性底漆配方（单位：质量份）

丙烯酸酯水性树脂	100	防腐剂	1~3
金粉	1~5	水	适量
润湿剂	0.5~1.5	其他助剂	适量
消泡剂	0.2~0.3		

（2）水性面漆配方（单位：质量份）

丙烯酸酯水性树脂	100	消泡剂	0.5
钛白粉	5~6	增稠剂	2~4
分散剂	1~3	防腐剂	1~2
润湿剂	1~2	其他助剂	适量

2. 制备方法

（1）水性底漆的制备　以水性金底漆为例，由底用水性树脂、金粉、润湿剂、消泡剂、防腐剂及水构成，混合均匀即可。

（2）水性面漆的制备　以水性白面漆为例，由面用水性树脂、钛白粉、分散剂、润湿剂、消泡剂、增稠剂及防腐剂等组成，在混合机中混合均匀即可。

（3）样板制作　先取封闭好的木板，打磨平整；再喷涂水性金底漆；等底漆干燥一段时间后，直接喷涂水性白面漆。

3. 性能与效果

不同底漆-面漆组合性能测试结果见表 2-71。

表 2-71　不同底漆-面漆组合性能测试结果

底漆-面漆组合	裂纹效果	附着力	综合评价
单组分金底漆/单组分白面漆	全面规则小圈块状裂	中	3
单组分金底漆/双组分白面漆	完整无裂	—	0
双组分金底漆/单组分白面漆	全面规则小花朵状裂	良	5
双组分金底漆/双组分白面漆	完整无裂	—	0

注：测试条件为 15℃、相对湿度 95%；评级 0 最低，5 最高。

采用亲水性强的水性树脂制备双组分水性底漆，与快干、坚硬且疏水性强的单组分水性面漆组成水性裂纹漆产品组合，喷涂施工，在底干2～5h内罩面，就得到良好的裂纹装饰效果，且结果受环境温度和湿度的影响不大。

（三）水性丙烯酸酯户外木器涂料

1. 原材料与配方

（1）乳液配方

原料名称	规格	用量/质量份
甲基丙烯酸甲酯（MMA）	工业级	60
丙烯酸丁酯（BA）	工业级	40
苯乙烯（St）	工业级	5.0
丙烯酸（AA）	工业级	3.0
自交联单体1	工业级	1～2
自交联单体2	工业级	0.5
乳化剂	工业级	3.0
引发剂	工业级	1～2
中和剂	工业级	1～3
去离子水	—	适量
其他助剂		适量

（2）水性户外木器涂料配方

序号	物料	w/%	供应商	备注
1	丙烯酸乳液	50	万华	
2	Surfynol 104 BC	1	Air	高速分散10min
3	DPM	1		
4	DPnB	1		
5	水	2		先将3、4、5预混合，再慢慢加入
6	TS-100	1	Degussa	高速分散10min
7	Laponite S 0482(10%水溶液)	1	Rockwood	
8	BYK 348	0.3	BYK	
9	Tego Glide 482	0.3	Tego	
10	BYK 025	0.2	BYK	
11	Vesmody™U 604(40%水溶液)	0.9	万华	高速分散30min，降低转速分散
12	丙烯酸乳液	25	万华	
13	水	15.3		
14	Vesmody™U 604(40%水溶液)	1	万华	
合计		100		

注：配方参数为黏度（涂-4杯，24℃）40s，光泽度25%～30%。

2. 制备方法

（1）核壳结构丙烯酸酯乳液的制备　在装有搅拌器、冷凝管、温度计的四口烧瓶中，加入一定量的去离子水、部分乳化剂和缓冲剂，形成均匀稳定的釜底料，水浴加热，升温到设定温度。将单体混合成预乳化液，在高速搅拌下将上述配好的混合单体加入，预乳化15min，分别得到核层和壳层预乳化单体。将部分核层预乳化液单体加到四口烧瓶中，快速搅拌5min后，降低搅拌速度，加入引发剂水溶液，引发聚合反应。当反应体系乳液变蓝且单体回流消失后，开始同步滴加剩余的核层预乳化剂和引发剂水溶液，滴加完并保温后，滴加壳层预乳化液和引发剂水溶液。完毕后氨水中和到 pH≈8.5，用 200 目滤网过滤，得到具有核壳结构的丙烯酸酯乳液。

（2）涂料制备　称料—配料—混料—中和—卸料。

3. 性能与效果（见表 2-72 和表 2-73）

表 2-72　乳液技术指标

检测项目	技术指标	检测方法
外观	半透明至乳白色液体	目测
黏度/mPa·s	200～1200	Brookfield 黏度仪
固含量/%	45±1	GB/T 1725—2007
pH 值	7.0～9.0	GB/T 20623—2006
最低成膜温度/℃	5	最低成膜温度仪
储存稳定性	通过	50℃,30d
机械稳定性	通过	4000r/min,15min
离子稳定性	通过	

表 2-73　涂料性能测试结果

项目	测试结果	测试标准
在容器中状态	搅拌后均匀无硬块状	GB/T 23999—2009
细度/mm	20	GB/T 1724—1979
储存稳定性(50℃,7d)	无异常	GB/T 23999—2009
表干时间/min	16	GB/T 1728—1979 乙法
实干时间/min	35	GB/T 1728—1979 甲法
铅笔硬度(三菱,擦伤)	HB	GB/T 6739—2006
摆杆硬度(K 摆)/s	84	GB/T 1730—2007
附着力/级	0	GB/T 9286—1998
柔韧性/mm	0.5	GB/T 1731—1993
抗冲击/kg·cm	80	GB/T 1732—1993
早期耐水性(48h)	无异常	GB/T 1733—1993
拉伸强度/MPa	6.5	—
断裂伸长率/%	237	—
失光率/%	3.3	—
失光程度/级	0	—
色差 ΔE	0.8	—
变色程度/级	0	—

（四）水性丙烯酸酯木器用乳胶漆

1. 原材料与配方

（1）乳液配方（单位：质量份）

丙烯酸丁酯	60	2-甲基丙烯酰氧乙基甲基氯化铵	1～3
甲基丙烯酸甲酯	40	交联剂	1～2
PVA	20～30	水	适量
$K_2S_2O_8$	1.0	其他助剂	适量
苯乙烯	5.0		

（2）涂料配方（单位：质量份）

丙烯酸酯乳液	90	中和剂	1～2
PVA	10	颜、填料	2～3
填料	10～20	水	适量
增稠剂	5～6	其他助剂	适量

2. 制备方法

（1）阳离子乳液的制备　以一定量的过硫酸钾为引发剂，2-甲基丙烯酰氧乙基三甲基氯化铵、甲基丙烯酸甲酯、丙烯酸丁酯、苯乙烯、丙烯酸乙酯等为反应单体，PVA 为乳化剂，在一定温度范围内反应一段时间后，即得阳离子乳液。

（2）涂料制备　称料—配料—混料—中和—卸料。

3. 性能与效果

通过对阳离子乳液合成工艺的探索，确定了最佳合成路线，实验结果说明：苯乙烯不适合作为阳离子乳液的单体使用，为了使乳液细腻均匀，甲酯和丁酯的量最好在 13g 左右。乙酯作为单体时也会导致乳液不稳定，因此，合成阳离子乳液的最佳配方确定后，其制备工艺温度应控制在 80～90℃，引发剂过硫酸钾的用量要适量，传统单体和功能单体缺一不可，加料速度应均匀，不宜忽快忽慢，以免影响产品的性能。按照此工艺要求，能够合成出适用于木器涂料的均匀、细腻且黏度适中的阳离子高聚物乳液。用此乳液制备的涂料主要用于木器的涂覆与防腐。

（五）水性丙烯酸酯自交联木器涂料

1. 原材料与配方

（1）乳液配方（用量：质量份）

丙烯酸丁酯	60	己二酸二酰肼	1～2
甲基丙烯酸酯	30	十二烷基硫酸钠	1～2
甲基丙烯酸甲酯	10	过硫酸铵	0.1～0.5
衣康酸	5.0	水	适量
苯乙烯	4.0	其他助剂	适量
双丙酮丙烯酰胺	1～3		

（2）涂料配方（用量：质量份）

序号	原材料	用量/%	备注
1	乳液 A	85.0	自制乳液
2	水	3.8	去离子水
3	酯醇 12	5.0	工业级
4	二氧化硅	0.5	消光剂
5	Twin 4100	0.5	润湿剂
6	QS-102	1.0	流平剂
7	AF-013A	0.6	消泡剂
8	MD-2000	3.0	蜡乳液
9	DL-2020B	0.6	增稠剂
	合计	100	

2. 制备方法

（1）水性木器涂料乳液的合成

① 核层预乳化。向预乳化釜加入核层配方所需的去离子水、缓冲剂、复合乳化剂，搅拌均匀后，提高搅拌转速为 150～200r/min；依次加入甲基丙烯酸、甲基丙烯酸甲酯、苯乙烯，继续搅拌进行预乳化 10～20min，得到预乳液，待用。

② 合成核层乳液。向反应釜中加入去离子水、缓冲剂、复合乳化剂，搅拌均匀后，加入占步骤①总质量的 5% 的预乳液；升温至 70～72℃，向反应釜投入釜底引发液，此时温度逐渐上升，至温度达到 80～82℃，保持温度不变，保温反应 15min。同时把预乳液和反应引发液缓慢滴加至反应釜中，滴加过程中温度控制在 80～82℃；核层预乳液滴加剩余一定量时，停止滴加引发液和预乳化液；保温反应 0.5h。

③ 壳层预乳化。向核层预乳液剩余部分，加入配方所需丙烯酸丁酯、双丙酮丙烯酰胺，继续乳化 10min。

④ 合成壳层乳液。把壳层预乳化液和剩余引发液继续滴加反应，滴加完毕后，保温反应 1h。

⑤ 降温出料。保温结束后；降温至 50～55℃，加入 AMP-95 调节 pH 值至 7.0～7.5，加入 ADH 水溶液、消泡剂，过滤出料，得到室温自交联丙烯酸酯乳液 A。

（2）水性木器清漆的制备及其木器制品

① 水性木器清漆的制备。按照实验配方定量称量乳液 A，600r/min 搅拌条件下加入预混后的水、酯醇 12、Twin 4100 润湿剂、QS-102 有机硅流平剂、MD-2000 水性蜡、二氧化硅，1500r/min 分散 15min，将转速调至 600r/min 加入 AF-013A 有机硅消泡剂，使用 DL-2020B 调整黏度并慢速消泡 10min。

② 木器漆样板印刷。在预先已经过封底和底漆的木板上喷涂所制作的水性清漆，在 45℃ 的烘箱中放置 24h，备用。

3. 性能（见表 2-74 和表 2-75）

表 2-74 不同合成工艺乳液性能的对比

乳液聚合工艺	粒径/nm	成膜硬度	漆膜韧性	最低成膜温度/℃	工艺特点
预乳化乳液聚合	113	1.5H	漆面完好,但弯曲底材有爆裂	45	工艺简单、聚合稳定
核壳乳液聚合	130	1.5H	漆面完好且弯曲模板	25	工艺较复杂,对聚合控制要求高

表 2-75 不同玻璃化温度对水性涂料的影响

乳液的 T_g/℃	漆膜硬度	漆膜韧性	成膜温度/℃
40	B	漆面完好	<5
50	1H	漆面完好	<5
60	1.5H	漆面完好	5
70	2H	有三条裂纹	16
80	2H	有 8 条裂纹	23

4. 效果

该乳液玻璃化温度60℃时，乳液的综合性能较为平衡，硬度达到2H，耐水性好，漆面抗冻性好。

（六）水性有机硅改性羟基丙烯酸树脂木器涂料

1. 原材料与配方

（1）乳液配方（单位：质量份）

甲基丙烯酸甲酯	50	引发剂	0.1～1.0
甲基丙烯酸羟乙酯	50	三乙胺	0.5～1.5
苯乙烯	3.0	固化剂	2～4
丙烯酸羟丙酯	5.0	去离子水	适量
丙二醇单醚醋酸酯	1～3	其他助剂	适量
乙烯基三异丙氧基硅烷	5～8		

（2）涂料配方（单位：质量份）

水性羟丙烯酸树脂	100	颜填料	1～3
多异氰酸酯水分散体	5～8	中和剂	1～2
促进剂	0.5	去离子水	适量
填料	3～6	其他助剂	适量

2. 制备方法

（1）有机硅氧烷改性水性羟基丙烯酸树脂的合成工艺　量取一定量的溶剂丙二醇单甲醚醋酸酯，按一定配比分为两部分，一部分加入装备有搅拌装置、滴加装置、冷凝管、热电偶的四口烧瓶中，搅拌并加热到所需的温度，另一部分与含羧基及羟基的丙烯酸酯类单体、有机硅氧烷单体、引发剂按一定配比均匀混合，加入滴液漏斗中，均匀滴加入四口烧瓶，保持反应温度和搅拌速度恒定，在2～4h内滴加完毕，然后保温直到转化率达到要求，降温至50℃以下后加入中和剂三乙胺，再加入去离子水得成品。

（2）水性双组分木器涂料的配制工艺　按一定的—NCO基与—OH基比例分别称取一定量的水性羟基丙烯酸树脂和多异氰酸酯水分散体固化剂，以合适的剪切速率搅拌水性羟基丙烯酸树脂，同时缓慢地加入多异氰酸酯水分散体固化剂，接着加入一定量的去离子水，以达到合适的固含量和黏度。

3. 性能与效果

涂膜性能见表2-76。

表2-76　水性双组分有机硅氧烷改性丙烯酸聚氨酯涂料的涂膜性能

临界干膜厚度/μm	抗冲击性(50cm)	硬度	光泽	柔韧性/级
＞90	通过	0.8	95	1

耐人工老化时间/h	附着力	耐水性无变化时间/h	抗甲乙酮擦洗性/次
＞1000	2级	48	＞200

通过对水性羟基丙烯酸树脂进行有机硅氧烷改性，并选择理想的工艺参数提高双组分的相容性及涂膜和干燥性能。研究表明，树脂配方中选择较高活性的羟基丙烯酸酯类单体、阻碍性的乙烯基三异丙氧基硅烷单体，选取酸值在35～50mgKOH/g之间，羟基含量在3.5%左右，玻璃化温度在25℃左右以及60%的中和度，所合成的树脂与固化剂具有良好的相容性，配制的双组分木器涂料具有优异的涂膜和干燥性能。

（七）户外钢结构用高光泽高硬度水性丙烯酸面漆

1. 原材料与配方

水	11%～21%	分散剂	0.2%～0.7%
防腐防霉剂	0.1%～0.3%	防闪锈剂	0.1%～0.2%
消泡剂	0.1%～0.2%	水性丙烯酸乳液	45.0%～55.0%
颜填料	13.0%～25.0%	增稠剂	0.1%～0.2%
成膜助剂	6.0%～10.0%	中和剂	0.5%～1.5%
润湿剂	0.1%～0.2%	其他助剂	适量

2. 制备方法

按照配方中的量，在水中加入防腐防霉剂、润湿剂、分散剂、防闪锈剂和消泡剂，中速搅拌 5min 左右，然后加入颜填料，在高剪切力作用下高速分散 30min，使细度小于 40μm，然后在低速搅拌下加入成膜树脂搅拌 10min，充分混合均匀后加入成膜助剂，最后添加适量增稠流变助剂调节涂料至合适黏度，过滤，即得成品。

3. 性能

选择聚氨酯改性苯丙乳液 B 作为成膜树脂，疏水分子改性羧酸钠盐 A 为分散剂（用量为 0.4%），金红石型钛白粉 C 为颜填料（用量为 14%），成膜助剂 Texanol 与 DPnB 用量均为 4%，所制备的丙烯酸面漆涂膜性能检测结果见表 2-77。

表 2-77　丙烯酸面漆涂膜性能检测结果

检测项目	检测结果
光泽	74
附着力/级	0～1
铅笔硬度	H～2H
柔韧性/mm	<2
正/反冲击强度/kg·cm	45/10
耐盐水(5%NaCl)	45d 无异常
耐水性	60d 无异常
耐盐雾腐蚀(5%NaCl)	330h 完好

4. 效果

① 选择二丙二醇丁醚（DPnB）和十二醇酯（Texanol）为成膜助剂，其用量均为 4% 时，漆膜在 5℃下可以正常成膜。

② 使用不同型号的金红石型钛白粉时所得漆膜的遮盖力和光泽有所不同。以金红石型钛白粉 C 作为主要颜填料，其用量为 14% 时，所得漆膜遮盖力在 90% 以上，光泽度较高。

③ 不同种类分散剂对涂层性能有很大影响。选用疏水分子改性羧酸钠盐 A 为分散剂，其用量为 0.4% 时，涂料平均粒径最小、粒径分布最窄，涂膜光泽度和耐腐蚀性能均较佳。

④ 以聚氨酯改性苯丙乳液 B 作为成膜树脂，疏水分子改性羧酸钠盐 A 为分散剂（用量为 0.4%），金红石型钛白粉 C 为颜填料（用量为 14%），成膜助剂 Texanol 与 DPnB 用量均为 4%，所制备的丙烯酸面漆光泽度为 74，附着力 0～1 级，硬度 H～2H，正、反冲击强度

分别为 40kg·cm 和 10kg·cm，耐盐雾腐蚀时间达 330h。该丙烯酸面漆性能优异，适用于户外普通钢结构材料，能满足其装饰及防腐要求。

（八）有机硅改性丙烯酸酯水性带锈防锈涂料

1. 原材料与配方

（1）乳液配方

原材料	质量分数/%	原材料	质量分数/%
MMA（甲基丙烯酸甲酯）	40.00	SDS（十二烷基硫酸钠）	1.00
BA（丙烯酸丁酯）	44.00	OP-10（聚氧乙烯壬基酚醚）	3.00
AA（丙烯酸）	4.00	KSP（过硫酸钾）	0.40
A-151a（乙烯基硅油）	5.62	H_2O	110.50

（2）涂料配方

原材料	质量分数/%	
	1#	3#
乳液	50.0	50.0
无机稳定剂	7.0	9.0
氧化铁红	12.0	20.0
AMP-95 缓冲液	0.1	0.5
分散剂	0.6	0.6
消泡剂	0.3	0.3
亚硝酸钠	0.4	0.4
磷酸锌	0.3	0.3
润湿剂	0.1	0.1
成膜助剂（占乳液比例）	6.0	6.0
流平剂	适量	适量
增稠剂	适量	适量

2. 制备方法

（1）硅丙乳液的合成　采用乙烯基三乙氧基硅油对丙烯酸酯进行改性制备硅丙乳液。乳液聚合过程不仅包括丙烯酸类单体的共聚反应、有机硅氧烷的共聚反应、有机硅氧烷与丙烯酸酯类单体之间的共聚反应，还包括硅氧烷中的烷氧基水解生成硅醇、硅醇发生缩合生成缩合物的缩聚反应。最终乳液是由丙烯酸酯的共聚物、丙烯酸和有机硅氧烷的共聚物、硅氧烷的均聚物、硅氧烷的水解缩合物组成的混合物。硅丙乳液干燥成膜时，硅氧烷水解、缩聚，可在聚合物分子之间，以及聚合物与基材之间形成牢固交联的 —（Si—O—Si）— 立体网络结构，使漆膜具有很强的耐水性和附着力。硅丙共聚物交联机理如图 2-5 所示。

（2）水性带锈防锈涂料的制备　以研制的硅丙乳液为成膜物，无毒高效的有机转化剂及无机稳定剂为带锈防锈主体成分，优选出磷酸锌和氧化铁红配用组成防锈颜料体系，并加入缓蚀剂亚硝酸钠、分散剂 TM-950、润湿剂 X-16、消泡剂 QF246、缓冲剂 AMP-95、滑石粉、醇酯-12、流平剂、增稠剂、去离子水。经优化组合制得一种力学性能好、无毒、不燃、附着力好、带锈防锈能力优良的水性带锈涂料。

（3）涂膜的制备工艺　选择 120mm×50mm 马口铁作为本实验测试用样板。无须对测试样板进行过度表面处理，清除浮锈即可。

参照 GB/T 1727—1992《漆膜一般制备法》要求进行涂布。采用刷涂法涂覆 2 道，第 1

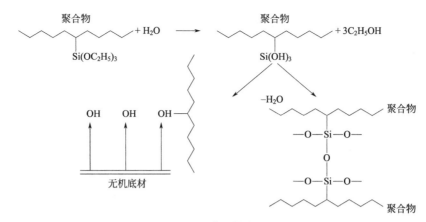

图 2-5　硅丙共聚物交联机理

道涂布量为 $(150\pm20)g/m^2$（按 55％固体分的涂料计算）；第 2 道涂布量为 $(100\pm20)g/m^2$（若涂料的固体分不是 55％，可换算成等量的成膜物质进行涂布）。施涂间隔时间为 4h，涂完末道涂层后使样板涂漆面向上，于 $(23\pm2)℃$、(50 ± 5)％相对湿度的条件下干燥 7d。

3. 性能（表 2-78 和表 2-79）

表 2-78　涂膜性能测试结果

序号	表干时间 /min	实干时间 /h	耐水性 (24h)	耐盐水性 (3％NaCl,24h)	硬度	附着力 /级	遮盖力 /(g/m²)	耐冲击性 /cm	耐盐雾性 /h
1	60	≤5	无明显变化	无明显变化	2H	3	200	50	240
2	50	≤5	无明显变化	无明显变化	2H	1	200	50	240
3	60	≤5	无明显变化	无明显变化	6H	3	250	50	240
4	60	≤5	1h后起泡	无明显变化	2H	3	160	50	240
5	45	≤5	无明显变化	无明显变化	6H	3	120	50	240
6	45	≤5	无明显变化	无明显变化	2H	3	160	50	240
7	50	≤5	2h后溶于水	无明显变化	3H	3	160	50	240
8	65	≤5	1h后起泡	无明显变化	3H	3	200	50	240
9	65	≤5	2h后溶于水	无明显变化	3H	3	200	50	240

表 2-79　不同成膜物水性带锈防锈涂料性能对比

成膜物	耐水性 (24h)	耐盐水性 (3％NaCl,24h)	硬度	附着力 /级	耐冲击性 /cm	耐盐雾性 /h
纯丙乳液	少许起泡	无明显变化	3H	1	20	＞240
苯丙乳液	少许起泡	起泡	2H	1	＞50	＞240
硅丙乳液	无明显变化	无明显变化	2H	3	＞50	＞240

4. 效果

　　以硅丙乳液为成膜物制备水性带锈防锈涂料，采用正交实验优化筛选了涂料配方，其耐盐雾性、耐盐水性、硬度、附着力、耐冲击性和耐水性等都符合国家标准，并可带锈涂装。其综合性能优于苯丙带锈防锈涂料和纯丙带锈防锈涂料。

(九) 水性阳离子丙烯酸金属防锈底漆

1. 原材料与配方

	组分	用量/g	说明
打浆部分	水	200	水
	Disperbyk 190	6	非离子型分散剂
	ECOSURF LF-45	2	非离子型润湿剂
	ZMP	50.0	防锈颜料
	滑石粉	150	片状填料
	硫酸钡	100	惰性填料
	Foamex 825	2	消泡剂
调漆部分	SYNTRAN 6305	450	阳离子丙烯酸树脂
	二丙二醇甲醚 DPM	15	成膜助剂
	二丙二醇丁醚 DPnB	12	成膜助剂
	FC-4430	1	润湿流平剂
	Foamex 825	2	消泡剂
	稀磷酸	2	pH 值调节剂
	Acysol RM-12W	8	增稠剂
	共计	1000	

2. 制备方法

称料—配料—混料—中和—卸料—备用。

3. 性能 (见表 2-80)

表 2-80 不同乳液和防锈颜料阳离子丙烯酸金属防锈底漆的性能比较

配方	乳液＋防锈颜料/(kg/t)	耐水	耐盐雾	耐酸	耐碱	附着力/级	配方成本排名
1	400＋25	5	4	4	5	1	9
2	400＋50	5	4	4	5	1	7
3	400＋75	5	5	4	5	1	4
4	450＋25	5	5	5	5	0	8
5	450＋50	5	5	4	5	0	6
6	450＋75	5	5	4	5	0	3
7	500＋25	5	4	5	5	0	5
8	500＋50	5	5	5	5	0	2
9	500＋75	5	5	4	5	0	1

注：1. 附着力按照国家标准的标准测试。

2. 成本高低不是按照乳液和防锈颜料的成本核算，而是按照配方的综合成本排名。

3. 其余测试结果，按照5分最高，0分最低的相对排名，不是绝对性能的比较。

4. 效果

综上所述，水性阳离子丙烯酸金属防锈底漆是一种低 VOC 并且性能良好的环境友好型涂料。作为成膜物质的阳离子丙烯酸乳胶粒子表面带有正电荷，能够对底材，特别是带有很多自由电子的金属底材有很好的附着力。配方中的磷酸根离子可以钝化缓蚀金属表面，阳离子型的底漆不光对底材有很好的附着力，对阴离子型的面漆也有很好的结合力，而且对于底材表面的铁锈有着十分优异的遮盖防渗透功能。水性阳离子丙烯酸金属防锈底漆配方的原材料选择，一定要遵循用非离子、表面带正电荷或者不带电荷、水溶液呈酸性的原则，这样才能够保证配方不絮凝结块，长时间储存稳定。

（十）水性丙烯酸酯防腐涂料

1. 原材料与配方（单位：质量份）

水性丙烯酸乳液	50	增稠剂	5～8
WD-S-800 复合铁钛粉	50	成膜剂	3～6
改性磷酸锌	10	中和剂	适量
分散剂	3～5	去离子水	适量
消泡剂	1～2	其他助剂	适量

2. 制备方法

按配方称量药品，将分散剂溶于一定量去离子水搅拌，依次加入水性丙烯酸乳液、复合铁钛粉、滑石粉，钛白粉、高岭土、改性磷酸锌，搅拌均匀，然后用砂磨机将上述混合物砂磨至 $50\mu m$ 以下，调节 pH 值，在搅拌状态下加入消泡剂、成膜助剂、增稠剂，并用去离子水调节黏度，经 200 目滤网过滤，即得涂料样品。

按照 GB/T 1771—2007 标准在钢板上制作好试样，以石蜡和松香 1∶1 的混合物封边，以备后续所需。

3. 性能与效果

水性防腐涂料基本性能测试结果见表 2-81。

表 2-81　水性防腐涂料基本性能测试结果

测试项目	测试结果	JG/T 224—2007 建筑用钢结构防腐涂料
表干时间/h	≤1	≤4
实干时间/h	≤12	≤24
附着力/级	1	≤1
细度/μm	≤50	≤60
耐冲击性/cm	50	≥30
耐酸性	240h 无异常	96h 无异常
耐水性	480h 无异常	168h 无异常
耐盐水性	720h 涂膜完好	120h 无异常

在保证涂料的基本性能符合相应国家标准的情况下，选取 pH 值为 8，PVC 在 30%～40% 的范围内，其综合性能最好，涂料的耐盐雾性提高到 408h。新产品使得普通水性丙烯酸涂料在保持其原有各项优点的同时，适用范围有了明显的扩大，使用寿命明显延长，尤其在钢结构材料领域、温暖潮湿地域以及海洋周边等盐含量较高地区，将发挥巨大作用。

(十一) 水性单组分丙烯酸酯防锈涂料

1. 原材料与配方（单位：质量份）

组分	配方 1	配方 2	配方 3
丙烯酸酯金属防锈乳液	50	50	50
缔合型聚氨酯增稠剂	0.25	—	—
纤维素醚增稠剂	—	0.13	—
疏水改性碱溶胀丙烯酸酯型增稠剂	—	—	0.5
氧化铁红	15	15	15
pH 值调节剂	0.2	0.2	0.2
消泡剂	0.3	0.3	0.3
调湿剂	0.2	0.2	0.2
分散剂	1.0	1.0	1.0
成膜助剂	3.0	3.0	3.0
防闪锈剂	0.3	0.3	0.3
水	适量	适量	适量
其他助剂	适量	适量	适量

2. 制备方法

称料—配料—混料—反应中和—卸料—备用

3. 性能与效果

从吸水率方面来看，三种配方均随着浸泡时间的延长吸水率增大，其中缔合型氨酯型增稠剂所制涂层的吸水率最低，纤维素醚所制涂层的吸水率最大，疏水改性碱溶胀丙烯酸增稠剂所制涂层居中。分析原因为：纤维素醚是一种带羟基的高分子水溶性纤维素醚类物质，具有较好的亲水性；疏水改性碱溶胀丙烯酸增稠剂中存有羧基，碱性条件下分子链具有一定的亲水基团，而缔合型聚氨酯增稠剂 E 由亲水链、疏水基、聚氨酯 3 组分的非离子型增稠剂，由疏水基团的缔合作用产生增稠效果、耐水性相对较好。

涂膜耐盐雾性随涂层厚度增加而提高，符合 Fick 定律，腐蚀介质渗透达到涂层与金属界面的时间与涂层厚度平方成正比有关。

成膜物质的选择虽然是水性丙烯酸防锈涂料制备过程最重要的因素，但成漆配方中的颜基比、防锈颜料、分散剂、增稠剂的优选和涂装过程干膜厚度的控制也是缺一不可的。

(十二) 水性环氧丙烯酸酯防腐涂料

1. 原材料与配方（单位：质量份）

水溶性环氧丙烯酸树脂	20～40	六偏磷酸钠盐	2～5
氧化铁红	5～20	防尘剂	2～5
钛铁粉	5～10		

2. 制备方法

首先将一定量的乳化剂和去离子水装入三口烧瓶中，再将计量的环氧树脂 E-44 用适量的丙酮溶解，在 80℃的恒温油浴中先加入 50%的过硫酸铵引发剂脂类混合单体和 40%的乳化剂和20%的丙烯酸，至体系变蓝后，分批加入余下的引发剂，同时逐渐滴入准确计量的丙烯酸和脂类单体、乳化剂，约3h滴完后反应2h，然后加入氨水调解体系的pH值至7~8，最后将反应体系降温至室温即可。将颜填料、分散剂，研磨至细度小于30μm，加入配方中其他组分、去离子水和水性环氧树脂丙烯酸树脂混合，充分混匀后得到防腐涂料产品。

3. 性能与效果

水性环氧丙烯酸防腐涂料的性能见表2-82。

表 2-82 水性环氧丙烯酸防腐涂料的性能

细度/μm	≤30
冲击强度/kg·cm	≥46
抗弯曲性能	0
耐酸碱性(10%溶液)	>30d 通过

① 环保防腐涂料选用钛铁粉防腐效果最好，用量最少，比传统氧化铁红和铬酸铅防锈颜料具有更好的防锈效果，环保防腐涂料选用钛铁粉和磷酸锌无毒防锈颜料，5%的用量可使该防腐涂料的防腐性能处于最佳水平。

② 环氧树脂E-44与丙烯酸树脂，结合了环氧树脂、丙烯酸树脂的优点，具有优异的防腐性能，接枝共聚得到的水性丙烯酸改性环氧丙烯酸树脂，涂料的综合性能要想达到最优，必须使环氧树脂E-44在树脂中的质量分数为30%才可以。

（十三）磷酸酯改性丙烯酸酯水性防腐涂料

1. 原材料与配方

（1）乳液配方

原料名称	w/%	
	核层原料	壳层原料
甲基丙烯酸甲酯	30~40	25~30
苯乙烯	30~40	25~30
丙烯酸丁酯	20~30	40~50
丙烯酸	0.5~1.0	0.5~1.0
磷酸酯单体	0~6	0~6
过硫酸铵	0.4~0.6	0.4~0.6
去离子水	20	20

（2）涂料制备配方

原料名称	w/%	原料名称	w/%
氧化铁红	30~45	乳液	100~150
三聚磷酸铝	20~30	TEGO815N	0.5~0.8
云母粉	25~35	TEGO500	0.5~0.8
水	50~75	成膜助剂	1.0~2.0
TEGO715W	0.8~1.5	TEGO3000	1.2~2.0

2. 制备方法

（1）核壳乳液核相的合成 在装有搅拌器、冷凝管、温度计及滴液漏斗的四口烧瓶中，依次加入水和乳化剂，升温至80℃，加入核层单体混合溶液质量的10%以及部分引发剂，在（80±2）℃保温0.5h得到核层种子乳液，滴加剩余的核层单体混合溶液以及引发剂水溶液，1.5h滴完，保温1h完成核壳乳液核阶段聚合。

（2）核壳乳液的合成　在上述反应完成后，在温度（80±2）℃下，滴加壳层单体的混合溶液以及引发剂水溶液，1.5h滴完，保温2h，降温后加氨水调整乳液pH值为7.0～8.0，过滤得到含磷酸酯的丙烯酸酯乳液。

（3）涂料制备　将上述颜料和水以及分散剂研磨至细度在50μm以下后，加入乳液与各种助剂，搅拌均匀即得防腐涂料。

3. 性能

仅将上述含磷酸酯丙烯酸乳液中的磷酸酯单体去掉，并采用相同的合成工艺，合成普通的丙烯酸酯核壳乳液，分别用两种乳液进行防腐蚀涂料的配制并进行性能对比，见表2-83。

表2-83　两种乳液在防腐蚀涂料中的应用性能对比

性能	含磷酸酯丙烯酸酯乳液配制的涂料	不含磷酸酯丙烯酸酯乳液配制的涂料
附着力/级	1	1
湿附着力/级	1	3
柔韧性/mm	1	1
耐冲击性/cm	50	50
耐水性	480h开始轻微起泡，未生锈	120h开始起泡，未见锈迹
耐盐水性	240h未起泡，未见锈迹	72h未起泡，出现锈迹

相对于普通的未加磷酸酯的丙烯酸酯乳液，加入磷酸酯后的乳液对涂料的湿附着力以及涂层的防腐蚀性能有了明显的改善。

4. 效果

采用核壳乳液聚合法，合成了含磷酸酯的丙烯酸酯乳液。当采用分子上含一个双键的PAM100磷酸酯单体，且加量为4%时，乳液聚合稳定，凝胶率理想。当磷酸酯单体全部在壳聚合阶段加入时，乳液湿膜的抗闪蚀性能优异，涂膜的干附着力和湿附着力均佳，乳液的钙离子稳定性理想。应用于防腐蚀涂料中时，涂料的湿附着力以及防腐蚀性能有了明显的提高。

（十四）水性丙烯酸酯快干汽车修补清漆

1. 原材料与配方

（1）丙烯酸树脂配方

组分	w/%	组分	w/%
甲基丙烯酸甲酯	20.0～25.0	丙烯酸	0.8～1.2
甲基丙烯酸丁酯	10.0～20.0	过氧化苯甲酸叔丁酯（Ⅰ）	1.5～2.0
苯乙烯	10.0～12.0	二甲苯	35.0
功能单体	5～10	丙二醇甲醚醋酸酯	5.0
甲基丙烯酸羟乙酯	12.0～15.0	AIBN（Ⅱ）	0.1

（2）成漆配方

主漆配方

原材料	$w/\%$
羟基丙烯酸树脂	60～65
乙酯	5～15
丁酯	20～30
二甲苯	5～10
PMA	5～10
50% T-12	适量
BYK-300	0.1
BYK-358N	0.3
合计	100

固体剂配方

原材料	$w/\%$
Bayer 3390BA	适量
丁酯	适量
合计	100

2. 制备方法

（1）丙烯酸树脂制备工艺

① 将单体和引发剂混合均匀，置于滴液罐中待用。

② 将溶剂加入反应釜搅拌均匀，持续开启氮气吹走釜内空气，搅拌加热至140℃去掉热源，回流 0.5h 后从高位滴加槽加入单体和引发剂混合物，3～4h 滴加完成。

③ 保温 1h 后，将剩余溶剂和补加引发剂混合搅拌均匀后加入反应釜中降温出锅，制得羟基丙烯酸树脂。

（2）涂料制备 称料—配料—混料—中和反应—卸料—备用。

3. 性能与效果

丙烯酸树脂技术指标见表 2-84。

表 2-84 丙烯酸树脂技术指标

检验项目	技术指标
外观	水白透明黏稠状液体
黏度（格氏，25℃）	Z5～Z6
固含量/%	60±2
酸值/(mgKOH/g)	10～15
羟值/(mgKOH/g)	80±5（按固体计算）

制备的羟基丙烯酸树脂具有较好的干燥速度和优异的板面状态。在满足涂膜综合应用性能的前提下，通过调整固化剂类型、催干剂用量能够使修补清漆喷涂后 0.5h 即达到不沾灰、不沾尘、光泽丰满、不失光的效果。在国内修补涂料市场有着广阔的发展前景。

（十五）水性环氧丙烯酸酯共聚物复合涂料

1. 原材料与配方

（1）乳液配方

原材料	用量/质量份	原材料	用量/质量份
甲基丙烯酸甲酯	20～30	OP-10	2～3
苯乙烯	10～15	SDBS	1～2
丙烯酸丁酯	35～45	过硫酸钾	0.5～0.8
甲基丙烯酸	1.0～2.5	环氧树脂	8～12
N-羟甲基丙烯酰胺	1.0～2.5	二甲基-2-羟基乙胺	0.4～1.0

另外，去离子水根据不同固含量调整，固含量范围在 40%～60%。

（2）涂料配方（单位：质量份）

环氧丙烯酸酯乳液	100	颜填料	1～3
填料	20～30	pH 调节剂	1～2
增稠剂	1～5	去离子水	适量
分散剂	1～3	其他助剂	适量
固化剂	3～5		

2. 制备方法

（1）环氧-丙烯酸酯乳液的合成　将水、乳化剂、部分引发剂加入四口瓶中，升温搅拌，在 78℃时加入核单体环氧树脂，聚合生成种子，在乳化器中进行壳单体预乳化（以丙烯酸酯为壳单体）。种子聚合反应完毕后，将预乳化的壳单体于 3h 内均匀滴加入反应器中，温度控制在 78～80℃，加料完毕，保温 1h，降温至 40℃以下，加入二甲基-2-羟基乙胺，调 pH 至中性后出料。

（2）涂料的制备　称料—配料—混料—中和反应—卸料—备用。

3. 性能与效果

通过核壳乳液聚合工艺引入环氧树脂，对丙烯酸酯乳液进行改性，制备了水性环氧/丙烯酸酯杂化乳液。通过接触角、极化曲线测试以及傅里叶变换红外光谱（FT-IR）、热重分析（TGA）、电化学阻抗谱（EIS）等方法对改性前后的丙烯酸酯进行了表征。结果表明，以 12% 环氧树脂改性的丙烯酸酯与改性前的丙烯酸酯相比，其疏水性、热稳定性和耐蚀性能都有较大的改进。该水性环氧改性丙烯酸酯乳液生产过程中完全避免了有机溶剂，有着良好的应用前景。

用该乳液制备的涂料具有优越的附着力，抗渗性优良，并改善了涂膜的抗老化性能和耐候性。

（十六）水性环氧丙烯酸树脂防腐涂料

1. 原材料与配方（用量：质量份）

环氧丙烯酸树脂	100	N,N-二甲基苯胺促进剂	0.4
N,N-二甲基苯胺催化剂	2.0	过氧化苯甲酰引发剂	4.0
对苯酚阻聚剂	0.1	三乙烯四胺	1～3
苯乙烯交联剂	16	其他助剂	适量

2. 制备方法

将一定量的环氧树脂 E-51 与少量正丁醇混合均匀，加入到装有冷凝水管和温度计的三口烧瓶中。水浴加热到预定温度，采用恒压滴液漏斗滴加溶解有引发剂和阻聚剂的单体，缓慢滴加 1～1.5h 然后恒温反应 4～5h 并且每隔 0.5h 测一次酸值，待酸值下降到预定值后降温至 50℃，调节 pH 至中性，即可出料。

3. 性能与效果

漆膜性能见表 2-85。

① 环氧丙烯酸酯的最佳制备工艺为：催化剂 N,N-二甲基苯胺 2%，阻聚剂对苯二酚 0.1%，反应温度为 100℃，反应时间 4h，酸转化率为 99.2%。对产物进行红外光谱和热失质量表征，结果表明该反应为环氧开环酯化反应，在 1638cm^{-1} 附近出现了甲基丙烯酸中的碳碳双键。产物的热分解温度可提高到 427℃。

表 2-85　漆膜性能

实验项目	现象	
	环氧树脂漆膜	环氧丙烯酸酯漆膜
耐热性	无明显变化	出现破裂
耐水性	失光起泡	无明显颜色变化,有较大程度凸起
耐二甲苯性	无明显变化	无明显变化
耐酸性	轻微变白并脱落	表面出现较多气泡,无变色无脱落
耐碱性	失光起泡	出现直线状凸起
耐盐腐蚀性 (5%的 NaCl 水溶液)	失光变色	无明显变化
耐冲击性/cm	25	35
附着力/级	2	1
盐雾腐蚀	20h 后漆膜轻微变白;40h 后漆膜失光变色;60h 后漆膜起皮变白;实验 80h 后漆膜脱落,被涂膜覆盖的铁片表面无被氧化现象	20h 后漆膜无变化;40h 后无变化;60h 后颜色变深;80h 后表面失光。被涂膜覆盖的铁片表面无被氧化现象

② 环氧丙烯酸酯固化的最佳工艺配方为:交联剂苯乙烯 16%;促进剂 N,N-二甲基苯胺 0.4%;引发剂过氧化苯甲酰 4%。对固化后的涂膜进行红外光谱分析,甲基丙烯酸 C $=$ C 双键的特征峰 $1637cm^{-1}$、$1409cm^{-1}$ 固化后消失,说明固化过程中发生加成反应。

③ 对固化后的涂膜进行性能测试,结果表明环氧丙烯酸酯的耐腐蚀性、耐水性、附着力均有所增强。

(十七) 聚氨酯/聚丙烯酸酯水性涂料

1. 原材料与配方

(1) 乳液配方(单位:质量份)

原材料	配方 1	配方 2
乙烯基封端型水性聚氨酯 (VLWPU)	100	—
乙二胺扩链型水性聚氨酯 (EDAWPU)	—	100
苯乙烯	5~8	5~8
$K_2S_2O_8$	0.3	0.3
丙烯酸丁酯	10~20	10~20
乳化剂	3.0	3.0
水	适量	适量
其他助剂	适量	适量

(2) 涂料配方(单位:质量份)

聚氨酯乳液	50	颜填料	2~6
丙烯酸酯乳液	50	中和剂	0.5
填料	10~15	水	适量
分散剂	1~3	其他助剂	适量

2. 制备方法

(1) 乙烯基封端型水性聚氨酯 (VLWPU) 的合成　乙烯基封端型水性聚氨酯 (VLWPU) 的典型合成是在一个装有温度计、机械搅拌器及冷凝管 (顶端连有干燥管) 的 250mL 四口烧瓶中进行的，首先在室温下把 PPG 1000（9.05g）、DMPA（0.68g）和 1,4-BD（0.35g）加入到烧瓶中。随后加入 NMP（1.84g）搅拌，直至得到一个均相体系。这时把温度上升到 80℃，然后在 30min 内逐滴加入 IPDI（4.65g）、DBTDL（3 滴）和丙酮（5.17g）的混合液，反应在油浴搅拌条件下进行 5h，得到异氰酸酯封端的聚氨酯预聚物（NCO-PU）。这时，加入 HEMA（0.81g），反应在 80℃下继续进行 2h，得到了乙烯基封端型聚氨酯（VL-PU）。其次，在 50℃下，用 TEA（0.56g）中和 VL-PU，反应在 30min 内完成。最后，缓慢加入蒸馏水（50g）到被中和的聚氨酯中，在室温下高速分散 30min 得到乙烯基封端型水性聚氨酯（VLWPU）。

（2）乙二胺扩链型水性聚氨酯（EDAWPU）的合成　乙二胺扩链型水性聚氨酯（EDAWPU）的典型合成是在一个装有温度计、机械搅拌器及冷凝管（顶端连有干燥管）的 250mL 四口烧瓶中进行的，EDAWPU 合成中 NCO-PU 的合成配方和过程与 VLWPU 的相同。这时把合成的 NCO-PU 冷却到 50℃，且在这个温度下，加入 TEA（0.55g）中和 NCO-PU，反应进行 30min。然后在高速分散下缓慢加入包含有 EDA（0.35g）的蒸馏水（50g），反应在室温条件下进行 30min。最后得到乙二胺扩链型水性聚氨酯（EDAWPU）。

（3）交联型与未交联型聚氨酯-聚丙烯酸酯复合乳胶的合成　CPUA 与 UCPUA 的制备均是采用半连续乳液聚合法，首先把制备的 VLWPU 与 EDAWPU 分别与计量好的苯乙烯和丙烯酸丁酯混合，并在适当搅拌速度下进行预乳化。然后先把预乳化物和 KPS（引发剂量为单体量的 1%）加入到 250mL 四口烧瓶中，通 N₂ 保护，80℃下反应 15min。然后把剩余的预乳化物和 KPS 分别以缓慢的速度滴加入烧瓶中反应 4h。最后得到乳白色的稳定复合乳液。交联型与未交联型聚氨酯-聚丙烯酸酯复合乳胶。

（4）物理混合型聚氨酯-聚丙烯酸酯复合乳胶（BPUA）的合成　采用半连续乳液聚合法，用 SDS 作表面活性剂合成了聚丙烯酸酯乳液（PA），丙烯酸类单体的比例和乳液聚合的温度与 UCPUA 和 CPUA 使用的量相同。然后把 EDAWPU 和合成的 PA 简单混合得到 BPUA。

3. 性能与效果

通过半连续乳液聚合法，用水性聚氨酯作为乳化剂制备了聚丙烯酸酯-聚氨酯复合乳胶，乳液聚合在大约 240min 后进入恒速期。通过 GPC 测试，结果表明 CPUA 的平均分子量最大。通过 TEM 发现交联型 PUA 复合乳液的颗粒形貌为核/壳结构，其中聚丙烯酸酯区域为核，聚氨酯区域为壳。在 -70~180℃ 范围内，通过 DSC 在 UCPUA 中能够观察到三个玻璃化转变温度，而在 CPUA 中却只能观察到两个玻璃化转变温度。未交联型 PUA 和交联型 PUA 的 TGA 曲线结果显示它们的初始热分解温度均要高于 BPUA，且 CPUA 的初始热分解温度高于 UCPUA。相比于 BPUA，未交联型 UCPUA 和交联型 CPUA 的拉伸强度和伸长率均较高，且 CPUA 的拉伸强度要强于 UCPUA，而其断裂伸长率却低于 UCPUA。交联型和未交联型 PUA 复合乳液比 BPUA 具有更优的涂膜性能，及 CPUA 的涂膜性能优于 UCPUA。

（十八）水性丙烯酸酯防腐涂料

1. 原材料与配方

（1）乳液配方（质量份）

甲基丙烯酸酯	5.0	乳化剂（OP-10）	2.0
苯乙烯	17	十二烷基硫酸钠	1.0
丙烯酸正丁酯	20	水	适量
过硫酸铵	0.7	其他助剂	适量

(2) 涂料配方（质量份）

丙烯酸酯乳液	100	颜填料	1～4
填充料	5～8	中和剂	0.5～1.0
分散剂	1～3	其他助剂	适量

2. 制备方法

(1) 乳液合成工艺　将所需的原料按照配方称量好后密封备用，并将油浴锅的温度升至80℃。将OP-10置于带有搅拌器、冷凝回流管、滴液漏斗和温度计的四口烧瓶中，加入部分蒸馏水，使其充分溶解。再将事先溶解好的十二烷基硫酸钠和碳酸氢钠缓冲剂也加入四口烧瓶中，搅拌充分混合。将三种单体混合均匀，然后用剩余蒸馏水溶解引发剂过硫酸铵，在四口烧瓶中加入全部混合单体，快速搅拌使其充分混合预乳化，持续约30min，之后将预乳化物全部倒出。取少部分（约总质量的5％）预乳化物加入原四口烧瓶中，加入部分引发剂溶液，80℃保温30min。分别缓慢滴加剩余混合单体和引发剂溶液，控制两者的滴加速度，使它们几乎同时滴完。滴完后，继续保温1.5h，反应完成后，冷却至室温，用质量分数10％的碳酸氢钠溶液调pH至中性，过滤，出料。

(2) 涂膜的制备　将制备好的水性丙烯酸乳液，用涂布器在预处理的马口铁上涂膜，然后置于烘箱中在100℃下烘30min，即得烘干的涂膜。

3. 性能（见表2-86）

表2-86　乳液及涂膜的性能指标

项目	结果
外观	带蓝光的白色均匀乳液
pH 值	7～7.5
黏度/mPa·s	108
固含量/％	42
储存稳定性	>6 个月
离心稳定性	30min 无变化
干燥时间	100℃,30min
外观	平整均一，无色透明
铅笔硬度	3H
柔韧性	6 级
附着力	2 级
耐水性	优

4. 效果

以甲基丙烯酸为功能性单体、苯乙烯为硬单体和丙烯酸正丁酯为软单体，通过3种基本丙烯酸酯类单体用乳液聚合的方法合成了一种水性丙烯酸乳液。甲基丙烯酸作为功能单体实现水溶性并增加了附着力，研究了单体配比、引发剂种类及用量、反应温度、搅拌速度、单体滴加时间和保温时间对乳液及涂膜性能的影响。实验结果表明，单体甲基丙烯酸、苯乙烯和丙烯酸正丁酯的质量配比为5∶17∶20，单体混合物的滴加时间为2～3h，引发剂过硫酸铵其用量为单体质量的0.7％，加入方式为与单体同时逐滴加入，乳化剂选用OP-10和十二烷基硫酸钠的复合乳化剂，其用量分别为单体质量的2％和1％，反应温度为75～85℃，搅拌速度为 200～300r/min，可以制得稳定性很好的白色带蓝光的乳液，100℃下烘干可得到硬度、附着力和柔韧性都很好的无色透明涂膜。

（十九）水性丙烯酸酯共聚乳液防腐涂料

1. 原材料与配方

（1）乳液配方（质量份）

原料	用量	原料	用量
甲基丙烯酸酯（MMA）	40	过硫酸铵（APS）	0.3
丙烯酸丁酯（BA）	57.2	氨水	1～2
丙烯酸-2-乙基己酯（2-EHA）	2.0	碳酸氢钠	0.5
丙烯酸（AA）	0.3	乳化剂（OP-10）	1.0
二甲基丙烯酸乙二醇酯（EGBMA）	0.3	去离子水	适量
丙烯酸羟基丙酯（HPA）	0.5	其他助剂	适量
烷基糖苷（APG0810）	1.0		

（2）涂料配方

原料	用量/g	原料	用量/g
丙烯酸酯共聚乳液	100.0	润湿剂	0.4
钛白粉	25.0	分散剂	0.4
硫酸钙晶须	2.5	成膜助剂	0.4
碳酸钙	2.5	防霉灭藻剂	0.1
滑石粉	2.5	消泡剂	0.2
增稠剂	0.5	防冻剂	0.15
去离子水	40.0	氨水	适量

2. 制备方法

（1）丙烯酸酯共聚乳液的合成

① 核、壳单体预乳化液的制备：将乳化剂与去离子水加入到 250mL 的三口烧瓶中，搅拌均匀；然后加入 MMA、AA 和 EGDMA，搅拌均匀后制得核预乳化液（或加入 2-EHA、BA、AA 和 HPA，搅拌均匀后制得壳预乳化液）。

② 种子乳液的制备：在 250mL 的四口烧瓶中加入去离子水、乳化剂、缓冲剂和少量单体预乳化液，通入 N_2 并升温至 80℃，加入 1/5 的引发剂（APS），反应至溶液出现蓝光时为止。

③ 乳液聚合：在四口烧瓶中添加一定量的种子乳液、去离子水、乳化剂、缓冲剂和少量 APS，通入 N_2 并升温至 80℃，滴加 APS 和核单体预乳化液（1.5h 内滴毕），再滴加壳单体预乳化液（2h 内滴毕）；加入剩余的 APS，保温 45min，过 100 目（约 0.147mm）筛，调节 pH 至 9.0 左右即可。

（2）水性涂料的配制　在规定的分散速率下，向烧杯中依次加入去离子水、润湿剂、分散剂、颜填料、丙烯酸酯共聚乳液、增稠剂、防冻剂、消泡剂、成膜助剂、防霉灭藻剂和 pH 调节剂等，调整黏度，制得水性涂料。

3. 性能（见表 2-87 和表 2-88）

表 2-87　乳液及其胶膜的性能

凝胶率/%	铅笔硬度	附着力	抗冲击性/kg·cm	断裂伸长率/%	吸水率/%	光泽度（60°）
0.98	2B	1级	>50	270	9.54	81.24

表 2-88　水性涂料的性能

性能	结果	性能	结果
w(固含量)/%	44	断裂伸长率/%	39
黏度/mPa·s	7000	硬度	3H
机械稳定性	稳定	光泽度	64.87
pH	9左右	附着力	0级
表干时间/min	10	抗冲击性/kg·cm	>50
实干时间/h	19	吸水率/%	4.82
遮盖力/(g/m²)	80.4	柔韧性/mm	<0.05
耐酸性	稳定	耐热性	稳定
耐碱性	稳定	加速老化试验	脱落

4. 效果

① 所制得的丙烯酸酯共聚乳液及其乳胶膜具有很好的附着力和光泽度（附着力为 1 级，光泽度为 81.24%），凝胶率（为 0.98%）较低，抗冲击性大于 50kg·cm，断裂伸长率为 270%。

② 乳胶膜的 $T_g=2.36℃$，$M_n=13084$，$M_w=317535$，$M_p=408548$，M_r 分布指数为 24.27，分解温度超过 300℃。

③ 由该丙烯酸酯共聚乳液制成的水性涂料具有很好的耐酸性、耐碱性和耐热性，其光泽度较好，附着力、黏度和固含量均较高。

（二十）水性金属丙烯酸酯防腐涂料

1. 原材料与配方

（1）乳液配方（单位：质量份）

甲基丙烯酸酯（MMA）	45	过硫酸铵（APS）	0.1
丙烯酸丁酯（BA）	55	碳酸氢钠	2.0
丙烯酸六氟丁酯（HF）	10~15	聚乙烯醇（PVA）	4.0
辛基酚聚氧乙烯醚（OP-10）	3.0	去离子水	适量
十二烷基硫酸钠（SDS）	0.5	其他助剂	适量

（2）涂料配方（单位：质量份）

含氟丙烯酸酯乳液	100	中和剂	0.1~0.5
填料	5~8	去离子水	适量
分散剂	1~3	其他助剂	适量
颜填料	1~5		

2. 制备方法

（1）乳液制备　用 5%NaOH 将各单体洗涤，用去离子水洗至无色（去阻聚剂）。然后，在装有冷凝管、温度计、氮气导管的四口瓶中加入定量的水和复合乳化剂 SDS/OP-10，待溶解后，一次性加入一定量的单体 BA 和 MMA，于 50℃预乳化 0.5h，将一定量的过硫酸铵溶于水后分成两部分，将预乳化好的 BA 和 MMA 缓慢升温到 80℃左右，加入第一部分引发剂和保护胶体，在氮气保护下，控温反应 0.5h（从乳液开始泛蓝光起计时），之后用恒压滴液漏斗滴加第二部分单体（MMA、BA、HF）和第二部分引发剂，并滴加缓冲剂。滴加时间为 2~3h。滴加完毕后缓慢升温至 85℃，继续反应 1.0h，使剩余单体反应完全。最后用碳酸氢钠调节 pH＝7 左右，用 60 目筛过滤，即得到核壳型含氟三元共聚物乳液。

无氟共聚物的制备方法与上述方法相同，不同的是将成壳单体配比中的丙烯酸六氟丁酯换成等量的丙烯酸丁酯。

（2）涂料制备　称料—配料—混料—中和—卸料—备用。

3. 性能与效果

乳液稳定性见表 2-89。

表 2-89　乳液稳定性

稳定性	含氟乳液	无氟乳液
机械稳定性	良好	良好
高温稳定性	良好	良好
pH 稳定性	良好	良好
稀释稳定性	良好	良好
钙离子稳定性	良好	良好
储存稳定性	良好	良好

采用半连续乳液聚合法合成了以甲基丙烯酸甲酯（MMA）和丙烯酸丁酯（BA）为成核单体，甲基丙烯酸甲酯（MMA）、丙烯酸丁酯（BA）和丙烯酸六氟丁酯（HF）为成壳单体的核壳型微乳液。通过 TEM、SEM、FT-IR 对乳液及乳液固化膜性能进行了表征；对乳液的稳定性做了测试，用接触角法对乳液固化膜表面性能进行了研究。结果表明：当含氟单体质量分数适当时，核壳型结构粒子呈球形分布，乳液稳定性良好，成膜性较好，乳液固化膜的表面能为 24.26mJ/m^2，与之相对应的无氟乳液固化膜的表面能为 52.73mJ/m^2。根据本研究得出的原料、配方及工艺方法制备的乳液及其膜有较优的性能，涂料防腐蚀性能良好，稳定性得到改善。

（二十一）水性丙烯酸酯木器涂料

1. 原材料与配方

原料	质量份	原料	质量份
101$^\#$ 丙烯酸乳液	80.0	十二醇酯	4.0
润湿剂	0.3～0.6	增稠剂	1.5
蜡助剂	2.0	水	8.9～9.2
DPNB	3.0	合计	100

2. 制备方法

称料—配料—混料—中和—卸料—备用。

3. 性能与效果

添加碱溶胀型增稠剂、聚氨酯型增稠剂的对比结果见表 2-90。

表 2-90　添加碱溶胀型增稠剂、聚氨酯型增稠剂的对比结果

增稠剂类型	光泽	黏度/mPa·s		触变值（Ti）
		6r/min	60r/min	
F1	80	11000	3400	3.23
F2	87	4000	1400	2.86
F3	80	6000	2700	2.20

增稠剂类型	光泽	黏度/mPa·s		触变值(Ti)
		6r/min	60r/min	
G1	95	9000	7600	1.18
G2	94	4000	5300	0.71
1#基础配方	89	2500	750	3.33

注：F为碱溶胀型丙烯酸增稠剂；G为聚氨酯型增稠剂。

① 水性木器涂料的主要成膜物选择自交联核壳结构的丙烯酸乳液，加入合适的蜡助剂，所制备的水性木器涂料，能够比较理想地解决水性木器涂料涂层抗回黏性问题。

② 水性木器涂料助溶剂宜选择沸点高、在水中溶解度小、对木材中色素溶解力弱的溶剂。

③ 润湿剂量的上升，提高了水性木器涂料的渗透力，会造成涂层明度下降，ΔE 值上升，润湿剂添加量0~0.6%较适宜。

④ 无机增稠剂、纤维素醚类对涂层有明显的消光作用，不适宜于水性亮光体系；碱溶胀丙烯酸型增稠剂中不同的品种、规格对涂层光泽影响程度不一，选用时可以根据实际需要综合优化选择；聚氨酯型增稠剂对涂层的光泽影响最小，是水性亮光木器涂料首选的流变增稠助剂。

(二十二) 水性丙烯酸锌自抛光防污涂料

1. 原材料与配方（单位：质量份）

水性丙烯酸锌树脂	100	防沉增稠剂	2.0
防污剂（氧化亚铜/ZnPT）	1~2	稳定剂	0.5
润湿分散剂	2~4	水	适量
颜填料（氧化锌）	5~6	其他助剂	适量
滑石粉	10		

2. 制备方法

(1) 丙烯酸锌单体的制备　按配方量将溶剂和锌的氧化物或氢氧化物置于装有搅拌、冷凝器、温度计和滴液漏斗的四口瓶中，升温至80℃，滴加按配方量称取的混合不饱和有机酸，滴加3h，保温至混合物澄清透明为止，降温.出料得丙烯酸锌单体。

(2) 水性丙烯酸锌树脂的制备　按配方量将溶剂和部分单体置于装有搅拌、冷凝器、温度计和滴液漏斗的四口瓶中.升温至90℃，滴加丙烯酸锌单体与其他丙烯酸单体的混合单体和引发剂，滴加4h，再补滴引发剂1h，保温1.5h，升温至150℃左右，脱出溶剂。再降温至70℃左右，滴加入适当量的饱和氨水，保温30min，再加入适当量的蒸馏水调节树脂的固含量至50%左右，降温出料。与传统的水性乳液不同，该水性自抛光树脂在使用过程中不会出现破乳现象，所以使用方便。工艺流程见图2-6。

(3) 制漆工艺　将配方量的树脂、防沉剂、助溶剂和水等混合高速搅拌分散30min，制备成预凝胶，再加入配方量的防污剂、颜填料、助剂等，高速搅拌分散均匀，再用砂磨机研磨至细度≤50μm，过滤砂子，备用。

一般的水性涂料生产过程中，在研磨阶段可以加入部分树脂，可以降低分散剂的用量，提高研磨效率，但普通的水性防污涂料若在研磨过程中加入树脂，则会出现破乳现象，这与体系中的离子浓度高有关，所以在制漆过程中，只能先研磨水浆，然后在配漆过程中.再加入树脂等其他组分。研制的水性自抛光海洋防污涂料与传统的溶剂型防污涂料的制备工艺一

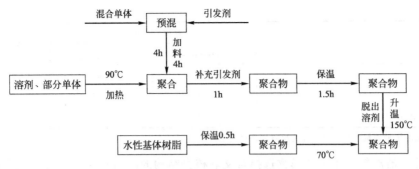

图 2-6　树脂制备工艺流程

样，在研磨过程中就可以加入树脂，不会出现破乳这一问题。

3. 性能（见表 2-91）

表 2-91　涂料性能检测结果

项目	涂料测试结果	备注（参照标准）
固体含量/%	63.5	GB/T 1725—2007
细度/μm	40	GB/T 1724—1979
密度/(g/cm³)	1.35	GB/T 6750—2007
斯托默黏度/KU	85	GB/T 9269—2009
层间附着力/级	1	GB/T 9286—1998
干燥时间		
表干/h	2	GB/T 1728—1979
实干/h	8	

4. 应用与效果

研制的水性自抛光海洋防污涂料，如果用于舰船方面，则施工简单方便，喷涂、辊涂、刷涂均可。如果用于渔网方面，目前我国渔网防污涂料的涂装方式为浸涂。在涂料的制备和储存运输过程中涂料的黏度较大，在涂装前需要用稀释剂稀释到合适黏度。黏度过大，一次涂装的附着率过高，涂膜过厚，容易造成涂膜脱落；黏度过低，附着率小，增加浸涂次数，浪费时间，而且黏度过低，氧化亚铜沉降过快。经实验，确定涂装前调整涂料在 15~18s（涂-4 杯）为宜。

（二十三）水性丙烯酸酯无皂乳液防腐涂料

1. 原材料与配方

原料	用量/%	原料	用量/%
去离子水	16	防锈颜填料	20~35
水性流变助剂 A	0.1	助溶剂	2~3
水性聚羧酸盐类分散剂	0.2~0.4	水性树脂	38~48
水性润湿剂	0.1~0.2	水性流变助剂 B	0.4~1.0
水性消泡剂	0.1~0.3	抗闪锈剂	0.1~0.5
多功能助剂	0.1~0.5	去离子水	2~10

2. 水性防腐涂料的制备

将计量的去离子水和水性流变助剂 A 加入到调漆缸内高速分散至胶状，再加入水性聚羧酸盐类分散剂、水性润湿剂、水性消泡剂、多功能助剂和颜填料，高速分散研磨至细度≤

$50\mu m$，再低速搅拌下加入剩余的去离子水、水性树脂、助溶剂、抗闪锈剂等，按色板调色后，最后加入水性流变助剂 B 并调整黏度，用 100 目滤布过滤。

3. 性能

水性防锈涂料的性能测试结果见表 2-92。

表 2-92　水性防腐漆性能测试结果

测试项目	测试结果
不挥发物含量/%	45～50
漆膜颜色及外观	呈橘红色，表面光滑、平整
细度/μm	60
硬度（双摆）	0.7
附着力（划圈）/级	≤2
冲击强度/cm	50
表干时间/min	25
实干时间/h	20
光泽（60°）	40
耐水性（240h）	无变化
耐盐水性（72h）	不鼓泡，不生锈
耐中性盐雾性（144h）	无锈蚀

测试结果评价：该水性防腐涂料综合性能较好，可以满足一般钢结构防护要求。

4. 效果

① 用自制的经过改性的无皂乳液制备的水性橘红防腐漆较油性醇酸防锈涂料及其他防锈乳液制备的防腐涂料综合性能要更好。

② 使用疏水改性聚羧酸盐类的分散剂，添加量为 0.3%，综合性能较好。

③ 抗闪锈剂选用德谦 FA-179，添加量 0.5%～0.6%，涂膜抗闪锈好，后期耐盐雾性能优异。

（二十四）水性丙烯酸乳液快干防腐涂料

1. 原材料与配方

原料名称	用量/质量份	原料名称	用量/质量份
去离子水	10～30	云母氧化铁	50～80
润湿剂	6～8	硅灰石粉	40～80
分散剂	3～4	水性丙烯酸乳液	430～570
pH 调节剂	1～3	成膜助剂	15～16
4% 水性膨润土	35～60	防腐防霉剂	2～3.4
消泡剂 1	1～1.5	消泡剂 2	1.1～1.8
丙二醇	10～18	防闪锈剂	1.5～2.2
炭黑	15～18	去离子水	30～70
722 铁黑	50～70	增稠剂 1	5.1～6.5
改性磷酸锌	40～70	增稠剂 2	3.8～5.6
三聚磷酸铝	50～80	合计	1000
防锈颜料	0.5～2		

2. 制备方法

将一定量的去离子水加入至分散缸中，加入润湿剂、分散剂、pH 调节剂、4% 水性膨润土、消泡剂 1 和丙二醇，中速搅拌均匀，边搅拌边加入炭黑、722 铁黑、磷酸锌、三聚磷酸铝、防锈颜料、云母氧化铁和硅灰石粉，分散均匀。然后砂磨至细度小于 $30\mu m$，转入调漆缸，边搅拌边加入防腐防霉剂、成膜助剂和防闪锈剂。边搅拌边缓慢加入一定量的乳液、消泡剂 2 和水，用 pH 调节剂调节漆的酸碱度，搅拌至均匀，再用增稠剂 1 和增稠剂 2 调整到合适的黏度，检验性能合格后，过滤，包装。

3. 性能 （见表 2-93）

表 2-93　水性快干防腐漆性能检测结果

检测项目	性能指标	检测结果
容器中的状态	搅拌后均匀无硬块	合格
施工性能	喷涂 2 道无障碍	合格
黏度(涂-4 杯)/s	≥80	>100
表干时间/h	≤1	0.5
实干时间/h	≤12	8
附着力/级	≤1	0
硬度	≥H	H
柔韧性/mm	≤1	1
耐水性(168h)	不起泡,不剥落,不生锈,允许轻微变色	无异常
耐酸性(10%H_2SO_4,48h)	不起泡,不剥落,不生锈,允许轻微变色	无异常
耐碱性(20%NaOH,72h)	不起泡,不剥落,不生锈,允许轻微变色	无异常
耐油性(120#汽油,72h)	不起泡,不剥落,不生锈,允许轻微变色	无异常
耐盐雾性(360h)	不起泡,不剥落,不生锈,允许轻微变色	无异常

对水性快干防腐涂料的原材料进行了深度筛选，合理搭配，通过选用特殊的水性丙烯酸乳液作为成膜物质，使用三聚磷酸铝、改性磷酸锌及有机缓蚀剂作为防锈颜料，加入消泡剂、流平剂、防腐防霉剂和增稠剂等功能性助剂制得水性快干防腐涂料，产品具有卓越的耐水性、耐化学品性、耐磨性和良好的储存稳定性，可直接加水涂装，具有明显的节能优势和突出的社会效益。

（二十五）水性丙烯酸树脂硅钢片防腐绝缘涂料

1. 原材料与配方（质量份）

原材料	配方 1	配方 2	配方 3
甲基丙烯酸酯	20	20	25
丙烯酸	25	50	30
苯乙烯	40	15	45
丙烯酸丁酯	15	15	—
四氯化碳	5.0	5.0	5.0
正丁醇	1.5	1.5	1.5
过氧化苯甲酰	1~2	1~2	1~2
中和剂	0.5	0.5	0.5
其他助剂	适量	适量	适量

2. 制备方法

（1）水溶性丙烯酸树脂的合成

① 将溶剂正丁醇加入到四口瓶中，升温到回流温度。

② 按配方量称取不同单体及链转移剂，与引发剂混合，搅拌均匀后，向溶剂中加入1/3单体质量的单体混合液，保温30min，将剩余单体加入到分液漏斗中，用匀速滴加方式，控制滴加速度，使剩余的单体在4h内滴完，滴完后继续保温30min，降温出料。

③ 加入中和剂，调节pH为7～7.5，合成固含量为50%的丙烯酸树脂。

（2）硅钢片漆的制备　将制备的丙烯酸树脂、固化剂和各种助剂按比例混合均匀，调成相应固体含量的漆液。

（3）硅钢片涂漆　采用四辊涂漆机涂漆，首先调整辊之间的间距，然后将转速调整到200r/min，在此转速下，加入漆液，继续调整四辊的间距，使漆液在合适的挤压和剪切力下均匀地分布到四辊上；分布均匀后，调整转速至1000r/min，让钢片从两个胶辊之间通过，进行涂漆；将涂好的硅钢片放入350℃的鼓风烘箱中，烘焙40s后取出，待钢片冷却后进行性能测试。

3. 性能（见表2-94）

表2-94　不同配方漆液性能及漆膜性能

性能	配方1	配方2	配方3
漆液外观	淡黄色透明	红色浑浊	淡黄色透明
黏度(23℃)/s	128	160	264
胶化时间(210℃)/s	120	113	140
水溶性	好	好	好
硬度/H	8～9	8～9	>9
附着力等级	1	1	1
韧性等级	1	1	2

制得的树脂配制成固体含量为40%的漆液，其黏度为128s（23℃，涂-4杯），凝胶化时间为120s（210℃），可以用水无限稀释，固化后的漆膜表面光滑，流平性好，硬度为9H，附着力等级为1级，韧性等级为1级。

第四节　专用与功能型水性丙烯酸酯涂料

一、专用型水性丙烯酸酯涂料

（一）喷墨打印用水性丙烯酸酯涂料

1. 原材料与配方（单位：质量份）

丙烯酸酯乳液	100	中和剂	0.1～1.0
填料（Al_2O_3）	10～15	水	适量
分散剂	3～6	其他助剂	适量
颜填料	2～4		

2. 制备方法

（1）复合乳化剂的制备　称取一定量的甲基丙烯酸二甲氨基乙酯、苯乙烯以及正丁醇于四口烧瓶中，加热至75℃后加入一定量的偶氮二异丁腈，回流反应2h后，再补加偶氮二异丁腈，加热回流2h后降温至60℃，加入氯乙酸甲酯，反应1.5h后加入醋酸调节pH，加入适量水，共沸蒸馏脱去正丁醇，再加入十六烷基三甲基溴化铵，搅匀，调整固含量至50%，得到阳离子乳化剂。

（2）阳离子乳液的制备　St、BA为主单体，功能单体为双丙酮丙烯酰胺和己二酰肼交联体系、N-羟甲基丙烯酰胺、V-389或烯丙基三甲氧基硅烷，实验通过加入具有交联作用的单体来提高乳液的耐水性能。

在自制的乳化剂中加入乙酸和水，加热到85℃后加入硫酸亚铁，然后加入功能单体，平行滴加苯乙烯和丙烯酸丁酯的混合液以及双氧水和水的混合液。在80℃以上保温1h，降温后即得阳离子乳液。

（3）涂料的制备　称料—配料—混料—中和—卸料—备用。

① 以自制的高分子乳化剂和烷基溴化铵季铵盐型乳化剂复配使用，制备阳离子丙烯酸酯乳液。实验结果表明：当高分子阳离子乳化剂与CTAB的质量比为19.6∶0.6时，得到的阳离子乳液最稳定。

② 在稳定的阳离子乳液中，加入不同的功能单体来考察其对乳液吸水率的影响。最终结果表明：当加入三甘醇二甲基丙烯酸酯类交联剂，且其用量为主单体量的1.7%时，此时的阳离子乳液的吸水率达到最低值3.62%，粒径也较小，为89.14nm，乳液性能较好。

③ 制备的阳离子乳液为无规共聚物乳液，其玻璃化温度为37.27℃。

将制得的阳离子乳液与分散液三氧化二铝配合使用，均匀涂在画布的表面，即可打印出图片。

（二）水性丙烯酸酯油墨专用涂料

1. 原材料与配方

（1）乳液配方（单位：质量份）

甲基丙烯酸酯	30	乳化剂	3.0
苯乙烯	15	引发剂	0.5
丙烯酸	1.0	NaHCO$_3$	0.5
甲基丙烯酸缩水甘油酯	5.0	水	适量
丙烯酸丁酯	45	其他助剂	适量

（2）涂料配方（单位：质量份）

白色浆：		彩色：	
钛白粉	65	颜料	40
分散剂	14	分散剂	15
消泡剂	0.1	消泡剂	0.1
水	适量	水	适量
其他助剂	适量	其他助剂	适量

乳液∶色浆比＝3∶7

2. 制备方法

（1）预乳化　将一定量的去离子水、乳化剂、pH缓冲剂（NaHCO$_3$）加入250mL的四口瓶中，高速搅拌使其溶解，然后将混合单体在20min内滴入，高速搅拌30min形成预乳液。

（2）聚合反应　在装有搅拌器、温度计、回流冷凝管的 250mL 四口玻璃反应瓶中，加入 1/10 上述预乳液，开始升温到 80℃，加入 1/3 的引发剂，当反应出现蓝光时，开始滴加剩余预乳化液和引发剂，约 3h 滴加完毕，然后保温 1h，降温调节 pH 值至 7～8，过滤出料。

（3）油墨的制备　白色浆（钛白粉、分散剂、消泡剂、水），彩色（颜料、分散剂、消泡剂、水）。将颜料、分散剂、消泡剂、水混合后，在快速摇摆机上研磨 2h，当细度≤10μm 时，停止研磨。将研磨好的色浆与乳液按质量比 3∶7 混合，搅拌均匀。

3. 性能与效果

丙烯酸酯乳液配制水性油墨的性能见表 2-95。

表 2-95　丙烯酸酯乳液配制水性油墨的性能

颜色	黏度/s	细度/μm	初干性/mm	附着力/%	储存稳定性	耐水性（水中浸泡 24h,25℃）
白	40～45	<10	15	95	>6 月	无脱色、起泡
黄	35～40	<10	14	96	>12 月	无脱色、起泡
红	35～40	<15	15	96	>12 月	无脱色、起泡
蓝	35～40	<15	14	97	>12 月	无脱色、起泡
黑	35～40	<15	16	95	>12 月	无脱色、起泡

采用种子乳液聚合制备了一种可作为水性油墨黏结树脂的丙烯酸酯乳液。研究结果表明采用复合型可聚合乳化剂 SE-10/ER-30，可以提高乳液聚合稳定性和储存稳定性，同时还能提高涂膜的耐水性。改变软硬单体质量比可以调整乳液涂膜的附着力和耐水性。单体 GMA 的加入提高了乳液涂膜的耐水性。实验结果显示，当乳化剂质量分数为单体总量的 2.5%、软硬单体质量比为 1∶1、GMA 的质量分数为单体总量的 8% 时，得到的乳液综合性能良好。采用该乳液配制的油墨具有良好的附着力、耐水性和初干性。

（三）涂覆聚丙烯用水性丙烯酸酯/改性氯化 PP 涂料

1. 原材料与配方（单位：质量份）

（1）水性丙烯酸酯共聚物（WPA）配方

丙烯酸单体	30	甲苯	30
丙烯酸（AA）	3.6	偶氮二异丁腈（AIBN）	0.15
丙烯酸丁酯	14.52	其他助剂	适量
甲基丙烯酸酯	11.88		

（2）改性氯化聚丙烯（MCPP）配方

氯化聚丙烯（CPP）	30	过氧化苯甲酰	0.18
甲苯	60	引发剂	适量
接枝改性单体	5.3	其他助剂	适量

（3）涂料配方

WPA	30	去离子水	适量
MCPP	70	其他助剂	适量
三乙胺	适量		

2. 制备方法

（1）WPA 的制备　将甲苯加到烧瓶中，N₂ 保护，升温至 80℃，将 AIBN、丙烯酸酯单体（其中包含丙烯酸、丙烯酸乙酯和甲基丙烯酸甲酯）与甲基混合，配成混合溶液，滴加 3h，滴加完成后保温反应 6h，得到固体质量分数为 30％的水性丙烯酸酯甲苯溶液，其反应方程式如图 2-7 所示。

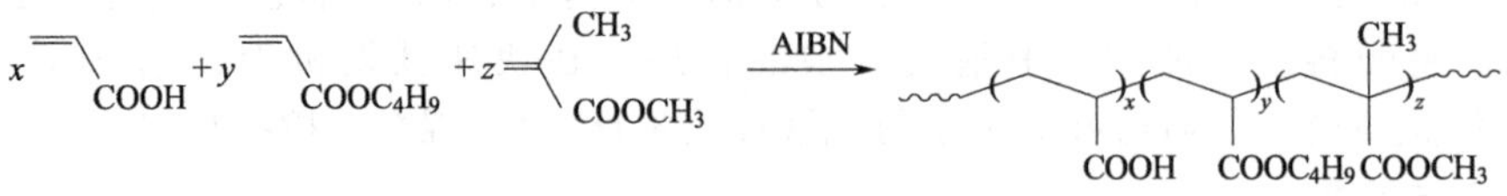

图 2-7　制备 WPA 的反应方程式

（2）MCPP 的制备　将引发剂总用量 80％的 BPO（0.72g）、接枝改性单体（5.30g）、甲苯（15.00g）按比例配成溶液备用。在四口烧瓶中加入 30.00g CPP 和 60.00g 甲苯，在 N₂ 保护下机械搅拌溶解；升温至 100℃，滴加 BPO、接枝改性单体、甲苯的混合溶液，控制滴加速率，2.5～3.0h 内滴完，然后再补加剩余 BPO（0.18g），保温继续反应 2.0h；经沉淀纯化后配制成固体质量分数为 30％的甲苯溶液备用，制备反应方程式如图 2-8 所示。

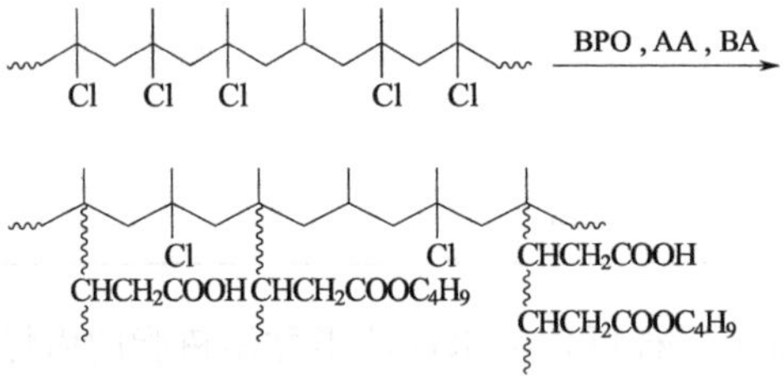

图 2-8　制备 MCPP 的反应方程式

（3）WPA/MCPP 乳液的制备　按比例称取一定量的 WPA、MCPP 甲苯溶液，混合，加入三乙胺调节 pH 至 7，缓慢滴加去离子水并高速搅拌分散，减压蒸馏除去甲苯得到乳液。

3. 性能

复合涂层材料的性能见表 2-96。

表 2-96　复合涂层材料的性能

$m_{(WPA)} : m_{(MCPP)}$	表面张力/(mN/m)	附着力/级
0∶10	43	0
1∶9	46	0
2∶8	46	0
3∶7	47	0
5∶5	48	1
7∶3	49	1
10∶0	49	2

随着 WPA 含量的增加，涂层的极性逐渐增强，与 BOPP 的相容性变差，相互作用力小，因而附着力逐渐降低。当 WPA 含量提高到 30％时，复合涂层的附着力仍然能达到最佳的 0 级。总体来看，复合涂层材料附着力均在 1 级以上。

4. 效果

① WPA 中 AA 含量为 12％，$m_{(WPA)} : m_{(MCPP)} = 3∶7$ 时，复合乳液性能最佳。

② WPA与MCPP复合后涂层材料极性增强，表面张力提高明显；随着复合涂层中WPA含量增加，乳液稳定性提高，涂层表面张力提高，最大能达到49mN/m；复合涂层材料附着力均在1级以上，附着力好。

（四）印花用含氟丙烯酸酯水性乳胶漆

1. 原材料与配方（单位：质量份）

丙烯酸丁酯	70	十二烷基磺酸钠（SDS）	2.0
丙烯酸	0.5	烷基酚聚氧乙烯醚（OP-10）	1.0
甲基丙烯酸三氟乙酯（FA）	15	氨水	适量
衣康酸	0.5	水	适量
过硫酸铵（APS）	0.5	其他助剂	适量

2. 制备方法

将水、乳化剂、各种单体按照设计好的比例依次加入四口烧瓶中，高速搅拌1h，制得单体乳液。在装有电动搅拌器、冷凝管、温度计和两个恒压漏斗的反应瓶中，加入一定量的水，水浴升温至78℃，再依次加入计量好的引发剂APS溶液和少许已制得的单体乳液。待出现蓝光后，将剩余的单体乳液和引发剂APS溶液在2～3h内滴完，继续保温1～2h。降至室温后，加氨水调节乳胶pH值。最后用滤布过滤后可得到产物含氟丙烯酸酯水性乳胶漆。

3. 性能

耐紫外老化性能见表2-97。

表2-97 耐紫外老化性能

样品	实验现象	样品	实验现象
1	明显变黄,开裂	6	微微变黄,细小裂纹
2	局部变黄,有裂纹	7	微微变黄,有裂纹
3	局部变黄,细小裂纹	8	未变黄,无裂纹
4	未变黄,无裂纹	9	变暗黄色,开裂
5	微微变黄,细小裂纹	10	变黄,有裂纹

4. 效果

丙烯酸酯水性乳胶用作印花涂料中的胶黏剂成分存在一些固有缺陷，采用加入含氟单体（甲基丙烯酸三氟乙酯）进行乳液共聚的方法改善其性能。通过四因素三水平正交实验设计，得出对其性能影响最大的因素为含氟单体和丙烯酸的投料量。针对这两个因素设计单一变量实验，得到一系列不同含氟单体和丙烯酸投料量的乳胶样品。使用红外谱图、接触角测试仪、紫外线老化试验箱等仪器对产品的耐水性耐候性进行表征，最终得到综合成本与性能的最佳配方，各项性能明显优于未进行加氟改性的纯丙烯酸酯乳胶漆。

（五）预油漆纸用水性氨基-丙烯酸酯涂料

1. 原材料与配方

原料名称	用量/%	原料名称	用量/%
水性丙烯酸乳液	45～50	表面状态控制剂	0.2～0.25
氨基树脂	20～25	流平剂	0.1
水	8～12	消泡剂	0.5
基材润湿剂	0.15～0.2	催化剂	0.3

2. 涂料的制备

首先，在带有高速搅拌器的干净不锈钢容器内，慢慢加入水性丙烯酸乳液，接着加入部分甲醚化三聚氰胺甲醛树脂，确保其分散均匀，用一定量去离子水将体系调节到合适的黏度，此时增大搅拌器的转速，每隔一定的时间加入适量的基材润湿剂、表面状态控制剂、流平剂，然后加入消泡剂保证体系达到均匀无泡沫的状态，最后在低速搅拌下加入催化剂，使涂料混合均匀待用。

3. 性能（见表2-98）

表 2-98　预油漆纸表面固化漆膜的性能

检测项目	检测结果	检测方法
耐干热/级	1	GB/T 4893.3—2005
耐湿热/级	1	GB/T 4893.2—2005
硬度	3H	GB/T 6739—2006
耐液性(30%乙酸、10%碳酸钠、70%乙醇、茶水、咖啡)/级		GB/T 4893.1—2005

4. 效果

① 利用水性丙烯酸乳液作为成膜物质，高反应活性甲醚化氨基树脂为固化剂，辅助各种助剂制备了预油漆纸用水性涂料。研究发现，氨基树脂及丙烯酸类型。氨基/丙烯酸质量比以及烘烤温度均影响涂料的固化性能。

② 当氨基/丙烯酸质量比为0.45~0.55，该涂料涂覆于预油漆纸表面，能够在170℃条件下迅速固化，漆膜耐干热性、耐湿热性、硬度性、附着力及耐液性均能达到标准要求。

③ 红外光谱分析了漆膜固化前后的结构，涂料的固化反应包括丙烯酸的O—H与氨基树脂的—OCH$_3$交联，同时还有氨基树脂自身的缩聚，缩聚反应的基团在于氨基树脂的—CH$_2$OH、—N—H和—OCH$_3$。多种活性基团之间的交联形成了良好的三维网状结构，是漆膜能快速固化和具有优异性能的主要原因。

④ DSC扫描研究了预油漆纸用水性氨基丙烯酸涂料的固化反应，结果显示该涂料的固化交联反应发生在134.1~177.2℃的温度范围内。

（六）工业滤纸用高抗水性丙烯酸酯涂料

1. 原材料与配方（单位：质量份）

丙烯酸丁酯	80	过硫酸铵	0.6
甲基丙烯酸甲酯	20	硫氰酸钾	1.0
甲基丙烯酸十二庚酯	1~2	氨水	适量
十二烷基硫酸钠（SDS）	1.0	水	适量
OP-10乳化剂	2.0	其他助剂	适量

2. 制备方法

（1）含氟丙烯酸酯核壳型共聚物乳液的合成

① 种子乳液合成

a. 核体预乳化。在250mL四口烧瓶中加入一定量OP-10、SDS和H$_2$O，高速搅拌并升温至40℃，待乳化剂完全溶解后加入MMA、BA，高速搅拌预乳化。

b. 种子乳液聚合。预乳液升温至72℃，转速降低，加入一定量引发剂APS水溶液引发反应，出现蓝色荧光后30min停止反应，冷却至室温。

② 含氟丙烯酸酯核壳乳液合成

a. 壳体预乳化。在上述四口烧瓶中，加入一定量 SDS、OP-10 和 H_2O，高速搅拌，完全溶解后，加入 MMA、DFMA 预乳化。

b. 核壳乳液聚合。取出壳体预乳液，加入一定量种子乳液，搅拌并升温至 72℃，分次滴加壳体预乳液，反应完成后调节 pH 至中性。

(2) 工业滤纸的浸渍　将滤纸原纸浸入稀释后的含氟丙烯酸酯核壳乳液，控制其上胶量，压出多余的浸渍液，在 (110±1)℃烘干固化后制得制品。

3. 性能与效果

① 采用预乳化半连续聚合法制备的核壳型含氟丙烯酸酯聚合物耐水性高、粒子大小均一、粒径分布窄，并具有明显的球状、核壳结构。

② 在核层外，少量氟单体的加入，即可使滤纸疏水性明显提高，当含氟单体加入量仅为 4.7％时，纸张对水的接触角可达 113.1°，耐水时间达到 20min，达到"低氟高效"的效果。

③ 从滤纸原纸与浸渍不添加氟单体乳液滤纸所表现出的毫无耐水性，到引入氟单体后乳液浸渍滤纸的高抗水，表明氟单体的优异性能在纸类施胶中得到了很好的应用。

④ 通过改变乳液粒子设计的玻璃化温度，可以按照不同需求调整滤纸挺度，对改善滤纸其他力学性能也具有重要的参考意义。

（七）防刮痕水性聚氨酯/苯丙复合可剥保护涂料

1. 原材料与配方

原料	用量/%	原料	用量/%
苯丙乳液	60	有机硅助剂	5
水性聚氨酯	30	成膜助剂	1～5
丙二醇	1～2	增稠剂	1～2
消泡剂	0.2～0.5	三乙胺	适量
流平剂	0.2～0.5	去离子水	适量

2. 制备方法

(1) 水性聚氨酯的制备　在装有回流冷凝管、机械搅拌和温度计的四口烧瓶中加入一定量的聚四氢呋喃醚（PTMG）、异佛尔酮二异氰酸酯（IPDI）和 N-甲基吡咯烷酮（NMP），加入少许二月桂酸二丁基锡，升温至 80℃反应 1.5h，降温至 50℃，加入二羟甲基丙酸（DMPA）扩链，反应完成后加入丙酮调节黏度，经三乙胺中和后，在快速搅拌下加入去离子水乳化分散，用乙二胺扩链，再用少量氨水处理后，减压脱除丙酮，最后得到蓝色半透明乳液。

(2) 苯丙乳液的制备　将一定量的混合乳化剂（十二烷基硫酸钠与 OP-10 质量比为 1∶1）用去离子水总量 80％～90％的水溶解后加入到四口烧瓶中，调节温度到 70℃，搅拌速度 160～180r/min。先加入质量分数约 20％的由苯乙烯（St）、甲基丙烯酸（MAA）、甲基丙烯酸甲酯（MMA）、丙烯酸乙酯（EA）、丙烯酸正丁酯（BA）组成的混合单体和总质量 3％～4％的引发剂过硫酸钾。待温度恒定到 70℃后，再加入 pH 缓冲剂碳酸氢钠和剩余的引发剂和水，然后在 4h 内滴加完剩余的混合单体，最后用氨水调节乳液 pH 在 8.0～9.0，最后得到乳状白色液体。

(3) 水性可剥保护涂料的制备　在敞口容器中加入一定量的苯丙乳液，开动搅拌器在 600～800r/min 以下，加入一定量的水性聚氨酯、丙二醇；搅拌 10min 后加入适量消泡剂、流平剂；继续搅拌 30min 后加入一定量的有机硅助剂，继续搅拌 10min 后加入成膜助剂、增稠剂，最后用三乙胺调整 pH 至 7.2～8.5。

3. 性能

水性聚氨酯乳液的性能指标见表 2-99，苯丙乳液的性能指标见表 2-100。

表 2-99　水性聚氨酯乳液的性能指标

测试项目	测试值
pH 值	7.5～8.0
固含量/%	30±2
玻璃化温度 T_g/℃	约-25
断裂伸长率/%	400～500
拉伸强度/MPa	30
24h 水中浸泡吸水率(25℃)/%	70

表 2-100　苯丙乳液的性能指标

测试项目	测试值
pH 值	8.0～9.5
固含量/%	50±1
最低成膜温度/℃	约 20
玻璃化转变温度 T_g/℃	约 25
钙离子稳定性	良好

苯丙乳液和水性聚氨酯是主要成膜物质，丙二醇作为防冻剂，有机硅助剂用于提高涂膜的可剥性能，增稠剂和去离子水用于调整涂料的施工黏度，三乙胺用于调整涂料的 pH 值。通过实验得到的可剥涂料硬度适当，柔韧性好，具有良好弹性，附着力低，容易从多种底材表面顺利剥离。

涂膜性能检测结果见表 2-101。

表 2-101　涂膜性能检测结果

检测项目	检测结果
外观	平整光滑透明
黏度(涂-4 杯)/s	40～55
干燥时间(25℃)	表干 2h,实干 24h
固含量/%	40～45
耐水性[①]/h	10
细度/μm	15
硬度/B	5
柔韧性/mm	1
180°剥离强度/(N/25mm)	0.22

① 水性可剥涂料中加入各种相容性好的水性色浆可以制备各种颜色的涂膜，但涂膜耐水性大大的下降。

由表 2-102 可知，由于底材不同可剥涂料的剥离强度有明显的差异，涂膜硬度的差异不是特别明显。不同底材表面的化学组成成分不一样，有些基材表面可能与可剥涂料的成膜物质形成氢键，从而使附着力增大，影响剥离强度。基材表面的粗糙程度也会影响剥离强度，粗糙的表面由于物理作用力，使涂膜附着力增大，从而影响剥离强度。由于可剥涂料涂膜厚度较厚，所以涂膜的硬度受底材的影响不大。

表 2-102　不同基材涂膜性能测试结果（$200\mu m$ 膜厚下测得）

基材	180°剥离强度/(N/25mm)	硬度(B)	柔韧性/mm
有机玻璃	0.22	5	—
无机玻璃	0.70	5	—
汽车面漆	0.60	5	1
光滑铜片	0.65	4	—
光滑陶瓷	0.30	5	—
光滑马口铁板	0.70	5	1

4. 效果

采用水性聚氨酯和苯丙乳液作为成膜物质，辅以有机硅助剂来降低涂层的剥离强度，加入各种助剂后制成单组分水性可剥涂料。该可剥涂料几乎可以在任何光滑表面如有机玻璃、无机玻璃、光滑金属、光滑陶瓷、汽车等表面进行临时保护并剥离。

可剥涂膜的剥离强度受到不同底材的影响，当涂膜达到一定厚度后硬度受底材影响不大，涂膜的剥离强度随着涂膜厚度的增加而降低，达到 $150\mu m$ 膜厚后剥离强度基本不变；剥离强度随着有机硅助剂含量的增加而降低，有机硅助剂含量达到 2% 以后，剥离强度基本不变。

（八）水性丙烯酸酯印铁涂料

1. 原材料与配方（质量份）

（1）乳液配方

材料	1#	2#	3#
丙烯酸（工业级）	110	120	60
苯乙烯（工业级）	80	100	110
丙烯酸丁酯（工业级）	40	90	160
甲基丙烯酸甲酯	105	90	—
丙烯酸羟乙酯	65	—	70
催化剂（过氧化二苯甲酰）	8	5	10
丙二醇甲醚	370	250	—
异丙醇	30	—	—
丁醇	—	50	700
合计	808	705	1110

（2）原料配方

序号	材料	白磁配方	光油配方
1	水性丙烯酸树脂	60	70
2	水性聚酯树脂	4	5
3	氨基树脂	5	6
4	钛白粉	25	
5	水	5	18
6	助剂	1	1
合计		100	100

2. 制备方法

（1）水性丙烯酸树脂的合成　水性丙烯酸树脂属于热固性丙烯酸树脂，含—COOH 羧基的不饱和单体，如丙烯酸、甲基丙烯酸等单体在一定的温度下并通入保护气，滴加单体和引发剂混合体，采用饥饿滴加方式反应原理连续滴加几个小时，然后再追加引发剂并保温反应到单体转化率达到 98% 以上，酸值 80mgKOH/g 以上，最后经减压蒸出剩余未完全反应的单体、溶剂及低分子量物质，将温度降到 50℃ 以下用氨水将其中和成水溶性丙烯酸树脂，根据具体所需树脂不挥发物的要求，加入水搅拌均匀即得到了热固性水溶性丙烯酸树脂。

（2）合成工艺　采用单体饥饿方式合成水性丙烯酸树脂。在装有搅拌器、温度计、氮气导管、回流冷凝器的反应釜中，按配方加入溶剂，温度升到溶剂沸腾温度，均匀搅拌下滴加配方中的预混合单体，滴加时间 3.5～4.5h。滴加完毕，保温 60～90min，再用 30～60min 的时间追加催化剂。滴加完毕，保温 60～90min，确保单体转化率大于 99%，温度降至 60℃ 以下，加入有机胺中和可得水溶性丙烯酸树脂。

（3）涂料制备　称料—配料—混料—中和—卸料—备用。

3. 性能 （见表 2-103 和表 2-104）

表 2-103　水性印铁涂料产品各项技术指标要求

项目	指标
不挥发分/%	30～60
漆膜弯曲试验/mm	≤2
硬度(铅笔硬度)/H	≥1
黏度(涂-4 杯)/s	60～180
附着力(划圈法)/级	1
耐冲击试验(1kg·50cm)	无裂纹、皱纹及剥落
柔韧性/mm	1,不开裂
耐蒸煮(121℃,30min)	不发黏,不失光,不脱落
耐丁酮擦拭性/次	60～100

表 2-104　性能指标检测

项目	检测结果	测试标准
漆膜弯曲试验/mm	2	GB/T 6742—2007
硬度(铅笔硬度)/H	1H	GB/T 6739—2006
附着力(百格法)/级	0	GB/T 9286—1998
耐冲击试验(1kg·50cm)	无裂纹、皱纹及剥落	GB/T 1732—1993
柔韧性/mm	0.5,无裂纹	GB/T 1731—1993
耐蒸煮(121℃,30min)	不发黏,不失光,不脱落	—
耐丁酮擦拭性/(500g/次)	80 次	—

　　具体各产品的性能指标，依市场要求可以适当地对配方进行调整，以满足市场要求。

4. 应用与效果

①　水性印铁涂料应用范围：铝制二片罐、马口铁三片饮料罐、食品罐头罐、气雾罐、化工罐、各类瓶盖、各种杂罐等金属罐。

②　水性印铁涂料施工工艺：滚筒涂布，涂布厚度 8～15μm/m²。联机辊涂后直接进入

烘道烧烤，烘烤温度是 165～175℃，12～15min 即可烘干。

③ 在使用过程中若需开稀，可用蒸馏水直接进行开稀，不能用醋酸异戊酯等油性溶剂开稀，不能与油性印铁涂料混合使用，严禁混入油性物质。

④ 基材表面需干净无油污。

（九）水性丙烯酸酯防结露透明涂料

1. 原材料与配方（单位：质量份）

甲基丙烯酸酯（MA）	10	甲基丙烯酸 β-羟乙酯（HEMA）	90
偶氮二异丁腈（AIBN）	1.0	过氧化苯甲酰（BPO）	0.3
丙烯酰胺（AM）	20	乳化剂	3.0
乙二醇苯甲醚	1.5	其他助剂	适量
水	适量		

2. 制备方法

（1）原理　以含有羟基的非离子型单体甲基丙烯酸 β-羟乙酯（HEMA）、含有酰氨基的丙烯酰胺（AM）与含有羧基的甲基丙烯酸（MA）为原料采用溶液共聚法制备甲基丙烯酸 β-羟乙酯-丙烯酰胺-甲基丙烯酸三元共聚物，通过不同亲水性基团的相互协同作用以提高三元共聚物的吸水能力，尤其是耐水解能力。

（2）方法　把 MA、HEMA、引发剂和溶剂按照一定比例配好，加入四口烧瓶中；通入氮气，排出空气，在水浴中反应，温度控制设定在 60～75℃（最高温度不超过 80℃）。反应达到一定程度以后，把预先按一定配比准备好的 AM 滴加入四口烧瓶。反应结束后，加入溶剂（稀释剂），配成一定浓度的溶液。考察确定溶剂与单体的配比、引发剂的种类及其用量、反应温度及反应时间、滴加速度、适宜配方，对样品进行分析检测。

3. 性能

性能见表 2-105。

表 2-105　性能与实验结果

m（MA）/g	m（HEMA）/g	m（AM）/g	涂膜外观
1	10	1.7	透明，表面发黏
1	10	2	透明，表面较硬
1	10	3.3	透明，表面较硬
1	10	5	透明，表面微粉白
1	10	10	较透明，表面少量晶粒
1	10	15	半透明，表面晶粒大
1	10	20	不透明，表面晶粒大
1	10	25	不透明，白色
2	10	10	微黄透明，表面有白粉
2.5	10	10	微黄透明，表面发黏
3	10	10	黄色透明，表面发硬
4	10	10	不易反应，黄色较深
5	10	10	不易反应，黄棕色
1	10	0	无色透明，硬度低，弹性好

4. 效果

① 通过实验研究，找到一种新型聚丙烯酸酯类透明防结露涂料的合成方法：以 MA、HEMA 和 AM 为共聚单体，采用溶液聚合法合成聚丙烯酸酯透明防结露涂料。通过实验确定了适宜的配方和工艺条件：

$m(\text{MA}):m(\text{HEMA}):m(\text{AM})=1:10:(2\sim3.3)$；$m(溶剂):m(单体)=1.5:1$；引发剂确定为 BPO，其用量为 0.3%；聚合反应时间约为 5.5h；适宜的反应温度为 68℃。

② 对优化产品的性能测试表明，透光率都大于 98%，涂膜硬度在 2H～3H，防结露等级在 1～2 级，耐水性在 1h 以上。各项性能测试结果说明该聚丙烯酸酯透明防结露涂料的主要性能满足使用要求。

（十）水性丙烯酸酯微乳液印花专用涂料

1. 原材料与配方（单位：质量份）

丙烯酸正丁酯（n-BA）	60	十二烷基硫酸钠（SDS）	1～2
甲基丙烯酸酯（MMA）	20	辛基酚聚氧乙烯醚（TX-30）	3.0
丙烯酸异辛酯（2-EHA）	20	过硫酸铵	0.6
苯乙烯（St）	10	去离子水	适量
α-甲基丙烯酸（MAA）	5.0	中和剂	适量
乙二醇二甲基丙烯酸酯（EGPMA）	2.0	其他助剂	适量

2. 制备方法

（1）微乳液聚合工艺及方法 微乳液与乳液一样，都是在乳化剂作用下形成的油水混合体系，但它们存在明显的差别，乳液是浑浊的不稳定体系，而微乳液是热力学稳定的透明体系。和乳液聚合相比，在微乳液聚合配方中，还要加入助表面活性剂，一般为长链脂肪烃基的醇类、胺和醚等。微乳液聚合体系中，单体含量常低于 10%，乳化剂含量高于 10%，而乳液聚合恰好相反。

本实验采用改进的 O/W 型微乳液聚合法，先把一定量的去离子水和复配乳化剂（SDS 和 TX-30）放入四口烧瓶中混合溶解，单体、助乳化剂和引发剂放入不同的恒压滴液漏斗中，氮气保护，等烧瓶温度升到一定值，开始同时滴加单体、助乳化剂和引发剂。

聚合反应开始后，体系中单体处于饥饿态，逐滴滴入的单体液滴很快进入水相或胶粒参与反应，反应过程中聚合场所不断增加，即随着聚合的进行，体系中胶粒的数目逐渐增加，导致乳化剂分子在胶粒表面重新分配，当胶粒数目达到一定程度后，乳化剂分子便不能完全覆盖胶粒表面。通过控制单体向正在聚合的微乳液体系的滴加速度，微胶乳体系仍然能维持热力学稳定状态。只要乳化剂的量不低于一定值，体系的稳定状态就不会被破坏。

（2）涂料制备 称料—配料—混料—中和—卸料—备用。

3. 性能

微乳液是由单体、表面活性剂、助表面活性剂、水在适当配比下自发形成的外观透明或半透明、各向同性、低黏度的热力学稳定的油-水分散体系，其聚合物粒径为 $10\sim100$nm。与常规乳液相比，微乳液聚合物粒径小、表面张力低、润湿渗透性强、稳定性更高，但常规微乳液聚合体系比较突出的问题是乳化剂用量大、单体含量低。乳化剂含量太高则胶膜耐水性低，而固含量太低又使得乳胶膜的丰满度不能满足要求，因而限制了微乳液在涂料上的应用。

以丙烯酸正丁酯（n-BA）、甲基丙烯酸甲酯（MMA），丙烯酸异辛酯（2-EHA）、苯乙烯（St）为单体，乙二醇二甲基丙烯酸酯（EGDMA）为交联单体，十二烷基硫酸钠

（SDS）、辛基酚聚氧乙烯醚（TX-30）为复合乳化剂，α-甲基丙烯酸（MAA）为助乳化剂，过硫酸铵（APS）为引发剂，微乳液聚合制备了聚丙烯酸酯印花涂料用黏合剂。用表面张力仪和 Zetasizer Nano 粒度仪进行了表征，研究了复合乳化剂的配比与用量、助乳化剂的用量和反应温度对微乳液粒径、Zeta 电位、转化率和稳定性的影响。结果表明：m（SDS）：m（TX-30）＝1：2，用量为体系总质量的 3.0％～3.5％；MAA 的用量为单体总质量的 5％，反应温度为 75～80℃，制得的微乳液单体转化率达 96％，乳胶粒平均粒径为 60nm。

（十一）水性羟基丙烯酸乳液玻璃漆

1. 原材料与配方

（1）乳液配方（单位：质量份）

丙烯酸丁酯	60	过硫酸钾	1～2
甲基丙烯酸酯	20	乳化剂十二烷基硫酸钠（SDS）	2.0
甲基丙烯酸羟乙酯	20	十二烷基硫醇	1.0
苯乙烯	15	水	适量
氨基树脂	10～20	其他助剂	适量

（2）涂料配方（单位：质量份）

乳液	100	颜料	2～3
填料	20～30	中和剂	1～2
分散剂	2～5	水	适量
增稠剂	5～6	其他助剂	适量

2. 制备方法

（1）乳液制备　将乳化剂与全部单体搅拌混合得预乳液，将剩余乳化剂、碳酸氢钠与去离子水放入四颈瓶，搅拌，回流，加热，乳化剂溶解后，加入预乳液和引发剂，反应一段时间后，分别滴加剩余预乳液和引发剂，2h 滴完，保温 1h，加氨水调节 pH 值，降温冷却至室温，倒出乳液。

（2）涂料制备　称料—配料—混料—中和—卸料—备用。

3. 性能

氨基树脂固化前后羟基丙烯酸树脂的性能见表 2-106。

表 2-106　氨基树脂固化前后羟基丙烯酸树脂的性能

指标（载玻片涂膜 24h）	树脂	氨基固化树脂
0.1％质量分数硫酸浸泡	无明显变化	无明显变化
0.1％质量分数氢氧化钠	表面大量气泡	无明显变化
10％质量分数氯化钠	无明显变化	无明显变化
56％质量分数乙醇	无明显变化	无明显变化
漆膜硬度	小于 2H	3H
漆膜附着力	0 级	0 级
水（20d）	无明显变化	无明显变化

4. 效果

采用乳液聚合工艺制备了用于玻璃漆的羟基丙烯酸树脂，在丙烯酸共聚体系中，通过调整引发剂、乳化剂质量分数，以及聚合条件，本实验制备了黏度、相对分子质量、乳液的稳定性较好的羟基丙烯酸乳液。增加 HEMA 的质量分数，乳液羟值先增大后降低。根据硬度和附着力要求，调节 HEMA 质量分数为 11% 左右，羟值在 5%～6%，达到玻璃漆的固化要求。通过调节 BA/MMA 调节乳液中树脂的玻璃化转变温度（30～40℃），漆膜硬度和附着力均可达使用要求。

（十二）ABS 塑料专用丙烯酸酯柔感涂料

1. 原材料与配方

① A 组分配方

原材料	规格	质量份
羟基改性丙烯酸树脂	市售品	42～45
热塑性丙烯酸树脂	市售品	18～20
分散剂	市售品	2
颜料	R-706	15
填料	市售品	10
消光剂	市售品	5
催干剂	市售品	0.06～0.08
有机硅类流平剂	市售品	0.05～0.1
氟碳改性丙烯酸类流平剂	市售品	0.25～0.3
其他助剂	工业品	适量

② B 组分配方。固化剂 L-75 或 N-75，稀释剂。

③ ABS 塑料用双组分柔感涂料的优化配方。

原材料	规格型号	质量份
羟基改性丙烯酸树脂	自制	42～49
热塑性丙烯酸树脂	自制	18～21
消光剂	有机消光剂 OK607	10
催干剂	二月桂酸二丁基锡	0.06～0.08
	有机硅类流平剂 BYK 331	0.05～0.1
流平剂	氟碳改性丙烯酸类流平剂 EFKA 3777	0.25～0.3
溶剂	工业品	适量
固化剂	N-3390	25～30

2. 涂膜的制备

将制得的涂料 A 组分与 B 组分固化剂、稀释剂按一定比例混合均匀，并调整黏度至 18～20s，喷涂前用无水乙醇清洗塑料板。然后采用空气喷涂法制备样板，喷涂 2～3 遍，使涂膜完整平滑。喷涂后的样板先于室温放置干燥 10～15min，再在 80℃下烘烤 30～40min，涂膜厚度控制在 30μm 左右。

3. 性能（见表 2-107）

表 2-107　性能参数

检测项目	检测结果
漆膜外观	平整光滑
附着力/级	1
硬度	H

检测项目	检测结果
柔感度/级	5
柔韧性/mm	1
耐冲击性/cm	50
抗划伤性	良好
耐酒精擦拭性/次	80
耐汗渍性(24h)	合格
耐水性(72h)	不起泡,不变色
耐热性(70℃,72h)	无明显变化
耐寒性(-25℃,72h)	无明显变化

4. 效果

制备的 ABS 塑料用双组分柔感涂料,对底材有良好的附着力,合理选用增塑剂、消光剂、固化剂和流平剂,可赋予漆膜良好的柔感度和抗划伤性等性能,可以广泛用于 ABS 塑料底材上,具有较好的实用价值。

(十三) 水性含氟丙烯酸酯空调铝箔专用疏水涂料

1. 原材料与配方 (单位:质量份)

甲基丙烯酸酯 (MMA)	57	HDI 三聚体 N-3300	25
丙烯酸丁酯 (BA)	12	引发剂	0.5
丙烯酸十八酯 (SA)		固化剂	2~3
甲基丙烯酸全氟烷基乙酯 (PFMA)	20	溶剂	适量
甲基丙烯酸-β-羟乙酯 (HEMA)	7.0	其他助剂	适量
偶氮二异丁腈 (AIBN)	1~3		

2. 制备方法

(1) 树脂聚合反应过程　在装有电动搅拌器、回流冷凝管、温度计的烧瓶中加入 1/3 混合溶剂 [V(乙酸丁酯):V(二甲苯)=2:1],开动搅拌并保持在 500r/min 左右,同时升温并控制温度范围为 (85±1)℃。再将计量比的 BA、MMA、HEMA 以及引发剂 AIBN 充分溶于所剩 2/3 的混合溶剂中 [其中 m(MMA):m(BA):m(SA) 为 14:3:1,反应体系中混合单体的质量分数为 40%,AIBN 占混合单体质量分数的 1.0%],并将其以 2~3s 一滴的速度滴入烧瓶中。混合单体滴加完后,一次性加入含氟丙烯酸酯单体,再保温 3h,然后补加少量引发剂,并继续保温 4h,最后停止反应,待其降至室温,出料即为树脂溶液。

(2) 涂膜制备过程　按照 m(树脂溶液):m(N-3300)=4:1 的比例往树脂溶液中加入 N-3300,充分混合均匀后,再在已洗净晾干的铝片 (8cm×8cm×1cm) 上用刮涂法制备 10μm 厚的涂膜,并于 120℃下烘干固化 3h。

3. 性能

最佳用量下得到的涂料与市售涂料性能对比见表 2-108。

应用性能都较好,与市售国外进口涂料的各项性能接近,基本满足空调铝箔表面处理要求。

表 2-108　最佳用量下得到的涂料与市售涂料性能对比

表 2-108　最佳用量下得到的涂料与市售涂料性能对比

性能指标	测试对比结果	
	自制涂料	市售涂料 Ultra AC
水接触角/(°)	132.7	128.9
水溶率/%	4.1	2.7
附着力/级	1	1
柔韧性/mm	1	1
硬度	H	HB
耐冲击性/kg·cm	40	40
耐水、耐碱、耐酸性	不变色、不起泡、不脱落	不变色、不起泡、不脱落

4. 效果

① 以甲基丙烯酸甲酯（MMA）、丙烯酸丁酯（BA）和丙烯酸十八酯（SA）为原料，甲基丙烯酸-β-羟乙酯（HEMA）为羟基功能单体，含氟丙烯酸酯单体为有机氟改性剂，通过溶液自由基聚合反应制得含氟丙烯酸树脂溶液，然后与 HDI 三聚体 N-3300 固化剂充分固化，制备了高耐水性疏水涂料。

② 在最佳反应配方下制备的含氟丙烯酸树脂涂膜的水接触角为 132.7°、水溶率为 4.1%，附着力 1 级，柔韧性 1mm，硬度 H，涂料的综合性能与美国 Ultratech 公司生产的空调铝箔用 Ultra AC 超疏水涂料系列透明清漆相当，可以用作空调铝箔的防护材料。

（十四）纳米改性丙烯酸酯空调铝箔用亲水性涂料

1. 原材料与配方（见表 2-109 和表 2-110）

表 2-109　水性纳米底涂生产配方

原料名称	规格	质量分数/%
MAA	工业品	3.0
BA	工业品	8.0
St	工业品	3.0
MMA	工业品	7.0
乳化剂 OP	工业品	0.5
乳化剂 OS	工业品	0.7
NH$_4$PS	工业品	0.3
去离子水	自制	77
氨水	工业品	0.5

2. 制备方法

（1）底涂制备　将 60% 的去离子水、80% 的乳化剂 OP 和 80% 的乳化剂 OS 以及 90% 的 MAA、90% 的 BA、85% 的 St、85% MMA 单体分别加入到反应釜中，再将 85% 的 NH$_4$PS 用去离子水溶解后加入反应釜中，开启反应釜的搅拌桨，控制搅拌速度为 80r/min，搅拌 30min 后物料变成了均匀的乳液，然后停止搅拌，用真空泵将反应釜中的混合单体吸入到高位槽中备用。

表 2-110 水性纳米面涂生产配方

材料名称	用量/%
MMA	1
MAA	3
BA	3
N-羟甲基丙烯酰胺	3
N-甲基吡咯烷酮	1
丙烯酰胺	1
十二烷基硫酸钠	0.5
异丁醇	1
乳化剂 OP	0.3
乳化剂 OS	0.3
酞菁蓝	0.1
NH$_4$PS	0.3
去离子水	87.5

另将余下的去离子水、乳化剂 OP、乳化剂 OS 和 MAA、BA、St、MMA 单体以及 NH$_4$PS 分别加入到反应釜中，开启反应釜的电动搅拌桨，控制搅拌速度为 80r/min，将其搅拌成均匀的乳液，然后将釜温缓慢升至 65℃（控制升温速率为 2℃/min），在此温度下恒温反应 30min，然后将反应釜中的温度缓慢升至 94℃（控制升温速率为 1.5℃/min），当反应釜内开始出现回流液时，向釜内缓慢滴加高位槽中的混合单体，控制滴加速度和滴加时间（控制在 3h 内滴加结束），滴加结束后，继续恒温反应 30min，然后将釜内温度升至 96℃，同时开启真空泵，将反应釜内的压力控制在 $3×10^4$Pa，恒温搅拌 0.5h，以除去反应釜内的残留单体。然后降温，待反应釜内的温度降至室温时，向釜中加入氨水，将合成乳液的 pH 值调至 7.5～8.5，并将乳液黏度调整到 60～70s（涂 4 杯），然后过滤、出料。

（2）面涂制备　将酞菁蓝全部放入研钵中，然后向研钵中加入少许乳化剂 OP 和少许乳化剂 OS 以及少许去离子水，将其研磨成均匀的色浆备用。

将 70% 的去离子水、90% 的 MMA、85% 的 MAA、85% 的 BA、85% 的 N-羟甲基丙烯胺、85% 的 N-甲基吡咯烷酮、85% 的丙烯酰胺、85% 的十二烷基硫酸钠、80% 的乳化剂 OP、80% 的乳化剂 OS 分别加入到反应釜中，开启反应釜的搅拌桨，控制搅拌转速为 80r/min，搅拌 30min 当物料变成了均匀的乳液，然后停止搅拌，用真空泵将反应釜中的混合单体吸入到高位槽中备用。

将余下的去离子水、乳化剂 OP、乳化剂 OS、十二烷基硫酸钠和 MMA、MAA、BA、N-羟甲基丙烯胺、N-甲基吡咯烷酮、丙烯酰胺以及 NH$_4$PS 分别加入到反应釜中，开启反应釜的电动搅拌桨，控制搅拌速度为 80r/min，将其搅拌成均匀的乳液，接着在搅拌状态下将釜温缓慢升至 68℃（控制升温速率为 2℃/min），在此温度下恒温搅拌 30min，然后将反应釜中的温度缓慢升至 0℃（控制升温速率为 1.5℃/min），当反应釜内开始出现回流液时，向釜内缓慢滴加高位槽中的混合单体，控制滴加速度和滴加时间（控制在 4h 内滴加结束），滴加结束后，继续恒温反应 30min，然后将釜内温度升至 92℃，同时开启真空泵，将反应釜内的压力控制在 $3×10^4$Pa，恒温搅拌 0.5h，以除去反应釜内的残留单体。然后降温，待反应釜内的温度降至室温时，向釜中加入异丁醇和色浆，搅拌混合均匀后过滤、出料。

3. 性能 （见表 2-111 和表 2-112）

4. 效果

① 水性纳米底涂和溶剂型涂料相比避免了有机溶剂对环境造成的污染、对操作人员的身体健康造成的伤害，同时也降低了生产成本，涂料的综合性能达到并超过了溶剂型涂料的性能。由于水性纳米底涂中的溶剂为水，涂料的干燥速度较慢，所以生产中应设计有烘干装置。水性纳米底涂的主要功能是对铝箔要具有很好的附着力。

表 2-111　水性纳米底涂的性能检测结果

检测项目	检验标准	检测结果
外观	白色黏稠乳液	白色黏稠乳液
固含量/%	20～21	21
黏度(涂-4 杯)/s	≥12.5	15
乳液粒径/nm	≤50	40
pH 值	7～9	8

表 2-112　水性纳米面涂的性能检测结果

检测项目	检验标准	检测结果
外观	均匀、黏稠性的流动液体	均匀、黏稠性的流动液体
固含量/%	9～11	10
黏度(涂-4 杯)/s	≥11.5	14
乳液粒径/nm	≤50	20
pH 值	5～7	6

② 水性纳米面涂不但要对纳米底涂具有优良附着力而且还要对水具有很好的亲和力和耐水洗性能、耐划伤性能和耐老化性能。

③ 水性纳米底涂和水性纳米面涂合成反应结束后要对涂料进行抽真空处理，这样可以清除涂料中的残余单体，减少涂料对环境和人体造成的危害。

④ 水性纳米涂料以水为溶剂几乎不含有机溶剂，是一种环保型的涂料。

二、功能型水性丙烯酸酯涂料

(一) 水性丙烯酸酯发光防水涂料

1. 原材料与配方

(1) 乳液合成配方

编号	单体的预乳化	乳化液
1#	30mL 乳化液＋m_1g 核单体（功能性单体）	
2#	30mL 乳化液＋m_2g 壳单体（功能性单体）	将 1.0g OP-10 和 2.0g SDS 溶于 90mL 蒸馏水，充分乳化后分成 3 份
3#	30mL 乳化液＋0.5g $NaHCO_3$	
4#		1.0g KPS＋30mL H_2O（引发剂）

(2) 涂料配方

原料	w/%	原料	w/%
乳液	27	氧化锌	0.4
APP	19	发光粉	23
PER	8	水	8
MEL	11	乳化剂	适量
钛白粉	4	消泡剂	适量

2. 制备方法

（1）乳液的合成　采用梯度乳液聚合法制备具有核/壳结构的水性丙烯酸酯乳液。

乳液合成步骤如下。

① 先将乳化剂、表面活性剂和水在机械搅拌状态下搅拌 30min 至充分乳化，分成 3 份，然后将单体在搅拌条件下滴加到 1 份乳化液中，继续搅拌乳化 1h，得到单体预乳化液 1#。单体乳化液 2# 以相同步骤制备。

② 在装有温度计、加热控温仪、恒压滴液漏斗、搅拌器、冷凝管的 500mL 四口烧瓶中于高速搅拌状态下（500r/min）依次加入剩余 1 份含有 pH 缓冲剂的乳化液 3#、1/2 核单体预乳化液 1# 和 1/3 引发剂水溶液 4#，此过程温度控制在 40℃。混合均匀后，将转速调到中速（250r/min），然后升温至 70℃ 左右使之聚合。当出现蓝色荧光（意味着种子的产生）后，用两个滴液漏斗分别同步、缓慢滴加剩余的核单体预乳化液 1# 及 1/3 引发剂水溶液 4#，滴加完毕后升温到 80℃，继续反应 30min，得到种子乳液。

③ 向上述所得种子乳液中同时缓慢滴加壳单体预乳化液 2# 及剩余 1/3 引发剂水溶液 4#（控温在 80℃），滴加完毕后升温至 90℃ 继续反应 1h。

④ 反应结束，降温至 40℃ 以下，测乳液的 pH，并用氨水调节 pH 至 7～8，过滤，得到丙烯酸酯乳液。

（2）防火涂料的配制　将脱水催化剂、炭化剂、发泡剂、填料、助剂、水及合成的乳液按一定比例混合制备得到相应的水性防火涂料，再引入发光材料即可配制得到水性发光防火涂料。

3. 性能（见表 2-113）

表 2-113　防火性能测试结果

参数	结果	参数	结果
质量损失/g	4.6	炭化深度/cm	0.1
炭化长度/cm	7.5	炭化体积/cm³	3.7
炭化宽度/cm	5.0	防火等级	1

该涂料具有优良的防火性能，防火等级可达一级。测试过的试板涂料炭化层为椭圆形膨胀层，且表面均匀致密、无裂纹。

4. 效果

采用梯度乳液聚合法制备了水性丙烯酸酯乳液，以其为成膜物配制了发光防火涂料，并对其发光及防火阻燃效果进行了测试，结果如下。

① 合成乳液的单体配比对乳液的最低成膜温度和乳胶膜的硬度有显著影响，致使不同配方制备的乳液的成膜性能有较大差别。

② 配方中阻燃体系主组分 $m_{APP} : m_{PER} : m_{MEL} = 7 : 3 : 4$ 时，配制的涂料具有较好的防火阻燃性能，阻燃时间可达 18min，防火等级为一级。

③ 向水性防火涂料中添加发光粉后，所得产品具有一定的光致发光功能。

该涂料可广泛应用于建筑物、人造景观、安全通道标志、特殊领域发光标志、文化艺术品的涂饰、交通及军事设施等，既有装饰美化功能又有安全警示作用，还有低度照明作用，既美化环境、方便生活，又节省电能，且无能耗。

(二) 水性有机硅改性丙烯酸酯树脂隔热涂料

1. 原材料与配方

原料	用量	原料	用量
3#骨料（17μm）	50g	W-0506	1%～5%
有机硅改性丙烯酸树脂	26g	KH550	1%～5%
固化剂	7g	其他	适量
分散剂	1%～5%	水	72g
W-18	1%～5%		

其中的质量分数是以骨料质量计的质量分数。

2. 制备方法

称料—配料—混料—中和—卸料—备用。

3. 性能

从图2-9可以看出，内侧温度分别为50℃、100℃、150℃时，涂覆隔热涂料钢板的内外表面温差分别为10℃、30℃、50℃，与空白样之间的温差分别为4℃、15℃、30℃，随着钢板内侧温度的升高，涂料的隔热性能显著提高。热源温度为150℃时，隔热效果非常明显。

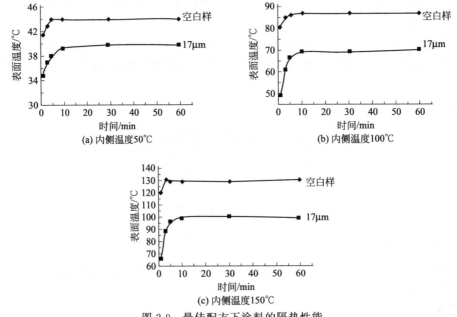

图 2-9　最佳配方下涂料的隔热性能

从图2-10分析可知：180℃时，固化涂层的失质量很小，仅为0.98%。这说明温度低于180℃时，涂料的热稳定性能优异。由于纺织印染设备的使用温度一般不超过180℃，因此，该涂料适用于印染设备的保温。

涂料的性能测试见表2-114。

表 2-114　涂料的性能测试结果

项目		性能	检测标准
热导率(150℃)/[W/(m·K)]		0.067	GB/T 10295—2008
耐热性(180℃，20h)		不鼓泡、不开裂、不变色	GB/T 1735—2009
干燥时间/h	表干	1	GB/T 1728—1979
	实干	36	GB/T 1728—1979

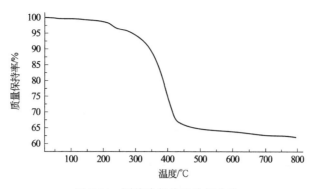

图 2-10　隔热涂料热重分析曲线

4. 效果

① 通过对骨料类型、含量及粒径等因素的讨论，得到最佳的隔热涂料配方。平均温度70℃时，涂料的热导率为0.067W/(m·K)；在钢板上涂覆3mm该涂料，可使钢板内外温差达50℃，隔热效果显著。

② 热重分析及耐热性实验表明，该涂料在180℃以下具有非常好的热稳定性。此外，该涂料施工相对简单，整体性强，特别适用于印染设备和其他异型设备的保温。

③ 该涂料以水性丙烯酸树脂为黏结剂，以廉价质轻的无机黏土为主要隔热骨料，具有环保、成本低等优点。

（三）水性纳米改性丙烯酸酯抗菌涂料

1. 原材料与配方

原料名称	用量(质量分数)/%	原料名称	用量(质量分数)/%
丙烯酸酯乳液	40～43	超细滑石粉	8～10
钛白粉	19～20	成膜助剂	0.4～1.38
纳米二氧化钛浆料（15%）	13～14	分散剂	0.6～1.0
抗菌纳米二氧化钛	4～6	增稠剂	0.2～0.5
低聚丙烯酸钠溶液（40%）	6～9	消泡剂	0.3～0.6
重质碳酸钙	25～27	蒸馏水	55～60

2. 制备方法

将定量的纳米材料加到一定浓度的分散助剂中，用超声波分散仪预分散，将水、预处理好的各种助剂、分散好的纳米材料放到高速分散机中分散，加入各种颜料、填料，经高速分散均匀后，进入砂磨机，磨到合适的细度后，进入分散机，加入丙烯酸乳液，低速分散混合均匀即可。

3. 性能（见表2-115～表2-117）

表 2-115　丙烯酸涂料性能检测结果

检验项目	性能指标	检测结果
在容器中状态	无硬块,搅拌后呈均匀状态	无硬块,搅拌后呈均匀状态
施工性	涂刷两道无障碍	涂刷两道无障碍
低温稳定性	不变质	不变质
涂膜外观	正常	正常

检验项目	性能指标	检测结果
干燥时间（表干）/h	≤2	≤2
耐水性	无异常	无异常
耐碱性	无异常	无异常
耐洗刷性（次）	大于1000	大于1000

表 2-116　涂料遮盖力

遮盖力/(g/m²)		遮盖力增长率/%
纳米丙烯酸涂料	普通涂料	
80	108	25.93
74	101	26.73
77	104.5	27.32

表 2-117　涂料抗菌性能

供试微生物菌株	待测涂料菌落数	对照涂料菌落数	抑菌率/%
金黄色葡萄球菌	30	168	82.18
大肠杆菌	47	216	78.24

表 2-116 结果表明，加入纳米材料后，涂料遮盖力有明显的提高，这是因为所用的纳米颜料光散射性好，粒度小且分布均匀，提高了遮盖力。

4. 效果

① 加入纳米 TiO_2 后，纳米材料的光散射性好，粒度小且分布均匀，涂料遮盖力有明显的提高，遮盖力增长率约为 27.32%，改善了涂料的施工性能。

② 添加复合纳米 TiO_2 的水性建筑涂料具有杀菌功能，含纳米 TiO_2 的涂料在紫外线照射 30min 后，对金黄色葡萄球菌、大肠杆菌杀菌效果均较好，抑菌率分别为 82.18%、78.24%，但在无紫外线照射下，无明显的杀菌效果。

（四）水性丙烯酸酯/醋酸乙烯酯汽车用阻尼涂料

1. 原材料与配方

乳液 A	11	辅助黏结剂	3.5
乳液 B	22	填料	39
乳液 C	11	颜料	1.0
增稠剂	0.5	水	适量
分散剂	5.0	其他助剂	适量
干燥剂	3.5		

选用三种改性后的聚丙烯酸类、聚醋酸乙烯酯类乳液为主要黏结剂，其中乳液 A：$T_g=45℃$，北京东方亚科力化工科技有限公司；乳液 B：$T_g=0℃$，南通生达化工有限公司；乳液 C：$T_g=-20℃$，北京东方石油化工有限公司有机化工厂。

2. 制备方法

称料—配料—混料—反应—中和—卸料—备用。

3. 性能

水性阻尼涂料黏结剂通常选用胶乳，它应使涂料具有附着力强、干燥时间短、适应温度范围宽等特点，任何单一胶乳难以满足上述要求，因此必须采用多种有机胶乳和无机黏结剂共混。在选择多种聚合物共混时应考虑几组聚合物玻璃化温度间隔要大，有较好的化学相容性和稳定性，对材料有较大的附着力，原料充足，经济性好。

阻尼材料的阻尼性能评价至今缺少统一标准，复合材料的阻尼性能多数以复合损耗因数 η_c 表示，复合损耗因数越大，阻尼温域越宽，则材料具有越好的阻尼性能。

水性阻尼涂料的性能测试结果见表 2-118。

表 2-118　水性阻尼涂料的性能测试结果

序号	检测项目		企业技术要求	检验结果	检验方法
1	外观		均质糊状物	均质糊状物	目测观察法
2	涂膜外观		色泽均匀表面平整	色泽均匀表面平整	刮涂
3	密度/(g/cm³)		≤1.60	1.38	GB/T 13554—2008
4	固含量/%		≥70.0	72.9	GB/T 2793—1995
5	黏度/mPa·s		170000～190000	170000～190000	GB/T 2794—2013
6	灰分/%		40.0～50.0	42.45%	GB/T 4498.1—2013
7	附着力/级		脱落面积≤5%，附着力级别≥4	脱落面积≤5%，附着力级别≥4	Q/CAM-186-20 的 4.8 项
8	耐水性		20℃96h 无异常	20℃96h 无异常	GB/T 1733—1993
9	耐温性		50℃100h 无异常	50℃100h 无异常	—
10	耐油性		20℃120 溶剂油无异常	20℃120 溶剂油无异常	—
11	耐冲击/kg·cm		≥40	符合	—
12	低温附着力		−30℃100h 脱落面积≤5%	−30℃100h 消脱落面积≤5%	撕拉试验
13	储存稳定性　外观		无凝胶和离析现象	无结皮，搅拌无硬块，无凝胶和离析现象	Q/CAM-186-20 的 4.10 项
14	柔韧性		涂膜表面没有裂痕	涂膜表面没有裂痕	GB/T 1748—1979
15	干燥时间	表干	≤35min	符合	—
		实干	≤48h	符合	—
16	复合损耗因数		≥0.05 具有阻尼效果	50℃，0.18 20℃，0.36 −20℃，0.08	GB/T 16406—1996

4. 效果

① 基料树脂含量的提高有助于提高附着力，但过高的胶乳含量会降低体系的灰分，涂料失去使用价值。基料树脂的含量≥42%时，涂料体系的附着力满足划格实验的要求，即消失面积≤5%。基料树脂的含量≤45%，涂料体系的灰分（40%～50%）基本满足要求。有的企业定的标准为灰分大于35%，即可适当增加胶乳含量以提高涂料的附

着力。

② 所制备的水性阻尼涂料外观细腻光泽，主要技术指标合格，附着力等级为四级，灰分41%～42%，其他性能均符合企业标准。

③ 成果使用温域宽，阻尼性能优良，可广泛用于交通运输领域。

（五）水性硅丙乳液高反射高辐射隔热涂料

1. 原材料与配方（单位：质量份）

硅丙乳液	100	分散剂	2～4
玻璃化微珠	8～10	成膜剂	1～2
TiO_2（R-706）	12	消泡剂	0.5
Al_2O_3 粉体	20	增稠剂	2～5
MnO_2 粉体	10	防腐剂	0.1～1.0
润湿剂	2～3	其他助剂	适量

2. 制备方法

（1）超细高反射 TiO_2 的制备　将体积比为 $3:2:0.3$ 的无水乙醇、冰乙酸和蒸馏水混合放入容器并加热到40℃反应，滴加浓盐酸调节 pH 值为1，在无水乙醇中溶解钛酸丁酯，以1滴/s 的速度滴加，滴加完毕后超声波30min，静置形成凝胶体，对凝胶体进行烘干，800℃煅烧3h，粉碎研磨，得到超细高反射 TiO_2 粉体，粒径控制在200～300nm。

（2）红外辐射型复合颜填料的制备　在基体 Al_2O_3 粉体中加入20%（质量分数，下同）MnO_2 粉体和10% TiO_2 粉体，经充分混合，在1250℃烧结2h，粉碎研磨后，获得红外辐射型复合颜填料粉体（代号F1）。

（3）涂料的制备　先将各种固体原料细磨，过300目筛。将水、润湿剂、分散剂、增稠剂、1/4量消泡剂混合，搅拌使之均匀。然后加入成膜助剂、二氧化钛和红外辐射型复合颜填料，高速搅拌均匀。再将空心玻璃珠、乳液、剩余消泡剂加入混合料中，低速搅拌均匀后，用氨水调样品至 pH 值为8～9即可。

3. 性能

不同类别红外辐射型功能填料热辐射率比较见图2-11。

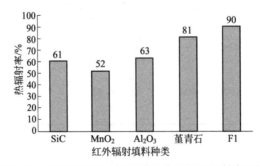

图2-11　不同类别红外辐射型功能填料热辐射率比较

红外辐射型功能填料（F1）含量与涂层热辐射的关系见图2-12。

4. 效果

① 在常用的几种反射填料中，玻璃化微珠反射率最高，加入玻璃化微珠可以得到最大

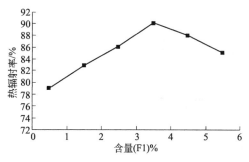

图 2-12 红外辐射型功能填料（F1）含量与涂层热辐射的关系

的反射率。

② 在加入超细高反射 TiO_2 作为辅助填料时有着最好的反射率。

③ 超细高反射 TiO_2 和玻璃化微珠组成复合颜填料可以达到超高反射率。

④ 基体 Al_2O_3 粉体中加入 MnO_2 粉体和 TiO_2 粉体烧结而成的红外辐射填料有着比单一红外辐射填料更好的热辐射率。

⑤ 加入红外辐射型复合功能填料量适当时，涂层热辐射能力最大。

（六）铜系水性丙烯酸酯电磁屏蔽涂料

1. 原材料与配方

原料	质量分数/%
丙烯酸乳液（树脂）	75.00
2,2,4-三甲基-1,3-戊二醇单异丁酸酯（成膜剂）	5.00
壬基酚环氧乙烯醚（湿润剂）	0.20
自分散矿物油（消泡剂）	0.20
羟乙基纤维素（增稠剂）	0.25
异噻唑啉酮类防腐剂	0.25
蒸馏水	11.00

2. 制备方法

（1）铜粉的制备　1mol/L 的 $CuSO_4$ 溶液 100mL 置于 70℃恒温槽中，搅拌下缓缓加入 50mL 20%的 NaOH 溶液，继续搅拌 10min 后加入 60mL 20%的葡萄糖溶液，反应 30min 后停止搅拌，静置冷却至室温后抽去上层溶液，用水洗涤至上层溶液澄清且为中性，再在搅拌下加入 50mL 1mol/L H_2SO_4 溶液，使 Cu_2O 发生歧化反应，40min 后停止搅拌，得到铜粉和硫酸铜溶液。抽去硫酸铜溶液，用水将铜粉洗净后保存于水中（加入 0.5mL 抗氧化剂），分离出的硫酸铜溶液调整浓度后可再用。

（2）导电涂料的制备　按配方配制好基础涂料，在 1200r/min 转速搅拌下将保存于水中的铜粉倒入一定量的基础涂料中，加入羟乙基纤维素调节黏度，搅拌均匀后备用。

3. 性能与效果

现研制了一种以丙烯酸树脂乳液为基料、自制铜粉为导电填料的水性电磁屏蔽涂料，结果表明：当铜粉加入量为 65%、漆膜厚度为 125μm 时，该涂料在 200kHz～300GHz 频段范围内的电磁屏蔽效能最低为 71dB。

一、水性丙烯酸酯电泳涂料实用配方

(一) 丙烯酸阳极电泳涂料

原材料	用量/质量份	原材料	用量/质量份
甲基丙烯酸	25.26	甲基丙烯酸乙酯	66.0
苯乙烯	49.50	甲基丙烯酸丁酯	120.0
甲基丙烯酸甲酯	70.50	偶氮二异丁腈	7.5
聚乙二醇	75.00	2,4-二甲苯二异氰酸酯	13.8
甲基异丁基甲酮	93.75	异丙醇	75.0
乙二胺	45.00		

在丙烯酸共聚过程中加入封闭的多异氰酸酯作为固化剂,漆膜固化后,光泽优良,耐候性和耐化学药品性有所提高,同时还具有较高的泳透力。只有对树脂合成中的各种因素及中间参数实行严格的控制、检测,才能得到令人满意的树脂,从而为配制出性能优异的丙烯酸阳极电泳涂料奠定基础。丙烯酸阳极电泳涂料漆膜性能见表2-119。

表2-119 丙烯酸酯阳极电泳涂料漆膜性能

项目	外观	厚度/μm	硬度	柔韧性/mm	泳透力/cm	击穿电压/V	耐中性盐雾性/h
清漆	平整光亮	20~25	1H	1	≥15	>200	900
色漆	平整光亮	18~22	1H	1	≥15	>200	850

(二) 透明丙烯酸阳极电泳涂料

原材料	用量/%	原材料	用量/%
甲基丙烯酸 (MAA)	8~10	甲基丙烯酸异冰片酯 (IBMA)	3~5
甲基丙烯酸甲酯 (MMA)	20~28	苯乙烯 (St)	12~15
甲基丙烯酸羟乙酯 (HEMA)	10~12	丙烯酸丁酯 (BA)	30~35
甲基丙烯酸乙酯 (EMA)	10~15	偶氮二异丁腈 (AIBN)	1.3~1.5

漆膜性能指标见表2-120。

表2-120 漆膜性能指标

项目	性能指标	项目	性能指标
漆膜外观	无色透明,光亮平整	附着力/级	1
pH 值	7.6~8.2	耐盐雾性/h	>400
膜厚/μm	18~20	耐碱性(0.1mol/L NaOH)/h	>72
硬度	3H		
柔韧性/mm	1		

本涂料电泳成膜固化后,外观平整光亮,具有较好的力学性能和防蚀性。实验表明,树

脂组成、助溶剂配比以及中和剂类型等都会对电泳涂料性能有较大影响。在本电泳清漆的基础上，加入颜填料来制备各种色漆，在汽车、轻工、建材等众多领域都有着广阔应用前景。

(三) 高装饰性自交联丙烯酸阴极电泳涂料

① 基料树脂基本配方

原材料	用量/%	原材料	用量/%
MMA	20～25	甲基丙烯酸二甲氨基乙酯	8～10
IBMA	5～10	（DMAEMA）	
BA	30～35	封闭 TMI	15～20
丙烯酸羟丙酯（HPA）	12～15		

② 白色电泳涂料基本配方

原材料	用量/%	原材料	用量/%
基料树脂	20～30	环烷酸铅	0.4～0.6
钛白粉（R902）	4～6	去离子水	60～70
润湿分散剂（BYK-191）	0.2～0.3		

漆膜性能见表 2-121。

表 2-121　漆膜性能

项目	性能指标	项目	性能指标
漆膜外观	无色透明，平整光亮	柔韧性/mm	1
膜厚/μm	14～18	铅笔硬度	4H
光泽(60℃)	95	耐候性/h	＞500
冲击强度/N·cm	500	耐盐雾性/h	＞400
附着力/级	1		

通过采用 TMI 的封闭物与其他丙烯酸酯类单体共聚，引入潜反应的交联基团，可制得自交联的丙烯酸阴极电泳涂料，从而避免了外加交联剂的不便。本涂料电泳成膜固化后，可得到外观平整光滑的漆膜，并且具有较好的力学性能和优异的防腐蚀、耐候性能。因此，在本电泳清漆的基础上，加入颜填料来制备各种色漆，在完善漆液稳定性的前提下，可将此电泳漆应用于金属家具、钟表、家电产品等表面要求高装饰性的涂装行业。

(四) 槽液稳定性好的高硬度丙烯酸阳极电泳涂料

原材料	用量/%	原材料	用量/%
甲基丙烯酸（MAA）	8～10	甲基丙烯酸羟乙酯（HEMA）	12～20
甲基丙烯酸甲酯（MMA）	25～30	正十二硫醇（DDM）	1.5～2
丙烯酸丁酯（BA）	35～40	偶氮二异丁腈（AIBN）	1.5～2
甲基丙烯酸异冰片酯（IBMA）	3～5		

合成的丙烯酸阳极电泳漆膜性能见表 2-122。

表 2-122　合成的丙烯酸阳极电泳漆膜性能

测试项目	性能指标	测试项目	性能指标
漆膜外观	无色透明，光亮平整	柔韧性/mm	1
pH 值	7.5～8.3	附着力/级	1
膜厚/μm	18～20	耐盐雾性/h	＞400
硬度	5H	耐碱性(0.1mol/L NaOH)/h	＞72

通过实验优化合成了性能优异的丙烯酸阳极电泳涂料。所得涂料经电泳成膜固化后，其漆膜外观平整光亮，硬度高，附着力强，有优良的耐盐雾性和优异的户外耐候性。对树脂组成、助溶剂配比以及中和剂等组分进行优化，确定了丙烯酸共聚树脂的酸值为 65mgKOH/g，羟值为 69mgKOH/g，体系玻璃化温度为 20℃，以沸点呈梯度变化的体积比为 1∶1 的丙二醇单甲醚和异丙醇的混合物作溶剂及二乙醇胺作中和剂，所得的电泳涂料其槽液稳定性最好。通常条件下，敞口搅拌一周后，电泳液的 pH 和电导率几乎不变，敞口搅拌 1 个月，槽液稳定。同时，其起泡、消泡性亦为最好。

二、水性丙烯酸酯电泳涂料

1. 原材料与配方（单位：质量份）

丙烯酸酯树脂	100	蒸馏水	适量
丙二醇甲醚	3.0	填料	20～25
分散剂	1～3	紫外线吸收剂	0.1～0.3
颜料	1～2	乙二醇丁醚或二乙二醇丁醚	1～3
色浆母料	2～5	其他助剂	适量

2. 制备方法

（1）基料树脂的制备 在氮气的保护下，将一定量的丙二醇甲醚、异丙醇混合物，加入装有搅拌器、冷凝器、温度计的 1000mL 四口烧瓶中，开动搅拌，加热套升温至回流温度，开始滴加甲基丙烯酸、甲基丙烯酸甲酯、甲基丙烯酸丁酯、甲基丙烯酸异冰片酯、甲基丙烯酸-β-羟乙酯、甲基丙烯酸缩水甘油酯、苯乙烯、过氧化二苯甲酰和链转移剂的混合物，滴加时间约 3h，滴加结束后，保温反应 2h，降温至 80℃，加入纳米级光屏蔽剂，再加入聚酮树脂、交联树脂，保温反应 1h，加交联剂，保温反应 1h，再静置 1h，保温反应 1h，制得固含量为 55％的阴离子型丙烯酸共聚物，检测树脂黏度，判断反应情况是否符合要求。降温至 85℃时，加入乙二胺、蒸馏水至反应釜内，调节体系的 pH，再继续搅拌 30min，得到呈无色透明状态的基料树脂。

（2）成品涂料的制备 将丙二醇甲醚、蒸馏水、分散剂，按配比要求依次加入拉缸中，分散 15min，再加入颜料、乙二胺混合分散 30min 后，存放 12h，加入基料树脂、填料，经高速分散机分散后，通过砂磨机研磨至细度合格，即形成色浆母料。

将基料树脂、色浆母料、乙二醇丁醚、二乙二醇丁醚、蒸馏水、助剂、紫外线吸收剂混合分散后，经砂磨机研磨至细度合格，即成为成品涂料。

3. 性能与效果

通过实验优化合成出了性能优异的新型耐候性 B11-4 丙烯酸阳极电泳水溶性涂料。该涂料是阳极涂料的最新一代产品，有优良的耐盐雾性和优异的户外耐候性，可作底面合一漆使用，同时有机溶剂含量低，电泳成膜固化温度低，更加节能环保。随着国内清洁生产要求的日益严格，水性涂料将逐步替代溶剂性涂料，在建设和谐社会的进程中，水性涂料将具有广阔的发展空间。主要技术指标参数见表 2-123。

表 2-123 主要技术指标参数

项目	技术指标
细度/μm	≤25
固含量/%	50±2

项目	技术指标
电导率/(μS/cm)	1200～1800
pH	7.5～8.5
涂膜外观	平整光滑
铅笔硬度	≥2H
涂膜厚度/μm	10～40
柔韧性/mm	1
耐冲击性/cm	50
附着力/级	1
耐盐水性/h	＞72
耐盐雾性/h	600
耐候性/h	600

三、聚乙二醇改性环氧丙烯酸酯阴极电泳涂料

1. 原材料与配方（单位：质量份）

E-44 环氧树脂	65	胺化剂	1.0
聚乙二醇	14	冰醋酸	1～3
丙烯酸酯单体	15	封端异氰酸酯	1～3
引发剂（AIBN）	0.1～0.5	过氧化苯甲酰	0.5
乙酸丁酯/丙二醇甲醚溶剂	适量	其他助剂	适量

2. 制备方法

（1）合成工艺 在装有冷凝回流管的四口烧瓶中加入 E-44 和乙酸丁酯与丙二醇甲醚的混合溶剂，搅拌使其充分稀释，升温至 90℃，加入聚醚多元醇和少量催化剂，在氮气保护下恒温搅拌反应 4h；升温至 100℃，将溶有引发剂 BPO 和丙烯酸酯单体的液体于 2h 内滴加至四口烧瓶后，补加少量引发剂 AIBN，然后升温至 105℃，反应 2h；降温至 90℃，加入适量胺化剂，反应 2h。向上述反应体系中加入计算量的冰醋酸，充分反应后降温至 50℃，加水乳化，最后加入阳离子封闭型异氰酸酯固化剂，即制得阴极电泳涂料乳液。

（2）漆膜的制备 用去离子水将阴极电泳涂料乳液固含量调节到 20%，于 28℃下熟化 24h。在极间电压 30V、槽液温度 25℃的条件下，对不锈钢片进行电泳涂装，时间 3min。涂装完成后，将涂有漆膜的不锈钢片于 160℃下烘烤 30min。

3. 性能

改性后的乳液具有优良的储存稳定性，所得漆膜性能优良。乳液的稳定性变优源于 PEG1000 对扩链改性后乳液的粒径及其分布的有效调控。乳液和漆膜性能测试结果见表 2-124。

表 2-124　乳液和漆膜性能测试结果

测试对象	测试项目	测试结果
乳液	外观	淡黄色,半透明,泛蓝光
	黏度/Pa·s	0.21
	粒径/nm	65.49
	粒径分布系数	0.192
	储存稳定性	300d 未见分层
	ζ 电位/mV	58.3

测试对象	测试项目	测试结果
漆膜	外观 硬度 柔韧性/mm 附着力/级 耐冲击性/kg·cm 耐水性/h	致密,平整光滑,有光泽 3H 0.5 0 50 208

以通过柔性长链 PEG1000 扩链的 E-44 接枝丙烯酸酯为主体树脂,制备了具有优良稳定性的阳离子型阴极电泳涂料乳液。PEG1000 扩链有利于乳液粒径和 ζ 电位的控制,能有效降低乳液的黏度。当 PEG1000 用量为树脂总质量的 13%～14% 时,获得黏度约 0.21Pa·s、平均粒径 65.49nm、ζ 电位为 58.3mV 的乳液。该乳液有优良的稳定性,储存 300d 后仍未见分层。热重分析结果表明,树脂有着良好的热稳定性,200℃ 以下的稳定存在保证了树脂具有较宽的固化温度范围。以优化条件改性后的阴极电泳涂料制备的漆膜的柔韧性为 0.5mm,附着力 0 级,硬度 2H,冲击强度 50kg·cm,耐水性达到 208h,其性能明显优于改性前的漆膜。

四、水性丙烯酸酯光固化阴极电泳涂料

1. 原材料与配方 (单位:质量份)

丙烯酸树脂	100	稀释剂	3～6
含双键的异氰酸酯	5～10	乳酸中和剂	1～3
催化剂	0.1～1.0	去离子水	适量
光引发剂	1～2	其他助剂	适量

2. 制备方法

(1) 丙烯酸树脂的制备　在装有回流冷凝器、搅拌器、温度计的三口烧瓶中,加入甲基异丁基酮并升温至回流,匀速滴加丙烯酸酯单体和引发剂的混合物,3h 滴完。滴毕回流保温 1h,再补加引发剂。补加完毕继续保温回流,直至单体转化率达到 99% 以上。加入甲基乙醇胺,于 100℃ 反应 3h,并用溶剂调节树脂固体分至 60%,出料,备用。

(2) 含双键的异氰酸酯封闭物的制备　在装有回流冷凝器、搅拌器、温度计的三口烧瓶中,将 1mol 的异佛尔酮二异氰酸酯与 0.8mol 的丙烯酸-2-羟丙酯混合,在月桂酸二丁基锡催化剂作用下,于 60℃ 下反应 3h,制得含双键的异氰酸酯封闭物,出料,备用。

(3) 光固化阴极电泳涂料的制备　在装有回流冷凝器、搅拌器、温度计的三口烧瓶中,将含双键的异氰酸酯封闭物加到制得的丙烯酸树脂中,在催化剂作用下,于 80～90℃ 反应 3h,升温至 100℃ 反应 0.5h,然后用乳酸中和至 pH 为 5.0～5.5,加入活性稀释剂、光引发剂,混合均匀后,加入去离子水,制得光固化阴极电泳涂料工作液,固体分为 10%。

3. 性能 (见表 2-125)

表 2-125　涂膜性能的测试结果

检测项目	技术指标	检测方法
外观	平整、光滑	目测
膜厚/μm	10～25	GB/T 13452.2—2008 中方法 7B

检测项目	技术指标	检测方法
硬度	≥3H	GB/T 6739—2006
附着力（划格法）/级	≤0	GB/T 9286—1998
耐溶剂擦拭性/次	150	NCCA Ⅱ-18
耐冲击性/cm	50	GB/T 1732—1993
RCA 检测	300	仪器

4. 效果

合成了一种阳离子化的具有聚合活性的树脂，该树脂分子结构上引入了多元丙烯基双键结构，可实现光引发剂催化固化效果。当 GMA 用量为 12%～14%、EHMA 用量为 10%、HEMA 用量为 15%～20%、引发剂用量为 1.75%～2%、反应温度为 90～96℃时，合成的丙烯酸树脂相对分子质量适中，黏度适中。当中和度为 60% 时，电泳工作液为带蓝相的乳白色液体；电泳工作液施工固体分为（10±2）%，施工稳定性好。

五、水性聚氨酯改性丙烯酸树脂有色 UV 固化塑料涂料

1. 原材料与配方（见表 2-126）

表 2-126　有色 UV 固化塑料涂料配方

原材料	用量/%
聚氨酯改性丙烯酸树脂	60～80
光引发剂	2～3
环保溶剂	10～20
附着力促进剂	1～3
防沉剂	1～3
润湿流平剂	0.3～1
颜料浆	4～10

注：涂料施工前，必须将漆液充分搅匀，用配套稀释剂稀释至施工黏度，用 200～300 目滤网过滤。

2. 制备方法

（1）涂料制备　称料—配料—混料—中和—卸料—备用。

（2）有色 UV 固化塑料涂料的施工工艺

① 塑料基材表面预处理：在水润湿的情况下，用 1000～1500 目的细纹砂纸对注塑塑料件基材表面的夹水纹或缺陷进行打磨，然后用水洗净，再用高压气枪除尘。

② 在预处理过的塑料基材表面喷涂有色 UV 固化塑料涂料，40℃预热 5min，UV 机四灯全开（2kW×4），灯距 15cm，移动速度 2.5m/min，UV 固化后进行涂膜性能检测。

3. 性能指标

制得的有色 UV 固化塑料涂料的性能指标见表 2-127。

表 2-127　有色 UV 固化塑料涂料的性能指标

检测项目	检测结果	检测方法
硬度	≥H	ASTM D 3363—2005
附着力/级	0	GB/T 9286—1998
RCA 耐磨性	300 个循环	参考 ASTM F 2357—2010
耐橡皮摩擦	1000 个循环	EF74 号橡皮,500g/cm² 力,距离 6cm
耐溶剂擦拭性 95%乙醇 甲乙酮	 500 个循环 50 个循环	GB/T 23989—2009, 500g/cm² 力,距离 6cm,速度为每分钟 60 个来回
耐热水性	外观无明显变化,漆膜无变色、起泡、开裂、脱落等异常,附着力≥4B	60℃去离子水中浸泡 3h
耐湿热性	外观无明显变化,附着力≥4B	ASTM D 2247—2010
耐冷热循环	外观无明显变化,附着力≥4B	ASTM D 6944—2003

4. 效果

针对市场对塑料产品涂装的要求,结合有色 UV 固化涂料的性能要求,本研究选择 59478、59326 和 59593 三种聚氨酯改性丙烯酸树脂拼用作为涂料的主体树脂;184 光引发剂和 819 光引发剂按 1∶3 配比拼用作光引发剂;以 BYK-333 和 BYK306 配用作润湿流平剂;通过 DMC、IPA、NBA 和 PMA 复配的环保溶剂将涂料稀释至可涂装施工的黏度;辅以少量附着力促进剂和防沉剂,改善涂料和涂膜的性能,最终配制出有色 UV 固化塑料涂料。

与传统有色底漆加 UV 清漆的工艺相比较,该涂料体系将铝粉颜料直接加入 UV 涂料中,简化工艺,缩短施工时限,且漆膜稳定,耐湿热性好,不易出现掉漆、开裂等现象,更是突出了环保和节能降耗的优势。目前该涂料产品已经通过客户试用认可。

第三章

水性醋酸乙烯酯与聚乙烯醇涂料

第一节 水性醋酸乙烯涂料

一、水性醋酸乙烯涂料实用配方

（一）醋酸乙烯酯内装饰涂料

1. 无气喷涂的醋酸乙烯酯内墙涂料

原材料	用量/%	原材料	用量/%
去离子水	25.0～32.0	云母粉	0～3.0
羟乙基纤维素	0.4～0.5	抗冻剂	1.5～2.0
消泡剂	0.3～0.5	成膜助剂	1.0～1.5
分散剂	0.4～0.6	pH 值调节剂	0.05～0.2
润湿剂	0.2～0.3	防霉杀菌剂	0.2～0.5
金红石型钛白粉	15.0～18.0	乳液（醋酸乙烯-丙烯酸乳液）	18.0～25.0
煅烧高岭土	6.0～9.0		
重质碳酸钙	10.0～13.0	遮盖聚合物乳液	0～5.5
超细滑石粉	2.0～3.0	去离子水	调整黏度
超细硅酸铝	0～3.0		

无气喷涂用内墙乳胶漆的基本性能见表 3-1。

表 3-1 无气喷涂用内墙乳胶漆的基本性能

项目	预期目标	实际性能	项目	预期目标	实际性能
对比率	≥0.95	0.97	抗开裂性能[1]	通过	通过
耐擦洗性/次	≥8000	12000	抗开裂性能[2]	通过	通过
表面张力/(mN/m)	≤35.0	33.5			

[1] 6℃，湿度 30%，600μm 刮板，标准石棉板预涂底漆。

[2] 10℃，湿度 30%，1000μm 刮板，标准石棉板预涂底漆。

① 采用了特殊结构的乳液和合适的成膜助剂，使最低成膜温度大大降低，亦使乳胶漆在低温环境下能正常成膜。

② 选用不同特性和粒径分布的颜填料体系，配合乳液组分，有效减少喷涂机器的磨损，并使乳胶漆堆积密集合理，提高了 LCPVC，减少苛刻环境中漆膜开裂的可能，亦使漆膜耐擦洗性、抗抛光性、手感舒适性等性能达到最佳。

③ 选用某种保湿剂，延缓漆膜中液体成分的挥发，延长了乳胶漆的有效成膜周期，在一定程度上提高了漆膜的物理性能。

④ 本产品只为无气喷涂施工专配，成本与同档次普通内墙乳胶漆相当。

2. 低成本醋酸乙烯酯内墙乳胶漆

原材料	用量/质量份	原材料	用量/质量份
苯丙乳液	50～80	湿润分散剂	3～6
乙烯-醋酸乙烯酯（EVA-707乳液）	40～75	增稠剂	4～8
		流平剂	2～10
膨润土	5～15	交联剂	8～20
钛白粉、立德粉	50～100	消泡剂	1～3
硅灰石粉、高岭土	75～100	防腐防霉剂	0.6～1
碳酸钙、滑石粉	200～300	去离子水	350～450

① 以苯丙和EVA共混乳液作主要黏结剂，充分发挥苯丙乳液耐水耐碱性好、EVA乳液成膜温度低的优势，相互取长补短，有利于提高涂料性能，降低成本。

② 以膨润土作辅助黏结剂，减少乳液用量，降低造价。

③ 配方中添加硅灰石粉、高岭土等颜料代用品，可代替部分价格较高的钛白粉和立德粉，但涂料遮盖力并不降低。

④ 分散剂、增稠剂、流平剂等助剂选用合理，配伍性好。

⑤ 涂料性能优异，符合技术要求，尤其是"开罐效果"可与进口乳胶漆相媲美。

3. 醋酸乙烯酯仿瓷内墙涂料

原材料名称	规格	用量/质量份
改性聚醋酸乙烯酯乳液	加改性剂、固含量（42±2）%	180～200
氨水	饱和溶液	适量
石灰水	金红石型 45μm	适量
钛白粉	ZnS含量28%，75μm	20～30
邻苯二甲酸二丁酯		6～8
乙二醇		9～12
六偏磷酸钠		1.5～2
增白剂	荧光型	适量
立德粉	75μm	10～15
沉淀硫酸钡	半水、45μm	8～12
石膏粉	四飞粉	8～12
重质碳酸钙		6～9
OP-10 乳化剂		6～8
群青		适量
磷酸三丁酯		适量

在颜料体积分数和颜基比等配漆理论指导下，通过选用价廉改性的聚醋酸乙烯酯溶液为

主要成膜物质，选用石膏粉和石粉水等填充料研制而成的水乳型仿瓷涂料，不仅具有高光泽、遮盖力强、附着力好和良好的耐水、耐碱、耐热、耐洗刷等涂膜性能，而且与溶剂型仿瓷涂料相比，生产工艺简单，施工方便，原材料成本是溶剂型仿瓷涂料的1/5，易于推广使用。

4. 凝胶型水包水多彩内墙涂料

原材料	聚醋酸乙烯酯乳液	凝胶剂A	凝胶剂B	凝胶剂C	保护胶体	水
用量/%	25	25	25	2.5	2.5	20.0

性能测试结果见表3-2。

表3-2 性能测试结果

测试项目	技术指标	测试结果
容器中的状态	搅拌后呈均匀状态，无结块	合格
不挥发物含量/%	≥19	28.48
施工性	喷涂无困难	喷涂无困难
储存稳定性(0~30℃)/月	6	6
干燥时间/h	≤24	3
涂膜外观	与样本相比无明显差别	合格
耐水性	96h不起泡，不掉粉，允许轻微失光和变色	合格
耐碱性	48h不起泡，不掉粉，允许轻微失光和变色	合格
耐洗刷性/次	≥300	>300

5. 环氧改性乙丙乳液内墙涂料

乙丙乳液配方见表3-3。

表3-3 乙丙乳液配方

组分	原料名称	用量/g
I	水	40
	OP-10(聚氧乙烯烷基酚醚)	1.5
	MS-1(丁二酸聚氧乙烯烷基酚醚半酯磺酸钠40%溶液)	1.3
	醋酸乙烯	170
	丙烯酸丁酯	20
	甲基丙烯酸甲酯	10
	十二烷基硫醇	少量
II	丙烯酸	5
	N-羟甲基丙烯酰胺	4
	氨水(26%)	1.2
	水	9
III	水	125
	OP-10	2
	MS-1	1.2
	十二烷基硫酸钠	0.5
	磷酸氢二钠	0.3
	过硫酸铵∶过硫酸钾(1∶1)	0.3
IV	过硫酸铵∶过硫酸钾(10%溶液)	3

环氧改性乙丙乳液内墙涂料配方见表3-4。

表 3-4　环氧改性乙丙乳液内墙涂料配方

原料名称	用量/质量份	原料名称	用量/质量份
去离子水	30	10％六偏磷酸钠溶液	4
环氧乙丙乳液	23	复合成膜助剂	1
钛白粉	4	增稠剂	0.4
滑石粉	5	消泡剂	0.1
轻质碳酸钙	10	4％PHP30（部分水解聚丙烯酰胺）	2
重质碳酸钙	12	其他助剂	1
立德粉	8		

环氧改性乙丙乳液内墙涂料性能指标见表3-5。

表 3-5　环氧改性乙丙乳液内墙涂料性能指标

检测项目	技术指标	检测结果
容器中状态	无硬块，搅拌后呈均匀状态	白色悬浮浆
固含量/％	≥45	54.4
低温稳定性	不凝聚，不结块，不分离	能搅匀
遮盖力/(g/m²)	<250	150.2
颜色及外观	表面平整，符合色差范围	白色，平整，光滑
干燥时间/h	<2	0.5
耐刷洗性/次	>300	3000 以上
耐碱性(48h)	不起泡，不掉粉	符合要求
耐水性(96h)	不起泡，不掉粉	符合要求

6. 微胶囊技术制造的多功能醋酸乙烯酯内墙涂料

原材料	用量/％	原材料	用量/％
乳液（固含量≥50％）	24	丙二醇	1
纳米二氧化钛	5	20％羟乙基纤维素溶液	5
高岭土	7	消泡剂	适量
云母粉	7	增稠剂	适量
金红石型钛白粉	5	氨水	适量
碳酸钙	20	其他助剂	1
焦磷酸钠	0.5	去离子水	补足100

① 该内墙涂料的制备以水为溶剂，无污染，绿色环保。

② 乳液合成过程中采用了先进的微胶囊技术，乳胶漆的制备过程中添加了具有高效光催化作用的纳米二氧化钛，使得该涂料具有良好的芳香性、耐擦洗性和杀菌等功能。

③ 该内墙涂料的制备工艺简单，且具备水性及多功能化的双重特点，符合现代涂料发展的要求，环境效益显著，具有很大的市场潜力。

7. 复合型聚乙酸乙烯酯乳胶漆

原材料	用量/g	原材料	用量/g
复合乳液	50	六偏磷酸钠	6.6
钛白粉	21.5	磷酸三丁酯	0.3
碳酸钙	25.2	去离子水	50
滑石粉	12.8	其他助剂	适量

① 聚乙烯醇缩甲醛的含量增加，复合乳液和复合型乳胶漆的黏度及固含量下降。

② 聚乙烯醇缩甲醛的含量增加，复合型乳胶漆的干燥时间延长，耐水性增强。

③ 聚乙烯醇缩甲醛含量小于40％时，所得复合型乳胶漆与乙酸乙烯酯均聚物乳胶漆具有相同的性能，且成本较低。

8. 聚乙酸乙烯酯乳胶漆

① 聚乙酸乙烯酯乳液的配方

原材料	用量/g	原材料	用量/g
乙酸乙烯酯单体	22	邻苯二甲酸二丁酯	5
乳化剂（OP-10）	0.5	过硫酸铵	0.09
丙二醇	2	去离子水	20
碳酸氢钠	0.15	聚乙烯醇	1.6

② 乳胶漆的配方

原材料	用量/g		
	配方1	配方2	配方3
聚乙酸乙烯酯乳液	42	38	36
钛白粉	20	15	9
轻质碳酸钙	4	6	5
滑石粉	5	5	8
六偏磷酸钠	0.15	0.15	2
羟甲基纤维素	0.1	0.1	0.2
磷酸三丁酯	0.25	0.25	0.25
五氯酚钠	0.05	0.05	0.05
去离子水	28.45	35.45	39.5
颜料	适量	适量	适量

制得的乳胶漆属于水性涂料的一种，是以聚合物乳状液为基础，使颜料、填料、助剂分散于其中而组成的水分散系统。该产品具有无毒、无味、无污染，与墙面黏合力强，干燥速度快，成本低等优点，适用于室内涂装。

9. 氯-醋-丙三元共聚乳胶涂料

① 乳液配方

原材料	用量/％	原材料	用量/％
氯乙烯	20~50	非离子乳化剂	1~2
醋酸乙烯	20~40	过硫酸铵	0.3~0.6
丙烯酸酯	30~50	中和剂	适量
阳离子乳化剂	1~3	去离子水	100

② 氯-醋-丙三元共聚乳胶涂料配方（质量份）

原料	配方1	配方2	配方3	配方4	配方5
三元乳液	500	400	340	250	200
钛白粉	150	120	110	100	80
轻质碳酸钙	60	105	145	195	240
滑石粉	40	75	75	80	80
六偏磷酸钠	3	3	3	3	3
去离子水	104	160	170	199	264

原料	配方1	配方2	配方3	配方4	配方5
PVA10%	60	80	100	120	180
OP-10	2	2	2	2	2
丙二醇丁醚	50	24	24	20	20
乙二醇	30	30	30	30	30
磷酸三丁酯	1	1	1	1	1
氨水	适量	适量	适量	适量	适量

① 氯-醋-丙三元共聚乳胶涂料是 20 世纪 80 年代出现在世界市场上的新品种，它的特点是耐碱、耐酸、耐湿擦，在潮湿的碱性基层上可以涂刷，大大缩短施工周期，原料丰富，成本低，是一种有发展前途的新产品。

② 氯-醋-丙三元共聚乳胶涂料可发展成系列产品，利用它的独特性能，可扩大其应用范围，除作为内外墙涂料外，还可作为地下室、屋面防水涂料和多彩喷塑涂料中的底涂，中涂专用涂料。

10. 改性醋酸乙烯乳液共聚涂料

乳液共聚原料配方见表 3-6。

表 3-6 乳液共聚原料配方

原料	用量/g	原料	用量/g
醋酸乙烯酯	300	OP-10	3
丙烯酸丁酯	33	过硫酸铵	3.5
甲基丙烯酸甲酯	40	蒸馏水	450
丙烯酸	10	PVA	1.2
十二烷基硫酸钠	8		

改性醋酸乙烯涂料配方见表 3-7。

表 3-7 改性醋酸乙烯涂料配方

原料	用量(质量分数)/%	原料	用量(质量分数)/%
乳液	26	增稠剂	2
轻质碳酸钙	24	分散剂	0.8
去离子水	20	防冻剂	1
颜填料	20	消泡剂	1
助剂	5	防霉剂	0.2

改性共聚涂料主要用于高中档内外墙的装饰，适用于各种混凝土建筑物内外墙的装修；其耐寒、耐热性优于市场上普通丙烯酸涂料；价格低廉、施工方便，有较好的市场适应性。

11. 聚乙酸乙烯酯水泥涂料

原材料	用量/%	原材料	用量/%
PVAc 乳液	40	滑石粉	2
107 胶	12	SD 助剂	2.5
白水泥	7	乳化剂	2
膨润土	1.5	消泡剂	适量
钛白粉	9	去离子水	26

① 由于在水泥涂料中掺入了白水泥，因此粘接力强，涂膜耐洗刷和硬度大，性能优于传统的 PVAc 乳胶漆。

② 这种水泥涂料无毒无味，节约资源，省能源，抗水性好，有优良的耐久性。

③ 原材料易得，生产工艺简单，施工方便，储存性好，适用于内墙墙体装饰。

④ 水泥涂料粘接水泥砂浆，14 天后常温拉伸强度达到 5MPa，而且表干时间短；配方稍加变动，可配制成地板涂料、地板胶、堵漏胶、彩色水泥涂料和外墙用水泥涂料。因此应用领域比较广泛，是一种很有发展前途的新型涂料。

(二) 醋酸乙烯酯外装饰涂料

1. 改性醋酸乙烯酯外墙涂料

① 改性醋酸乙烯酯乳液的原材料及配方

原材料	用量/质量份	原材料	用量/质量份
醋酸乙烯酯（VAc）	70～90	乳化剂 A	2～5
叔碳酸乙烯酯（VeoVa10）	10～30	乳化剂 B	0.5～1
碳酸氢钠	0.3～0.6	保护胶（EP300）	0.1～1
过硫酸铵	0.6～1.5	去离子水	100

② 用叔醋乳液配制外墙涂料的基本配方

原材料	用量/%	原材料	用量/%
叔醋乳液	25～35	润湿剂	0.1～0.2
钛白粉	20～25	分散剂	0.2～0.4
碳酸钙	10～15	流平剂	0.1～0.3
中和剂	0.1～0.3	防霉杀菌剂	0.1～0.3
成膜助剂	1.0～1.5	防冻剂	2～4
消泡剂	0.2～0.4	去离子水	25～35
增稠剂	0.3～0.4		

以叔醋乳液为基料制备的外墙涂料，各项技术性能指标均符合 GB/T 9755—2014 规定的一等品要求，具有低成本、高性能的优点，是一类很有发展前景的建筑外墙涂料。

2. 低成本水性浮雕涂料

原材料	用量/%	原材料	用量/%
EVA 乳胶	10	重质碳酸钙（200H）	30
硅溶胶	10	滑石粉	15
膨润土	0.2～0.4	灰钙粉	5
HB 30000	适量	重晶石	10
聚氨酯增稠剂	适量	抗裂增强剂	1.5
分散剂	0.6	去离子水	补足余量
消泡剂	0.2	其他助剂	适量

以低价格的 EVA 乳液、硅溶胶为主要成膜物质，添加各种助剂及填料研制成施工性能好、硬度高、耐水性好、低成本的外墙浮雕涂料。并通过工程实际使用，浮雕涂料斑点大小均匀，表面圆润，立体感非常强。

3. 丙烯酸改性乙烯-醋酸乙烯建筑防水涂料

原材料	用量/质量份	原材料	用量/质量份
乙烯-醋酸乙烯乳液	100	乳化剂	1～3
丙烯酸酯乳胶（1#改性剂）	10～30	分散剂	少量
硅酸盐（2#改性剂）	5～20	防霉剂	微量
膨润土（3#改性剂）	5～20	防老剂	微量
增塑剂（4#改性剂）	5～20	防冻剂	微量
颜填料	20～40	其他助剂	适量

由于在涂料中掺混了支链型改性剂，涂膜干固后，形成卷曲交错类似立体网状结构的橡塑体，使涂膜具有良好的弹塑性。且价格适中，应用效果也不错。涂料施工时，环境气温一般在5～36℃为宜。涂料涂布表干前，应避免雨水冲刷。

4. 改性乙烯醋酸乙烯共聚物彩色防水涂料

原材料	用量（质量分数）/%	原材料	用量（质量分数）/%
EVA乳液	35～50	42.5级普通硅酸盐水泥	23～28
聚乙烯醇缩甲醛建筑胶	18～20	颜料	适量
改性剂S	1.7～2.1	水	7～9
各种助剂	适量		

涂料的技术性能指标见表3-8。

表3-8　涂料的技术性能指标

检测项目	技术性能指标
涂层干燥时间/h	≤5
固含量/%	≥50
耐热性	(80±2)℃,5h涂层不起泡,不流淌,不皱皮
耐碱性	饱和Ca(OH)$_2$液浸泡15d,涂层不起泡,不流淌,不皱皮
粘接强度/MPa	≥0.5
不透水性	0.1MPa动水压30min不渗透
断裂伸长率/%	≥300(用该材料做成的试片)
低温柔韧性	−5℃绕φ10mm圆棒无裂纹、网纹等现象
耐紫外线性	500W紫外灯照射150h,仍有柔性,无破坏痕迹

5. 高弹性彩色防水涂料

原材料	用量（质量分数）/%	原材料	用量（质量分数）/%
基料	48～52	分散剂	1～2
填料	20～30	其他助剂	适量
颜料	2～6	去离子水	10～20
乳化剂	0.5～2.0		

容器中状态：黏稠无明显粒子的液体，经搅拌无结块、沉淀和絮凝现象。

黏度：35～75s。

细度：不大于90μm。

干燥时间：表干2h，实干24h。

固含量：≥55%。

防水涂膜性能指标见表3-9。

表3-9　防水涂膜性能指标

项目	指标	实测值
外观	平整,色泽均匀	平整,色泽均匀
耐热性(80℃,5h)	无皱皮起泡	无变化
低温柔性(φ20mm)/℃	−10±2	−8
粘接强度/MPa	≥0.6	12
拉伸强度/MPa	≥1.7	2
断裂伸长率/%	≥350	700
紫外线处理伸长率/%	≥200	500
不透水性(0.3MPa,30mm)	不透水	不透水

6. 彩色 VAE 防水涂料

原材料	用量/质量份	原材料	用量/质量份
保护胶体	11	交联剂 A	14
VAE 乳液	600	颜料	适量
润湿剂	1	偶联剂 A	适量
滑石粉	180	氨水	适量
分散剂	0.9	去离子水	184

VAE 防水涂料的性能指标见表 3-10。

表 3-10　VAE 防水涂料的性能指标

检验项目	指标
外观	呈乳液状,无肉眼可见颗粒和絮凝物
细度/μm	≤120
黏度(25℃)/mPa·s	400～1000
不透水性	0.2MPa,30mm 不透水
固含量/%	≥50
耐热性	(80±2)℃,5h,不起皱,不起泡
耐低温柔韧性	-10～-20℃,2h,无网纹,无裂纹,无剥落
抗裂性	基底裂缝宽度≤0.2mm 时,涂层不开裂
附着强度/MPa	≥0.2
耐久性	紫外灯照射 240h,涂层无裂纹,不起皱

VAE 防水涂料的生产成本略高于氯丁沥青防水涂料,但它可根据使用要求制成多种颜色,尤其白色或银色防水涂料具有较好的隔热效果。此外,VAE 防水涂料还具有施工方便、无毒、不污染环境等优点。

(三) 防腐涂料

1. 水性带锈防腐涂料

① 水溶性树脂

原材料	用量/质量份	原材料	用量/质量份
醋酸乙烯	79	十二烷基硫酸钠	0.6
丙烯酸丁酯	20	净洗剂 TX-10	1.2
丙烯酸	1	过硫酸钾	0.4
去离子水	100		

② 水性带锈防腐涂料配方

原材料	用量/%	原材料	用量/%
水溶性树脂	23～42	多元醇磷酸酯	1～5
氧化铁红	6～12	填料	16～20
亚铁氰化钾	5～10	去离子水	20～30

水性带锈防腐涂料在带锈钢铁上渗透性和附着力强,具有优良的耐候性和耐酸碱性;在无锈的金属表面也有良好的防锈作用;可直接涂装在带锈底材上,不需再涂装面漆;无毒无污染,不燃烧。该涂料可用于一些难以进行表面处理的大型金属构筑物,如桥梁、护栏、大型机械、金属门窗、化工管道、生产工厂区管架等。

2. 醋酸乙烯-丙烯酸水性除锈防锈涂料

原材料	用量/%	原材料	用量/%
胶料	30~35	复合稳定剂	0.8~1.5
工业磷酸（85%）	3.0~3.5	氧化铁红	20~25
复合缓蚀剂	0.5~1.0	滑石粉	0~10
磷酸锌	1.5	氧化锌	4~6
重铬酸钾	0.5	去离子水	0~30
钼酸铵	0.5		

3. 膨胀型乳液防水涂料

原材料	用量（质量分数）/%	原材料	用量（质量分数）/%
苯-丙乳液（48%以上）	25.0	钛白粉	6.0
去离子水	26.0	季戊四醇	3.5
羟甲基纤维素（2%~3%水溶液）	3.5	三聚氰胺	10.5
表面活性剂 OP-10	0.5	聚磷酸铵	21.0
六偏磷酸钠	4.0		

聚醋酸乙烯膨胀型防火涂料技术指标见表 3-11。

表 3-11　聚醋酸乙烯膨胀型防火涂料技术指标

项目	技术指标	项目	技术指标
黏度(涂-4 杯,25℃)/s	30~45	施工温度/℃	>5
固含量/%	50~55	存放温度/℃	>0
涂布量/(g/m²)	≤500	失重/g	4.4①
干燥时间/h	≤2	碳化体积/cm³	25~50②
稳定性	搅拌均匀，无结块	耐燃时间/min	11~20③
耐水性	48h 无变化	火焰传播比值/%	16④
细度/μm	<90		

① 达 ZBG1 级。

② 达 ZBG1~2 级。

③ 达 ZBG2~3 级。

④ 达 ZBG1 级

膨胀型防火涂料的特点：以水作分散介质、成本低、无毒、不污染环境、常温干燥，不仅具有防火性能，而且又是理想的装饰材料。涂层在常温下是普通涂膜，在火焰或高温作用下，可产生比原来涂层厚几十倍甚至上百倍的不易燃的海绵状碳质层，起到有效阻止外部热源的作用。同时产生不燃性气体，如 CO_2、NH_3、HCl、HBr 和水蒸气等，降低可燃性气体的浓度和空气中氧的浓度，从而起到防火阻燃作用。

4. 醋酸乙烯酯-PMMA 纸品涂料

原材料	用量/质量份	原材料	用量/质量份
聚丙烯酸酯	100	助剂	2~4
醋酸乙烯酯（PVAc）	25~40	甲苯	适量

① 使用部分 MAA 和 MMA 聚合来改变 PMMA 的结构，能使 PVAc-PMMA 的混溶性提高。用此方法生产出来的涂料，经用户使用达到理想的效果。

② PVAc-PMMA 混溶性良好的改性 PMMA 的最佳配比为：MMA∶MAA=100∶(7.5~11)。

5. 聚醋酸乙烯-蒙脱土纳米复合乳液耐腐蚀涂料（单位：质量份）

聚醋乙烯	100	乳化剂	0.1~1.0
聚乙烯醇	5~10	OP-10	1~2
纳米蒙脱土	3~5	碳酸氢钠	0.1~1.0
过硫酸钾	1~3	其他助剂	适量
邻苯二甲酸二丁酯	0.5~1.5		

① 通过单体原位插层半连续乳液聚合法成功制备了 PVAc/MMT 纳米复合乳液，并经 FT-R、XRD 进行验证。

② 通过 PVAc/MMT 复合乳液涂层与 PVAc 乳液涂层腐蚀前后的对比，由乳液插层法制备的 PVAc/MMT 纳米复合乳液涂层表现出了优异的抗紫外线腐蚀、抗湿热腐蚀、抗自然腐蚀性能。

③ PVAc/MMT 复合乳液涂层经过腐蚀后仍保持较高的硬度，外观改变较小，是一种理想的制备乳胶漆的乳液。

6. 醋丙-蒙脱土复合阻燃涂料

醋酸乙烯酯	100	十六烷基三甲基溴化铵	5~15
丙烯酸甲酯	10~20	其他助剂	适量
钠基蒙脱土	3~5		

利用乳液插层聚合法合成的醋丙-蒙脱土复合阻燃涂料，涂膜力学性能较好，而且对涂膜外观、黏度等不会造成影响。通过与国家阻燃清漆标准的比较，该涂料能达到阻燃清漆的国家标准。因此通过蒙脱土制备醋丙/蒙脱土复合阻燃涂料，是一种很有前途的阻燃改性方法。

二、醋（乙）酸乙烯酯水性涂料配方与制备工艺

（一）聚乙酸乙烯酯水性涂料

1. 原材料与配方（单位：质量份）

醋酸乙烯酯	100	填料	10~20
聚乙烯醇	10~15	羧甲基纤维素	3~5
乳化剂（OP-10）	3.0	聚甲基丙烯酸钠	1.0
过硫酸铵	1~2	六偏磷酸钠	0.3
邻苯二甲酸二丁酯	5.0	水	适量
碳酸氢钠	3~5	其他助剂	适量

2. 制备方法

（1）聚乙酸乙烯酯乳液的合成　乳液聚合体系黏度低、易散热；反应速率较高和生成物相对分子质量较大；价格便宜，十分环保；所得乳液可以直接使用。所以本次合成采用乳液聚合。

制备工艺：

① 配制乙酸乙烯酯溶液。

② 加入 OP-10 和乙酸乙烯酯以及 10% 过硫酸铵水溶液。

③ 滴加乙酸乙烯单体。

④ 加入剩下的过硫酸铵，再加入碳酸氢钠溶液、DBP，搅拌冷却到 40℃ 左右出料。

（2）涂料制备　称料—配料—混料—中和—卸料—备用。

3. 性能与效果

以乙酸乙烯酯、过硫酸铵、聚乙烯醇以及乳化剂等为原料合成了聚乙酸乙烯酯涂料，通过正交实验方案找到了聚合反应的最佳条件：温度为75℃，时间为2.5h，乳化剂用量为1％。探讨温度、时间以及乳化剂用量对聚乙酸乙烯酯乳液黏度的影响。并用十二烷基苯磺酸钙替换OP-10合成涂料，虽然合成的涂料黏度较低，但是所得结果也符合国家标准，可以应用到对涂料黏度要求不是很高的场合，而且还能获得更大的经济效益，所以以十二烷基苯磺酸钙不失为一种理想的乳化剂。

(二) 聚叔碳酸乙烯酯/乙酸乙烯酯水性涂料

1. 原材料与配方

（1）乳液配方（单位：质量份）

乙酸乙烯酯	70	引发剂	1.0
叔碳酸乙烯酯	15	还原剂	1～2
聚乙烯醇	15	去离子水	适量
辛基酚聚氧乙烯醚乳化剂	3.0	其他助剂	适量

（2）涂料配方（单位：质量份）

乳液	100	颜填料	1～2
填料	20～30	去离子水	适量
分散剂	2～4	其他助剂	适量

2. 制备方法

（1）乳液制备

① 配料。

表面活性剂的配制。以去离子水为溶剂，称取复配聚乙烯醇（即聚乙烯醇05-88、聚乙烯醇14-98和聚乙烯醇17-88按照质量比30：49：45混合）26kg，乳化剂辛基酚聚氧乙烯醚3.2kg，还原剂次硫酸锌甲醛1.8kg，配制成500kg的表面活性剂溶液待用。

单体溶液的配制。将纯度99.5％的乙酸乙烯酯（VAc）540kg和叔碳酸乙烯酯5.4kg混合均匀得单体溶液待用。

氧化剂的配制。称取质量浓度35％的过氧化氢溶液2.57kg，稀释配制成质量浓度1.8％的氧化剂过氧化氢溶液待用。

② 聚合。将500kg表面活性剂溶液和2/3量的单体溶液投入带有搅拌器和外撤热装置的聚合釜中，启动搅拌器和循环泵，升温到52℃时导入乙烯并升压到3.0MPa，滴加氧化剂溶液引发反应并加入余下的1/3单体溶液，15min后升压到6.0MPa；在反应过程中通过控制氧化剂加入速率控制反应温度在75～80℃进行反应，80～90min后反应结束。

③ 分离。反应结束后，利用余压（2.0MPa）将反应液压送到闪蒸器中进行闪蒸，脱除残余的乙烯气体，然后通过过滤装置将乳液中夹带的浮渣脱除得共聚物乳液。

④ 后调制。将共聚物乳液送到调制槽后向共聚物乳液中添加去离子水、过氧化苯甲酸叔丁酯、次硫酸锌甲醛和碳酸氢钠，使得共聚物乳液的固含量为55.0％。过氧化苯甲酸叔丁酯的添加量为0.2kg/t，次硫酸锌甲醛的添加量为0.25kg/t，碳酸氢钠的添加量为1.5kg/t，搅拌均匀即得成品。

（2）涂料制备 称料—配料—混料—中和—卸料—备用。

3. 性能

三元共聚物乳液和VAE乳液性能比较见表3-12。

表 3-12　三元共聚物乳液和 VAE 乳液性能比较

薄膜	溶出率%		
	水	0.4mol/L 盐酸溶液	0.4mol/L 氢氧化钠溶液
GW-707	3.7	2.8	4.0
GW-1018	0.8	1.2	2.1
泡后膜的颜色	白色	微黄色	微黄色

4. 效果

叔碳酸乙烯酯与乙酸乙烯酯共聚时表现出极好的反应性，如在乳液聚合中具有相同的竞聚率和几乎相同的转化率。因此，叔碳酸乙烯酯引入乙酸乙烯酯-乙烯结构中，能形成一种无规共聚的微观高分子结构，这种结构能使叔碳酸乙烯酯的优异性能充分表现出来，大大改善了 VAE 乳液的耐候性、耐碱性、耐水解性等，从而得到低成本、高性能的聚合物乳液，拓宽了 VAE 乳液的应用领域。

（三）水性聚醋酸酯耐水涂料

1. 原材料与配方

（1）乳液配方（单位：质量份）

醋酸乙烯酯	100	$NaHCO_3$	1～3
丙烯酸丁酯	20	十二烷基硫酸钠	0.5
叔碳酸乙烯酯	1～5	OP-10 乳化剂	2.5
过硫酸铵	1.0	水	适量
PVA	5.0	其他助剂	适量

（2）涂料配方（单位：质量份）

乳液	100	增稠剂	1～3
填料	20	中和剂	1～2
分散剂	3～6	水	适量
颜料	1～2	其他助剂	适量

2. 制备方法

（1）乙酸乙烯酯-丙烯酸丁酯-叔碳酸乙烯酯乳液制备　在四颈烧瓶中加入一定量的 PVA 和去离子水，并在水浴中加热溶解，待 PVA 完全溶解后，降温至 50℃，加入 pH 缓冲溶液、混合乳化剂，缓慢滴加一定量混合单体，升温至反应温度，加入部分引发剂，反应至烧瓶中无明显回流时，开始滴加剩余的混合单体，并在 3h 左右滴加完全，期间滴加引发剂，单体滴加完后，补加剩余引发剂，在 85℃左右保温 40min，冷却，出料，得到醋酸乙烯酯-丙烯酸丁酯-叔碳酸乙烯酯乳液。

（2）涂料制备　称料—配料—混料—中和—卸料—备用。

3. 性能与效果

首先制备了聚醋酸乙烯酯乳液作为对照，然后用丙烯酸丁酯作第二单体来对聚醋酸乙烯酯乳液进行改性，并探究温度、引发剂、PVA 对其的影响，实验证明，引发剂的浓度越大，黏度越大，吸水率越小；PVA 越多，黏度越大，吸水率也越大；温度越高黏度越大，吸水率越小，但是由于引发剂的分解温度的影响，及制备工艺的影响，最佳温度为 75℃左右。在 VAc 中添加合适比例的丙烯酸酯类功能单体，引入疏水基团进行改性，从而提高 PVAc 的耐水性和稳定性。

（四）水性醋丙乳液涂料

1. 原材料与配方

（1）乳液配方（单位：质量份）

醋酸乙烯酯	100	氨水	2～5
丙烯酸丁酯	40	阴离子乳化剂	2.0
丙烯酸	1.0	非离子乳化剂	1.0
丙烯酸羟乙酯	5.0	水	适量
过硫酸铵	1.0	其他助剂	适量

（2）涂料配方（单位：质量份）

乳液	100	中和剂	1～2
黏结剂	5～20	水	适量
增稠剂	1.0	其他助剂	适量
色浆	50		

2. 制备方法

（1）醋丙乳液的制备工艺　将一定体积的乳化剂与蒸馏水加入到三口烧瓶，加入单体和一定量的引发剂过硫酸铵。常温下乳化 30min。温度升至 70℃左右，将预乳液放入滴管中，三口烧瓶中留一定的底液，控制滴加速率，在一定时间内滴加完毕。滴加完后，倒入剩余的引发剂，保温一定时间。冷却、调节 pH 值、过滤出料。

（2）涂料制备　称料—配料—混料—中和—卸料—备用。

（3）涂覆、工艺流程及条件　印花—烘干（80℃，3min）—焙烘（60～100℃，0.5～5min）。

3. 性能与效果

① 采用无皂乳液聚合方法制备乳液，所得的乳液呈蓝色。乳液聚合工艺参数：聚合温度 70℃；过硫酸铵，质量分数 0.6%；功能单体丙烯酸（AA），质量分数 1.4%；预乳液滴加时间 3.5h；体系保温时间 120min；软硬单体质量比 0.8266/1。

② 合成的黏合剂应用于织物涂料印花上。织物的干、湿摩擦牢度，皂洗牢度等达到了工业黏合剂的性能指标，色泽鲜艳，手感柔软。

与传统乳液聚合相比，醋丙乳液聚合具有以下特点：使用反应型乳化剂，降低成本，同时免去了除乳化剂的后处理过程，污染小；可得到尺寸均匀、表面洁净的乳胶粒子，能够提高乳液涂膜的致密性、耐水性、耐擦洗性以及附着力等性能；所得乳胶粒子分散性好，粒径也比传统乳液聚合的大，接近微米级。

涂料印花是通过高分子黏合剂将各种色泽的涂料黏合在各种织物上，经过烘焙使涂料牢固地固定在织物表面，以赋予织物各种颜色和图案，从而达到美化织物的目的。

（五）水性醋丙型防水涂料

1. 原材料与配方

（1）乳液配方（单位：质量份）

醋酸乙烯酯（VAc）	100	有机硅氧烷（A-171）	1～2
丙烯酸丁酯（BA）	20	$NaHCO_3$	1～3
丙烯酸-2-羟丙酯（MPA）	5.0	过硫酸铵	0.1～1.0
保护胶（AP-02）	1.2	去离子水	适量
N-羟甲基丙烯酰胺（NMAM）	2.0	其他助剂	适量

（2）涂料配方（单位：质量份）

乳液	100	颜料	1～2
胶黏剂	5～8	乳化剂	2.0
填料	10～15	中和剂	1～2
分散剂（DA-02）	1～3	水	适量
氨水	2～3	其他助剂	适量

2. 制备方法

（1）乳液制备工艺

① 将去离子水、保护胶（AP-02）加入反应瓶，在搅拌下开始升温，待保护胶完全溶解后加入乳化剂和碳酸氢钠。

② 主体反应阶段：温度控制在 80～85℃，加入引发剂，匀速滴加丙烯酸丁酯、醋酸乙烯及交联剂组成的混合单体，4h 滴加完毕。

③ 保温继续反应阶段：温度控制在 85～90℃，保温 2h。

④ 后消除阶段：保温结束后，降温，65～75℃加入雕白块溶液。降至常温，调胶、过滤出料。

（2）涂料制备　称料—配料—混料—中和—卸料—备用。

3. 性能（见表 3-13 和表 3-14）

表 3-13　醋丙乳液的物化指标

序号	项目	指标
1	外观	乳白色黏稠液体
2	黏度/mPa·s	500～2000
3	固含量/%	50±1
4	耐水性	合格
5	冻融稳定性	合格

表 3-14　物理性能

序号	项目		标准要求	实测指标
1	固含量/%		≥65	76
2	干燥时间	表干时间/h	≤4	3.2
		实干时间/h	≤8	7.1
3	拉伸强度(无处理)/MPa		≥1.2	1.74
4	断裂伸长率(无处理)/%		≥200,无裂纹	246
5	低温柔性(φ10mm 棒)		−10℃,无裂纹	无裂纹
6	不透水性(0.3MPa,30min)		不透水	不透水

注：检测方法依据 GB/T 23445—2009。

4. 效果

通过对一种醋丙型防水乳液共聚配方的研究，在乳液反应过程中添加 AP-02 保护胶和交联单体 N-羟甲基丙烯酰胺、A-171 有机硅氧烷、丙烯酸-2-羟丙酯对醋丙乳液进行改性，提高了乳液的耐水性能、粘接强度和拉伸强度；调胶时，加入分散剂 DA-02，保证水泥粉在乳液中更好地分散。并综合各方面因素对乳液性能的影响，得出了最优配方，即 $w(\text{AP-02})=1.2\%$（乳液总量）、$w(\text{A-171})=0.7\%$（单体总量）、$w(\text{NMAM})=2.0\%$（单体总量）、$w(\text{DA-02})=2.0\%$（乳液总量）时，得到醋丙型乳液可以满足聚合物水泥防水涂料的要求。

（六）苯基硅氧烷改性醋丙水性涂料

1. 原材料与配方

（1）乳液配方（单位：质量份）

醋酸乙烯酯	100	NaOH	1～2
丙烯酸丁酯	20	氨水	1～3
甲基丙烯酸甲酯	10	十二烷基苯磺酸钠	1.5
丙烯酸	3	吐温-80	1.0
苯基硅氧烷	5～15	去离子水	适量
$NaHCO_3$	1～3	其他助剂	适量
过硫酸钾（KPS）	0.1～1.0		

（2）涂料配方（单位：质量份）

乳液	100	中和剂	1～2
填料	10～15	去离子水	适量
分散剂	1～3	其他助剂	适量
颜料	1～2		

2. 制备方法

（1）聚二苯基硅氧烷改性醋丙乳液的制备　在装有搅拌器、恒压滴液漏斗、回流冷凝管、温度计的四口烧瓶中加入十二烷基苯磺酸钠、吐温-80、氢氧化钠和去离子水，以及适量配比的 DPDMS、MAPTMS 在 45℃左右反应 24h，形成种子乳液。调 pH 值至 8～9，然后将温度升高到 80℃，加入 1/5 引发剂 KPS，用恒压滴液漏斗滴加 VAc、BA、MMA、AA 混合物的预乳化液，在 80℃保温 3h，之后降温至 40℃，用氨水调节体系 pH 值到 8.0～8.5，用去离子水稀释至合适固含量。

（2）涂料制备　称料—配料—混料—中和—卸料—备用。

3. 性能与效果

为改善醋丙建筑涂料的耐水、耐热和耐老化性，以聚硅氧烷乳液为种子，并与醋酸乙烯酯和丙烯酸酯类单体聚合，合成了稳定且性能优良的聚硅氧烷/聚醋丙复合乳液。研究了该体系聚合的动力学特性，并用 FTIR、DMA 对其进行了表征。结果表明，该乳液共聚的表观活化能为 76.0kJ/mol；聚合速率随乳化剂与引发剂浓度和反应温度提高而加速，$R_P=kC_E^{0.48}C_I^{0.71}$；硅氧烷的加入使涂膜的玻璃化转变温度升高。

在聚二苯基硅氧烷改性醋丙乳液共聚反应过程中，随着乳化剂浓度、引发剂浓度和反应温度的提高，聚合反应速率和最终产物转化率提高，由实验得出聚合动力学关系式为 $R_P=kC_E^{0.48}C_I^{0.71}$，体系的表观活化能 $E_a=76.0\text{kJ/mol}$。聚硅氧烷改性醋丙乳液具有良好的聚合稳定性和储存稳定性。硅氧烷的加入，使共聚物的玻璃化温度由 43.2℃提高到 47.2℃，涂膜耐热性提高。

（七）水性乙烯-醋酸乙烯酯无纺布用涂料

1. 原材料与配方（见表 3-15）

表 3-15　无纺布涂料的配方

组成	含量(质量分数)/%	组成	含量(质量分数)/%
VAE 乳液	50	润湿剂	1
三聚磷酸钠	1	轻质碳酸钙	4
色浆	适量	成膜助剂	2
分散剂	0.5～1	增稠剂	适量
消泡剂	0.5～1	水	35

2. 涂料的配制工艺

将水、分散剂、消泡剂等混合，在搅拌下加入颜填料，混合均匀后，高速分散至细度小于 $60\mu m$，过滤，出料；加入成膜物、成膜助剂等，用流平剂和增稠剂调整至适当黏度即可，涂料配制工艺过程如图 3-1 所示。

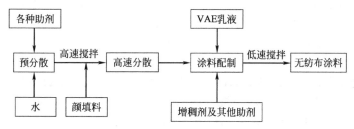

图 3-1　涂料制备工艺

3. 性能

作为无纺布涂料首先应具备良好的柔韧性、强度，其次还需具有一定的热稳定性和极好的黏结性等。鉴于目前该种涂料尚无统一标准，该工艺相关指标主要由实验室测试条件测得，具体性能指标及检测结果如表 3-16 所示。

表 3-16　无纺布涂料性能

测试项目	测试结果	测试项目	测试结果
涂料外观	淡黄色黏稠液体	柔韧性	好
pH 值	7.0	冲击强度/kg·cm	50
黏度(涂-4 杯)/s	30～60	耐热性(100℃,5h)	涂膜无变化
固含量/%	>50	附着力(画圈法)/级	2
涂膜外观	浅黄色、平整、光亮	涂膜铅笔硬度/H	2
干燥时间/h	表干为 1.5;实干为 3.0	遮盖力/(g/m²)	200

参照国家标准和其他类似的水性涂料的企业标准，从表 3-16 可知，该无纺布涂料的性能优异，达到了国内类似产品的先进水平。

4. 效果

① 以 VAE 乳液为成膜物制得无纺布涂料有良好的柔韧性、强度、热稳定性和极好的黏结性，各项指标达到实用的要求。

② 以水为溶剂，不仅降低了成本，节约能源，而且使用安全，减少了对环境的污染。选用无毒的颜填料、助剂等，制备的涂料无毒无味，使用寿命长，用后的废弃物可自然降解，属绿色环保产品。

③ 无纺布涂料生产成本低，生产工艺简便，易形成规模生产。

（八）灰钙粉改性乙烯-醋酸乙烯酯/PVA 水性乳胶漆

1. 原材料与配方（单位：质量份）

EVA 乳液	72	乙二醇	8
灰钙粉	163	流平剂	3
明矾	8.16	消泡剂	1
轻质 $CaCO_3$	90	分散剂	1.2(0.6＋0.6)
重质 $CaCO_3$	35	润湿剂	2
膨润土	8	增稠剂	1.5
钛白粉	35	稳定剂	2
聚乙烯醇	18	其他助剂	适量

2. 制备方法

乳胶漆的制备工艺如下。

① 在带搅拌的分散容器中加入水和灰钙粉处理剂，搅拌均匀，再投入灰钙粉搅拌均匀，并持续搅拌 30min，使灰钙粉得到充分分散，得到处理好的灰钙粉浆。

② 将增稠剂溶液、湿润分散剂、乙二醇和约一半配方量的消泡剂加入灰钙粉浆中，混合均匀，制成浆料。

③ 将浆料通过小砂磨机研磨 30min，过滤去除玻璃球，得到磨细浆料。

④ 将 VAE 乳液加入磨细浆料中混合均匀。视物料中气泡的多少酌量加入预留的消泡剂，慢速搅拌消泡，得到配制好的灰钙粉内墙乳胶漆。

3. 性能

涂料性能见表 3-17。

表 3-17　涂料性能

检验项目	标准要求	检验结果
在容器中的状态	无硬块,搅拌后呈均匀状态	符合
施工性	刷涂 2 道无障碍	符合
涂膜外观	正常	符合
表干时间/h	$\leqslant 2$	< 1
对比率	$\geqslant 0.95$	0.96
耐碱性(24h)	无异常	无异常
耐洗刷性/次	$\geqslant 1000$	> 1000
耐低温性	3 次循环不变质	未变质

乳胶漆中的灰钙粉有一部分被水溶解，并被进一步离解成 Ca^{2+} 和 OH^-。涂料施工并干燥成膜后，有一部分 Ca^{2+} 处于成膜物质（聚合物）的结构网络中，Ca^{2+} 和空气中的 CO_2 反应，生成 $CaCO_3$ 的反应是在聚合物结构网络中"原位"反应，成为聚合物网络结构一部分，提高了聚合物网络的自身结构强度。有研究认为，在聚合物改性水泥材料中，丙烯酸酯共聚乳液可与水泥水化生成 $Ca(OH)_2$ 发生化学反应，生成以离子键结合的大分子交织结构。这种作用机理也会存在于含 VAE 液的灰钙粉类涂料中。在这样低的 VAE 乳液用量下如果不加灰钙粉，涂料不具有较好的耐洗刷性。

4. 效果

研制的内墙乳胶漆具有很好的耐水性、耐洗刷性和较低的成本，其技术性能符合 GB/T

9756—2009 中规定的一等品的指标要求。此外，该类乳胶漆在涂料流平性和涂膜手感（类似于压光的仿瓷涂料）方面优于普通丙烯酸酯类乳胶漆；该乳胶漆在降低涂料的 VOC 含量、不使用防霉剂等方面也有很大的优势。

（九）聚合物水泥防水涂料

1. 原材料与配方（用量：质量份）

原材料	配方1	配方2	配方3
纯丙乳液	100	—	—
苯丙乳液	—	100	—
EVA 乳液	—	—	100
水泥	50～80	50～80	50～80
石英砂（100～300μm）	5～8	5～8	5～8
KH-5 型聚羧酸减水剂	1～1.5	1～1.5	1～1.5
甲基硅油消泡剂	0.1～0.5	0.1～0.5	0.1～0.5
聚丙烯酰胺增稠剂	2～3	2～3	2～3
聚乙二醇分散剂	1～3	1～3	1～3
改性聚丙烯纤维	5～10	5～10	5～10
脱模剂（机油）	适量	适量	适量
其他助剂	适量	适量	适量

2. 制备方法

分别称取固定量的水泥、石英砂、聚合物乳液和助剂等混合，在搅拌机中低速搅拌 5min，然后充分搅拌至体系中无明显的颗粒为止；搅拌完后静置几分钟消气泡，然后涂膜。涂膜分 2 次进行，第 1 层涂膜厚度为 0.5～0.8mm，待第 1 层表干后涂刷第 2 层，两次涂抹时间相距 12～24h，最后达到（1.5±0.2）mm 厚。再在标准养护条件下 [（23±22)℃，相对湿度 45％～70％] 养护 4d。脱模后放入（40±2)℃的烘箱中烘 48h。

3. 性能与效果

① 聚合物水泥防水涂料的拉伸性能随聚灰比的变化趋势与聚合物乳液的种类和掺量有关。随着聚灰比的增大，对丙烯酸酯类防水涂料（纯丙乳液型、苯丙乳液型）而言，涂膜拉伸强度越大；对聚醋酸乙烯-乙烯共聚乳液（EVA）而言，涂膜拉伸强度先增大后减小。不同乳液水泥基防水涂料的断裂延伸率随聚灰比的变化呈现类似的趋势，聚灰比越大，断裂伸长率越大。

② 由于 EVA 乳液为线型高分子材料，分子中不含活性官能团，交联比较困难，导致分子键能较低，因此，EVA 乳液与水泥的体系是非反应型的，其与水泥之间仅相互惰性填充；而纯丙乳液和苯丙乳液可与水泥水化生成的 $Ca(OH)_2$ 发生化学反应，形成以化学键结合的界面结构，通过界面增强提高材料的性能，因此，纯丙乳液、苯丙乳液与水泥的体系是反应型的，其涂膜结构相比 EVA 乳液涂膜更加密实，涂膜的拉伸强度更大。

③ 水泥在聚合物防水涂料中一部分发生水化反应形成水化浆体，另一部分则作为填料存在。一般聚灰比为 0.6 是聚合物水泥防水涂料"刚-柔"性分界点，聚灰比小于 0.6 时，涂膜呈"刚"性，其拉伸强度受水泥水化程度影响为主。聚灰比大于 0.6 时，涂膜呈"柔"性，其拉伸强度随聚合物颗粒黏聚、堆积情况而定。对纯丙乳液、苯丙乳液而言，聚灰比小于 0.6 时，拉伸强度增长趋势缓慢，而当聚灰比大于 0.6 时，涂膜拉伸强度增长迅速；对 EVA 乳液而言；聚灰比小于 0.6 时，涂膜拉伸强度随聚灰比增大而增大，而当聚灰比大于

0.6 时，拉伸强度随聚灰比增大而减小。

（十）水性乙烯-醋酸乙烯酯高性能涂料

1. 原材料与配方（单位：质量份）

乙烯-醋酸乙烯酯	100	乳化剂	3.0
填料	16～20	减水剂	1～2
增稠剂	5～8	中和剂	1～2
分散剂	1～2	去离子水	适量
消泡剂	0.1～1.0	其他助剂	适量

2. 制备方法

称料—配料—混料—中和—卸料—备用。

3. 性能（见表 3-18 和表 3-19）

表 3-18　VAE 乳液与低成膜温度的醋丙乳液在 45％PVC 和 65％PVC 涂料中的性能对比

项目	PVC＝45％		PVC＝65％	
	VAE 乳液	醋丙乳液	VAE 乳液	醋丙乳液
耐洗刷性/次[①]	4751	1605	159	114
3℃成膜性能	好	好	好	差
延伸率/％	704	549		

① 按 ASTM。

表 3-19　VAE 乳液与低成膜温度的苯丙乳液在 45％PVC 和 65％PVC 涂料中的性能对比

项目	PVC＝45％		PVC＝65％	
	VAE 乳液	苯丙乳液	VAE 乳液	苯丙乳液
对比率/％	95.00	93.34	94.76	93.89
耐洗刷性/次[①]	4877	2930	155	98
3℃成膜性能	好	好	好	差

① 按 ASTM。

表 3-19 中的实验结果再次显示了 VAE 乳液具有更好的耐洗刷性和低温成膜性能。而且，基于 VAE 乳液的涂膜比基于低成膜温度的苯丙乳液的涂膜具有更好的遮盖力。遮盖力不同，可能是由于折射率的不同。在涂料干膜中，遮盖力由二氧化钛和乳液的折射率差异决定。二氧化钛是折射率很高的物质。当二氧化钛的折射率确定时，乳液的折射率越低，涂料干膜的遮盖力越高。醋酸乙烯单体的折射率比苯乙烯单体的折射率低，造成 VAE 聚合物比苯丙聚合物的折射率低，符合表中所看到的结果。

4. 效果

未来的涂料不但要求高效、高质量和高性能，同时也要求遵守环境和安全的标准。在设计技术性能优异的低 VOC 和低气味配方时，在不牺牲涂料性能的情况下，使用低成膜助剂的乳液是非常重要的。这就说明了在高质量的建筑涂料中，乳液的选择起到了关键的作用。

在涂料中，VAE 乳液作为粘接树脂，提供涂料的粘接力、内聚力和提高一些重要性能如光泽、弹性、耐洗刷性、流变性以及应用和施工性能。总之，由于 VAE 乳液能提供多种性能，因此使得根据客户的实际要求和特定的条件设计个性化的涂料配方成为可能。除此之外，VAE 乳液还具有很好的性价比。

醋酸乙烯-乙烯共聚物乳液是低环境影响、低气味建筑涂料配方的理想选择，更适合于日益严格的环保要求和未来涂料的发展需要。

一、水性聚乙烯醇涂料实用配方

（一）水性聚乙烯醇内墙涂料

1. 聚乙烯醇内墙涂料

按配制生产 1t 计算。

原材料	用量/kg	原材料	用量/kg
PVA	40	滑石粉	50
蓖麻油	0.3	去离子水	700
水玻璃	50	碳酸钙	160
正辛醇	0.4	其他助剂	适量

聚乙烯醇内墙涂料以其廉价、环保、无毒、不易燃、涂墙效果好、重复粉刷性好，在市场上占有一席之地，特别是广大的农村，不失为粉刷墙壁，保持室内清洁、干净的较好材料。

2. 聚乙烯醇膨润土内墙涂料

原材料	用量/%	原材料	用量/%
聚乙烯醇	3.0～3.5	荧光增白剂	适量
膨润土	7.0～8.0	磷酸三丁酯	适量
轻质碳酸钙	13.0～15.0	去离子水	补足100%
滑石粉	4.0～5.0	其他助剂	适量
盐酸	适量		

① 成本低。配方中的膨润土代替了立德粉和部分轻质碳酸钙，并用其分散性代替了传统的表面活性剂。

② 性能好。该涂料性能除能满足水溶性内墙涂料规定的技术指标之外，还能耐擦洗100次以上，故该涂料可代替乳胶漆用于厨房和卫生间等高湿度场所。

③ 解决了内墙涂料中常见的返稠、结块性沉淀问题。本涂料长时间储存稍有分层，但经搅拌即解决。

3. 高流平、耐沾污 PVA 内墙涂料

原材料	用量/%	原材料	用量/%
10%聚乙烯醇	15	钛白粉	5
防腐剂	0.1	立德粉	10
防霉剂	0.1	硅灰石粉	5
消泡剂	0.4	重质碳酸钙	20
羟乙基纤维素	0.4	轻质碳酸钙	5
Texanol 酯醇	0.7	去离子水	25.5
丙二醇	0.5	蜡乳液	4
分散剂	0.3	其他助剂	适量

以聚乙烯醇作增稠流平剂，使涂料具有较好的流平性；将高分子蜡乳液应用于高流平性乳胶漆中，涂膜具有憎水性，当涂膜受到沾污时其憎水性可阻止沾染源随着水分向涂膜中渗透，同时，使涂膜具有荷叶效应；在保持较好的"开罐效果"涂装性能和满足现行国家标准要求的情况下，可减少各种昂贵原材料的用量，并进行优化配合，保持较低的成本。

高流平、耐沾污性内墙乳胶漆经过一年的储存，各项指标均无明显变化。

4. 玉米淀粉改性聚乙烯醇内墙涂料

原材料	用量/质量份	原材料	用量/质量份
聚乙烯醇	100	分散剂	0.38
玉米淀粉	60～70	增稠剂	0.276
硼砂	10	填料	适量
消泡剂	0.11	其他助剂	适量
成膜剂	0.33		

随着人们环保意识的提高，室内环保装修将成为室内装修行业发展的主流，室内装修涂料将朝着低 VOC、环保型方向发展。该产品综合性能优良、价格低，环保优势更为突出，具有良好的发展前景。

5. 丙烯酰胺/聚乙烯醇内墙乳胶漆

① 制造改性胶体的配方

原材料	用量/%	原材料	用量/%
聚乙烯醇	5	功能添加剂	适量
丙烯酰胺	5	防腐剂	适量
引发剂水溶液	1	去离子水	补足100%

② 含改性胶体内墙乳胶漆配方

原材料	用量/%	原材料	用量/%
去离子水	8.55～25	其他助剂	适量
K20 防霉剂	0.1	AMP-95 多功能助剂	0.1
X-405 润湿剂	<0.1	改性胶体	3.0～6.0
乙二醇	0.8	颜、填料	48.0
Texanol 酯醇	0.4	AS-398 苯丙乳液	12.5
"快易"分散剂	0.2	TT-935 增稠剂	0.15
681F 消泡剂	0.1	2%羟乙基纤维素水溶液	6.0

含改性胶体内墙乳胶漆的性能见表 3-20。

表 3-20　含改性胶体内墙乳胶漆的性能

检测项目	指标值	实测值
容器中状态	无硬块，搅拌后呈均匀状态	外观丰满、流动性好的黏稠液体
涂膜外观	涂膜外观正常	平整、光滑、无刷痕
干燥时间/h	≤2	1.5
施工性	刷涂2道无障碍	无障碍

6. 聚乙烯醇/膨润土仿瓷内墙涂料

原材料	用量/%
聚乙烯醇 (1799#，工业级)	1.0～2.5
羧甲基纤维素 (中黏度，工业级)	1.0～2.0
明胶 (工业级)	0.5～2.5

原材料	用量/%
膨润土（细度 320 目）	1.0～3.0
膨润土改性剂（工业级）	适量
灰钙粉（细度 320 目）	5～10
灰钙粉处理剂（工业级）	适量
甲醛（30%～40%溶液）	0.15
轻质碳酸钙（细度 320 目）	10～20
重质碳酸钙（细度 320 目）	20～30
邻苯二甲酸二丁酯（工业级）	适量
乙二醇（工业级）	适量
增白剂（工业级）	0.01～0.03
去离子水	补足 100 用量
其他助剂	适量

① 涂料饰面美观，涂膜质感细腻、高雅，饰面似瓷釉，触摸手感平滑度与瓷砖同，并能制成不同颜色。

② 生产成本低。以内墙涂料 106# 为例，配入膨润土后可减少聚乙烯醇用量 40%～50%，每吨涂料成本可下降 100 元左右，涂装费用（包括施工费用）可保持在 3 元/m² 左右。

膨润土仿瓷内墙涂料性能测试结果见表 3-21。

表 3-21　膨润土仿瓷内墙涂料性能测试结果

指标	测试结果	指标	测试结果
在容器中的状态	均匀无结块的膏状物	耐洗刷性/次	350
固含量/%	58	硬度(铅笔)	6H
涂层外观	色泽均匀，光滑平整	粘接强度/MPa	0.257
耐水性(浸水 72h)	不起泡,不脱落,不脱粉	白度/%	81.7

7. 水性瓷釉涂料

原材料	规格	用量/质量份
PVC	1799	33
有机膨润土	—	适量
OS 助剂	—	23.4
缓凝剂	无机型	0.3
重质碳酸钙	双飞粉，325 目	400
灰钙粉	200 目	200
滑石粉	200 目	8
群青		2
去离子水		450

水性瓷釉涂料是一种性能比较优良的厚质涂料，可用于内墙墙体装饰。

① 无毒无味，原材料易得，生产工艺简单，成本低廉。

② 涂膜光泽度高，硬度大，耐洗刷性能好。

(二) 水性聚乙烯醇防水涂料

1. 改性聚乙烯醇仿瓷涂料

原材料	用量/质量份	原材料	用量/质量份
PVA	6.0	硅溶胶	5.0
甲醛	5.0	重铬酸钾	0.5
盐酸	0.6	去离子水	82.5
氢氧化钠	0.4		

① PVA 与甲醛缩合后,可改善仿瓷涂料的耐水性。

② 聚乙烯醇缩甲醛先与重铬酸钾络合,再与硅溶胶共混,可使仿瓷涂料的耐擦洗性得到很大提高。

③ 用改性 PVA 配制的仿瓷涂料呈稀膏状,易施工,不流挂,涂刷墙面易抛光,耐擦洗性好,且价格低廉,装饰效果好,是具有推广前景的质优价廉涂料。

2. 具有荷叶水珠效果的改性聚乙烯醇仿瓷涂料

① 基料配方。

原材料	用量/kg	原材料	用量/kg
聚乙烯醇胶水（2.6%）	77.2	去离子水	17.36
CH-714 增稠剂	0.44	HY-402 荷叶助剂	5

② 荷叶型仿瓷涂料配方。

原材料	用量/kg	原材料	用量/kg
基料	45	滑石粉	10
轻钙	20	膨润土	3
双飞粉	22	荧光增白剂	适量

与普通仿瓷涂料稍有不同,在第一遍批刮后,尚未全干（约 1h,视天气状况而定）时,必须批刮第二遍依次作业,批刮 2~3 遍即可完成（最后一遍需注意适时抛光）。

本品涂在墙上待干燥 6~8h,即具有荷叶水珠效果;48~72h 后可达到设计耐水要求。

3. 耐擦洗刚性仿瓷涂料

原材料	用量/%	原材料	用量/%
PVA	2.9	群青	0.1
甲醛（38%）	2.4	荧光增白剂	0.08
盐酸（37%）	0.3	聚丙烯酰胺	0.1
氢氧化钠	0.1	防霉剂（苯甲酸）	0.01
重铬酸钾	0.1	防腐剂	0.1
灰钙粉	26.5	三聚磷酸钠	0.2
滑石粉	4.8	磷酸三丁酯	0.01
轻质碳酸钙	4.8	去离子水	57.5

耐擦洗刚性仿瓷涂料技术指标见表 3-22。

表 3-22 耐擦洗刚性仿瓷涂料技术指标

检测项目	技术指标
在反应器中状态	稀膏状,无硬块,黏度好
涂在水泥片上晾干后状态	亮白色
低温稳定性能	不凝聚,不结块,不分离
耐洗刷性	耐洗刷

4. 耐沾污仿瓷涂料（SRC涂料）

原材料	用量/%	原材料	用量/%
去离子水	6.0～10.0	羧甲基纤维素	0.1～0.2
合成树脂乳液	8.0～16.0	膨润土	2.0
聚乙烯醇（10%胶液）	20.0～28.0	六偏磷酸钠（10%溶液）	2.0
黏度稳定剂	适量	阴离子型分散剂	0.3～0.5
轻质碳酸钙	12.5～17.5	耐沾污剂	适量
重质碳酸钙	20.0～25.0	消泡剂	适量
灰钙粉	12.5～17.5		

SRC涂料的技术性能见表3-23。

表3-23 SRC涂料的技术性能

项目	性能	项目	性能
容器中状态	均匀的膏状物	耐水性(4d)	无变化
固含量/%	68.4	耐碱性(4d)	稍有失光
粘接强度/MPa	0.48	耐洗刷性/次	大于2000
刮涂性	易刮涂，易压光	耐墨水沾污性	清水可洗净墨迹
表面干燥时间/h	1.5	硬度	1H
涂膜外观	光泽柔顺，手感滑腻		

5. TDI改性聚乙烯醇耐水涂料

原材料	用量/质量份	原材料	用量/质量份
聚乙烯醇（1799）	50	立德粉	10
甲苯二异氰酸酯（TDI）	1.0～1.5	钛白粉	适量
轻质碳酸钙	15	消泡剂	适量
滑石粉	25	去离子水	950

工艺条件：反应温度50～60℃，TDI的用量为基料的1.0%～1.5%。改性涂料耐磨性强，耐水性高。

改性工艺简单，操作方便，成本低廉，工艺条件温和，易于控制，有较高的推广价值。

6. 纳米SiO_2改性聚乙烯醇涂料

原材料	用量/g	原材料	用量/g
聚乙烯醇	10	十二烷基磺酸钠	0.01
纳米SiO_2	4.0	消泡剂	少许
CaO	25	去离子水	220
硅烷偶联剂	0.4		

纳米SiO_2的加入大大改善了涂料的耐洗刷性能和耐老化性能以及表面光滑度。耐洗刷性能随其用量的增加呈直线增长，当其用量为4g时已经能达到800次以上；纳米SiO_2也使涂料的光滑度有很好的改善，涂料的抗老化性能也随纳米SiO_2的加入而得到改善。采用玻璃砂辅助分散制备的纳米SiO_2改性聚乙烯醇内墙涂料具有良好的粒子分散效果。同时表明：纳米SiO_2的加入大大改善了涂料的表面结构，提高了涂料的应用性能。

7. 聚乙烯醇缩丁醛水性快干彩瓦涂料

原材料	用量/%	原材料	用量/%
聚乙烯醇缩丁醛	8	润湿剂	0.2
苯丙乳液	40	分散剂	0.3
去离子水	20	防冻剂	0.5
羟乙基纤维素（w，2%水溶液）	15	消泡剂	适量
颜填料	12	光亮剂	1
氨水	0.2	增稠剂	1
成膜助剂	2		

① 通过控制反应条件，合成了一种快干型聚乙烯醇缩丁醛树脂。其优化反应条件为正丁醛与聚乙烯醇的配比为0.4；盐酸（1:1）的加入量为反应体系的0.5%（质量分数）；在55℃时加入正丁醛，待温度降到10℃时再加入盐酸，然后缓慢加热升温至60℃，并维持反应。

② 在25℃时，当聚乙烯醇缩丁醛的加入量（质量分数）为8%时，制备的彩瓦涂料的表干时间可达20min左右。

③ 该快干型水性彩瓦涂料已实现了产业化，在多项灾后重建工程中运用。

（三）其他水性聚乙烯醇涂料

1. 水溶性透明发光涂料

组分	用量/%	组分	用量/%
聚乙烯醇	30	去离子水	59
甘油	6	消泡剂	适量
发光粉	5	分散剂	适量

① 以聚乙烯醇为基料，发光粉为添加剂，研制了功能性发光涂料。该涂料含发光粉5%，发光粉的粒径为360目以上，10min后的余辉发光亮度为445mcd/m²。

② 配制的水溶性发光涂料具有透明度高、光泽好、附着力强、发光强度高、持续时间长的特点，并具有良好的美化装饰作用及夜间显示等特殊功能。

③ 除发光粉外，其他原料的成本较低，涂刷用量少，且可以全部回收，无环境污染。

2. 纳米 SiO₂-聚乙烯醇复合涂料

组分	用量/质量份	组分	用量/质量份
聚乙烯醇	100	戊二醛	3～5
纳米 SiO$_2$	0.3～0.5	其他助剂	适量
硬脂酸	5～15		

硬脂酸0.55g，戊二醛0.44g，纳米 SiO$_2$ 0.040g，反应温度为90.56℃，在该条件下，遮盖力实验值为9.90g/(m²·d)，两者相对偏差远小于5%。此最优配方组的透湿率相比于对照组（Ⅱ型PVA纳米复合涂膜材料）降低了25%。其对成膜透湿率影响强弱顺序为：硬脂酸＞纳米 SiO$_2$＞反应温度＞戊二醛。

二、水性聚乙烯醇涂料配方与制备工艺

（一）水性聚乙烯醇硅溶胶建筑涂料

1. 原材料与配方

原材料	用量/质量份	原材料	用量/质量份
PVA 溶液（3%）	36.0	MC	1.0
硅溶胶	15.0	杀菌防腐剂	0.3
化工尾料（处理后）	32.0	高效分散剂	0.3
滑石粉	10.0	聚乙二醇	0.2
高岭土	3.0	消泡剂	0.1
二氧化钛	2.0	其他助剂	0.1

2. 制备方法

（1）胶料的制备与改性

① 制备 PVA 质量分数为3%的水溶液。称取计量的 PVA 固体于烧杯中，加入定量的

水，静置 2h，放入水浴中搅拌加热到 100℃，恒温搅拌，直至 PVA 固体全部溶解，冷至常温，待用。

② 称取定量上述 PVA 溶液入烧杯，边搅动边滴加硅溶胶和消泡剂，持续搅动 15min，再缓慢滴加 MC，持续搅动 0.5h，调整 pH 为 8～9，呈半透明均一溶液即得基料，密封待用。

（2）填料的加工与混合

① 分别定量称取高岭土和二氧化钛，手工粗混均匀，待用。

② 分别定量称取化工尾料和滑石粉，加入到已混好的高岭土和二氧化钛中，用机器混合 10min，即为填料。

（3）涂料的合成　将基料缓慢加入到填料中，再加入少量高效分散剂、杀菌防腐剂和增稠剂，稍微搅拌后加入实验分散机中混合研磨 30min 即得水性建筑涂料。

生产工艺流程如图 3-2 所示。

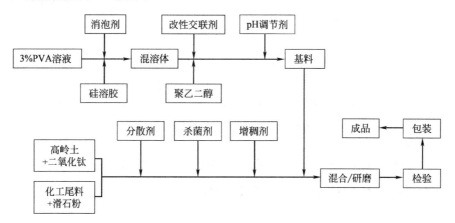

图 3-2　涂料生产工艺流程

3. 性能

利用特种改性交联剂屏蔽 PVA 上部分羟基，并使其与硅溶胶生成半互穿网络，所得的复合胶既有 PVA 的优良成膜性，又有硅溶胶的耐水性和硬度。加入颜填料并适当调节体系性能，就能生产出与环保乳胶漆性能相似，与 PVA 灰钙粉类涂料成本相似的水性建筑涂料。涂料基本性能参数见表 3-24。

表 3-24　涂料基本性能参数

项目	指标	测试结果
施工性		涂刷二道无障碍
表干时间/h		0.5
实干时间/h		24
流平性		10 级（完全流平）
抗流挂性		无流挂
容器中状态	无结块、沉淀和絮凝	无结块、沉淀和絮凝
黏度/s	30～75	52
细度/μm	≤100	13～15
遮盖力/(g/m²)	≤300	180
白度/%	≥80	94
涂膜外观	平整，色泽均匀	平整，色泽均匀
附着力/%	100	100
耐水性	无脱落、起泡和皱皮	无脱落、起泡和皱皮
耐干擦性/级	≤1（Ⅱ类）	0
耐洗刷/次	≥300（Ⅰ类）	≥500

表 3-25   本研究产品与市售内墙乳胶漆的性能对比

项目	本研究产品	市售内墙乳胶漆
生产投资成本	生产简易,固定资产投资小,综合成本低廉	生产复杂,固定资产投资大,综合成本较高
施工性	施工方便,周期短,对底层含水量无特殊要求	施工方便,周期短,对底层含水量有一定要求
涂膜性能	涂膜较硬,透气性优良,不易老化;色彩丰富、艳丽,装饰性强,耐洗刷性好;涂膜耐水性较好,长时间水浸不起泡	涂膜较软,透气性优良,不易老化;色彩丰富、艳丽,装饰性强,耐洗刷性好;涂膜耐水性较好,长时间水浸易溶胀起泡
VOC 排放	生产、施工和使用中无任何甲醛和挥发性有机化合物释放,即 VOC=0	生产、施工和使用中有少量挥发性有机化合物和游离甲醛释放
储存稳定性	储存稳定性好	储存时因温度等原因可能出现破乳现象

从表 3-25 可见,本研究产品与市售内墙乳胶漆的综合性能相近,但生产成本和 VOC 及游离甲醛释放方面的优势更明显。

4. 效果

① 用聚乙烯醇(PVA)和硅溶胶作为基本成膜物质,通过改性,形成半互穿网络,制备出既有 PVA 的优良成膜特性,又有硅溶胶涂膜良好耐水性和硬度的建筑涂料。

② 复合胶体中 PVA 和硅溶胶的含量不是很高,使得整个胶体成本很低;同时,利用化工产品 NaF 生产中的尾料作主填料,既变废为宝,降低了成本,又提高了涂料的各项物化性能。

③ 虽然实际生产中还有些细节有待优化,但本研究产品与市售乳胶漆相比,无论在生产和施工方面,还是在成本和性能方面都具有一定的优势,更符合国家的绿色环保要求。

(二) 水性聚乙烯醇缩丁醛快干型彩瓦涂料

1. 原材料与配方

原材料	质量分数/%	原材料	质量分数/%
聚乙烯醇缩丁醛	8	润湿剂	0.2
苯丙乳液	40	分散剂	0.3
水	20	防冻剂	0.5
羟乙基纤维素(2%水溶液)	15	消泡剂	适量
颜填料	12	光亮剂	1
氨水	0.2	增稠剂	1
成膜助剂	2		

2. 制备方法

(1) 聚乙烯醇缩丁醛的合成

① 反应原理。聚乙烯醇与正丁醛在酸作催化剂的条件下,发生缩醛反应,生成聚乙烯醇缩丁醛,反应式如下:

② 工艺流程(见图 3-3)。

③ 合成步骤

a. 溶解。在三口烧瓶中加入适量聚乙烯醇和蒸馏水,打开搅拌器,并打开电炉和温度控制仪,将溶液加热至 95℃ 左右,使聚乙烯醇完全溶解,配成质量分数为 8% 的溶液。

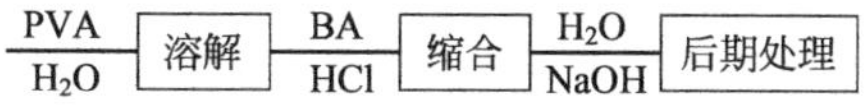

$$\boxed{\frac{\text{PVA}}{\text{H}_2\text{O}}} \rightarrow \boxed{溶解} \xrightarrow{\text{BA}} \boxed{缩合} \xrightarrow[\text{NaOH}]{\text{H}_2\text{O}} \boxed{后期处理}$$

图 3-3　聚乙烯醇缩丁醛合成工艺流程图

b. 缩合。聚乙烯醇水溶液温度降到一定时，缓慢加入适量的正丁醛溶液，并滴加一定量的 1∶1 的盐酸，将 pH 调至 4～5 左右，使溶液呈弱酸性，再次打开电炉加热溶液使温度缓慢上升至 60℃，匀速搅拌并观察溶液的颜色，反应大约 30min 左右，当溶液微微有些泛白的时候立即滴加氢氧化钠溶液，将 pH 调至 9～10 左右，使溶液呈弱碱性，终止反应。

c. 后期处理。向溶液中加入适量的尿素与多余的正丁醛反应，并将聚合产物装瓶以待后面使用。测试干燥时间和黏度。

（2）生产工艺　彩瓦涂料的生产工艺与传统的乳胶漆生产工艺相似，具体流程如下。

① 分散。先将水、防腐剂、防霉剂、分散剂、消泡剂、成膜助剂等搅拌混合均匀，用 pH 调节剂调节 pH 值至 8～9。

② 湿法砂磨。加入颜料、金红石型钛白粉于卧式砂磨机中研磨。

③ 调漆。分别加入乳液、聚乙烯醇缩丁醛及消泡剂等中速分散，最后根据黏度加入适量的增稠剂。

④ 过滤包装。

3. 性能（见表 3-26）

表 3-26　彩瓦涂料的检测结果

项目	主要技术指标
固含量/%	≥50
耐人工加速老化/h	>1000
耐水性	96h 无异常
耐碱性	48h 无异常
耐擦洗性/次	≥1000
干燥时间/h	≤2

注：检测结果由德阳产品质量监督检验所提供。

该快干型彩瓦涂料已实现了产业化，并在汉旺中学等多项灾后重建工程中运用，施工面积达 20 余万平方米。

4. 效果

① 通过控制反应条件，合成了一种快干型聚乙烯醇缩丁醛树脂。其优化反应条件为正丁醛与聚乙烯醇的配比为 0.4；盐酸（1∶1）的加入量为反应体系的 0.5%（质量分数）；在 55℃时加入正丁醛，待温度降到 10℃时再加入盐酸，然后缓慢加热升温至 60℃，并维持反应。

② 在 25℃时，当聚乙烯醇缩丁醛的加入量（质量分数）为 8% 时，制备的彩瓦涂料的表干时间可达 20min 左右。

③ 该快干型水性彩瓦涂料已实现了产业化，在多项灾后重建工程中运用。

（三）纳米氧化锡锑(ATO)/聚乙烯醇缩丁醛透明隔热水性涂料

1. 原材料与配方

（1）涂料配方（单位：质量份）

聚乙烯醇缩丁醛	100	流平剂	1～2
纳米氧化锡锑浆料	6～10	消泡剂	0.5
水性润湿剂	0.1～0.2	分散剂	1～2
增稠剂（羟甲基纤维素钠）	0.5	其他助剂	适量

（2）浆料配方（单位：质量份）

纳米氧化锡锑（ATO）	1.0	消泡剂	0.02
乙二醇	10～20	流平剂	0.05
羟甲基纤维素钠	0.5	其他助剂	适量
分散剂	1.0		

2. ATO/PVB 透明隔热涂料的制备

（1）纳米 ATO 浆料的制备　将纳米 ATO 粉末加到 150mL 单口烧瓶中，用适量乙醇作溶剂，再加入羧甲基纤维素钠、分散剂、消泡剂和流平剂，在 300r/min 下搅拌 2h，然后将浆料倒入小烧杯，转移至超声波细胞粉碎机中以功率 200W 分散 30min，制备出固含量为 14% 的纳米 ATO 醇性浆料。

（2）透明隔热涂料的制备　用乙醇溶解一定量的 PVB 制得固含量为 10% 的 PVB 醇溶液。分别按 m（ATO 粉末）：m（PVB 粉末）（即颜基比）等于 1:6、1:7、1:8、1:9 和 1:10 将 ATO 醇性浆料与 PVB 醇溶液倒入 250mL 烧瓶中，并加入增稠剂羧甲基纤维素钠、分散剂、流平剂、润湿剂、消泡剂，在 300r/min 下搅拌 2h。如搅拌时出现泡沫，再加适量消泡剂。搅拌完转移至超声波细胞粉碎机（功率 200W）中分散 30min，制得 ATO/PVB 透明隔热涂料。

（3）涂层的制备　分别设置膜厚参数为 25μm、50μm、75μm 和 100μm，根据需要可连续涂 2 道，用 QTG-A 型涂膜涂布器将透明隔热涂料均匀涂覆在基材上。在（25±5）℃下自然晾干后，放进干燥箱内 60℃ 干燥 3～4h。透光性实验基材为 40mm×10mm×1mm 的玻璃片，隔热性及其他性能测试基材为 400mm×400mm×5mm 的玻璃板。

3. 性能

透明隔热涂料及其涂膜的综合性能见表 3-27。

表 3-27　透明隔热涂料及其涂膜的综合性能

测试项目	测试结果
涂料外观	淡蓝色黏性液体
涂膜外观	淡蓝透明,平整光亮
涂料固含量	10.5%
铅笔硬度	2H
涂膜附着力	1 级
耐水性(浸水 24h)	无变化,附着力仍为 1 级
耐热性(烘箱 100℃,3h)	无起皱、开裂、变色

不同颜基比的涂膜在隔热测试中温度随时间的变化见图 3-4。

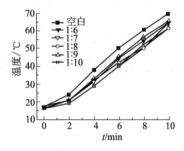

图 3-4　不同颜基比的涂膜在隔热测试中温度随时间的变化

从图 3-5 可见，该市售汽车隔热膜在可见光区（400～780nm）透过率最高达 60.00%，在红外光区（780～2600nm）透过率有所下降，但下降幅度不如制备的涂膜明显；而涂膜玻

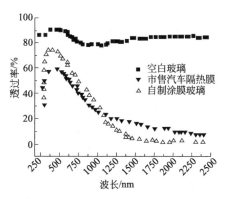

图 3-5　自制涂膜与市售汽车隔热膜的光透过率对比

璃在可见光区的透过率较高，达到 75.00％ 左右，红外光的阻隔率也较好，基本能够满足高透过可见光和高阻隔红外光这两个要求。

4. 效果

① 采用机械搅拌和超声波分散相结合的方法制备了稳定性优良的纳米 ATO 醇性浆料，静置 3 个月后观察无明显可见的沉降物，其粒径分布在 80～150nm，满足制备透明隔热涂料的条件。

② 当 ATO/PVB 质量比为 1:8、膜厚 75～100μm 时，涂膜玻璃的透光隔热性能最好，可见光透过率可达 87.04％，红外光阻隔率可达 66.12％，在模拟光源照射下，与空白玻璃相比温差可达 5～8℃。

（四）掺杂聚苯胺的聚乙烯醇磷酸酯水性导电涂料

1. 原材料与配方（单位：质量份）

聚乙烯醇磷酸酯（P-PVA）	100	过硫酸铵	1～1.5
水性环氧树脂乳液	10～20	樟脑磺酸	0.5～1.5
环氧固化剂	3.0	盐酸	适量
聚苯胺	2～5	去离子水	适量
十二烷基苯磺酸	2.0	其他助剂	适量
丙酮	适量		

2. 酸掺杂 PANI/P-PVA 复合导电涂膜的制备

常温下将 P-PVA 分别溶于盐酸（HCl）、十二烷基苯磺酸（DBSA）、樟脑磺酸（CSA）溶液中搅拌 1h。将搅拌后的溶液倒入三口瓶中继续搅拌 10min，再将二次减压蒸馏的 10.98mmol（1.001 1mL）的苯胺逐滴加入，混合溶液在 0℃ 下搅拌 1h 使苯胺充分溶解。然后向上述体系中加入 5.49mmol（1.2517g）过硫酸铵，搅拌使其混合均匀，冰浴条件下反应 24h 后得到墨绿色胶状共混液，静置 12h。将得到的混合液经 G4 砂滤漏斗抽滤，依次采用 0.01mol/L HCl（3×50mL）、蒸馏水（2×100mL）和丙酮（1×50mL）溶液洗涤至滤液 pH 为 7 左右，洗涤后的产品在 60℃ 下真空干燥 24h 至恒重，研磨制得不同酸掺杂的 PANI/P-PVA 粉末。取制备的 PANI/P-PVA 粉末分别加入适量的水性环氧树脂和水性环氧树脂固化剂（可提高与基材的附着力），采用提拉成膜法在洁净的基片上直接制膜，80℃ 下真空干燥，制得 PANI/P-PVA 复合导电涂膜。

3. 性能与效果

① 当 P-PVA 质量分数为 40％、成膜干燥温度为 80℃ 时，PANI/P-PVA 涂膜的电导率

最大，质子酸掺杂的 PANI/P-PVA 稳定性和溶解性最高。当 P-PVA 质量分数过高时，在聚苯胺表面形成的黏性苯胺盐大量堆积，不利于质子酸的掺杂，导致聚苯胺电导率下降。当 P-PVA 质量分数过低时，经质子酸掺杂的聚苯胺稳定性和溶解性较低，导致掺杂态聚苯胺导电涂膜的防腐蚀性能较差。

② 当 c(CSA)=1.5mol/L、聚合时间为 8h、过硫酸铵/苯胺摩尔比为 2 时，CSA-PANI/P-PVA 膜电导率最大，为 21.5S/cm；当 c(HCl)=1.0mol/L、聚合时间为 6h、过硫酸铵与苯胺摩尔比为 1 时，HCl-PANI/P-PVA 膜的电导率最大，为 16S/cm；当 c(DBSA)=1.5mol/L、聚合时间为 8h、过硫酸铵与苯胺摩尔比为 2 时，DBSA-PANI/P-PVA 膜的电导率最大，为 8.1S/cm。CSA、DBSA 和 HCl 分别掺杂的 PANI/P-PVA 涂膜中，CSA-PANI/P-PVA 涂膜的电导率最大。

③ 涂膜的拉伸断裂强度随 P-PVA 质量分数增加而持续增大；随涂膜干燥温度的提高，涂膜的拉伸断裂强度先增大后减小，当干燥温度为 80℃时，涂膜的拉伸断裂强度最大，为 64MPa。

（五）水溶性透明发光涂料

（1）原材料与配方　发光涂料配方见表 3-28。

表 3-28　发光涂料配方

组分	用量(质量分数)/%	组分	用量(质量分数)/%
聚乙烯醇	30	去离子水	59
甘油	6	消泡剂	适量
发光粉	5	分散剂	适量

（2）制造方法

① 把通过 360 目筛网的发光粉放入干燥的烧杯中，倒入乙醇，充分搅拌，悬浮在乙醇中的颗粒即为 360 目以上的发光粉。然后把悬浮溶液倒入另一干燥烧杯中沉降半天，再过滤和干燥就得到 360 目以上的发光粉。

② 把去离子水放入烧杯中，加入分散剂、消泡剂、甘油搅拌均匀。然后在加热和搅拌下向水中加入聚乙烯醇制得溶液，再加入发光粉，搅拌均匀，即可得到发光强度高的透明发光涂料溶液。

③ 把所得的发光涂料溶液刷涂在马口铁板上，按 DIN 67510，在全暗室中经日光灯 1000lx 照射 10min 后，截断光源，测定发光亮度和余辉时间。

（3）涂料的性能　研制的发光涂料性能指标测试结果见表 3-29。

表 3-29　发光涂料的性能指标

检验项目	测试结果
在容器中状态	搅拌时均匀,无结块
外观	无色透明
附着力/级	1
柔韧性/mm	1
耐水性	良好
耐油性	丙酮浸泡 72h,无变化
耐盐水性	3%氯化钠溶液浸泡 72h,无变化
耐酸性	硫酸溶液浸泡 72h,无变化
吸湿性(湿度 100%)	增重 0.06%
干燥时间	表干 1.5h,实干 12h

检验项目	测试结果
发光亮度	10min 后的余辉亮度 445mcd/m²
余辉时间(目测)/mm	＞2000
发光颜色	黄绿色

注：激励条件为采用 D₆₅ 常用光源。

（4）效果评价

① 以聚乙烯醇为基料，发光粉为添加剂，研制了功能性发光涂料。该涂料含发光粉5％，发光粉的粒径为 360 目以上，10min 后的余辉发光亮度为 445mcd/m²。

② 配制的水溶性发光涂料具有透明度高、光泽好、附着力强、发光强度高、持续时间长的特点，并具有良好的美化装饰作用及夜间显示等特殊功能。

③ 除发光粉外，其他原料的成本较低，涂刷用量少，且可以全部回收，无环境污染。

第四章

水性苯乙烯涂料

第一节 苯乙烯/丙烯酸酯（苯丙）乳液

苯丙乳液（苯乙烯-丙烯酸酯乳液）是由苯乙烯和丙烯酸酯单体经乳液共聚而得的乳液状物质，由于其较高的性价比，在胶黏剂、造纸施胶剂及涂料等领域应用广泛。苯丙乳液就是在共聚的丙烯酸乳液中引入苯乙烯单体，主要是为了解决原乳液成本高、耐水性差等问题；引入苯乙烯单体后，乳液的耐水性、耐久性、强度等性能均得到提高。由于苯乙烯单体的加入，使得苯丙乳液的韧性和弹性相对降低，这也直接影响了它的实际应用。但是，由于加入苯乙烯单体后，乳液性能提高，而且这种改性方法较容易，因此它仍具有较高的研究价值，所以，当今大多数研究者都开展了对该乳液的研究，以期得到成本低、性能好、品质高、合成工艺简单、应用广泛的乳液品种。

一、单体预聚乳化法制备苯丙乳液

1. 原材料与配方（单位：质量份）

苯乙烯	50	引发剂	0.1~1.0
丙烯酸丁酯	50	NaHCO$_3$	2~3
丙烯酸	3.0	氨水	1~2
聚氧化乙烯醚烷基酚（OP-10）	2.0	其他助剂	适量
十二烷基硫酸钠	1.0		

2. 制备方法

（1）单体预乳化过程　在250mL三口烧瓶中，依次加入碳酸氢钠、十二烷基硫酸钠、OP-10和适量的去离子水，然后，再依次加入定量的丙烯酸、丙烯酸丁酯、苯乙烯，进行预乳化约30min。

（2）乳液聚合过程　乳液反应30min后，称取一定量过硫酸钾于烧杯中，用水完全溶解，配制成引发剂溶液备用。三口烧瓶中留下约40%单体预乳化液，在三口瓶上接上球形回流冷凝管、滴液漏斗及搅拌装置，搅拌升温至78℃。待升温后，加入约35%的引发剂溶液到滴液漏斗中，打开旋塞，控制流速，在30min内滴完。待引发剂滴完后，将剩余的单体预乳化液，控制滴液速度，在约1.5h内滴完。待液体滴完后，缓慢升温到90℃，进行保温反应2h。将反应液冷却至65℃，加氨水调节pH值至7~8，出料，得到苯丙乳液。

3. 性能（见表4-1和表4-2）

表4-1　样品耐酸性的检测数据表

m（乳液）：m（HCl）	1#	2#	3#	4#	5#
2:1	破乳	破乳	破乳	破乳	破乳
3:1	破乳	破乳	破乳	破乳	破乳
4:1	破乳	破乳	破乳	破乳	破乳
5:1	破乳	破乳	破乳	破乳	破乳

表4-2　样品耐碱性的检测数据表

m（乳液）：m（NaOH）	6#	7#	8#	9#	10#
1:1	不破乳	不破乳	不破乳	不破乳	不破乳
1.5:1.0	不破乳	不破乳	不破乳	不破乳	不破乳
2:1	不破乳	不破乳	不破乳	不破乳	不破乳
3:1	破乳	破乳	不破乳	不破乳	破乳

4. 效果

采用单体预乳化法根据不同影响因素设计合成了10组不同变量的苯丙乳液，得到以下结论。

① 单体V（苯乙烯St）：V（丙烯酸丁酯BA）=1:1时，固含量较高，可达到30%左右；涂膜性能较好，附着力和弯曲性能较好。

② m（阴离子型SDS）：m（非离子型OP-10）=1:2时，黏度大，机械稳定性好，达到涂料使用的要求。

③ 因为当T_g值较小时，涂料的涂膜硬度低，涂膜难以干燥，抗划伤性能差，在温度升高后，黏度增大，膜软化；当T_g值较高时，涂膜硬度高，抗划伤性能好，但涂膜较脆，容易被损坏。测定的玻璃化温度低于理论值，产物合格。

④ 加入少量的α-甲基丙烯酸AA单体就能产生很大的影响。在本次合成实验过程中，加入AA时会产生大量的气泡，功能性单体AA含量为3%左右时，溶液稳定性好。

⑤ 检测了未加助剂、颜料、腻子等形成的涂膜的一些施工性能，为今后进一步检测添加了助剂的涂料的施工性能提供基本的数据参考。

二、核/壳苯乙烯/丙烯酸酯共聚乳液

1. 原材料与配方（单位：质量份）

苯乙烯	50	乳化剂（OP-10）	2.0
丙烯酸丁酯	30	十二烷基磺酸钠	1.0
甲基丙烯酸甲酯	15	水	适量
丙烯酸	5.0	其他助剂	适量
过硫酸钾	1.0		

2. 制备方法

（1）种子乳液的制备　在装有电动搅拌器、滴液装置、回流冷凝管和温度计的四口烧瓶中加入计量的部分乳化剂和水，恒温水浴加热，快速搅拌使其充分溶解，缓慢加入混合均匀的一定量的核单体苯乙烯（St）、甲基丙烯酸甲酯（MMA）和丙烯酸丁酯（BA），乳化0.5h后升温至聚合温度，加入引发剂溶液，片刻乳液呈蓝相，待反应至无回流，再保温0.5h，便制得种子乳液。

（2）核壳乳液的制备　在聚合温度下，同时往种子乳液中滴加已预乳化的壳单体St、MMA、BA和丙烯酸（AA）及剩余引发剂溶液，滴加速度控制在反应瓶壁无明显回流，反应温度保持恒定，体系保持蓝相为宜。加料结束后保温0.5h，升温至90℃，再保温0.5h，然后降温出料。

3. 性能与效果

① 通过预乳化、半连续种子聚合工艺，采用不同比例的丙烯酸酯类单体作为壳单体，制备了具有核/壳结构的苯丙乳液。

② 调节核壳单体比例，在保留一般无规共聚物乳胶漆所有优良性能的基础上，达到增强耐水性、提高转化率的目的。

③ 通过添加少量功能性单体，选择不同的乳化剂种类及配比，改善乳液的性能。

④ 由于获得的乳胶粒子是核壳结构，内软外硬的核壳结构赋予胶膜一定的力学阻尼性能，从而大幅度提高水性漆的耐磨性和硬度。

三、水性苯丙弹性乳液

1. 原材料与配方

原材料	名称	用量/质量份
单体	苯乙烯（St）	16
	丙烯酸丁酯（BA）	23.6
	丙烯酸（AA）	4
	N-羟甲基丙烯酰胺	1
介质	去离子水	54
乳化剂	烷基酚聚氧乙烯醚（OP-10）	0.7
	十二烷基硫酸钠（SDS）	0.8
引发剂	过硫酸铵、叔丁基过氧化氢、硫酸亚铁、雕白块（用时配成10%溶液）	0.3
缓冲剂	碳酸氢钠	微量
消泡剂和pH调节剂	氨水	适量

2. 制备方法

根据产品特点和产量大小，乳液聚合工艺通常有间歇法、半连续法、连续法等，但大多采用连续法或间歇法，即预先乳化单体成预乳液，再进行滴加反应的方法。

间歇法生产工艺如下。

① 将去离子水、乳化剂加入预乳化釜，搅拌10min，再加入单体（固体N-羟甲基丙烯酰胺预先用去离子水溶解），搅拌0.5h，制得预乳液待用。

② 在装有冷凝器回流装置的不锈钢或搪瓷反应釜中加入部分配方量的去离子水、乳化剂和缓冲剂，加热到82℃，加入配方总量40%的引发剂液，10min后滴加预乳液和余量的引发剂液，温度控制在88~90℃，整个滴加时间4~5h。此时，注意冷凝器回流状态，回流过大，表明滴加过快，可暂停或放慢滴加速度。

③ 滴加完毕，保温 1h。

④ 降温到 70℃左右，加入氧化-还原体系硫酸亚铁液，搅拌 0.5h，加入配方量 40% 的叔丁基过氧化氢液，5min 后加入配方量 40% 的雕白块溶液，30min 后降温至 65℃，加入剩余的叔丁基过氧化氢液，5min 后缓慢加入配方量剩余的雕白块溶液，搅拌 30min，降温至 50℃左右，加入氨水调 pH 至 7~8，过滤，出料。

3. 性能（见表 4-3）

表 4-3 弹性苯丙乳液的性能检测结果

检测项目	检测结果
外观	黏稠液，呈蓝荧光
黏度①/Pa·s	0.2~2
固含量②/%	≥45
pH③	7~8
Ca^{2+} 稳定性④	合格
机械稳定性⑤	通过

① 采用 NDJ-1 旋转黏度计，测试试样在 (23±2)℃时的黏度值。

② 固含量：取 (1.0±0.1)g 试样，于 (150±2)℃烘烤 15min，冷却至室温称重。

③ pH：用精度 0.01 的酸度计测试 (23±2)℃时的 pH。

④ Ca^{2+} 稳定性：5% 氯化钙水溶液。

⑤ 机械稳定性：4000r/min，0.5h。

四、自乳化法制备水性上光油用核壳苯丙乳液

1. 原材料与配方（单位：质量份）

苯乙烯(St)	30	乙酸乙酯	1~2
丙烯酸丁酯（BA）	40	过硫酸铵	0.5
甲基丙烯酸酯（MMA）	15	氨水	20
丙烯酸（AA）	15	三乙胺	适量
偶氮二异丁腈（AIBN）	0.8	其他助剂	适量
2-巯基乙醇链转移剂	0.5		

2. 制备方法

（1）PA-S 分散体制备 在装有温度计、搅拌器、冷凝回流装置的四口烧瓶中加入一定量的溶剂乙酸乙酯、部分壳单体（MMA、BA、AA）和引发剂 AIBN 的混合物，搅拌升温至回流，稳定后在 3h 内滴加完剩余的壳单体及 AIBN 和链转移剂 2-巯基乙醇的混合物，然后升温，在 80~85℃保温。当单体转化率基本稳定时，降温至 40℃以下，加入中和剂 TEA 和核单体 St，出料加水乳化分散。

（2）乳液聚合 将上述分散液加入到装有温度计、搅拌器、冷凝回流装置的四口烧瓶中，搅拌下约 1h 由室温升至 75~80℃，保温 1h。再在 3h 内滴加引发剂过硫酸铵的水溶液，加毕后保温 1h。升温至 85℃左右，熟化 1h。真空脱溶剂，降至室温，氨水调节 pH＝8~9，出料。

3. 性能与效果

① 采用自乳化法制备了具有核壳结构的苯丙乳液，该乳液固含量为 35% 左右，粒径小，稳定性好，用于水性上光光泽佳，成膜性好，耐磨性良好。

② 随着 AA 用量增大，分散体及乳液外观变透明，乳液粒径减小，稳定性增加。但涂膜吸水率增加，故用量一般在 15%~20% 最佳。并在一定范围内可控制乳液粒子的粒径。

③ 随着中和度的增大，自乳化性增强。但是乳液黏度会增大，涂膜耐水性、光泽下降。

故中和度在90%为宜。

④ 随着核单体St用量的增加，乳液粒子变粗，稳定性下降；但是光泽、硬度、耐磨性提高。最佳用量为30%左右。

⑤ 随着引发剂用量增加，单体转化率增加，分散体外观变透明；反应平稳性下降，分散体黏度增大。AIBN用量为0.8%、APS用量为0.6%时既能达到较高转化率又可保证反应平稳性。

五、含氟苯丙乳液

1. 原材料与配方（单位：质量份）

苯乙烯（St）	50	十二烷基硫酸钠	2.0
丙烯酸丁酯（BA）	30	辛基酚聚氧乙烯醚（OP-10）	1.0
甲基丙烯酸甲酯（MMA）	20	引发剂	0.5
全氟丁基磺酸钾（PPFBS）	20	水	适量
丙烯酸（AA）	3.0	其他助剂	适量

2. 含氟丙烯酸酯乳液的合成

将一定比例的SDS、OP-10、PPFBS和50mL水混合，搅拌至溶解，然后投入反应单体，高速搅拌预乳化0.5h形成均匀的预乳化液。

在装有电动搅拌器、冷凝管、N_2导入管及温度计的250mL四口反应烧瓶中加入1/3预乳化液和1/3APS水溶液，通入N_2保护，升温至80℃引发，待看到瓶内蓝光明显后20min，得种子乳液。再滴加剩余乳化液和氟单体，同步滴加剩余APS水溶液和缓冲剂$NaHCO_3$水溶液，2~2.5h内滴加完，于80℃保温反应2h，待反应完全后，自然降温至40℃以下，氨水调pH为7~8左右，停止搅拌，将乳液用0.15mm（100目）滤布过滤，收集反应中产生的固体，烘干称重。

3. 性能与效果

含氟聚合物以其优异的耐热性、耐化学腐蚀性、耐候性在很多领域得到了广泛的应用。以十二烷基硫酸钠和壬基酚聚氧乙烯醚为复合乳化剂，利用预乳化工艺、半连续滴加乳液聚合方法，通过在聚合过程中加入含氟的丙烯酸酯单体引入氟原子，合成了含氟的苯丙乳液。考察了含氟单体量对共聚物乳液性能和乳胶膜吸水性能的影响，并进行了红外光谱和热失重分析研究，结果表明：在聚合中引入氟元素后乳胶膜对水的抗润湿性大大提高，且随着含氟单体量的增加，防水性能逐渐提高，吸水率可最低降至8.9%；同时，红外光谱分析发现共聚物中含氟基团的存在，说明氟改性苯丙乳液成功；由热失重分析可知，该聚合物的热稳定性较强，可在较宽的温度范围内使用。

六、环氧改性苯丙乳液

1. 原材料与配方（单位：质量份）

苯乙烯（St）	50	非离子乳化剂（B-1）	1.5
丙烯酸丁酯（BA）	50	阴离子乳化剂（AA⁻）	1.5
丙烯酰胺（AM）	2.0	环氧树脂（E-51）	5~10
过硫酸铵（APS）	0.5	叔丁基过氧化氢	0.2
十二烷基硫酸钠（SDS）	1~2	抗坏血酸	0.3
$NaHCO_3$	0.5	水合肼	0.05
去离子水	适量	其他助剂	适量

2. 制备方法

向装有电动搅拌器的三口烧瓶中加入去离子水、乳化剂、pH 调节剂、环氧树脂以及混合单体，进行室温预乳化，制得预乳化液；向装有电动搅拌器、回流冷凝管、恒压滴液漏斗和温度计的四口烧瓶中加入配方中剩余的去离子水，搅拌升温至 75℃，加入 1/7 预乳化液和部分引发剂，继续升温至 80℃，当体系出现明显蓝光时，开始滴加剩余预乳化液和引发剂溶液，3.5h 均匀滴完预乳化液和引发剂溶液，保温反应 1h。冷却至 45℃后出料，得到 EP-SA；降温至 70℃，滴加叔丁基过氧化氢水溶液，再滴加抗坏血酸水溶液，反应一段时间后，最后滴加水合肼溶液，冷却至 45℃后出料，得到超低 VOC 含量的 EP-SA。

3. 性能与效果

通过乳液聚合方法，制备出两种不同相对分子质量的环氧树脂接枝改性苯丙乳液（E-20-SA、E-51-SA）。研究结果表明，与 E-51-SA 相比，E-20-SA 相对分子质量大、乳液粒子粒径大而均匀，乳液涂膜性能好。对 E-20-SA 采用氧化还原后聚合处理以及水合肼转化后处理，获得残余单体浓度低于 30×10^{-6} 的 E-20-SA。EP-20-SA 是一种具有广泛应用潜力的内外墙涂料制备的主要成膜物质。

七、有机硅改性耐热型核壳苯丙乳液

1. 原材料与配方（单位：质量份）

苯乙烯	50	γ-甲基丙烯酰氧丙基三甲	5～10
丙烯酸丁酯	30	氧基硅烷（KH-570）	
甲基丙烯酸甲酯	15	十二烷基硫酸钠	0.5
丙烯酸	5	过硫酸铵	0.5
脂肪醇聚氧乙烯醚	2.0	改性纳米 SiO_2 溶胶	3～5
环氧树脂（E-51）	5.0	氨水	适量
水	适量	其他助剂	适量

2. 制备方法

将一定量的水、部分乳化剂加入到三口烧瓶中，搅拌均匀后将核层单体呈细流状加入，高速搅拌乳化 30min，取出备用。将一定量的水、剩余乳化剂搅拌溶解，加入适量的预乳化液和引发剂，升温到 75℃，待引发聚合后，开始滴加核层预乳化液和部分引发剂，控制 2h 内滴加完毕。将壳层单体与剩余引发剂滴加到三口瓶中，控制 2h 左右滴加完毕，保温 1h，降温到 40℃，氨水中和至 pH＝7.5～8。其中，改性用的 E-51、KH-570 均加入核层单体中，改性纳米 SiO_2 溶胶加入聚合阶段的水相中。

3. 性能与效果

引入有机硅、环氧、有机氟等特殊基团，引入功能单体，以及有机-无机复合技术等，以解决涂膜的耐水性差、硬度低、耐热性差、易回黏等问题。

乳液聚合过程中加入环氧树脂（E-51）、γ-甲基丙烯酰氧丙基三甲氧基硅烷（KH-570）、纳米 SiO_2，对丙烯酸酯聚合物乳液进行改性，均能在不同程度上提高涂层的硬度、耐热性和抗水性；纳米 SiO_2 对聚合过程有一定的阻聚作用；环氧树脂的加入不利于改善涂膜的抗粘连能力；KH-570 与环氧复合改性丙烯酸酯可以提高丙烯酸酯的耐热性。

红外光谱分析结果表明各单体反应完全；改性后乳液涂膜的硬度有明显提高，KH-570 改性的丙烯酸酯乳液涂膜具有最好的抗粘连性和耐热性，其中耐热温度达 400℃，抗粘连性达到 1 级。

一、实用配方

(一) 苯丙抗菌内墙涂料

原材料	用量/质量份	原材料	用量/质量份
去离子水	120~160	海泡石	40~60
分散剂	17~20	滑石粉	10~20
乙二醇	13~16	重质碳酸钙	130~150
醇酯	13~15	苯丙乳液	270~350
Sepiolite/TiO$_2$	6~10	其他助剂	适量
金红石型钛白粉	86~100		

以苯丙乳液为主要成膜物,加入海泡石改性制成的复合型内墙乳胶漆,具有优异的理化性能,符合建筑内墙涂料的装饰和保护要求,可广泛用于高级建筑的内墙装饰。

(二) 纳米远红外苯丙乳液内墙涂料

原材料	用量/%	原材料	用量/%
去离子水	15~25	润湿剂	0.20~0.30
苯丙乳液	25~35	分散剂	0.10~0.25
钛白粉	20~25	增稠剂	0.50~0.60
超细碳酸铝	2~2.5	消泡剂	0.40~0.60
煅烧高岭土	10~15	防冻剂	3.0~4.0
超细重质碳酸钙	10~25	成膜助剂	1.0~1.5
滑石粉	10~15	防霉杀菌剂	0.5~0.8
纳米远红外发射材料	3~5	pH调节剂	0.05~0.10

① 将纳米远红外发射材料作为一种颜、填料添加到普通合成树脂乳液内墙涂料之中,可以制备纳米远红外建筑内墙涂料。

② 添加纳米远红外发射材料的建筑内墙涂料,具有较强的远红外发射能力,当纳米远红外发射材料含量为3%时,具有高于0.88以上的远红外法向发射率。

③ 添加纳米远红外发射材料的建筑内墙涂料,对人体具有医疗保健作用,尤其是将其应用于低温电热膜供暖装置中,对居住在涂刷了该涂料的房间里的人,其医疗保健作用更为显著。

(三) 掺入废聚苯乙烯的低成本多彩内装饰涂料

① 白色水乳液配方

原材料	用量/%	原材料	用量/%
PVA	2~8	钛白粉	2~10
苯丙乳液	10~30	滑石粉	5~15
轻质碳酸钙	8~15	丙二醇	0.5~2
去离子水	40~50	消泡剂	适量
邻苯二甲酸二丁酯	2~6		

② 废聚苯乙烯液配方

原材料	用量/%	原材料	用量/%
废聚苯乙烯	25～40	混合溶剂	40～60

③ 色漆配方

原材料	用量/%	原材料	用量/%
废聚苯乙烯溶液	20～40	邻苯二甲酸二丁酯	0.5～2
颜料	适量	BM	1～2
其他油性成膜物（CN、醇酸树脂）	30～50	稀释剂	30～40

④ 保护胶溶液配方

原材料	用量/%	原材料	用量/%
保护胶	0.5～2	稳定剂	0.05～0.1
去离子水	85～90		（也可以不加）

⑤ 彩粒配方及制法

原材料	用量/%	原材料	用量/%
保护胶溶液	20～50	色漆	50～80

在一定温度下，把保护胶溶液加到有搅拌器的容器中，开动搅拌器，在一定搅拌速度下，把色漆以细流方式加入保护胶溶液中，搅拌一定时间即可。

⑥ 多彩涂料的配方

原材料	用量/%	原材料	用量/%
白色水乳液涂料	40～70	彩粒	30～60

该类多彩涂料的施工简便，只需先把墙面打磨光滑，即可喷涂或辊涂，一次成型，无须底涂和中涂，比以前的水包油型多彩涂料施工方便得多，从而降低了装饰相同面积墙面的成本，提高了经济效益。

（四）环氧改性苯丙乳胶涂料

① 苯丙乳液配方

原材料	用量/g	原材料	用量/g
组分Ⅰ：			
去离子水	40	丙烯酸丁酯	20
OP-10	1.5	丙烯酸乙酯	26
MS-1	1.3	十二烷基硫醇	少量
苯乙烯	67		
组分Ⅱ：			
丙烯酸	5	氨水（26%）	1.2
N-羟甲基丙烯酰胺	4	去离子水	9
组分Ⅲ：			
去离子水	125	十二烷基硫酸钠	0.5
OP-10	2	过硫酸铵/过硫酸钾（1:1）	0.3
MS-1	1.2		
组分Ⅳ：			
过硫酸铵/过硫酸钾（10%溶液）	3		

② 环氧改性苯丙乳胶漆配方

原材料	用量/g	原材料	用量/g
去离子水	30	立德粉	4
环氧苯丙乳液	23	10%六偏磷酸钠溶液	1
钛白粉	4	复合成膜助剂	0.4
滑石粉	5	增稠剂	0.1
轻质碳酸钙	10	消泡剂	2
重质碳酸钙	12	4%PHP30	1

① 采用加入环氧树脂乳液再配合 T31 的方法，可对含羟基苯丙乳液实现室温交联。

② 环氧改性苯丙乳液既具有环氧树脂高强度、耐腐蚀、附着力强的优点，又具有苯丙乳液耐候性、光泽好等特点，其涂膜有良好的硬度、耐污染性及耐水性。

(五) 浮雕涂料

① 底层涂料配方。

原材料	用量/质量份	原材料	用量/质量份
苯丙乳液	30	基层渗透剂	2
107 胶	10	去离子水	适量
六偏磷酸钠（5%）	4		

② 主层涂料配方。

原材料	用量/质量份	原材料	用量/质量份
交联型核壳乳液（苯丙乳液， 50%固含量）	30	PVA（7%）	10
		乙二醇丁醚	1
硅溶胶	5	分散剂	2
滑石粉	30	调节剂	2
重质碳酸钙	25	化学纤维	4
硅灰石粉	40	去离子水	适量

③ 罩面涂料配方。

原材料	用量/质量份	原材料	用量/质量份
有机硅改性丙烯酸树 脂（50%固含量）	45	钛白粉	20
		颜料	适量
分散剂	2	甲苯	20
流平剂	1	有机硅油	0.5

浮雕涂料也称复层涂料，是一种光泽优雅、立体感强、图案美观、装饰效果豪华、庄重的建筑涂料。该涂料对墙体有良好的保护作用，粘接强度高，具有良好的耐酸碱性、耐褪色性、耐水洗性、耐沾污性和耐高低温性，克服了传统饰面材料色调单一、经过一定时间变色、变形、耐候性和耐高低温性差、施工费时费力的缺陷，明显改善了建筑饰面的装饰效果，提高了施工的机械化程度。

(六) 改性苯丙乳液瓷釉涂料

① 乳液配方

原材料	用量/质量份	原材料	用量/质量份
苯乙烯	20~25	乳化剂（OP-10，SDS）	1.5~3.0
甲基丙烯酸甲酯	10~15	过硫酸钾	0.5~8.0
丙烯酸丁酯	25~30	助剂	适量
丙烯酸 β-羟乙酯	8~15	去离子水	80~100

② 脲醛配方

原材料	用量/质量份	原材料	用量/质量份
尿素	60	NaOH 溶液	适量
37%甲醛	160～200	NH$_4$Cl	适量

③ 涂料配方（质量份）

A 组分：苯丙乳液 12～20，催化剂 1～3；

B 组分：脲醛树脂液 5～10，色浆 12～18。

自制的脲醛树脂改性的苯丙乳液涂料在酸性催化剂催化下可常温固化，涂膜光亮坚硬，具有优良的保护性能和仿瓷釉装饰效果。

（七）核/壳型苯丙地板涂料

原材料	用量/g	原材料	用量/g
苯丙乳液	10mL	成膜助剂	0.5～1.0mL
轻质碳酸钙	10～15	防霉剂	1.0mL
立德粉	8～12	去离子水	适量
分散剂	1mL	消泡剂	适量

① 苯丙乳液以其色浅、保色、保光、耐候、耐擦、防水而广泛用作有光乳胶漆、建筑涂料的基料，但是由于成膜温度高，易受施工季节的影响。核/壳结构的苯丙乳胶涂料通过种子乳液聚合，改变核壳内外单体的比例，使内层 T_g 高而外层 T_g 低，从而保留了其一般无规共聚物乳胶漆所有优良性能的基础上，明显降低成膜温度，提高低温成膜性能。

② 当核单体 St：BA 为 7：5，阴离子乳化剂和非离子乳化剂各占核单体总量的 1% 和 5%；壳单体 St：BA：AA 为 6：16：3，阴离子乳化剂和非离子乳化剂各占 0.13% 和 2.5% 时，采用二阶段全混合半连续乳液聚合可制得性能优良的核壳型乳液和乳胶涂料。

（八）核/壳型苯乙烯-丙烯酸酯外墙涂料

① St-BA-MMA-AA 四聚物配比

原材料	用量/%	原材料	用量/%
苯乙烯（St）	30	甲基丙烯酸甲酯（MMA）	20
丙烯酸丁酯（BA）	45	丙烯酸（AA）	5

② 核单体乳液配比

原材料	用量/%	原材料	用量/%
St	20	阴离子乳化剂	0.8
BA	10	非离子乳化剂	1.4
MMA	8		

③ 壳单体乳液配比

原材料	用量/%	原材料	用量/%
St	10	AA	5
BA	35	阴离子乳化剂	0.2
MMA	12	非离子乳化剂	2.5

④ 涂料配方

原材料	用量/%	原材料	用量/%
苯丙乳液	100	其他助剂	2～5
高岭土	10～30	去离子水	适量
钛白粉	10～30		

采用预乳化工艺和半连续种子乳液聚合的方式,可制得具有核/壳结构、性能优异的苯丙乳液。该乳液可用于高性能建筑外墙涂料。

(九) 锌离子交联苯丙乳液外墙涂料

涂料配方见表4-4。

表 4-4　涂料配方

组分	用量/g	组分	用量/g
苯乙烯	7.50~12.00	OP类(非离子乳化剂)	0.50
丙烯酸丁酯	10.00~14.00	KPS(引发剂)	0.15~0.25
丙烯酸	0~1.60	去离子水	20.00~25.00
SDS(阴离子乳化剂)	0.20		

① 当丙烯酸含量为单体总量的4%~8%、醋酸锌与丙烯酸摩尔比0.3~0.4时,锌离子交联苯丙乳胶涂料具有较好的性能。

② 把种子聚合方法和涂覆锌离子交联的清漆膜两个条件有效结合起来可得到MFT低且综合性能优良的乳胶涂料。

③ 应根据不同的使用环境选择适当用量的颜填料。

(十) 纳米 SiO_2 改性苯丙外墙涂料

原材料	用量/质量份	原材料	用量/质量份
苯丙乳液	100	流平剂	0.1~0.3
分散剂	0.5~1.0	纳米 SiO_2	2~3
润湿剂	0.5~1.0	其他助剂	适量
消泡剂	0.2~0.5	去离子水	适量
增稠剂	0.2~0.4	颜、填料	10~30
成膜剂	1~3		

苯丙外墙涂料中加入分散剂可提高纳米二氧化硅的分散效果,增强涂料的稳定性。

在苯丙外墙涂料中加入纳米二氧化硅可明显增强涂料的硬度、附着力、耐候性能,提高涂料的黏度和防沉能力及涂料的稳定性。

(十一) 外交联型聚丙烯酸酯-苯乙烯防水建筑涂料

涂料配方见表4-5。

表 4-5　涂料配方　　　　　　　　　　　单位:g

编号	蒸馏水	十二烷基硫酸钠	OP-10	过硫酸钾	苯胺甲醛树脂	丙烯酸	丙烯酸甲酯	丙烯酸羟乙酯	苯乙烯
配方1	176.8	1.04	4.16	0.468	3	8.3	28.5	11.7	29.5
配方2	176.8	1.38	4.52	0.478	3	8.4	28.5	12.1	29
配方3	176.8	1.73	6.77	0.550	3	8.5	28.4	12.2	28.9
配方4	176.8	4.7	5.7	0.624	3	8.6	28.4	12.4	28.6

所得外交联型丙烯酸酯-苯乙烯共聚乳液防水涂料,其最佳合成条件如下。

① 乳化剂用量应控制在1.5%~2.0%,配比为:阴离子型乳化剂:非离子型乳化剂=1:1.2。

② 单体最佳配比为:丙烯酸、丙烯酸羟乙酯两单体含量不超过25%~28%,其中丙烯羟乙酯用量应为10%~15%。苯乙烯与丙酸甲酯的比例为(1.0:0.8)~(1.0:1.0)。

③ 聚合温度控制为 70～75℃。

④ 引发剂用量为 0.15％～0.2％。

⑤ 搅拌速度控制在 350r/min。

在以上条件下所合成的共聚乳液，其强度、硬度、防水性能均好，成膜光泽度高，可适用于高档装饰行业。

(十二) 废旧聚苯乙烯泡沫塑料制备的防水涂料

原材料	用量/%	原材料	用量/%
废 PS 发泡塑料	25.45	乳化剂	3.31
复合溶剂	36.90	去离子水	27.98
增塑剂	6.36		

用废 PS 发泡塑料制得的水乳型防水涂料，其生产工艺简单，性能好，成本低，能代替防潮油而广泛应用于瓦楞纸箱和纤维板的防水，具有一定的经济效益和社会效益。

(十三) 不饱和聚酯改性废聚苯乙烯乳液型防水涂料

原材料	用量/质量份	原材料	用量/质量份
聚苯乙烯	30～40	重质碳酸钙	15
不饱和聚酯	60～70	滑石粉	10
N-烷基丙烯酰胺	45	白粉	13
二甲苯	15	氨水（25％）	适量
苯	20	去离子水	23
OP-10	12	其他助剂	适量
十二烷基苯磺酸钠	12		

① 不饱和聚酯与活性单体接枝改性聚苯乙烯，可得到性能良好的乳液型防水涂料。

② 该防水涂料利用废弃资源，成本低，生产工艺简便，同时减轻了环境污染。

(十四) 丙烯酸酯改性废聚苯乙烯泡沫塑料乳液型防水涂料

原材料	用量/g	原材料	用量/g
废聚苯乙烯泡沫塑料	100	去离子水	150
混合溶剂	180	丙烯酸	12
增塑剂	30	丙烯酸丁酯	8
乳化剂	13	氨水	适量

① 用丙烯酸和丙烯酸丁酯对废聚苯乙烯泡沫进行改性，可以制得性能良好的乳液型防水涂料。

② 该涂料产品成本低廉、耐水性能好、制备工艺简单、施工方便，用于瓦楞纸箱、纤维板及木材的防水，可起到防潮、密闭的作用。

③ 以废聚苯乙烯为原料制备防水涂料，既能减轻环境污染，又可获得较好的经济效益，为废聚苯乙烯的应用开辟了新的途径，具有推广应用价值。产品主要性能指标见表 4-6。

表 4-6　产品主要性能指标

检测项目	技术指标	检测结果
外观	无硬块，搅拌后均匀	合格
固含量/%	不小于 45	55
黏度(涂-4 杯)/s		50

检测项目	技术指标	检测结果
表面干燥时间/h	不大于2	0.15
遮盖率/(g/m²)	不大于250	95
附着力（划格法）		涂料无脱落
耐水性(96h)	不起泡,不掉粉	合格
耐紫外线(120h)	不起泡,不掉粉	合格
耐冻融循环性(10次)	无粉化,不起鼓, 不开裂,不剥落	合格

二、苯丙乳液内墙涂料

1. 原材料与配方
（1）乳液配方（质量份）

苯乙烯	50	非离子乳化剂	1.5
丙烯酸丁酯	48.5	阴离子乳化剂	1.0
丙烯酸	1.5	NaHCO₃	1~2
丙烯酰胺	1~3	氨水	适量
反应型有机硅	3~5	去离子水	适量
过硫酸钾	0.1	其他助剂	适量

（2）涂料配方（质量份）

乳液	100	消泡剂	0.1~1.0
颜填料	5~10	pH调节剂	0.5~1.5
分散剂	1~3	去离子水	适量
润湿剂	1~2	其他助剂	适量
增稠剂	2~4		

2. 制备方法

（1）乳液制备　在带有搅拌器、温度计、回流冷凝管及恒压漏斗的反应釜中加入适量乳化剂、pH值缓冲剂、去离子水，水浴升温至82℃。将其余去离子水、乳化剂及单体加入乳化釜，高速乳化1h，得到稳定的预乳液。引发剂溶解到去离子水中，等反应釜温度升到82℃时，加入20%的引发剂水溶液，同时开始滴加预乳化剂单体。控制单体预乳化液在3h内滴完，引发剂在3.5h内滴完，物料滴加结束后82℃保温2h。然后降温至39℃以下，加入杀菌剂，用氨水调节pH值至7~8，用200目滤布过滤即得产品。

（2）内墙涂料制备　在高速分散缸中加入去离子水，依次加入分散剂、润湿剂、消泡剂、pH调节剂，搅拌均匀，并缓慢加入颜填料，高速分散使颜填料浆细度达到60μm以下。然后在低速搅拌下将乳液加入浆料中，添加成膜助剂、增稠剂、pH调节剂、消泡剂，混合均匀，过滤出料。涂料总固体分约为55%。

3. 性能与效果

① 合成了苯丙乳液，使用此乳液制备的涂料在较低乳液含量的情况下，仍然具有优良的性能，尤其具有很好的耐擦洗性，大大降低了涂料成本。

② 合成苯丙乳液时，设计玻璃化温度为25~27℃时，乳液成膜性、稳定性及涂料耐擦洗性等性能更好。

③ 阴离子乳化剂和非离子乳化剂搭配使用，用量为2.5%，丙烯酸和丙烯酰胺添加量分

别为 1.5% 和 2% 时，乳液及涂膜的综合性能更好。

④ 功能单体丙烯酰胺和反应性有机硅单体的加入都大大提高了涂膜的耐擦性。

⑤ 在乳液聚合时，同时添加丙烯酰胺和有机硅，涂膜的交联密度更大，涂膜的耐擦洗性更好。

三、苯丙乳液外墙隔热涂料

1. 原材料与配方

（1）乳液配方（质量份）

苯乙烯（St）	50	乳化剂（OP-10）	2.5
丙烯酸丁酯（BA）	47	$NaHCO_3$	1～2
丙烯酸（AA）	3.0	改性纳米 SiO_2	1～2
过硫酸铵	0.3	氨水	适量
十二烷基硫酸钠（SDS）	1.0	去离子水	适量
钛酸四正丁酯	5.0	其他助剂	适量

（2）涂料配方（质量份）

乳液	100	成膜助剂	0.2～1.5
滑石粉	5～10	增稠剂	2～4
重钙	3～6	稳定剂	1～3
钛白粉	2～4	乙二醇	1～4
分散剂	1～3	纤维（HEC）	3～5
润湿剂	0.1～1.0	水	适量
消泡剂	0.3	其他助剂	适量

2. 制备方法

（1）改性纳米 TiO_2 的制备

① 室温下，在 35mL 的乙醇溶液中缓慢滴加 10mL 钛酸四正丁酯，搅拌 20min 使之混合均匀，得到黄色澄清溶液 1，并将其移入分液漏斗中待用。

② 将 4mL 冰醋酸和 10mL 蒸馏水加到另一盛有 35mL 无水乙醇溶液的烧杯中，搅拌均匀，使用盐酸调节 pH 值至 pH≤3，在 22～25℃内恒温，即得到溶液 2。

③ 在溶液 2 中缓慢滴加溶液 1，控制滴加速度在 1.5mL/min 左右，滴加后溶液呈浅黄色，均匀搅拌一定时间后，在 40℃左右恒温，即得白色凝胶。

④ 将上述所制凝胶置于 80℃下烘干约 20h，得到黄色晶体，研磨后获得白色或淡黄色粉末，最后在 600℃下高温加热 3h 左右，得到改性纳米二氧化钛粉体。

（2）苯丙复合乳液的制备　反应器内加入质量分数为 2.5% 的 OP-10 和质量分数为 0.5% 的 SDS 水溶液，在一定温度下快速搅拌混合，再将适量的 $m(BA):m(St)$ 为 1:1、质量分数为 3% 的 AA 及质量分数为 0.4% 的改性纳米 TiO_2 加入到混合溶液中，搅拌 30～60min，使其充分乳化，即得到预乳化液。取出上述 1/3 预乳化液，加入引发剂 0.3%，温度升至 75℃，停止回流后再将温度升至 80℃，在 2h 内滴加完预乳化液和引发剂的混合溶液，滴加完毕后将温度升至 85℃恒温 1h，冷却后调节 pH 值为 8～9，过滤出料，即得苯丙复合乳液。

（3）隔热涂料的制备　将适量水、分散剂、润湿剂，纤维素、乙二醇等于反应器内，高速搅拌 15min，搅拌均匀后加入适量的钛白粉和滑石粉，继续搅拌 30min，再添加适量的苯丙复合乳液（或苯丙乳液）、消泡剂、成膜助剂、AMP-95 和水，高速搅拌 20min 后，用增稠剂或水来调节黏度至所需范围内，即得隔热外墙涂料。

3. 性能与效果

制备具有高反射率的隔热外墙涂料，以降低室内温度，满足节能减排的要求。将 TiO_2 粉体作为无机组分，制备具有较高反射率的复合苯丙乳液，进而制备具有高反射率的隔热外墙涂料。乳化剂质量分数为 2.5%、引发剂质量分数为 0.3%、温度为 80～85℃、丙烯酸质量分数为 3%、软硬单体 $m(BA):m(St)$ 为 1:1、搅拌速度为 600r/min 时，合成的复合苯丙乳液的转化率达到了 53%，乳液的粒径相对最小，并且乳液的机械稳定性较好。当添加的 TiO_2 质量分数为 0.4% 时，用此复合苯丙乳液制备的外墙隔热涂料，反射率较高，隔热效果好。

四、含有甲醛捕捉剂的苯丙乳液涂料

1. 原材料与配方

原料	m/g				
	配方 1#	配方 2#	配方 3#	配方 4#	配方 5#
去离子水	50.0	50.0	50.0	50.0	50.0
粉煤灰	60.0	60.0	60.0	60.0	60.0
三聚磷酸钠	1.0	1.0	1.0	1.0	1.0
乙二醇	5.0	5.0	5.0	5.0	5.0
AMP-19 消泡剂	0.3	0.3	0.3	0.3	0.3
甲醛捕捉剂	3.0	3.0	3.0	3.0	3.0
YS-680（苯丙乳液）	5	8	10	12	15
Texanol 成膜助剂	0.25	0.40	0.50	0.60	0.75
AMP-95 多功能助剂	2.0	2.0	2.0	2.0	2.0
MC-35 增稠剂	2.5	2.5	2.5	2.5	2.5
BD-610 增稠剂	0.5	0.5	0.5	0.5	0.5

2. 制备方法

在 250mL 烧杯中加入 50g 去离子水，在分散砂磨机高速分散下依次加入乙二醇、三聚磷酸钠、AMP-19、甲醛捕捉剂、粉煤灰，高速分散 10min 后，再砂磨 120min，得到负载改性粉煤灰浆料。粉煤灰浆料直接低温干燥得到负载改性粉煤灰粉末。

在制备好的负载粉煤灰浆料中加入各配方量的 YS-680、AMP-95、Texanol 搅拌均匀，缓慢加入 2.5gMC-35（20% 的水溶液）和 0.5g BD-610 调节黏度。添加完所有原料后再持续搅拌 20～30min，得到不同颜料体积浓度（PVC）的负载改性粉煤灰涂料。

3. 性能 （见表 4-7～表 4-9）

表 4-7 不同吸附剂消除甲醛性能

吸附剂种类	24h 后空气中甲醛含量/(mg/m³)
空白样	11.24
活性炭	0.65
粉煤灰原粉	1.51
改性负载粉煤灰	0.05

表 4-8　不同涂料消除甲醛性能

样品种类	PVC	24h 后空气中甲醛含量/(mg/m³)
空白样		11.24
1#	0.85	2.13
2#	0.78	0.61
3#	0.74	0.03
4#	0.70	0.34
5#	0.65	2.69

表 4-9　不同粉煤灰消除甲醛涂料性能指标

测试项目	性能指标	1#	2#	3#	4#	5#
容器中的状态	无硬块,搅拌呈均匀状态	正常	正常	正常	正常	正常
施工性	涂刷 2 遍无障碍	正常	正常	正常	正常	正常
低温稳定性(3 次循环)	不变质	有结块	少量结块	无变质	无变质	无变质
涂膜外观	正常	正常	正常	正常	正常	正常
干燥时间(表干)/h	≤2	0.5	0.5	0.5	0.5	0.5
对比率	≥0.90	0.94	0.92	0.91	0.91	0.90
耐碱性(24h)	无异常	起泡	少量起泡	无异常	无异常	无异常
耐洗刷性(300 次)	≥300 次	露底	露底	未露底	未露底	未露底

4. 效果

对粉煤灰进行湿法改性后在其表面负载甲醛捕捉剂，可以得到改性的粉煤灰粉末，以其为填料制备内墙涂料，依据 GB/T 15516—1995 检测其粉体及该内墙涂料对室内空气中甲醛的消除效果。结果表明：甲醛捕捉剂能很好地负载在改性后的粉煤灰颗粒表面；负载粉煤灰及其涂料对室内甲醛具有很好的消除效果，尤其当粉煤灰涂料的颜料体积浓度（PVC）与临界颜料体积浓度（CPVC）相近时，涂层具有最优的甲醛捕捉效果；同时常规性能满足 GB/T 9756—2009 的要求，可以被应用到内墙涂料中。

五、苯丙乳液/硬硅钙石复合隔热涂料

1. 原材料与配方（质量份）

苯丙乳液	50	硬硅钙石活性料浆	10～20
分散剂	1.5	空心玻璃微珠	5～8
成膜助剂	2.0	TiO₂	3～5
消泡剂	0.3～0.8	去离子水	适量
调湿剂	0.15	其他助剂	适量

2. 制备方法

将电石渣在 800℃下煅烧 2h，然后用沸水消解，再按照 CaO 和 SiO₂ 物质的量比 1.05∶1、水与固相的质量比 30∶1 的比例，将制备的钙质原料、硅灰和水加入 GSHA-1 型高压反应釜，充分搅拌混匀，搅拌速度 300r/min，以 1.5℃/min 的速度升温至 220℃，在搅拌速度为 70r/min 条件下，保温 10h 进行水热合成反应，制得硬硅钙石活性料浆。

将硬硅钙石活性料浆、空心玻璃微珠、二氧化钛、润湿剂（配方量的 1/2）、分散剂（配方量的 1/2）、适量消泡剂于烧杯中均匀搅拌，经一定时间的机械分散和超声波分散后制得分散料浆。将分散料浆加到苯丙乳液中，添加分散剂（配方量的 1/2）、润湿剂（配方量的 1/2）、适量消泡剂、成膜助剂、防霉剂、流平剂并通过机械分散调配漆液，加入适量的

增稠剂制得。

3. 性能（见表 4-10 和表 4-11）

表 4-10　涂层基本性能测试结果

检验项目		标准要求	检验结果
施工性		刷涂二道无障碍	刷涂二道无障碍
对比率(白色和浅色)		≥0.87	0.90
耐水性		96h 无异常	96h 无异常
耐碱性		48h 无异常	48h 无异常
耐洗刷性/次		≥500	500 次涂膜无异常
耐沾污性(白色和浅色)/%		≤20	13
涂层耐温变性(5 次循环)		无异常	无异常
耐人工气候老化性	外观	250h 不起泡、不剥落、无裂纹	250h 不起泡、不剥落、无裂纹
	粉化/级	≤1	0
	变色/级	≤2	1
附着力(划格法)/级		1	

表 4-11　涂层隔热性能测试结果

检测项目	标准要求	检测结果
太阳光反射比(白色)	≥0.80	0.85
半球发射率	≥0.80	0.87
隔热温差/℃	≥10	13

4. 效果

① 随着硬硅钙石掺量的增加，涂层隔热性能逐步提高，掺量大于 9％时隔热性能趋于稳定。

② 金红石型二氧化钛在涂料中具有隔热作用，金红石型二氧化钛的掺量为 30％时，涂层隔热性最好。

③ 空心玻璃微珠在涂膜中起反射和阻隔双重作用。当其掺量为 20％时，涂膜的隔热性能最好。

④ 复合添加硬硅钙石、空心玻璃微珠和二氧化钛可进一步提高涂层的隔热性能，空心玻璃微珠、二氧化钛和硬硅钙石发挥协同作用，进一步提高了涂层的隔热性能。经检测，二氧化钛的掺量为 30％、硬硅钙石的掺量为 9％、空心玻璃微珠掺量为 15％的复合隔热涂料的常规性能和隔热性能均能达到国家标准要求。

六、苯丙乳液水性隔热涂料

1. 原材料与配方（单位：质量份）

水性苯丙乳液	50～55	润湿剂	1～2
复合颜填料	40～50	增稠剂	1～3
空心玻璃微珠	10～20	水	适量
分散剂	3.0	其他助剂	适量
消泡剂	0.5		

2. 制备方法

先将水、润湿剂、分散剂、少量消泡剂混合在一起，搅拌使之均匀，加入颜填料，高速搅拌一定时间，加入空心微珠，低速搅匀；再将苯丙乳液、剩余消泡剂及流平剂加入混合均匀后，根据黏度加入增稠剂，调节至规定黏度及 pH 值后，过滤，即得产品。制备流程见图 4-1。

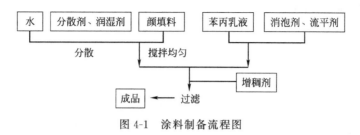

图 4-1 涂料制备流程图

3. 性能（见表 4-12 和表 4-13）

表 4-12 隔热涂料基本性能

项目	试验方法	测试结果
涂膜外观	目测	光亮平整、无流挂及针孔
干燥时间(150℃)	GB 1728—1979	≤1.5h
铅笔硬度/H	GB/T 6739—2006	3
耐冲击性/cm	落球法 GB/T 1732—1993	50
附着力/级	划圈法 GB 1720—1979	2
柔韧性/mm	GB/T 1731—1993	1
耐水性	GB/T 1733—1993	96h 无异常
耐碱性	GB/T 9265—2009	48h 无异常
涂层耐温变性	JG/T 25—1999	5 次循环无异常

表 4-13 常规物质的热导率

填料	热导率/[W/(m·K)]	填料	热导率/[W/(m·K)]
高岭土	0.6445	真空玻璃微珠	0.05～0.1
水	0.53	珍珠岩	0.07～0.09
滑石粉	0.38	硅酸钙	0.062
聚丙烯发泡材料	0.18	硅酸铝纤维	0.05～0.07
蛭石	0.14	岩棉	0.03～0.047
玻璃棉	0.04	空气	0.023

4. 效果

玻璃微珠是密闭空心球体，内部是真空或者是 N_2、CO_2 气体，具有隔声、隔热、绝缘特性。它的球形形状可以提供比片状、针状及不规则形状填充物粒子更好的流动性，使涂料具有各向同性，使应力分散均匀，能减少涂层因热胀冷缩产生的应力开裂。

本实验引入玻璃微珠，通过调配乳液、颜填料及助剂的比例制得隔热保温性能优良、环境友好的保温功能涂料，通过对该隔热保温涂料涂层隔热效果的研究，以真空玻璃微珠等为颜填料制备的隔热保温涂料性能稳定、隔热功能强，作为建筑物外墙保温层使用，是一种有效的节能方法。

一、苯丙乳液防腐涂料

(一) 实用配方

1. 聚苯乙烯水性防腐涂料

原材料	用量/%	原材料	用量/%
废聚苯乙烯塑料	9~15	甲基丙烯酸丁酯	15~20
混合溶剂	20~30	丙烯酸	1~4
干性油	0.5~1	环氧树脂	5~8
顺酐	1~2	十二烷基苯磺酸钠	1.5~2.0
引发剂 BPO	0.1~0.2	NP-8	0.5~1.0
甲基丙烯酸甲酯	25~27	填料、防锈颜料及助剂	25~40
丙烯酸乙酯	16~18		

① 采用接枝技术,用回收废聚苯乙烯生产出具有附着力强、防腐蚀性能良好等特点的防腐蚀涂料,可广泛应用于石油、化工、电力、交通、冶金等行业的管线、容器、储罐、平台等金属或混凝土的防护,具有一定的推广和实用价值。

② 涂层的耐汽油性和耐 3%盐水侵蚀性均超过 240h。

2. 快干型聚苯乙烯水性防水防腐涂料

原材料	用量/%	原材料	用量/%
PS 泡沫塑料(回收品)	8~15	改性剂	0.8~1.2
混合溶剂	30~45	氧化铁红(320 目)	20~30
松香改性酚醛树脂	0.4~1.0	硫酸钡(320 目)	3.1~4.5
引发剂	0.01~0.02	轻钙(320 目)	4.2~5.4
二丁酯	0.5~1	膨润土(320 目)	2.5~5.0

① 采用碱溶法回收废旧 PS 泡沫塑料,通过改性制得快干涂料的方法是可行的。特别适用于建材工业及金属加工业的金属材料表面防水、防腐。

② 涂料制备过程中,反应温度控制在 75~95℃,反应时间 1~1.5h 为宜。改性剂用量占涂料的 8%~12%,综合效果最佳。

3. 苯乙烯/丙烯酸丁酯/丙烯腈水性防腐涂料

① 乳液配方。

原材料	用量/%	原材料	用量/%
丙烯酸丁酯(BA)	20.0	丙烯酰胺	0.5
苯乙烯(St)	20.0	过硫酸钾-亚硫酸氢钠	0.3
丙烯腈(AN)	3.5	碳酸氢钠	0.5
丙烯酸(AA)	2.0	去离子水	50.2
复合乳化剂(OP-10/SDBS 复配)	3.0		

② 水性防腐涂料配方。

原材料	用量/%	原材料	用量/%
St/BA/AN 乳液	35.0	成膜助剂	3.5
氧化铁红	20.0	复合缓蚀剂	1.2
磷酸锌、锌黄、氧化锌	15.0	增稠剂、消泡剂	1.5
硫酸钡、滑石粉	3.5	去离子水	20.0
六偏磷酸钠	0.3	合计	100.0

本工艺合成的 St/BA/AN 水性乳液是一种用途广泛的聚合物乳液,具有良好的水溶性和成膜性,是配制水性涂料的优质基料,利用其生产的涂料具有良好实用性和经济价值;所制得的 St/BA/AN 水性防腐涂料无毒、无害、无污染,具有优越的使用性能,完全可替代各种溶剂型涂料用于金属表面的防腐与表面涂装。

4. 交联型苯丙乳液防锈涂料

乳液合成典型配方见表 4-14,水性防锈涂料典型配方见表 4-15。

表 4-14　乳液合成典型配方

原材料	用量/%
BA	16.34
St	30.96
GMA	1.2
MAA	0.3
DMAEMA	1.2
复合乳化剂[①]	3
碳酸氢钠	0.3
过硫酸铵	0.3
去离子水	46.4

① 复合乳化剂采用科莱恩公司的 Hostapal BV.conc 和罗地亚公司的 IGEPALCO-897,比例为 1:1。

表 4-15　水性防锈涂料典型配方

原材料	用量/%
乳液	50
分散剂	0.15
润湿剂	0.2
防锈颜料	10
填料	10
缓蚀剂	0.2
去离子水	25.95
成膜助剂	1.5
消泡剂	0.5
增稠剂、pH 调节剂	1.5

① 采用种子乳液半连续分段滴加不同功能单体预乳液的方法,合成了一种交联的苯丙乳液;研究了中间层厚度以及各功能单体的用量对乳液聚合稳定性、储存稳定性、涂膜交联密度和耐水性的影响,当中间层单体投量为核壳层的一半、GMA 用量占核层单体总量的 3%、MAA 占中间层单体总量的 1.5%、DMAEMA 占壳层单体总量的 3% 时,乳液及涂膜的综合性能最佳。

② 解决了普通苯丙乳液涂膜交联不够致密、耐水性差的问题,用该苯丙乳液制备

的水性防锈漆膜耐3%盐水浸泡时间达到624h，说明该乳液是一种适用于水性防锈涂料的乳液。

5. 环境友好型水性防腐涂料

（1）亚桐油酸醇酸树脂中间体配方

原料名称	用量/%	原料名称	用量/%
亚麻油酸	38.3	三羟甲基丙烷	23.7
桐油酸	7.7	回流二甲苯	3
间苯二甲酸	27.3	合计	100

（2）自交联改性苯丙乳液配方

原料名称	用量/%	原料名称	用量/%
亚桐油酸醇酸树脂中间体	5.0	RHODAFACRS-610A25 阴	1.2
甲基丙烯酸甲酯	15	离子乳化剂	
丙烯酸丁酯	10.0	己二异酰肼	0.8
双丙酮丙烯酰胺	2.2	CSY-1 催干剂	0.5
苯乙烯	12.8	氨水	0.5
过硫酸铵	1.2	去离子水	49.4
碳酸氢钠	1.0	合计	100.0
PPNMS-9 反应型乳化剂	0.4		

（3）环境友好型水性铁红防腐涂料的配方

原料名称	用量/%	原料名称	用量/%
铁红粉	12	AMP-95 助剂	0.05
三聚磷酸铝	16	去离子水	14
超细云母粉	12	改性苯丙乳液	40
凹凸棒土	4	防霉杀菌剂	0.01
苯甲醇	0.2	消泡剂	0.3
SN-5027 抗水分散剂	0.8	合计	99.4

选择m（亚麻油酸）：m（桐油酸）＝（7～8）：1、油度为50%的亚桐油酸醇酸树脂中间体制备改性丙烯酸乳液，反应平稳好控制，乳液干膜性能好。

30#机械油及90℃热清洗液浸泡和冲洗不出现回黏、脱色、起泡。

6. 水性苯丙防锈涂料

原料	用量/%	原料	用量/%
苯丙乳液	45	增稠剂	0.3
防锈颜料	15	流平剂	0.3
填料	10～15	消泡剂	0.3
分散剂	0.6	pH 调节剂	1
成膜助剂	2.0	去离子水	23
抗闪锈剂	0.4		

以自制含磷苯丙乳液为基料，改性磷酸锌、三聚磷酸铝为防锈颜料，制备出一种环保的水性防锈涂料。考察了乳液、助剂、主要的防锈颜料种类及用量对涂膜性能的影响，当乳液用量为45%（质量分数）左右时，所制水性防锈涂料的耐盐水、耐盐雾时间最长，涂料的综合性能最佳。

(二）有机硅改性苯丙乳液木器涂料

1. 原材料与配方

（1）乳液配方（单位：质量份）

苯乙烯(St)	50	衣康酸单宁酯	1～3
丙烯酸丁酯（BA）	40	过硫酸钠	0.1～0.5
甲基丙烯酸甲酯（MMA）	8.0	NaHCO$_3$	1～2
丙烯酸（AA）	2.0	乳化剂	2～3
甲基丙烯酸缩水甘油酯	1～2	去离子水	适量
丙烯酸羟乙酯	2～3	其他助剂	适量
有机硅（KH-570）	5～8		

（2）涂料配方（单位：质量份）

乳液	100	成膜助剂	3～5
颜填料	10～20	消泡剂	1～2
分散剂	1～3	三乙胺	适量
增稠剂	3～4	去离子水	适量
润湿剂	2～3	其他助剂	适量

2. 制备方法

（1）合成工艺　将适量去离子水、复合乳化剂（DNS-86、DNS-458）、引发剂（过硫酸钠）混合后搅拌至溶解，并在搅拌的同时慢慢滴加混合单体（MMA、St、BA、GMA），预乳化15min制得核预乳液备用：适量去离子水、复合乳化剂（DNS-86、DNS-458）、引发剂（过硫酸钠）混合搅拌溶解后，在搅拌的同时，滴加混合单体（MMA、BA、St、HEA、MBI），预乳化15min制得壳预乳液备用。在装有搅拌器、温度计、冷凝管的四口烧瓶中加入底料（适量的去离子水、复合乳化剂、引发剂及全部的缓冲剂），并升温至80℃时，加入8%的核预乳液，控制温度在84℃，制备种子，待乳液变蓝，反应瓶内无明显回流后开始滴加剩余的核乳液，2h内滴完，升温保温1h，然后滴加壳乳液，在壳乳液剩下1/2时，加入设计量的KH-570，2h内滴完，升温保温1h，最后冷却至室温，用三乙胺中和至pH值为8左右，过滤出料。

（2）涂料制备　称料—配料—混料—中和—卸料—备用。

3. 性能与效果

通过选择合适的原料和合成工艺，按照设计方案，成功合成了水性木器涂料用苯丙乳液，该乳液性能稳定、凝胶率小、涂膜硬度、耐水性良好；相比于AA、MAA，以MBI作为交联单体能够制备高固低黏的乳液，提高乳液的耐水性。当MBI用量为2%时，乳液的黏度低、耐水性佳；通过设计硬核软壳的粒子结构，当核壳比例为4/6时，能够有效降低成膜温度，减小成膜助剂使用量，并保持涂膜良好的耐水性；通过实验确定St与MMA质量比为7/3时，乳胶膜的吸水率较低，乳液凝胶率和粒径保持在适宜水平：通过添加KH-570可以有效改善乳液的性能。当KH-570用量为1%时，乳液凝胶率较低，涂膜的硬度和耐水性显著提高。

（三）苯丙乳液抗石击汽车底漆

1. 原材料与配方

（1）乳液配方（单位：质量份）

苯乙烯（St）	50	聚甲基丙烯酸钠盐（PMA）	1.5
丙烯酸丁酯（BA）	30	烷基酚醚磺基琥珀酸酯钠盐（OS）	1.0
α-甲基丙烯酸酯（MMA）	10	碳酸氢钠（$NaHCO_3$）	2.0
甲基丙烯酸丁酯（BMA）	5	过硫酸铵	1.0
丙烯酸羟乙酯（HEA）	5	去离子水	适量
叔碳酸乙烯酯	3.0	其他助剂	适量

（2）涂料配方（单位：质量份）

乳液	100	增稠剂	1.0
云母	30	成膜助剂	1.5
针粉	20	中和剂	适量
硅藻王	5.0	水	适量
轻质 $CaCO_3$	4.0	其他助剂	适量

2. 制备方法

（1）种子乳液聚合方法制备苯丙乳液

① 单体的预乳化。在 1000mL 两口圆底烧瓶中加入十二烷基硫酸钠乳化剂、11.4mL OS 以及 50mL H_2O，待溶解完全后，在机械搅拌条件下，将 800mL 的 BA、St、MMA、BMA、MAA、HEA、叔碳酸乙烯酯的混合溶液加入到圆底烧瓶中，高速混合搅拌 2h，得到预乳液。通过调节不同单体配比得到不同的预乳液。

② 聚合。在室温条件下，在连有温度计、搅拌桨及冷凝管的 2000mL 四口圆底烧瓶中加入 260mL 的水、$NaHCO_3$ 及 $(NH_4)_2S_2O_8$，待温度升至 85℃时，圆底烧瓶中溶液在搅拌情况下，将 $NaHCO_3$、$(NH_4)_2S_2O_8$ 和 570mL H_2O 的混合溶液以及预乳液同时分别滴加到烧瓶中，滴加速度 40～60 滴/min，当反应体系呈蓝色荧光时，停止滴加，制得种子乳液；静置 10min 后，重新分别滴加剩余的混合溶液和预乳液，滴加速度保持在 40～60 滴/min；滴加完毕后，升温至 88℃，在此温度恒温 40min 后，再次升高温度至 90℃，并再次恒温 1h，此时通过氨水调节乳液 pH=7；恒温结束后，将反应体系冷却降温至 50℃以下时出料，采用 80～100 目筛网对乳液进行过滤得到最终乳液。在反应过程中，种子乳液制备的好坏，直接关系到反应釜中投料成功与否。乳液在反应过程中不应有结块现象。

在保持聚合物单体中 MMA、BMA、MAA、HEA、叔碳酸乙烯酯用量不变的基础上，通过调节 BA、St 这两种软硬单体的含量，制得苯丙乳液 A 及苯丙乳液 B（其中乳液 A 中软单体 BA 含量更高）。

（2）汽车抗石击底涂的制备　采用苯丙乳液 A 及苯丙乳液 B，通过将不同质量分数的乳液、填料、水与增稠剂机械搅拌 30min，制备混合均匀的水性抗石击汽车底涂材料。其中填料由云母、硅藻土、轻质碳酸钙、针状硅灰石 4 种物料组成。

3. 性能（见表 4-16）

表 4-16　车用水性抗石击涂料的性能

项目	性能指标	实际性能
固化温度	130～140℃	140℃，30min
附着强度	＞3 级	≥2 级
耐弯曲性	10mm 通过	通过
耐盐雾性	1000h	≥1200h
耐温度性	3 次循环、无脱落、无裂纹	5 次循环、无脱落、无裂纹
耐石击性	10 次，不漏底	20 次，不漏底
流淌性	＜3mm	＜3mm
拉伸强度	1.0～1.2MPa	≥1.5MPa

（四）水性苯丙乳液钢结构带锈涂覆自干封闭涂料

1. 原材料与配方

（1）乳液色浆配方（单位：质量份）

苯乙烯	50	引发剂	1.0
丙烯酸酯	50	防锈颜料	2.0
成膜助剂	5.0	颜填料	1.5
乳化剂	3.0	防沉剂	1.0
去离子水	适量	其他助剂	适量

（2）水性面漆配方（单位：质量份）

水性自干封闭底漆		水性面漆	
组分	$w/\%$	组分	$w/\%$
水性色浆		水性色浆	
去离子水	14	去离子水	15
有机膨润土	0.4	消泡剂	0.05
消泡剂	0.05	分散剂	1.2
分散剂	1.2	润湿剂	0.3
润湿剂	0.3	颜填料	19.5
防锈颜料	10	蜡粉	1.5
颜填料	24	气相二氧化硅	0.5
气相二氧化硅	0.6	消泡剂	0.15
消泡剂	0.15		
清漆		清漆	
水性树脂	43	水性树脂	55
成膜助剂	4.3	成膜助剂	5.0
润湿流平剂	0.2	润湿流平剂	0.3
防闪蚀剂	0.5	防闪蚀剂	0.2
防霉剂	0.3	防霉剂	0.3
增稠触变剂	1.0	增稠触变剂	1.0

2. 水性自干封闭底漆及配套水性面漆制备工艺

（1）水性色浆制备　将全部的去离子水加入搅拌槽中，边搅拌边加入有机膨润土，再加入 1/3 消泡剂，高速分散 15min，使有机膨润土活化。然后在搅拌条件下加入分散剂、润湿剂，最后加入颜填料、防锈颜料、气相二氧化硅，搅拌均匀后加入余下的消泡剂，高速分散后转移至砂磨机研磨至细度＜15μm。

（2）水性面漆制备　在搅拌槽中加入水性树脂，然后在搅拌的条件下加入步骤（1）中的水性色浆，最后按照顺序加入成膜助剂、润湿流平剂、防闪蚀剂、防霉剂、触变剂，搅拌均匀，调整 pH 为 7.5～8.5，静置 20～30min 后，用 200 目筛网过滤，包装。

（3）带锈钢结构水性化涂装施工工艺　底材抛丸处理（底材表面大面积浮锈必须进行打磨处理，允许有少量锈迹）—吹尘—喷涂水性底漆（空气喷涂两遍）—室温固化 4～6h（温度 23℃，相对湿度＜80%）—喷涂水性面漆—室温固化 24h—户外放置或发货至客户现场。

3. 性能（见表 4-17）

表 4-17　水性自干封闭涂料体系性能指标

检测项目	检测结果		
	本项目产品	国外某品牌产品	溶剂型醇酸涂料体系
防闪蚀性(室温自干,带锈底材或焊缝处无锈点)	通过	通过	通过
耐汽油性(24h不起泡、不起皱、不脱落,允许轻微变色,1h内恢复)	通过	通过	通过
VOC含量(施工状态)/(g/L)	100	120	800
配套复合涂层			
耐水性(240h,划线处不起泡、不生锈)	通过	通过	通过
耐盐雾性(240h,划线处单边生锈、起泡<2mm,面板无锈、无泡)	通过	>3mm	通过
初期耐水性(室温固化12h后,浸水48h,面板无消光、起泡、生锈)	通过	通过	通过
耐候性(QUV,200h)	色差1.0;失光1级	色差2.0;失光1级	色差1.0;失光1级
附着力/级	0~1	0~1	0~1

二、苯丙乳液专用涂料

(一) 苯丙乳液涂料实用配方

1. 苯丙乳液膨胀型防火涂料

原材料	用量/g	原材料	用量/g
去离子水	30	苯丙乳液	20
分散剂	1.6	成膜助剂	1
多聚磷酸铵（APP）	25	钛白粉	6
三聚氰胺（MEL）	15	OP-10	2
季戊四醇（PER）	13	总计	112.6

苯丙乳液膨胀型防火涂料采用各方面性能都较好的特种苯丙乳液为基料，以水为分散剂，经优化研制而成，无毒无害，施工方便，容易储存，防火阴燃性极佳，钢、木、混凝土结构均可使用。

2. 饰面膨胀型水性防火涂料（单位：质量份）

原材料	1#	2#	3#	4#	5#
苯丙乳液	24.0	25.0	20.0	25.0	25.0
磷酸二氢铵	20.0	22.0			
多聚磷酸铵			20.0	22.0	22.0
季戊四醇	3.5	6.0	6.0	6.0	6.0
钛白粉	6.0	5.6	6.0	5.6	6.0
氧化锌		0.4		0.4	
六偏磷酸钠	5.0	5.0	5.0	5.0	5.0
OP-10	0.5	0.5	0.5	0.5	0.5
甲基硅油	0.4	0.3	0.4	0.4	0.4
羧甲基纤维素钠	3.0	1.0	1.0	1.1	3.0
去离子水	28.0	23.0	28.0	23.0	21.6

原材料	1#	2#	3#	4#	5#
三聚氰胺	10.6	11.5	10.5	11.0	11.5
合计	100	100	100	100	100

最佳配方如下：

苯丙乳液	25.0%	甲基硅油消泡剂	0.5%
多聚磷酸铵	22.0%	羧甲基纤维素钠	3.0%
三聚氰胺	11.5%	OP-10乳化剂	0.4%
季戊四醇	6.0%	去离子水	21.6%
钛白粉	6.0%	合计	100%
六偏磷酸钠（10%）	5.0%		

饰面发泡型防火涂料的性能见表4-18。

表4-18　饰面发泡型防火涂料的性能

项目	GB 12441—2005 指标	1#	2#	3#	4#	5#
在容器中状态	无结块搅拌后均匀	合格	合格	合格	合格	合格
细度/μm	<100	86	86	86	86	86
干燥时间/h						
表干	<5	4	3	4	3	3
实干	<24	22	22	21	20	20
附着力/级	<4	4	3	4	3	2
柔韧性/mm	<4	2	2	2	2	2
耐冲击性/cm	>20	50	50	50	50	50
耐水性(24h)	不起泡,不掉粉,允许轻微失光	起泡,掉粉	起泡	无变化	无变化	无变化
耐火性/min	20	10.3	12.5	14.5	21.5	26

注：耐火时间采用垂直燃烧法测定。

该防火涂料适用于木材和钢铁基体，是一种有应用推广价值的防火涂料。

3. 中空玻璃微体-苯丙乳液隔热涂料（单位：质量份）

苯丙乳液	100	消泡剂	0.1~0.3
中空玻璃微珠	10~12	成膜剂	0.1~0.2
硅烷偶联剂	1~3	增稠剂	0.05~0.5
润湿剂	0.5~1.5	其他助剂	适量
分散剂	0.2~0.5		

① 采用硅烷偶联剂预处理的隔热涂料，其附着力增加1个等级，由处理前的2级上升为1级。

② 当中空玻璃微珠的粒径为58μm左右时，隔热涂料具有适宜的热导率，比其他粒径的中空玻璃微珠隔热涂料的热导率低6%~28%。

③ 当涂膜厚度从0.1mm增加到0.2mm时，隔热效果显著提高；当涂膜厚度增加到0.3mm时，隔热效果提高不明显；涂膜厚度再增加，隔热效果几乎不再提高。从涂膜厚度对涂料隔热性能的影响和经济因素考虑，涂膜厚度为0.3mm较合适。

④ 当中空玻璃微珠含量低于10%时，热反射率随中空玻璃微珠含量的增加而显著增加；当中空玻璃微珠含量达到10%以后，涂料热反射率的增大速率减缓，当中空玻璃微珠含量达到12%时，涂料的热反射率值最高，继续增加涂料中玻璃微珠的含量，热反射率几乎不再增大。故中空玻璃微珠含量为10%~12%时，涂料具有最佳的热反射率。

4. 聚合物水泥防水涂料

原材料名称	用量/g	原材料名称	用量/g
液料		去离子水	15
乳液	80	润湿剂	1
防腐剂	0.1	粉料	
消泡剂	0.5	42.5级白水泥	40
增塑剂	2	重钙（400目）	35
成膜助剂	1	石英粉（120～200目）	25

以有机硅改性苯丙乳液制备聚合物水泥防水涂料，随着体系液粉比的增加，涂膜的拉伸强度逐步降低，而断裂伸长率则不断提高。当液粉比为 1.2 时，所制备的防水涂料的综合性能较好。

（二）煤矿井下壁面封堵用苯丙乳液涂料

1. 原材料与配方（质量份）

苯丙乳液（5400F）	100	分散剂	3～5
白水泥	60	润湿剂	1～3
石英粉	60	颜料	1～2
滑石粉	30	中和剂	适量
水	适量	其他助剂	适量

2. 制备方法

将乳液和水混合后用搅拌器搅拌约 1min，使乳液中的颗粒分散均匀，然后把混合均匀的水泥和无机填料缓慢加入乳液中，以 600r/min 转速搅拌约 5mm 后，将搅拌好的涂料静置 2～3min，最后倒入已固定好的模框（150mm×150mm×3mm）中，标准条件下养护 7d 后备用。

3. 性能与效果

不同乳液配方的测试结果见表 4-19。

表 4-19　不同乳液配方的测试结果

乳液批号	表干时间/min	实干时间/h	涂层状况	柔韧性
S400F	20	9	平整有弹性,有细纹	绕直径 1mm 轴棒未破坏

结果表明：添加 S400F 乳液的涂层性能最好、且成本较低，最适合用于制备煤矿井下封堵涂料；随着液粉比的增大，涂层拉伸强度降低，断裂伸长率升高，防水性得到改善，但涂层干燥时间会变长，耐火性也相应变差。因此，表层材料宜采用 0.4～0.5 的液粉比，底层材料宜采用 0.2 左右的液粉比。

（三）塑料涂覆用脲基单体改性苯丙乳液涂料

1. 原材料与配方

（1）乳液配方

原料名称	规格	用量/质量份
甲基丙烯酸甲酯（MMA）	化学纯	12～20
丙烯酸丁酯（BA）	化学纯	8～15

原料名称	规格	用量/质量份
甲基丙烯酰胺亚乙基脲复合物（WAMⅡ）	化学纯	0～2.5
乙烯基三乙氧基硅烷（AC-75）	化学纯	1～4
苯乙烯（St）	化学纯	5～10
丙烯酸羟丙酯（HPA）	化学纯	5～15
甲基丙烯酸（MAA）	化学纯	0.5～1
过硫酸铵（APS）	化学纯	0.6
碳酸氢钠	化学纯	0.4
氨水（25%）	工业级	适量
去离子水	自制	50
复合乳化剂	工业级	2～3
异氰酸酯固化剂（Easaqua™XM 502）	工业级	适量

（2）涂料配方（单位：质量份）

乳液	100	流平剂	2～5
水性固化剂	5.0	消泡剂	0.1～0.5
蜡浆	3～6	中和剂	适量
成膜助剂	1～2	水	适量
润湿剂	1～3	其他助剂	适量

2. 制备方法

（1）苯丙乳液合成　采用种子乳液半连续工艺滴加不同功能单体预乳液的方法，按照一定配比将部分乳化剂、去离子水和单体制成预乳化液Ⅰ、Ⅱ。其中Ⅰ含单体丙烯酸丁酯、甲基丙烯酸甲酯；Ⅱ含甲基丙烯酸甲酯、苯乙烯、甲基丙烯酸、丙烯酸羟丙酯、乙烯基三乙氧基硅烷、脲基单体。在装有温度计、球形冷凝管、滴加装置及搅拌器的四口烧瓶中按照一定比例加入乳化剂、去离子水和缓冲剂，制备预乳液。升温到78℃，加入APS引发剂溶液；缓慢滴加Ⅰ，当反应体系溶液变蓝且单体回流消失后保温10min，再滴加余下的Ⅰ，保温30min，得到种子乳液。然后按顺序滴加完Ⅱ和引发剂溶液，保温1h，降温至40℃，用氨水调节pH至7.5～8.5，200目丝网过滤出料。

（2）双组分水性聚氨酯涂料的配制　水性固化剂和自制乳液按 $n(-NCO):n(-OH)=1.4:1.0$ 混合，加入适量的蜡浆、成膜助剂、润湿剂、流平剂、消泡剂，搅拌均匀，加适量水调节为合适黏度，熟化30min，然后涂抹在极性塑料基材上，室温固化。

3. 性能

涂料的性能测试比较见表4-20。

表 4-20　涂料的性能测试比较

性能	自制改性乳液	市售羟基乳液	溶剂型(市售)
固含量/%	45	45	45
溶剂含量/%	6	8	55
表面干燥时间/h	0.6	0.6	0.6
涂膜外观	平整光滑	光滑	光亮
干附着力/%	15	20	15
湿附着力/%	26	35	24
硬度	H	H	2H
耐乙醇擦拭性/次	55(不露底)	45(不露底)	50(不露底)
施工期限/h	>5	>5	>8
光泽(60°)	75	70	102

从表 4-20 可以看出，自制乳液与水性异氰酸酯固化剂所配的水性塑料涂料，在涂膜外观、硬度等方面与市售羟基乳液、市售溶剂型的塑料涂料相差不大，但是与市售乳液相比明显提高了干湿附着力，达到了改性的目的。光泽方面稍逊于溶剂型，但其溶剂含量较低，能够满足低碳绿色环保要求，适合推广应用。并且乳液与水性异氰酸酯固化剂配制的涂料，室温固化所形成的涂层耐醇性 50 次以上不露底，与市售溶剂型塑料涂料性能差别不大，同时溶剂含量少，可以制备水性环保涂料用于塑料表面涂装。

4. 效果

采用 FT-IR、TEM 和激光粒度仪等分析手段对苯丙乳液的形貌、粒径、表面官能团及涂膜固化过程进行了表征。结果表明：所制乳液呈现核壳结构、粒子的粒径分布较窄、固化反应完全，且脲基单体用量为 2%，AC-75 用量为 3%，羟基单体用量为 10%，$n(—NCO):n(—OH)$ 为 1.3～1.5，可得到附着力、耐醇性、耐水性优异的涂膜，其性能优于市售溶剂型涂料。

（四）有机蒙脱土改性苯丙乳液防火涂料

1. 原材料与配方

（1）乳液配方（单位：质量份）

苯乙烯（St）	50	环氧树脂	10～20
丙烯酸丁酯（BA）	35	十六烷基三甲基溴化铵	5～8
甲基丙烯酸甲酯（MMA）	10	十二烷基磺酸钠	2.0
丙烯酸	5	烷基酚聚氧乙烯醚	1.0
过硫酸铵（APS）	1～2	蒸馏水	适量
钠基蒙脱土	1～2	其他助剂	适量

（2）涂料配方（单位：质量份）

乳液	100	消泡剂	0.1～1.0
羟乙基纤维素	5～6	分散剂	2～3
二氧化钛	3～5	防霉剂	0.1～1.0
季戊四醇	1～3	水	适量
三聚氰胺	2～5	其他助剂	适量
磷酸二氢铵	2～4		

2. 制备方法

（1）钠基蒙脱土的有机改性　将 10g MMT-Na 分散在 200mL 去离子水中，充分搅拌使其呈均匀的悬浮液。再取一定量的 CTAB 溶于 100mL 去离子水中，然后将其缓慢滴加到 MMT-Na 悬浮液中，滴完后将混合液在 75℃ 超声 3h，取出在室温下静置平衡 3h（使 MMT-Na 与表面活性剂进行充分的离子交换），抽滤，用水冲洗至无 Br^-（用 $AgNO_3$ 稀溶液检测）。将过滤物置于红外灯下干燥，然后进行研磨，过 200 目筛，得到有机改性的钠基蒙脱土（OMMT），置于干燥器中保存。

（2）改性苯丙乳液的合成

① 种子乳液的制备。在氮气氛下，分别取一定量的质量分数为 30% 的乳化剂（OP-10：SDS＝2:1）水溶液、NaHCO₃、水依次加入到三口烧瓶中，搅拌使其溶解，分散均匀。升温至 80℃，滴加 St、MMA 和 BA 的混合物作为种子单体 [质量比为 $m(St):m(MMA):m(BA)＝45:4:8$]，滴加完后继续搅拌乳化 15min。降低搅拌速度至 200r/min，取适量质量分数为 0.2% 的过硫酸铵水溶液（引发剂溶液），在 30min 内连续滴入瓶内，然后恒温反

应 1h，制得种子乳液。体系呈现蓝光乳白色，标志着种子乳液形成。

② 壳层单体的预乳化。分别取适量乳化剂水溶液及壳层单体 St、MMA、BA 和 AA 的混合物［质量比为 $m(St):m(MMA):m(BA):m(AA)=4:1:34:2$］搅拌混合均匀，得到稳定的预乳液。

③ 核壳乳液的制备。将适量的引发剂水溶液和经预乳化处理的壳层单体同时连续均匀地滴入到种子乳液中，在 2h 内同时滴完。再滴入用丙酮溶解的环氧树脂，搅拌 30min 后升高温度至 85℃，熟化 1h。降低温度至 45℃，用三乙胺调节 pH 值为 7.0～8.0。将所得乳液过 200 目筛，即得环氧-苯丙乳液。

④ OMMT 改性环氧-苯丙乳液的制备。分别取适量的乳化剂水溶液、$NaHCO_3$、OMMT 和水于烧瓶中，高速搅拌使其分散均匀。升温至（80±1）℃，滴加种子单体，滴加完后继续搅拌乳化 15min。向瓶内通氮气 5min，取适量引发剂水溶液在 30min 内连续均匀地滴入瓶内，制备 OMMT 改性种子乳液。再将一定量的 OMMT 与壳层单体一起预乳化，待呈现稳定的乳液后，与一定量的引发剂水溶液同时均匀滴入到上述种子乳液中，2h 内同时滴完。滴入用丙酮溶解的环氧树脂，搅拌 30min 后升温至（85±1）℃，熟化 1h，再降温至 45℃，用三乙胺调节 pH 值为 7.0～8.0。将所得乳液过 200 目筛，制得有机蒙脱土改性环氧-苯丙乳液。

（3）苯丙水性膨胀型防火涂料的制备　将季戊四醇（PER）、三聚氰胺（MEL）用料理机研磨至粉状，用砂纸将木板打磨平滑，按照各配方用量依次将 PER、MEL、磷酸二氢铵、适量二次蒸馏水加入研钵内充分研磨；然后依次加入适量二氧化钛、羟乙基纤维素、消泡剂、分散剂和防霉剂，充分研磨；再依次加入 APP、所制备的苯丙乳液和适量正辛醇进行充分研磨，制得苯丙水性膨胀型防火涂料。

3. 性能与效果

首先用 CTAB 对 MMT 进行了有机改性，采用种子乳液聚合的方法合成了不同 OMMT 含量的环氧树脂和有机蒙脱土改性的苯丙乳液，并将其应用于膨胀型防火涂料中，通过正交实验和配方设计，制备了一种水性膨胀型防火涂料。通过实验检测数据可知，OMMT 能有效提高乳液的热稳定性、耐水能力和降低吸水率。OMMT 的加入能明显提高涂料炭质层的间距，因而能延长其耐火时间，质量损失相对于未添加 OMMT 的基础配方均有所下降。由此可见，同时使用环氧树脂和 OMMT 改性苯丙乳液，对改善乳液性能有一定的作用，而将其应用于水性膨胀型防火涂料，对提高阻燃性能也有一定的作用。

（五）端羟基聚苯乙烯/水性聚氨酯涂料

1. 原材料与配方（单位：质量份）

端羟基聚苯乙烯（DMPA）乳液	50	二月桂酸二丁基锡	0.5
UV 固化水性聚氨酯乳液	50	固化剂	2～3
填料	10～20	水	适量
颜料	1～3	其他助剂	适量
引发剂	1～2		

2. 制备方法

（1）改性 UV 固化水性聚氨酯乳液制备　称取计量的聚四氢呋喃醚二醇（PTMEG）于通入 N_2 保护的四口烧瓶中，在 70～80℃下加入异佛尔酮二异氰酸酯（IPDI）搅拌，通过二正丁胺法滴定异氰酸酯的值，达到理论值后加入端羟基聚苯乙烯和二月桂酸二丁基锡进行反应，滴定达到理论值后，加入丙烯酸-2-羟乙酯（HEA）和丙酮降低黏度反应 1.5h，降温，加入三乙胺中和0.5h，加去离子水乳化，最后真空减压蒸去丙酮得到改性UV固化水性聚氨酯乳液。

（2）涂膜的紫外线固化　在称量好的乳液里加入计量的光引发剂，搅拌均匀后用漆刷将其涂在经过表面处理的铁片上，然后将其放入紫外线固化机里进行光固化，固化完全后测涂膜各项性能。

3. 性能

从图4-2可看出，用HTPS改性后的UV固化水性聚氨酯的耐热性能有了较为明显的提高，改性后的UV固化水性聚氨酯在5％和10％失重温度分别为245℃和282℃，比较未改性时的5％和10％失重温度分别为212℃和255℃提高了32℃和27℃，这是因为第一处的热失重主要是由于硬段结构分解所造成的，经过端羟基聚苯乙烯改性后，分子结构中引入了刚性芳环结构，使得涂膜的耐热性能大为提高。

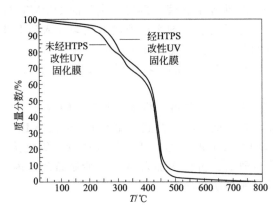

图4-2　UV固化水性聚氨酯膜TGA曲线图

涂料相关性能见表4-21。

表4-21　涂料相关性能

检测内容	未改性	改性
固含量	35％	35％
铅笔硬度	HB	H
附着力	2	1
储存稳定性[(50±2)℃,7d]	稳定	稳定
耐黄变性	涂膜黄变明显	无明显变化

4. 效果

① 以IPDI、PTMEG2000、HEA和DMPA为主要原料，通过端羟基聚苯乙烯作为扩链剂合成的改性光固化水性聚氨酯涂料，DMPA≥6％时乳液性能较为稳定，储存稳定性＞6个月，外观为乳白色。当DMPA用量从6％增加到9％时，乳液的平均粒径随DMPA含量的增大而减小，其值从84.64μm减小到55.28μm；当扩链参数≥1.35时，涂膜的外观以及性能较好，随着端羟基聚苯乙烯含量增多，乳液黏度随之增大。

② 经改性后的UV固化水性聚氨酯的涂膜附着力、铅笔硬度、耐热性能都有所提高，涂膜附着力为1级，铅笔硬度为H，经HTPS改性后的固化膜的5％和10％的失重温度较未改性时分别提高了32℃和27℃，同时经改性后涂膜耐黄变性能也得到了提高。

第五章

水性环氧涂料

第一节 水性环氧树脂乳液

一、水性环氧树脂简介

环氧树脂泛指分子中含有两个或两个以上环氧基团的化合物。分子结构是以含有活泼的环氧基为基本特征，可以与多种类型的固化剂发生交联反应，形成不溶、不熔的三维网状结构，具有优良的物理机械性能、电绝缘性能、耐药品性能和黏结性能，因而环氧树脂在涂料、黏合剂及复合材料等领域中广泛应用。环氧树脂涂料具有耐化学品性优良、漆膜附着力强、耐热性和电绝缘性好、漆膜保色性较好等特点，特别适合用于防腐蚀涂料、金属底漆、绝缘涂料等。环氧树脂在许多有机溶剂中有良好的溶解性，但溶剂型环氧树脂涂料有易燃、易爆、有毒、污染环境等缺点，随着人们环保意识的增强，其应用受到很大限制。近年来各种环境友好型环氧树脂涂料，如水性环氧涂料、粉末环氧涂料、高固体份环氧涂料等越来越受到人们的青睐和市场的认可，其中用量最大、使用最广泛的是水性环氧树脂涂料。水性环氧树脂涂料以水为分散介质，具有不燃、无毒、无味、无溶剂排放、施工方便等特点，国内外发展很快。

（一）环氧树脂的水性化

在众多环氧树脂品种中，以双酚 A 型环氧树脂的产量最大、使用最广，产量达到 90% 以上。因此，环氧树脂的水性化是以水性双酚 A 型环氧树脂为主要研究内容的。如果不加说明，环氧树脂是指双酚 A 型环氧树脂。环氧树脂分子链上带有极性的仲羟基和环氧基，但不足以使环氧树脂具有亲水性。可以通过适当的物理或化学方法，使环氧树脂以液滴或微粒的形式，分散于水中，形成稳定水溶液或分散体系。物理改性方法是用乳化剂将环氧树脂分散到水中，形成环氧树脂乳液，具体有机械法、相反转法、固化剂乳化法等；化学改性方法是利用环氧树脂分子链上的活泼基团，通过化学反应，向分子链上引入氨基、羟基、羧基、醚基、酰氨基等强亲水基团，使环氧树脂具有亲水性。

1. 机械法

机械法是在乳化剂的作用下，采用球磨机、胶体研磨机、均质机等机械手段，在一定温度下将环氧树脂以微粒状态分散在水中，形成水乳液。乳化剂可以使用聚氧乙烯烷芳基醚、聚氧乙烯烷基酯、聚氧乙烯烷基醚等。

机械法的优点是工艺简单，乳化剂用量较少，成本低。但乳液粒径较大（10μm 以上），粒子尺寸分布宽，乳液稳定性差、成膜性能差。

2. 相反转法

相反转法是在外加乳化剂和高速剪切的作用下，通过改变水相的体积，将聚合物从油包水（W/O）状态转变成水包油（O/W）状态，得到稳定的水性环氧树脂乳液。

通常使用复合乳化剂，以增强乳化效果。譬如可以用乳化剂 OP-10、乳化剂 SP-60 和十二烷基苯磺酸钠组成的复合乳化剂，采用相反转法乳化环氧树脂 E-51，制备稳定的环氧树脂乳液。相反转法对乳化剂的要求高，同时乳化条件对乳液稳定性也有显著影响。

相反转法是十分有效的改性法，可以对液体、固体双酚 A 环氧树脂进行乳化，也可以对其他类型的环氧树脂如液体酚醛环氧树脂进行乳化。在适量乳化剂作用下，乳液粒径在 5μm 以下，乳液粒子尺寸分布窄，乳液稳定性良好。

3. 固化剂乳化法

固化剂乳化法是利用具有乳化效果的固化剂来乳化环氧树脂。这种乳化型固化剂一般是环氧树脂-多元胺加成物。乳化剂的亲水亲油平衡值可以采用加入乙酸成盐或引入其他亲水性链段来调节。环氧树脂-多元胺加成物有多种制备方法。可以用普通多元胺与环氧树脂 E-51 反应，再加入单缩水甘油化合物进行封端；也可以用 E-51 先与其他亲水性化合物如聚乙二醇反应，反应生成的环氧衍生物再与普通多元胺反应；还可以用二缩水甘油醚化合物如聚醚多元醇二缩水甘油醚，先与普通多元胺反应，再与 E-51 反应。这种方法的优点在于可以设计与环氧树脂相容良好的固化剂，乳液粒径小，稳定性、成膜性好，优于机械法和相反转法。不过，反应步骤多，工艺复杂。

4. 化学改性法

化学改性法是将亲水性基团或链段直接引入到环氧树脂分子链上，这些亲水性基团或者具有表面活性作用的链段可帮助环氧树脂在水中分散，即树脂具有自乳化性。

化学改性法是借助于环氧树脂上的活泼基团。其主要活泼基团有环氧基、仲羟基以及叔碳原子上的活泼氢。因此，从反应机理上说有三种方法，一是借助于环氧基的开环反应，二是借助于分子链上的仲羟基的反应活性，三是通过自由基接枝的方法。亲水性基团或链段的引入都是通过形成共价键的方法，因此制得的乳液稳定，粒子尺寸小。尤其是后两种方法没有消耗环氧基，固化时不会降低交联效果。引入的亲水性基团或链段可以是阴离子型、阳离子型或非离子型。

（1）引入阴离子基团或链段　引入的阴离子基团可以是羧酸、磺酸及其盐。羧酸可以是苯甲酸、2,2-二羟甲基丙酸、对氨基苯甲酸、马来酸酐等。可以借助于树脂分子链上的仲羟基引入羧酸基团，譬如用 2,2-二羟甲基丙酸、甲苯二异氰酸酯对环氧树脂改性；也可以借助于树脂分子链上的环氧基引入羧基基团，譬如用苯甲酸与双酚 A 酚醛环氧树脂反应，再加入马来酸酐进行反应；马来酸酐也可以直接与树脂进行开环反应，再加入亚硫酸氢钠进行磺化反应。另一种方法是通过羧酸分子本身的氨基与环氧基反应引入羧酸基团，譬如对氨基苯甲酸与环氧树脂反应。自由基接枝法是借助于树脂分子链上活性较大的亚甲基，在过氧化物引发剂作用下易形成自由基，将一些不饱和羧酸如甲基丙烯酸、马来酸酐等接枝到树脂分子链上，再中和成盐。

（2）引入阳离子基团或链段　通过氨基与环氧基反应，再加入有机酸成盐，可以向环氧树脂分子链上引入阳离子基团或链段。常用的氨基化合物有二乙醇胺、N,N-二甲基-1,3-丙二胺、聚醚胺、二异丙醇胺等。氨基化合物可以单用，也可以多种一起用。为了调整改性后环氧树脂的亲水亲油平衡值，在引入阳离子基团的同时，引入长烷基基团，譬如用双酚 A 和十二烷基酚对环氧树脂 E-51 进行扩链后，再与二乙醇胺、N,N-二甲基-1,3-丙二胺反应，而后中和成盐。这种水性化环氧树脂具有良好的稳定性，常用于阴极电泳涂料。

（3）引入非离子基团或链段　向环氧树脂分子链上引入亲水性的非离子基团或链段有三种方法。一是在叔胺类、三氟化硼络合物、强无机酸等催化剂作用下，聚乙二醇的羟基与环氧树脂的环氧基反应，从而将聚乙二醇引入到环氧树脂分子链上；二是在过硫酸盐等引发剂作用下，将醋酸乙烯酯、聚乙烯醇等接枝到环氧树脂分子链上；三是通过扩链反应引入非离子基团或链段，譬如用多元醇、环氧丙烷和环氧氯丙烷对环氧树脂进行扩链。

尽管反应步骤多、工艺复杂，但此方法制备的水性环氧树脂乳液稳定性好、粒径小（通常为纳米级），大多具有实际应用价值。

（二）水性环氧树脂的改性

水性环氧树脂涂料固化膜具有普通环氧树脂固化膜的性能优势，但也具有性能缺陷，如脆性大、内应力大、冲击强度低，尤其是引入亲水性基团或链段后，耐水性以及耐腐蚀性下降，在防腐性能要求高的场合应用受到限制。可以采用与其他树脂或粒子复合的方法来改善水性环氧树脂涂料的性能缺陷。这方面的研究是目前水性环氧树脂涂料的研究重点。

1. 聚氨酯改性水性环氧树脂

聚氨酯涂料附着力强、耐候性好、耐磨性优异，其柔韧性可以在很宽的范围内调整，在许多性能方面与环氧树脂涂料有互补性，因此常用来对环氧树脂涂料进行改性。聚氨酯对水性环氧树脂改性有复合乳液法和化学改性法。

复合乳液法是先利用自乳化技术制备以酚封端的端异氰酸酯基聚氨酯预聚体乳液，同时采用外乳化法制备水性环氧树脂乳液，然后将两种乳液混合成单一的乳液，与多胺类固化剂配成双组分涂料。固化时，多胺类固化剂分别与聚氨酯预聚物和环氧树脂反应，通过多胺的"桥联"作用将两种树脂复合在一起，实现对环氧树脂涂料改性的目的。

化学改性方法有两种途径，一是异氰酸酯对固化剂改性，二是异氰酸酯直接对环氧树脂改性。

固化剂改性法是利用环氧树脂分子链中的仲羟基与异氰酸酯基团之间的反应，由环氧树脂和甲苯二异氰酸酯生成带有—NCO 的改性环氧树脂，然后与三乙烯四胺进行反应，并用丁基缩水甘油醚进行封端，用醋酸中和后得到聚氨酯改性的水性环氧树脂固化剂组分。这种固化剂中引入了环氧树脂链段，可以增进固化剂与环氧树脂组分之间的相容性，有利于环氧树脂的充分固化，涂膜固化后的柔韧性和耐冲击性优良。

异氰酸酯直接对环氧树脂改性也是利用环氧树脂分子链中的仲羟基与异氰酸酯基团之间的反应，在乙基（三苯基膦）乙酸酯的催化下生成带有—NCO 基团的改性环氧树脂，再与低于理论计算量的叔胺盐反应，生成季铵盐化的亲水性环氧树脂，加水分散后，得到聚氨酯改性水性环氧树脂乳液。这种乳液可以与多胺等固化剂配成双组分涂料。在这种改性方法中，环氧基基本上没有参与反应，环氧值得到最大限度保留，固化后物理机械性能优良。

2. 聚丙烯酸酯改性水性环氧树脂

聚丙烯酸酯涂料具有耐水、耐老化、保色保光性好等优点，柔韧性也较好，对环氧树脂改性可以达到性能互补的目的。根据接枝部位和反应机理的不同，聚丙烯酸酯改性水性环氧树脂大致有三种方法。

一是机械共混法。通过物理反应，将聚丙烯酸酯乳液与环氧树脂乳液机械共混，得到复合乳液。混合乳液不易凝胶，但储存时间短，成膜后力学性能下降。

二是接枝反应法。通过自由基反应，将丙烯酸酯类单体接枝到环氧链上，形成聚丙烯酸酯改性水性环氧树脂。因聚合方式的不同可分乳液接枝共聚和溶剂接枝共聚两种方法，其中后者乳液的稳定性比前者好。

三是酯化反应法。利用羧基、氨基和环氧基团的反应活性，通过酯化等化学反应，将聚丙烯酸酯和环氧树脂结合在一起，加碱中和后，形成分散稳定的复合乳液。与自由基接枝法相比，乳液相对分子质量更大，固化时可不添加交联剂。

3. 磷酸酯改性水性环氧树脂

用磷酸酯作亲水基团的阴离子型表面活性剂，通过自由基聚合，可以与其他丙烯酸类单体一起接枝到环氧树脂骨架中，形成含有亲水性的羧酸基团和磷酸酯基团的环氧树脂，提高了树脂的表面润湿性、冻融稳定性和热稳定性；同时，磷酸酯基团与金属表面有较强的作用力，可以用来配制防腐涂料。

4. 有机硅改性水性环氧树脂

有机硅材料具有独特的结构，除表面张力低、气体渗透性高等外，耐氧化稳定性、耐候性、耐腐蚀性等优异，常用于环氧树脂改性。其中应用最广的是以 Si—O—Si 键为主链的有机硅氧烷，用于环氧树脂改性，可降低其内应力，增加其柔韧性和耐热性。目前，主要有物理共混和化学改性两种方法。

物理共混法是在亲水性改性后的环氧树脂经乳化分散时加入有机硅化合物。这种工艺成本低，操作方便，但硅氧烷与环氧接枝共聚物之间无化学键连接，储存稳定性较差。

化学改性法是借助于有机硅化合物上的活性官能团（如羟基、氨基、羧基、乙烯基等）与环氧树脂中的环氧基、仲羟基反应以及自由基接枝聚合，将有机硅链段连接到环氧树脂分子链上。有机硅化合物可单用，也可以多种一起用。为保留部分环氧基，环氧树脂可先进行自由基接枝聚合，再用有机硅化合物对接枝环氧树脂进行扩链改性，譬如将甲基丙烯酸、苯乙烯、丙烯酸丁酯接枝到环氧树脂 E-20 上，再用 γ-氨丙基三乙氧基硅烷对上述接枝型水性环氧树脂进行开环扩链。

5. 纳米粒子改性水性环氧树脂

无机纳米粒子添加到水性环氧树脂中，可提高涂料的韧性和延展性，提高涂膜的防腐等性能。但无机纳米粒子比表面积大，易于团聚。通过对纳米粒子进行表面改性、添加偶联剂、多种分散方法联用等可以提高无机纳米粒子在环氧树脂中的分散能力。目前无机纳米粒子改性水性环氧树脂主要有三种方法。

一是共混法。通过物理或化学方法，采用溶液混合或熔融混合工艺，将经过表面处理的纳米粒子与水性环氧树脂进行充分混合。

二是原位聚合法。先将无机纳米粒子在环氧树脂中均匀分散，然后在一定条件下，使环氧树脂在经过表面处理的无机纳米粒子表面发生聚合反应。

三是插层复合法。将环氧树脂插入到具有层状结构的无机物（如蒙脱土等）夹层中，再用适当方法引发聚合，制得改性环氧树脂。该法只适用于硅酸盐类黏土等具有典型层状结构的无机物。

二、常温固化水性环氧树脂乳液

1. 原材料与配方（质量份）

环氧树脂	100	过氧化苯甲酰	1~3
丙烯酸丁酯	30	三乙胺	1~2
甲基丙烯酸甲酯	5.0	引发剂	0.5~1.0
苯乙烯	5.0	硅烷偶联剂	1.0
甲基丙烯酸	3.0	蒸馏水	适量
三苯基磷	5~10	其他助剂	适量

2. 水性环氧树脂的合成

在洁净干燥，带有冷凝管、温度计以及搅拌装置的四口烧瓶中加入适量的环氧树脂，加热使其熔融。温度达到 100℃时，滴加亚麻酸与催化剂的混合物，继续保温反应 0.5h 后升至一定温度继续反应，待所测酸值＜5mgKOH/g 时，第 1 步反应结束。反应过程如图 5-1 所示。

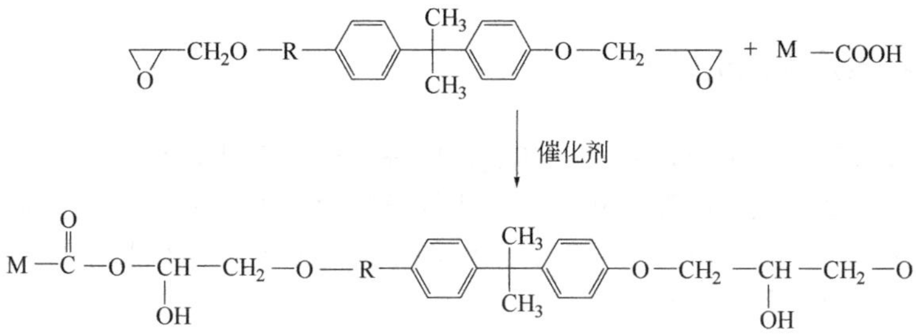

图 5-1　环氧树脂与亚麻酸的酯化

其中 M—COOH 代表亚麻酸，结构如下：$H_3C—CH_2—CH=CH—CH_2—CH=CH—CH_2—CH=CH\text{-}CH_2\text{-}_2COOH$。

降温至 75℃，缓慢滴加甲基丙烯酸甲酯、丙烯酸丁酯、苯乙烯、甲基丙烯酸、硅烷偶联剂及引发剂的混合液，保温反应 3h 后得到改性环氧树脂。将以上所得产品降温至 45℃，快速搅拌，滴加三乙胺进行中和。待瓶内温度恒定后加去离子水分散得水性环氧树脂乳液。

3. 性能与效果

① 环氧树脂中引入不饱和脂肪酸，并进一步和丙烯酸系单体进行加成，经三乙胺中和之后加水分散可获得稳定水性化乳液。

② 环氧树脂的环氧值降低，产品硬度、耐盐性等综合性能提高。环氧树脂选择 E-20，亚麻酸与环氧树脂物质的量比为 2∶1 时，产品综合性能较好。

③ 升高温度可加快酯化反应速度，提高酯化率。但综合考虑副反应的影响及反应控制情况，酯化温度选择 120℃，反应 5h。

④ 通过粒度分析及透射电镜观察可知，水性环氧树脂乳液为纳米级乳液。

三、水性环氧树脂乳液

1. 原材料与配方（单位：质量份）

环氧树脂（E-44）	100	正丁醇	5.0
丙烯酸丁酯	20	过氧化苯甲酰（BPO）	3.0
甲基丙烯酸	10	三乙醇胺	1～2
苯乙烯	5.0	水	适量
乙二醇单丁醚	5.0	其他助剂	适量

2. 制备方法

向 250mL 三口烧瓶中加入环氧树脂，加入一定量的正丁醇和乙二醇单丁醚，加热升温至 100℃，搅拌使环氧树脂完全溶解。向溶解后的液体中缓慢滴加已经过预处理的甲基丙烯酸、丙烯酸丁酯、苯乙烯以及引发剂 BPO 的混合溶液。将滴加完毕后的溶液加热至 110℃ 继续搅拌反应约 6h。反应完毕后将温度降至 60℃，加入 15mL 20％三乙醇胺将乳液的 pH 值调节至中性。继续搅拌 30min。加水高速分散制成固含量约 30％的乳液。

3. 性能与效果

采用化学改性法以甲基丙烯酸、苯乙烯、丙烯酸丁酯为单体改性环氧树脂。所得改性环氧树脂用胺中和成盐，以水高速分散制成乳液。制备的水性环氧树脂乳液固含量 33.67％，黏度为 320mPa·s，稀释稳定性较好，机械稳定性良好。

四、水性环氧树脂涂料的应用

双组分水性环氧树脂涂料主要由疏水性环氧树脂分散体（乳液）组分和亲水性的胺类固化剂组分构成，与溶剂型环氧树脂涂料相比，有机挥发物含量少、绿色环保、成本较低。通过对树脂组分和固化剂组分进行改性，可制备出性能不同的水性环氧树脂涂料，扩大其应用领域。目前主要应用于以下几个领域。

1. 防腐涂料

水性环氧树脂防腐涂料主要通过物理防护效应（颜填料对漆膜的电阻效应和对腐蚀介质的物理屏蔽）和化学防护效应（颜料的缓蚀和钝化作用及阴极保护作用）两种机理来达到防腐效果。因此，颜填料的类型及用量是影响涂料防腐性能的主要因素。传统防腐涂料所用的铅、铬等颜料，本身有毒，不符合开发水性防腐涂料的环保理念。在水性环氧树脂防腐涂料中要使用无毒高效的防锈颜料，如磷酸盐、钼酸盐、片状颜料等。

水性环氧树脂防腐涂料主要用于常规防腐，也有应用于重防腐领域的报道。重防腐涂料在苛刻环境中具有更长的保护期，在海洋工程、交通运输、大型工业、市政设施等领域具有广阔的应用前景。

2. 工业地坪涂料

水性环氧树脂地坪涂料的特殊性体现在固化膜具有透气不透水的微孔隙结构，可以释放混凝土内部水蒸气的压力，阻滞吸附水进入，在保护涂层的同时，也保护了混凝土。

与水性环氧树脂地坪涂料相比，溶剂型涂料的漆膜非常致密，透气性极差，因而易产生鼓泡、变形，甚至剥离等缺陷。水性环氧树脂地坪涂料气味小，涂层表面易清洗，对于保护地面，起到防尘、耐磨、清洁、防潮的效果，特别适用于需要保持高度清洁的场所，如医院、乳品厂、化妆品厂、超市等。经过防静电改性的水性环氧树脂地坪涂料具有良好且稳定的抗静电能力；二次装修时新老涂层的黏附性良好，并不影响其重涂性，应用更广。

3. 木器漆

水性环氧树脂涂料涂膜固化后具有较高的硬度和良好的抗刮伤性，且无毒无害，与溶剂型木器涂料相比，无挥发性有机化合物，绿色环保，可用于木质地板、厨房、家具等。

4. 混凝土防护涂料

水性环氧树脂涂料对混凝土表面有良好的附着力，可封闭混凝土毛细管的水蒸气，适合于混凝土封闭底漆；其固化膜交联密度大，与水泥配合使用能形成互穿网络结构，具有防水和防渗堵漏的效果，适用于屋顶、墙壁裂缝的修补；固化膜易去除放射性污染，具有重涂性，方便核电站的多次装修。

第二节 环氧树脂水性涂料实用配方

一、环氧树脂乳胶涂料

原材料	用量/质量份	原材料	用量/质量份
环氧树脂	100	锌钡白	1～5
稀释剂	10～20	磷酸三丁酯	适量
去离子水	200	固化剂	适量
轻质碳酸钙	20～30	其他助剂	适量
钛白粉	3～4		

芯-壳型环氧树脂乳胶涂料一股为白色乳胶，黏度可在3Pa·s内任意调整，可加入任何酸、中、碱、油、水性颜料来调整涂层的颜色，可加入各种阻燃剂制成防火涂料，并可在该涂层上实施多层涂覆。所以不仅可广泛用于外墙、道路桥梁等通用场合，而且还可用于机电、汽车、管道、酸碱、潮湿、高温等特殊场合。

二、水性环氧防腐涂料

原材料		用量/g 底漆	用量/g 面漆
A 组分	8537-WY-60（60%）	30	30
	分散剂	适量	适量
	消泡剂	适量	适量
	氧化铁红	16～20	
	磷酸锌	4～8	
	二氧化钛		12～18
	炭黑		0.6～2
	填料	8～11	15～18
	二丙酮醇	适量	适量
	去离子水	45	47
B 组分	3520-WY-55（55%）	100	100
	去离子水	10	10
	合计	110	110

水性环氧防腐涂料的物理性能见表 5-1。

表 5-1　水性环氧防腐涂料的物理性能

项目	测试结果	
	铁红底漆	灰色面漆
涂料组分	双组分	双组分
原漆外观	铁红色,均匀状液体	灰色,均匀状液体
漆膜颜色与外观	铁红色,平整光滑	灰色,平整光滑
固含量/% ≥	45	40
细度/μm ≤	35	30
附着力/级	1	1
耐冲击性/cm	50	50
柔韧性/mm	1	1
使用时间(23℃±1℃)/h	36	36

水性环氧涂料具有诸多性能优势,与溶剂型或无溶剂型环氧树脂涂料相比具有更为广泛的应用前景。

三、水性环氧-丙烯酸防腐涂料

(1) 环氧-丙烯酸接枝共聚液的制备配方

原材料	用量/g	原材料	用量/g
环氧树脂 E-44	30	α-甲基丙烯酸	5.0
丁醇	30	丙烯酸丁酯	1.4
过氧化苯甲酰（BPO）	0.9	苯乙烯	1.4

(2) 环氧-丙烯酸乳液制备配方

原材料	用量/g	原材料	用量/g
环氧-丙烯酸接枝共聚液	63	氨水（28%）	3
蒸馏水	75	去离子水	37
丁醇	1.1		

(3) 水性环氧防腐涂料制备配方

原材料	用量/g	原材料	用量/g
环氧-丙烯酸乳液	100~150	分散剂	少量
TiO_2	10~15	膨润土	2~2.5
滑石粉	3~5	硅油	适量
碳酸钙	3~15	去离子水	适量
助剂（丙二醇）	6		

① 引入苯乙烯单体,可增大涂层附着力,同时可提高涂层的耐冲击性。

② 研制的水性环氧-丙烯酸乳液可制备具有良好防腐性能的水性涂料。

③ 该涂料具有附着力好、抗冲击性、耐水性、耐盐水性良好等优点并符合环保要求。

可广泛地应用于化工设备、水处理设备等防腐。

四、水性耐盐雾环氧防腐涂料

原材料	用量/%
甲组分	
水性改性胺	35～40
颜填料	40～50
其他水性助剂（分散剂、消泡剂、增稠剂等）	2～3
去离子水	10～15
乙组分	
油性环氧树脂（环氧当量190）	90～95
助溶剂（分散剂、消泡剂、增稠剂等）	5～10
去离子水	10～15

该工业防腐用水性环氧涂料耐盐雾性能达到600h左右，基本接近溶剂型环氧防腐涂料的水平，涂料其他性能指标也与溶剂型环氧防腐涂料相差无几，且该涂料与水性或溶剂型聚氨酯面漆配套性良好。水性环氧防腐涂料耐腐蚀性能的提高，满足了工业防腐领域用涂料的需要。

五、水性环氧树脂清漆与色漆

（1）水性环氧清漆的配方

原材料	用量/质量份		
	配方1	配方2	配方3
甲组分			
WB50环氧乳液	34.4	43	51.6
消泡剂AGITAN760	0.6	0.6	0.6
乙组分			
水性环氧固化剂WBG	80	80	80
配方参数			
环氧/胺摩尔比	0.8:1	1:1	1.2:1
固含量/%	34.6	35.7	36.7

（2）水性环氧地坪色漆的配方

原材料	用量/质量份		
	配方1	配方2	配方3
甲组分			
环氧树脂乳液（50%）	88	88	88
钛白粉	20	20	30
滑石粉	34	68	100
分散剂P-19	0.6	0.7	0.8
消泡剂AGITAN760	0.6	0.7	0.8
去离子水		30	60
乙组分			
水性环氧固化剂	160	160	160

配方参数

颜基比	0.61	0.99	1.46
PVC	0.161	0.246	0.325
固含量/%	47.3	52.6	58.1
8d后的摆杆硬度	0.64	0.67	0.70

① 配制水性环氧涂料时对助剂和颜填料的相容性有严格的要求，必须通过实验确定与它相容的助剂及合格的用量。

② 环氧基与胺氢的摩尔比对水性环氧清漆及色漆在两组分混合后的黏度变化及涂膜的性能有较大的影响。

③ 水性环氧涂料的固化机理不同于溶剂型环氧涂料及乳胶涂料，它的固化涉及水的挥发，分散相环氧树脂在界面上以及固化剂向树脂内渗透的交联固化，水分完全挥发后的进一步交联固化。

④ 水性环氧涂料的适用期不能以黏度的变化来判断，而用涂膜光泽的变化来判断为宜。

六、水性环氧内舱涂料

水性环氧内舱涂料的 A 组分和 B 组分配方分别见表 5-2 和表 5-3。

表 5-2　水性环氧内舱涂料 A 组分配方

原材料	底漆/质量份	面漆/质量份
水性环氧固化剂	150～200	150～200
去离子水	200～300	200～300
消泡剂	2～5	1～2
钛白粉		180～200
铁红	150～200	
三聚磷酸铝	2～5	2～5
滑石粉	40～100	20～60
沉淀硫酸钡	120～180	100～150
流变助剂	10～20	10～20
闪蚀抑制剂	4	4
流平剂	1～3	1～3

表 5-3　水性环氧内舱涂料 B 组分配方

原材料	底漆/质量份	面漆/质量份
环氧树脂	180	180
活性稀释剂	20	20

水性环氧内舱涂料的 A 组分与 B 组分的质量比为 4：1。

① 研制的水性环氧内舱涂料通过了海军医学研究所的 90d 毒性实验，可以应用于包括核潜艇在内的所有海军舰船的涂装。

② 该涂料 VOC 低，避免了涂料施工过程中的火灾隐患，减轻了环境污染。

③ 该涂料具有附着力好、耐冲击、耐腐蚀等优点，并且施工性能优良，是溶剂型环氧内舱涂料的很好替代品。

七、高性能薄涂型水性环氧地坪涂料

(1) 水性环氧地坪涂料甲组分配方

原材料	用量/%
分子量低的液态环氧树脂	15.0
活性稀释剂	85.0

(2) 水性环氧地坪涂料乙组分配方

原材料	用量/%	原材料	用量/%
水性固化剂	16.0～35.0	消泡剂	0.1～0.7
去离子水	15.0～30.0	流平剂	0.1～0.5
颜填料	32.0～60.0	增稠剂	0.1～0.8
润湿分散剂	0.1～0.8	色浆	0～3.0

通过对环氧树脂、固化剂、颜填料以及助剂的精心选择，制备了性能优良的水性环氧地坪涂料，它以水为分散介质，VOC 极低、气味小、环保、安全性高，可在潮湿环境施工，涂膜附着力强、柔韧性好、耐冲击、透气性良好、不鼓泡、适用范围较广，对一般地面涂装都适用。特别适用于医院、食品厂、超市、乳品厂和化妆品厂等需要保持高度清洁的场所及潮湿环境，如地下停车场、一楼地面。

八、高性能水性环氧自流平地坪涂料

甲组分

原材料	用量/质量份	原材料	用量/质量份
环氧树脂	100	丙烯酸乙酯	1
甲基丙烯酸	65	其他助剂	适量
苯乙烯	34		

乙组分配方见表 5-4。

表 5-4　乙组分配方

原材料	用量(质量分数)/%	原材料	用量(质量分数)/%
水性固化剂	16.0～25.0	流平剂	0.1～0.5
去离子水	10.0～20.0	抗划伤助剂	0.5～4.0
颜填料	40.0～65.0	增稠剂	0.1～0.8
润湿分散剂	0.1～0.8	水性色浆	0.5～3.0
消泡剂	0.3～0.7		

成功地合成了复配性能良好的水性丙烯酸环氧树脂，提高了单一环氧树脂的耐候性、耐久性，选用了与所制改性环氧树脂相容性良好的水性环氧固化剂，所制漆膜具有良好的丰满度和硬度、耐酸碱性能。漆料的适用期为 40min，能满足施工要求。检测结果表明，涂料的表干时间为 2h，实干时间为 18h，干燥较快。解决了地坪涂料在潮湿基面施工问题；通过耐划伤助剂的选用，解决了漆膜硬度过低的缺陷，硬度可达 3H；通过选用耐酸、耐碱的颜填料使得漆膜经得起一定浓度的酸碱介质的侵蚀。

九、纳米水性环氧涂料

原材料	用量/g	原材料	用量/g
纳米粉末 SiO_2	13	去离子水	35
表面活性剂（十二烷基硫酸钠）	1~2	水溶性环氧树脂	100
分散剂	0.5~1.5	其他助剂	适量
消泡剂	1~2		

由纳米粉末 SiO_2 制成的水性环氧纳米涂料，提高了涂膜的干燥性和致密性，克服了易龟裂、起泡的不足，提高了涂层的附着力和稳定性，大大地增强了涂膜持久的防腐效果。配制过程中的关键在于纳米粉末的分散工艺。目前一般的砂磨搅拌无法保证达到预期的分散效果，采用超声分散工艺可以解决这一问题。所研制的水性环氧纳米涂料具有接近红丹漆的防护性能，由于不含有机溶剂而在环境保护上更具优势，且可通过煤焦油沥青改性进一步提高抗腐蚀性能，从而满足不同工况需要。

十、水溶性环氧丙硅树脂涂料

① 水溶性环氧丙硅树脂合成配方

原材料	用量/%		
开环环氧树脂	10~15	20~30	10~20
有机硅中间物	5~8	10~20	10~20
MMA	35~40	35~45	35~40
BA	10~15	22~25	22~25
MAA	1~15	1.5~3	1.5~3
HEA	5~10	5~10	5~10
引发剂	适量	适量	适量
复合表面活性剂	5~10	5~15	5~15
混合溶剂（基本无毒）	50~100	50~100	50~100

② 涂料配方

原材料	用量/%	原材料	用量/%
水溶性环氧丙硅树脂	45~55	复合型表面活性剂	3~5
金红石型钛白粉	18~20	防沉流平剂	0.5~2
云母粉	3~5	消泡剂	适量
沉淀硫钡粉	3~5	缓蚀剂	3~5
超细滑石粉	5~10	无毒溶剂	10~15
分散剂	1~2		

① 水溶性环氧丙硅树脂具有优异的物理机械性能，并有较好的耐老化、抗紫外线及耐腐蚀性能，以该树脂为基料可制备不同要求的涂料。

② 水溶性环氧丙硅树脂涂料，基本无毒性，施工简便，涂料挥发气体对大气无污染，涂膜综合性好，可在潮湿环境和基面涂装，机具可用水清洗。

③ 涂料适用于户外室内钢结构和混凝土表面的防腐蚀与保护，并具有较好的装饰效果。

十一、环氧聚酯涂料

水性环氧聚酯树脂配方见表 5-5。

表 5-5　水性环氧聚酯树脂配方

原材料	用量/kg	原材料	用量/kg
多元醇	236.3	开环剂	66.2
多元酸	301.6	环氧树脂	149.9
二甲苯	15.4	去离子水	130.5
乙二醇醚	100.2		

水性环氧聚酯涂料配方见表 5-6。

表 5-6　水性环氧聚酯涂料配方

原材料	用量(质量分数)/%	原材料	用量(质量分数)/%
水性环氧聚酯树脂	35.8	混合颜料	7.0
触变剂	5.5	填料	4.3
氨基树脂	16.4	固化促进剂	2.4
溶纤剂	7.8	蒸馏水	20.8

环氧聚酯水性涂料比市售的水性浸涂涂料适应性高，如调整了漆液黏度和固含量对涂装环境及不同被涂工件的适应性；采用触变技术找到了涂料施工黏度与涂膜外观状态间的平衡；解决了涂膜硬度与柔韧性间的矛盾，使涂膜硬度较高时仍具有符合要求的柔韧性、耐冲击性及附着性；适当地提高涂膜的有效交联密度，使涂膜既耐盐雾和湿热，又耐冷热循环，同时具有较突出的耐蚀性。

十二、高性能低 VOC 水性环氧聚酯浸涂漆

原材料	用量/质量份	原材料	用量/质量份
水分散环氧聚酯乳液	100～150	铬酸锶	2～5
中和胺	0.3～0.5	滑石粉	5～10
分散剂	3～5	防沉剂	1.0～2.0
消泡剂	0.2～0.4	流平剂	0.2～0.4
炭黑	3～5	增稠剂	0.4～1.0
铁黑	10～20	去离子水	适量

① 水性环氧聚酯浸涂漆具有高固体分、低黏度的特性，大幅降低了 VOC 排放量，提高了施工性能。

② 该漆具有附着力好、耐冲击、耐腐蚀的优点，是水溶性浸涂漆的很好替代品。

十三、聚氨酯改性环氧水性涂料

原材料	甲组分 水性环氧树脂	甲组分 消泡剂	甲组分 流平剂	乙组分 固化剂	乙组分 促进剂(DMP-30)
用量/质量份	100	0.1～0.2	0.3～0.8	10～15	0～2

采用甘氨酸改性环氧树脂的高分子反应方法，将极性基团引入环氧树脂中和成盐，使其具有亲水性，成功制备了一系列不同固含量的稳定的水性环氧乳液。作为水性环氧涂料，由于结合了传统的聚氨酯改性环氧树脂技术，其固化涂膜具有优良的性能，特别是在柔韧性和耐磨性方面得到更明显的改善，且绿色环保，有望实现大规模生产和应用。

十四、水性聚氨酯环氧防锈涂料

原材料	用量/%	原材料	用量/%
水性聚氨酯环氧树脂乳液	40～50	润湿剂	0.8～1
复合铁钛防锈颜料	20～25	消泡剂	0.5
氧化铁红	8～10	内蚀抑制剂	0.5
滑石粉	10～15	成膜助剂	3～5
复合膨润土	0.8～1	硅烷偶联剂	0.5
分散剂	1～1.5		

在自乳化水性聚氨酯的合成过程中引入环氧树脂制备得到水性聚氨酯环氧树脂乳液，该乳液有机挥发物含量低，既具有环氧树脂的高附着力、高强度、耐化学品性和防腐性，又具有聚氨酯优良的柔韧性、耐磨性、丰满度、耐老化性和成膜性能，以此乳液作为基料，通过配方设计，筛选出无毒高效复合铁钛防锈颜料，配合其他颜填料和助剂，可制备高性能水性防锈涂料。该涂料应用广泛，可用于建筑和化工等行业。

十五、紫外线固化的环氧-丙烯酸酯／聚氨酯-丙烯酸酯复合型水性涂料

原材料	用量/g	原材料	用量/g
环氧-丙烯酸酯	36	去离子水/乙醇	140
聚氨酯-丙烯酸酯	24	其他成分	适量
二苯甲酮	1.8		

UV固化涂料性能见表5-7。

表5-7　UV固化涂料性能

性能	测试结果	性能	测试结果
固化时间/min	5	柔韧性/mm	1
铅笔硬度	4H	稳定性	3个月不分层
附着力/级	1		

① 环氧-丙烯酸酯综合性能优良，是紫外线固化涂料常选的基料，但具有脆性、柔韧性差的缺点。

采用柔韧性比较好的聚氨酯-丙烯酸酯对其进行共混改性，结果使环氧-丙烯酸酯膜的柔韧性得到很大的改善，而对其他的性能影响较小。

② 合成的阴离子型聚氨酯-丙烯酸酯是一种性能优良的高分子乳化剂，在与环氧-丙烯酸酯共混时不但对环氧-丙烯酸酯起到改性的作用，而且对其还起到很好的乳化作用，使疏水性的环氧-丙烯酸酯能够很好地分散在水介质中，从而形成性能优良而且又环保的紫外线固化的水性涂料。

③ 混合型涂料中聚氨酯-丙烯酸酯的含量应控制在40%左右，含量太少不能使环氧-丙烯酸酯分散均匀从而影响涂料的稳定性；含量太多会影响涂膜的硬度和耐水性等。

一、水性环氧树脂防腐清漆

1. 原材料与配方（单位：质量份）

环氧树脂（E-51）	100	苯基缩水甘油醚	1～2
聚乙二醇	10～20	固化剂	10
马来酸酐	5.0	水	适量
三乙烯四胺	5～6	其他助剂	适量

2. 制备方法

① 制备聚乙二醇接枝环氧树脂聚合物：将聚乙二醇 8000、马来酸酐加入到氮气保护的四口烧瓶中，60℃条件下反应 5h 后，向四口烧瓶添加环氧树脂 E-51，在 55℃条件下反应 4.5h，获得端环氧聚合物。

② 制备端氨基环氧加成物：将三乙烯四胺加入到四口烧瓶中，在 65℃条件下与端环氧聚合物反应 3.5h，获得端氨基环氧加成物。

③ 采用小分子缩水甘油醚封端：将苯基缩水甘油醚加入到四口烧瓶中，在 45℃条件下与端氨基环氧加成物反应 6h，得到环氧固化剂。

④ 按照质量比 1：1.2：2.5 取上述环氧固化剂、环氧树脂 E-51 和水混合，在转速为 250r/min 的条件下搅拌 8min，即得到防腐清漆。

3. 性能（见表 5-8）

表 5-8　水性环氧树脂防腐清漆性能检测

项目	干燥时间		耐冲击性	划格试验	耐水(240h)	耐盐雾性(300h)	耐酸性(50g/L, H_2SO_4,24h)	耐碱性(50g/L NaOH,168h)
指标	表干≤4h	实干≤24h	≥40	≤1	不起泡,不剥落, 不生锈,不开裂	不起泡,不剥落, 不生锈,不开裂	不起泡,不剥落, 不生锈,不开裂	不起泡,不剥落, 不生锈,不开裂
检测结果	3	22	45	1	无异常	无异常	无异常	无异常

4. 效果

研制了水性环氧树脂防腐清漆，通过对环氧树脂进行接枝、加成、扩链、封端制备非离子水性环氧固化剂，将自制固化剂与环氧树脂混合，制备了水性环氧防腐清漆。实验探讨了封端剂种类、水性环氧固化剂与环氧树脂配比、固化温度对漆膜性能的影响，结果表明最佳封端剂为苯基缩水甘油醚；最佳水性环氧固化剂与环氧树脂配比为环氧/胺氢当量比为1：1；漆膜室温下即可固化，各项性能均符合防腐涂料标准要求，综合性能优异。

二、水性环氧树脂防腐涂料

1. 原材料与配方（单位：质量份）

水溶性环氧丙烯酸树脂	20～40 份	六偏磷酸钠盐	2～5 份
氧化铁红	5～20 份	防尘剂	2～5 份
钛铁粉	5～10 份		

2. 制备方法

(1) 水性环氧丙烯酸树脂的制造　将计量的环氧树脂 E-44 用适量的丙酮溶解，在 80℃ 的恒温油浴中加入 50% 的过硫酸铵引发剂、脂类混合单体和 40% 的乳化剂及 20% 的丙烯酸，至体系变蓝后，分批加入余下的引发剂，同时在逐渐滴入准确计量的丙烯酸和脂类单体、乳化剂，约 3h 滴完后再反应 2h，然后加入氨水调解体系的 pH 值至 7~8，最后将反应体系降温至室温即可。

(2) 水性防腐涂料制备　将颜填料，分散剂，研磨至细度小于 $30\mu m$，加入配方中其他组分、去离子水和水性环氧丙烯酸树脂混合，充分混匀后得到防腐涂料产品。以马口铁片为底料，喷涂、刷涂或刮涂，按 GB 1727—1992 方法来进行。

3. 性能（见表 5-9）

表 5-9　水性环氧丙烯酸防腐涂料的性能

项目	结果	项目	结果
细度/μm	≤30	抗弯曲性能	0
冲击强度/kg·cm	≥46	耐酸碱性(10%溶液)	≥30d 通过

4. 效果

① 环保防腐涂料选用钛铁粉防腐效果最好，用量最少，比传统氧化铁红和铬酸铅防锈颜料具有更好的防锈效果，环保防腐涂料选用钛铁粉和磷酸锌无毒防锈颜料，5% 的用量可使该防腐涂料的防腐性能处于最佳水平。

② 结合了环氧树脂、丙烯酸树脂的优点，具有优异的防腐性能，接枝共聚得到水性丙烯酸改性环氧丙烯酸树脂，涂料的综合性能要想达到最优，必须使环氧树脂 E-44 在树脂中的质量分数为 30% 才可以。

三、水性环氧树脂变速箱车桥用快干型防腐涂料

1. 原材料与配方

原料名称	质量份 黑色	质量份 铁红色
水性环氧树脂	45~50	40~50
多功能助剂	0.3	0.3
湿润剂、分散剂	1.5~2	1.5~2
消泡剂	0.3~0.4	0.3~0.4
氧化铁红	—	15~20
氧化铁黑	6.5~8	—
超细天然硫酸钡	6~9	6~9
湿法云母粉	2~4	2~4
滑石粉	5~10	5~10
三聚磷酸铝	2~2.5	2~2.5
氧化锌	0.5~1	0.5~1
锌黄	0.5~2	0.5~2
丙二醇	2~3	2~3

原料名称	质量份	
	黑色	铁红色
磷酸锌	0.8～1.2	0.8～1.2
抗闪锈剂	0.2～0.3	0.2～0.3
增稠剂 RM-2020	0.3～0.4	0.3～0.4
增稠剂 A-310	0.31	0.3
专用催干剂	0.8～1.5	0.8～1.5
附着力促进剂	0.2～0.3	0.2～0.3
水分子阻换剂	0.2～0.3	0.2～0.3
水性膨润土	0.3～0.5	0.3～0.5
去离子水	5～10	5～10
合计	100	100

2. 制备方法

自制的水稀释型环氧树脂，力学性能好、抗剪切力高，可以用砂磨机进行研磨分散。

研磨工艺：按配方量加入水性顺酐油改性环氧树脂，开启调速搅拌机，在搅拌速度 600～800r/min 下，加入 C-328 多功能助剂，调节 pH 值在 8～9，依次加入润湿分散剂、消泡剂等搅拌均匀。加入颜填料搅拌均匀、无干粉时停止搅拌，上砂磨研磨至细度合格，补加水性催干剂、附着力促进剂、抗闪锈剂、水分子阻换剂，充分搅拌，缓慢加入增稠剂 RM-2020 及 A-310 调整黏度至合格范围，再补加一定量的消泡剂，调整 pH 值在合格范围。

3. 性能（见表 5-10 和表 5-11）

表 5-10　主要检测项目及检测标准

检验项目		监测指标	黑色	铁红色
储存稳定性		无沉淀	无沉淀	无沉淀
颜色和外观		涂膜平整光滑，符合色差范围	符合	符合
细度/μm		≤35	35	35
黏度(涂-4 杯)/s		60～80	72	70
光泽/%		20～35 或商定	21	25
附着力/级		≤1	1	1
硬度		≥0.35	0.39	0.4
干燥时间/h	表干	≤2	0.5	0.5
	实干	≤24	18	16
	烘干(80℃)	≤1	1	1
耐水性/h		≥240，不起泡、不起皱、不脱落，允许轻微变色失光	240	240
耐汽油性/h		≥24，不起泡、不起皱、不脱落，允许轻微变色失光	24	24
耐盐雾性/h		≥240，不起泡、不起皱、不脱落，允许轻微变色失光	300	300

表 5-11　快干水性变速箱车桥防腐涂料的性能指标

颜料体积浓度/%	耐盐水性(3%NaCl)/h	附着力/mm	耐盐雾性/h
40	96	2	72
30	240	2	240
20	280	1	280

4. 效果

① 防腐性能优异。该树脂以环氧树脂为改性剂，增加了涂膜的附着力和防腐性能。涂

膜憎水性好，粒径小（130nm）且分布狭窄，涂膜致密性高，树脂合成过程中不采用乳化剂，不会产生有促进腐蚀作用的磺酸基或 SO_4^{2-}，因而本水性防腐涂料涂膜的防腐性能显著。

② 干燥性好。本快干水性变速箱车桥防腐涂料的干燥方式为：一方面油性环氧酯部分的不饱和双键在金属催干剂作用下进行氧化干燥；另一方面该树脂含有特殊的自交联官能团，在树脂成膜过程中能够进行自交联，形成立体网状的结构，表现为该涂料有很好的表干速度和实干速度。

③ 稳定性好。所用的水性环氧树脂具有较高的热稳定性，又选用惰性颜料为主要防锈颜料，涂料储存稳定性、冻融稳定性均佳。

④ 使用安全方便。本实验制备的快干水性变速箱车桥防腐涂料含少量助溶剂，可直接用水稀释，具有低毒、不燃、干燥快、施工安全、方便、效率高的特点。该涂料价格适中，用户使用后达到满意效果。

⑤ 施工方便，可常温自干也可低温烘干。

⑥ 应用前景广阔。

四、水性环氧起重机用防腐涂料

1. 原材料与配方

组分		原料	用量/%
甲组分	水性色浆	去离子水	14
		有机膨润土	0.4
		消泡剂	0.05
		分散剂	1.2
		润湿剂	0.3
		防锈颜料	10
		颜料与填料	27.8
		气相二氧化硅	0.6
		消泡剂	0.15
	清漆	水性环氧树脂	43
		成膜助剂	0.5
		润湿剂	0.2
		防闪蚀剂	0.5
		防霉剂	0.3
		增稠触变剂	1.0
乙组分	固化剂	水性多元胺	6

2. 制备方法

（1）水性防腐底漆制备工艺

① 水性色浆制备：将全部的去离子水加入搅拌槽中，边搅拌边加入有机膨润土，然后

加入 1/3 消泡剂，高速分散 15min，使有机膨润土活化。随后在搅拌条件下加入分散剂、润湿剂，最后加入防锈颜料、颜料与填料，搅拌均匀后加入余下的消泡剂，高速分散，然后转移至砂磨机研磨至细度小于 $15\mu m$。

② 水性涂料制备：在搅拌槽中加入水性树脂，然后在搅拌的条件下加入步骤①中的水性色浆，最后按照顺序加入成膜助剂、润湿流平剂、防闪蚀剂、防霉剂、触变剂，搅拌均匀，调整 pH 值为 7.0～8.0，静置一段时间即可使用。

（2）水性防腐底漆施工工艺

① 施工工艺 1：素材表面经抛丸处理后容易氧化生锈，需在 12h 内喷涂水性底漆，施工工艺流程见图 5-2，20～30min 后，用 250～350 目筛网过滤包装。

素材→抛丸处理→吹尘→喷涂水性底漆 $\xrightarrow[\text{喷涂两遍}]{\text{空气喷涂}}$ 室温固化 $\xrightarrow[\text{温度23℃，湿度小于80\%}]{4\sim6\text{h}}$

喷涂水性面漆或溶剂型面漆→室温固化 24h →户外放置或发货至客户现场

图 5-2　水性涂料施工工艺 1 流程图

② 施工工艺 2：素材经防锈、除油、磷化三合一表面处理剂进行处理，可室温放置 1 周以上再喷涂水性底漆，素材具有短暂防锈性，施工工艺流程见图 5-3。

素材→涂刷表面处理剂 $\xrightarrow[\text{或者更长时间}]{\text{室温干燥12h}}$ 吹尘→喷涂水性底漆 $\xrightarrow[\text{喷涂两遍}]{\text{空气喷涂}}$ 室温固化

$\xrightarrow[\text{温度23℃，湿度小于80\%}]{4\sim6\text{h}}$ 喷涂水性面漆或溶剂型面漆→室温固化 24h →户外放置或发货至客户现场

图 5-3　水性涂料施工工艺 2 流程图

3. 性能（见表 5-12）

表 5-12　涂膜性能

序号	项目	水性底漆	溶剂型底漆
1	涂膜外观颜色、色差	平整光滑	平整光滑
2	铅笔硬度	≥HB	≥HB
3	柔韧性/mm	≤1	≤1
4	冲击性/kg·cm	≥50	≥50
5	附着力（划格）/级	≤0	≤0
6	配套附着力（划格）/级	直接在底漆上喷涂面漆，层间划格试验，≤1	直接在底漆上喷涂面漆，层间划格试验，≤1
7	表干时间（23℃，湿度≤80%）/min	20～30	15～25
8	遮盖力/(g/m²)	≤80	≤90
9	干膜/μm	≤50	≤60
10	耐水性（划叉法，600h）/mm	沿叉处单边生锈、起泡小于2，面板无锈、无泡	沿叉处单边生锈、起泡大于4，面板无锈、无泡
11	耐中性盐雾（划叉法，600h）/mm	沿叉处单边生锈、起泡小于2，面板无锈、无泡	沿叉处单边生锈、起泡大于4，面板无锈、无泡
12	耐汽油（浸入符合 SH004-90 的溶剂汽油中 24h）	不起泡、不起皱、不脱落；允许轻微变色，1h内恢复	不起泡、不起皱、不脱落；允许轻微变色，1h内恢复
13	VOC 含量/(g/L)	100	800

4. 效果

采用水性双组分环氧为主体树脂，结合无毒环保的防锈颜填料，制备一种可应用于工程起重机的水性防腐涂料。该产品可室温固化，适用于现有溶剂型涂装线的施工，节能环保，满足企业安全生产的需求；涂膜具有良好的理化性能、耐腐蚀性能、耐水性能以及良好的施工适应性，产品综合性能达到同类型溶剂型产品水平，解决了现有水性产品室温固化耐腐蚀性差、耐水性差、干燥慢、施工间隔长的行业难题。该产品的开发有利于促进工程起重机装备涂层行业的绿色环保发展。

五、水性环氧树脂农用汽车底盘用防腐涂料

1. 原材料与配方

原材料	质量份	原材料	质量份
水性丙烯酸改性环氧树脂	25～45	润湿剂	0.2～0.5
去离子水	8～20	中和剂	适量
中和剂	适量	水性丙烯酸乳液	5～10
水性底盘色浆	35～45	增稠剂	0.5～2
流平剂	0.2～0.5	防霉杀菌剂	0.1～0.5
消泡剂	0.1～0.3	其他助剂	适量

2. 制备方法

（1）水性底盘色浆的制备　在预分散时先添加计量的水性丙烯酸改性环氧树脂、催干剂、润湿分散剂和 pH 中和剂，中高速搅拌使物料充分混合。在中速搅拌下加入水和部分消泡剂，然后按照粒径由小到大的顺序依次添加磷酸锌、三聚磷酸铝、云母粉、硫酸钡、铁黑和炭黑等颜填料，最后添加防沉触变剂和剩余的消泡剂，分散均匀后转移至砂磨机中，将研磨速度调至 5000r/min 研磨 30～40min 至浆料细度≤20μm，色浆 pH 调节在 8.5～9.5。

（2）水性底盘防腐涂料的制备　在搅拌条件下，按顺序将水性丙烯酸改性环氧树脂和去离子水加入到搅拌槽中，用中和剂调节 pH 至 8.5～9.5，然后加入水性底盘色浆、水性丙烯酸乳液、润湿剂、流平剂、防闪锈剂、防霉杀菌剂、增稠剂，搅拌 15～30min，用 200～300 目滤网过滤，即得水性底盘防腐涂料。

3. 性能 （见表 5-13）

表 5-13　底盘涂料产品的性能对比

检测项目	水性底盘涂料	溶剂型底盘漆
干燥条件	室温自干，20～30min 表干，7d 完全实干	室温自干，10～20min 表干（不受环境湿度影响），7d 完全实干
流挂膜厚/μm	53	44
24h 初期耐水性	无消光、无起泡、无生锈现象	无消光、无起泡、无生锈现象
耐水性	240h 不起泡，不起皱，不脱落；轻微变色，1h 内恢复	240h 轻微起泡，不起皱，不脱落；轻微变色，不可恢复
耐中性盐雾	240h 划线处生锈，起泡范围小于 2mm，面板无锈，无起泡	240h 划线处生锈，起泡范围大于 2mm，面板轻微生锈，无起泡
VOC 含量/(g/L)	178.8	≥814
耐汽油性(24h)	通过	通过
耐候性	QUV≥200h，色差 2.24，失光 1 级，无粉化	QUV≥200h，色差 2.25，失光 1 级，无粉化

4. 效果

① 水性底盘涂料的主体树脂水性改性环氧树脂 WX5600 与磷酸酯改性无皂聚合水性丙烯酸酯乳液 0618 按照质量比 5:1 进行冷拼配漆，能明显提高水性底盘漆的表干速度和初期耐水性；水性底盘底漆的颜料体积浓度 PVC 控制在 40% 左右，涂层的综合性能达到最佳。

② 选用非离子型表面活性剂 6208 与磷酸酯类分散剂 A-EP 的水性底盘涂料中颜料的分散稳定性及耐腐蚀性能达到最佳。

③ 选用有机硅消泡剂 EAFK-2550 与不含硅的破泡憎水型消泡剂 BYK-011 搭配使用，能有效解决水性底盘涂料的稳泡问题而不影响涂膜外观和性能。

④ 选用疏水性气相二氧化硅 H15 作为防沉触变剂搭配非离子水溶性增稠剂 U604 和疏水型聚氨酯增稠剂 U605 一起使用，能够显著提高底盘涂料体系的整体黏度和触变性。

六、扶梯专用底面合一水性环氧自干防腐涂料

1. 原材料与配方

原材料	配方1/质量份	原材料	配方2/质量份
水溶性环氧酯树脂 GS-1071	27	水性自交联丙烯酸乳液 FR-71	5
DMEA	0.4	润湿剂 DEGO-270	0.2
催化剂	1.8	防闪蚀剂	1
去离子水	15	ASCONIUM141	0.5
分散剂 Dispersogen1236	1	防霉剂 DW-988	0.1
消泡剂 DEGO-810	0.1	增稠触变剂（299+LO30）	1.2
防锈颜料	8	去离子水	14
颜料与填料	24	DMEA	0.4
凹凸棒土（LEP）	0.3	其他助剂	适量

2. 扶梯用水性自干涂料的制备工艺

（1）水性色浆的制备　将水溶性环氧树脂加入到搅拌桶中，搅拌下按顺序加入 DMEA、催化剂，搅拌均匀，缓慢加入去离子水，搅拌均匀后加入分散剂、消泡剂，充分分散 10min 后，按顺序投入防锈颜料、颜料、填料及凹凸棒土，中高速搅拌 15min 后，转移至砂磨机研磨至细度小于 15μm。

（2）水性自干涂料的制备　在搅拌槽中加入自交联丙烯酸乳液，然后在搅拌的条件下加入水性色浆，再按照顺序加入润湿剂、防闪蚀剂、防霉剂、触变剂、去离子水，搅拌均匀，最后用 DMEA 调整 pH 为 8.0 以上，静置 20~30min 后，用 300 目筛网过滤包装。

3. 性能

表 5-14　涂膜性能

项目	性能要求	本产品	对比样[①]
储存稳定性	50℃恒温 2 周,不分层,不胶化,仍为均匀液体	通过	通过
VOC 含量(施工状态)/(g/L)		80	800
硬度		HB	HB
附着力/级		0	0
防闪蚀性	在室温表干过程中,涂膜表面不能有锈点或起泡	通过	通过

项目	性能要求	本产品	对比样①
耐水性	240h划线处不起泡、生锈	通过	通过
耐中性盐雾	240h划线处单边生锈、起泡小于2mm,面板无锈、无泡	通过	通过
初期耐水性	室温固化24h后,泡水24h面板无消光、起泡生锈	通过	通过
干燥性(相对湿度≤80%,温度>5℃)	20～30min表干,24h后初步实干,7d后完全干燥	通过	通过
流挂膜厚(干膜)/μm		60～80	60～80

① 对比样为中山大桥溶剂型醇酸涂料。

由表 5-14 可见,该水性自干防护涂料的综合性能达到溶剂型醇酸涂料产品性能指标,VOC 含量低,无毒环保,符合企业安全生产的需求。

七、单组分气干型水性环氧涂料

1. 原材料与配方

原料	用量/份 工艺1	用量/份 工艺2
分散剂	0.5～2.5	0.1～1.2
水性环氧酯1		2.5～30
催干剂	0.5～2	0.5～2
水	5～10	5～10
消泡剂	0.1～0.3	0.1～0.3
pH 调节剂	0.1～0.3	0.1～0.3
颜填料	5～20	5～20
防锈颜料	3～8	3～8
水性环氧酯2	5～40	2.5～10
丙烯酸乳液	5～40	5～40
成膜助剂	0.2～3	0.2～3
防闪锈剂	0.3～1	0.3～1
消泡剂	0.1～0.2	0.1～0.2
流平剂	0.1～0.3	0.1～0.3
增稠剂	0.2～1.5	0.2～1.5
水	1～8	1～8
总计	100	100

2. 制备方法

(1) 水性环氧酯乳液制备　水性环氧酯的合成如图 5-4 所示,其乳化过程如图 5-5 所示。

(2) 水性环氧酯乳液制备工艺

① 将脂肪酸、环氧树脂和阻聚剂对苯二酚加入反应容器,搅拌升温至 130～150℃,继

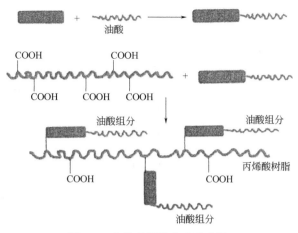

油酸

图 5-4 水性环氧酯合成示意图

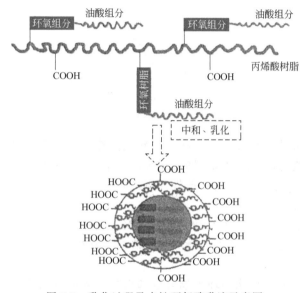

图 5-5 乳化过程及水性环氧酯乳液示意图

续升温至 160～210℃ 并在该温度下反应 5～8h 进行酯化反应，至反应物酸值为 2～10mgKOH/g，得到环氧酯树脂（A）。

② 将一定量的有机溶剂加入反应容器，搅拌升温至 140～150℃，将各类丙烯酸酯单体和引发剂过氧化二苯甲酰混合然后滴加入反应容器，滴加时间 3～5h，滴加完保持反应温度 2h 并补加一些引发剂，使反应充分进行，然后降温出料，得到聚丙烯酸酯树脂（B）。

③ 往 A 中加入 B 溶液并使反应温度在 130～160℃，使 A 的环氧基与 B 的羧基反应，至反应物固体酸值为 10～40mgKOH/g，得到聚丙烯酸酯树脂改性环氧酯树脂溶液（C）。

④ 在 C 中加入中和剂 N,N-二甲基乙醇胺，再加入水并快速搅拌分散，制备得到水性环氧酯乳液（WEED）。

（3）水性涂料制备　分别采用两种工艺制备水性涂料，如图 5-6 所示。

① 工艺 1

a. 颜填料浆的制备。将去离子水加入反应釜中，依次加入 pH 调节剂、润湿分散剂、消泡剂、颜料、填料进行研磨，研磨至细度 40μm 以下，出料，得到颜填料浆。

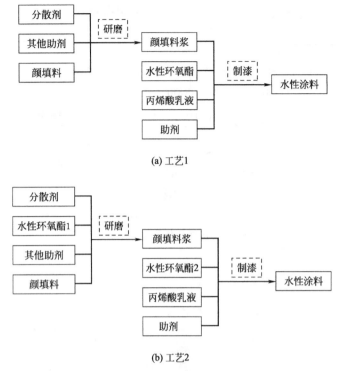

(a) 工艺1

(b) 工艺2

图 5-6　水性涂料制备工艺

b. 涂料的配制。将水性环氧酯乳液和丙烯酸乳液按比例加入反应釜中，缓慢加入成膜助剂，再搅拌加入颜填料浆，依次加入防闪锈剂、流平剂、基材润湿剂，充分搅拌，缓慢加入增稠剂，调整黏度，得到水性乙烯基改性环氧酯防腐涂料。

② 工艺 2

a. 颜填料浆的制备。将去离子水和部分水性环氧酯乳液加入反应釜中，依次加入 pH 调节剂、润湿分散剂、消泡剂、颜料、填料进行研磨，研磨至细度 40μm 以下，出料，得到颜填料浆。

b. 涂料的配制。将剩余的水性环氧酯乳液和丙烯酸乳液按比例加入反应釜中，缓慢加入成膜助剂，再搅拌加入颜填料浆，依次加入抗闪锈剂、流平剂、基材润湿剂，充分搅拌，缓慢加入增稠剂，调整黏度，得到水性乙烯基改性环氧酯防腐涂料。

（4）样板的制备　将所制备的涂料通过兑水调节到施工黏度，喷涂样板或工件。实验室标准样板为冷轧钢板，喷涂前进行打磨处理，无脱脂和磷化过程。烘烤条件：80℃下烘烤 20min。

3. 性能

表 5-15　水性环氧酯乳液产品参数

项目	技术指标	项目	技术指标
外观	淡黄色半透明乳液	pH	7.5～9
固含量/%	42±3	含油类型	亚麻油酸
黏度/mPa·s	350～2800	储存稳定性	6 个月

由表 5-15 可知，所制备乳液为浅黄色半透明乳液，乳液外观良好，黏度适中，并且具有优异的储存稳定性。制漆工艺对涂膜性能的影响见表 5-16。

表 5-16　制漆工艺对涂膜性能的影响

测试项目	工艺 1	工艺 2	测试方法
涂膜外观	平整光滑,无泡	平整光滑,无泡	目测
光泽(60°)	48	54	GB/T 9754—2007
附着力/级	1	1	GB/T 9286—1998
铅笔硬度	H	H	GB/T 6739—2006
耐冲击性/cm	50	50	GB/T 1732—1993
耐水性/h	240	336	GB/T 1733—1993
耐盐雾性/h	168	240	ASTM B117—2011

4. 效果

制备了一种自乳化的水性环氧树脂,采用该水性树脂作为分散树脂,添加合适的分散剂研磨颜填料,将颜料、填料研磨成为颜料浆,添加合适的涂料助剂制备了水性涂料。实验得出如下结论。

① 采用聚丙烯酸酯树脂改性环氧酯树脂,通过化学键将两者结合起来,得到具有优异的机械稳定性的水性树脂,水性乳液外观较好、黏度适中、粒径分布均匀,具有优异的储存稳定性。

② 通过 FT-IR 谱图证实得到预定结构的水性树脂。FT-IR 同时证实,在涂料成膜过程中,在催干剂和氧气作用下,水性环氧酯中的双键发生氧化交联反应,形成交联网状结构,从而可以极大地提升涂层的耐水性和防腐性能。

③ 采用(水性环氧酯＋分散剂复合体系)研磨树脂再配漆作为水性涂料制备工艺,可以显著降低分散剂的用量,提高涂层的耐水性和防腐性能。同时发现,使用该工艺制备的涂膜在金属工件上具有良好的外观,对底材附着力较好,硬度达到 H。喷涂后的样板具有较好的耐水和耐盐雾性能,可代替传统溶剂型涂料,在金属防腐领域具有广泛的应用前景。

八、无溶剂环氧饮水舱涂料

1. 原材料与配方

	原料名称	$w/\%$
	环氧树脂 A	25～30
	环氧树脂 B	5～10
	环氧活性稀释剂	5～10
	BYK163 分散剂	0.3～0.5
A 组分	聚酰胺蜡粉	0.6～0.8
	BYK060 消泡剂	0.04～0.06
	钛白粉	25～28
	超细滑石粉	18～22
B 组分	腰果壳油改性胺	12～16

2. 制漆工艺

按配方工艺的 A 组分比例将环氧树脂 A、B 和活性稀释剂混合,投入反应釜中,常温下搅拌均匀。然后依次加入颜料、填料及各种助剂,均匀分散,再进行砂磨研磨至≤80μm。最后根据产品指标调节黏度(一般控制黏度在 3～5Pa·s),黏度合格后过滤包装。使用时,按 m(A 组分):m(B 组分)＝100:15 比例混合即可。

3. 性能 （见表 5-17～表 5-22）

表 5-17　无溶剂环氧饮水舱涂料技术性能

检验项目	指标	检验结果
干燥时间/h		表干 2，实干 24
耐冲击强度/(kg·cm)		通过
附着力/MPa	≥3.0	4
耐盐雾性(2000h)		涂膜无起泡，无脱落，无生锈
耐水性[浸于 60℃蒸馏水中，30d，(25±1)℃]		涂膜无起泡，无脱落，无生锈
耐油性(柴油，48h)		涂膜不起泡，不脱落，不软化
耐候性(12 个月)	变色≤4 级、粉化≤2 级、裂纹 0 级	变色 1 级、粉化 1 级、裂纹 0 级

表 5-18　无溶剂环氧饮水舱涂料卫生指标测定结果

检测项目	测定结果		卫生规范要求
	空白	样品	
色度/度	<5	<5	增加量≤5
浑浊度(NTU)	0.46	0.55	增加量≤0.2
臭味	无	无	浸泡后水无异臭、异味
肉眼可见物	无	无	浸泡后水不产生任何肉眼可见的碎片杂物等
pH 值	7.8	7.7	改变量≤0.5
挥发酚类/(mg/L)	<0.002	<0.002	增加量≤0.002
溶解性总固体/(mg/L)	195	199	增加量≤10
耗氧量(以 O_2 计)/(mg/L)	0.30	0.94	增加量≤1
铝/(mg/L)	<0.02	<0.02	增加量≤0.02
铅/(mg/L)	<0.001	<0.001	增加量≤0.001
铬/(mg/L)	<0.005	<0.005	增加量≤0.005
镉/(mg/L)	<0.0005	<0.0005	增加量≤0.0005

注：此为第 30d 的检测结果。

表 5-19　无溶剂环氧饮水舱涂料的理化检验结果 （卫生安全性浸泡试验）

测定项目	空白	样品	卫生要求	检验方法
三氯甲烷/(mg/L)	<0.005	<0.005	增加量≤0.006	
四氯化碳/(mg/L)	<2.0×10⁻⁴	<2.0×10⁻⁴	增加量≤0.0002	GB/T 5750—2006
环氧氯丙烷/(mg/L)	<2.8×10⁻⁴	<2.8×10⁻⁴	增加量≤0.002	
苯乙烯/(mg/L)	<2.5×10⁻⁴	<2.5×10⁻⁴	增加量≤0.002	

表 5-20　无溶剂环氧饮水舱涂料的毒理检验结果 （雌雄小鼠急性经口毒性试验）

动物性别	剂量/(mg/kg)	动物数/只	死亡数/只	死亡率/%
雌性小鼠	20000	10	0	0
雄性小鼠	20000	10	0	0

注：经口半数致死量（LD_{50}）大于 20g/kg，属无毒级。

表 5-21　无溶剂环氧饮水舱涂料的毒理检验结果 （Ames 试验）

受试物	数量/个	测试方法	检验结果	检验方法
菌株	4	不论加 S9 或不加 S9	阴性	GB/T 5750—2006

表 5-22　无溶剂环氧饮水舱涂料的毒理检验结果（小鼠骨髓细胞微核试验结果）

受试物	剂量/(mg/kg)	性别	动物数/只	嗜多染红细胞数/个	微核细胞数/个	微核率/%	统计学检验
样品浸泡液	20000	雄性	5	5000	4	0.8	＞0.05
		雌性	5	5000	5	1.0	＞0.05
阴性对照(浸泡水)	20000	雄性	5	5000	4	0.8	
		雌性	5	5000	6	1.2	

注：小鼠微核试验未能引起微核率增加，结果为阴性。

4. 效果

制备的无溶剂环氧饮水舱涂料无毒、急性经口毒性试验属无毒级，小白鼠骨髓细胞染色体畸变试验、Ames 试验结果均为阴性，不污染水质，不影响人体健康，防腐能力强，符合 GB/T 5369—2008《船用饮水舱涂料通用技术条件》和《生活饮用水输配水设备及防护材料卫生安全评价规范》（2001）的性能要求和防护标准，完全可以取代目前正在普遍使用的溶剂型涂料。其不含有机溶剂的环保特征，减少了对环境的污染及对人体的危害，同时也节约了能源，是船舶饮水舱涂料的主要发展方向和开发研究的热点，适应了环保要求。经性能测试和用户试用表明：该涂料涂膜坚韧、密封性强，具有优良的耐水、防腐功能，盛水数月洁净如初，无异味、异色和异常，堪称船舶的饮水舱、压载水舱、各种淡水柜及食品储存室内壁等的一代新型高性能环保涂料。可以预见，不久的将来溶剂型饮水舱涂料必将被无溶剂环氧饮水舱涂料所代替。

九、油气管道用无溶剂环氧涂料

1. 原材料与配方（单位：质量份）

A 组分		B 组分：聚酰胺固化剂	
水性环氧树脂	100	固化促进剂 DMP-30	1～2
氧化铁红	20～30	增韧剂邻苯二甲酸二丁酯	3～5
超细硫酸钡	10～15	硅烷偶联剂	1.0
玻璃微珠	10～15	分散剂 BYK-104S	3.0
聚四氟乙烯	5.0	消泡剂 BYK-530	1～2
流平剂 BYK-320	1.0	其他助剂	适量
丁基缩水甘油醚稀释剂	5～10		

2. 涂料的制备

该涂料为双组分涂料，其中 A 组分包括 E-51、丁基缩水甘油醚、氧化铁红、超细硫酸钡、玻璃微珠、聚四氟乙烯和助剂；B 组分为聚酰胺 $300^{\#}$ 和固化促进剂 DMP-30。由于组分 A 中，氧化铁红、硫酸钡、玻璃微珠等粉体粒径较小，表面能大，在自然条件下易发生团聚，且无机粉体与树脂体系相容性较差易发生沉降，造成涂料性能下降，故在体系混合之前需对粉体进行改性。改性实验采用硅烷偶联剂 KH-560，用量为颜填料的 0.5%～1.5%，且 m(偶联剂)：m(甲醇)：m(水)＝1：2：0.5。加入偶联剂前，用醋酸调整 pH 至 3～5，水解 5～10min，然后将水解液喷洒到粉体表面，将粉体置入接有冷凝管的三口烧瓶中，并加入一定量的甲醇，在 80℃恒温箱里高速搅拌 2h。然后抽滤，将抽滤后的粉体置入烤箱，在 120℃下干燥 1h，即得改性粉体。

3. 性能

性能指标见表 5-23。

表 5-23 性能指标

检测项目	性能指标	检测方法
水浸泡	在距离边缘 6.3mm 范围内无水泡	饱和碳酸钙蒸馏水溶液 100% 浸泡,室温,21d
甲醇与水等体积混合	在距离边缘 6.3mm 范围内无水泡	100% 浸泡,室温,21d
剥离	漆膜不剥落,但可以起片,起片物用手捻呈粉状	ASTM D 522
弯曲	在锥棒直径 13mm 以上部位弯曲,漆膜无剥离	ASTM D 522
附着力	漆膜无剥落	API 5L2
硬度	在 (25 ± 1)℃,巴克霍尔兹值最小为 94	ISO 2815—1973(E)(GB 9275—2008)
气压起泡	无气泡	APIRP 5L2
磨损	最小磨损系数为 23	ASTM D 968 RP 方法 A
水压起泡	无气泡	APIRP 5L2

经检测，涂层厚度 $70\sim80\mu m$，平均粗糙度约为 $1\mu m$，表面非常光滑，涂层的剪切强度大于 14MPa，综合性能良好。

第六章

水性醇酸涂料

一、改性不饱和聚酯亮光清漆

1. 原材料与配方

不饱和聚酯树脂	100	润湿剂	2~4
聚氨酯加成物	50~80	消泡剂	0.5
苯乙烯	8~10	流平剂	0.4
分散剂	2~3	其他助剂	适量

2. 制备方法

称料—配料—混料—中和—备用

3. 性能 （见表 6-1）

表 6-1 各种亮光清漆性能比较

检测项目	PU 亮光清漆	PE 亮光清漆	改性 PE 亮光清漆
施工性	施涂无障碍	施涂无障碍	施涂无障碍
不挥发分/%	45	84	72
表干时间/h	<1	1.5	<1
实干时间/h	<24	<24	<24
附着力/级	1	2	1
硬度	H	2H	2H
达硬度时间/h	72	48	24
耐冲击性/cm	50	34	44
丰满度	好	很好	很好
塌陷情况	严重	稍有下陷	基本无下陷
厚涂性	有痱子	有针孔	无痱子,无针孔
耐水性(24h)	无异常	无异常	无异常
耐碱性(2h)	无异常	无异常	无异常
耐醇性(8h)	无异常	无异常	无异常

4. 效果

通过在不饱和聚酯亮光清漆中引入 50%～80% 聚氨酯加成物，一方面适当增加体系的交联密度，达到提高涂料的干性、力学性能的目的；另一方面通过形成互穿网络结构，将两种聚合物的性能相结合，得到一种性能优良的改性聚合物，有效改善了不饱和聚酯亮光清漆易起针孔的弊病，弥补不饱和聚酯清漆的涂装缺陷，提升了涂膜的综合性能，比原有不饱和聚酯清漆具有更好的装饰性，可获得镜面的涂装效果，使涂装效率大为提高，满足生产要求，提升产品的品质，满足消费者的需求。

二、甲苯二异氰酸酯改性端羟基醇酸水性涂料

1. 原材料与配方（单位：质量份）

端羟基醇酸树脂	100	乙二胺	1～2
甲苯二异氰酸酯（TDI）	30～40	冰水	适量
二羟甲基丙酸（DMPA）	3～5	其他助剂	适量
三乙胺	2～4		

2. 制备方法

（1）端羟基醇酸树脂的合成　在四口烧瓶中加入配方量的豆油脂肪酸、苯甲酸、三羟甲基丙烷、顺丁烯二酸酐、邻苯二甲酸酐，通入氮气并开始搅拌、加热。温度升至 160℃ 时，加入一定量的回流溶剂二甲苯，控制升温速率在 0.3～0.5℃/min。达到缩合温度 235℃ 时，开始进行取样测酸值到预期值，停止加热，蒸出二甲苯出料备用。

（2）TDI 改性醇酸树脂的合成　取一定量的自制端羟基醇酸树脂、DMPA、三乙胺于烧瓶中，以一定的初期温度恒温 30min，使 DMPA 完全溶解，缓慢滴加一定量的 TDI 及适量丙酮，升温至一定温度（中期聚合温度），保温反应 2h，使 $w(NCO)<3.98\%$。降温至 35℃，在强力搅拌下，加入冰水以及一定量乙二胺扩链，30min 后得到产物。

3. 性能与效果

采用脂肪酸法合成了端羟基醇酸树脂，提出了新型改性醇酸树脂的制备工艺。实验结果表明 $n(-NCO):n(-OH)=1.8$，$w(DMPA)\approx5\%$，三乙胺在 TDI 改性反应前加入，用量为 1.7g（每 20g 样品），初期聚合温度约为 30℃，中期聚合温度约为 80～85℃，制得的 TDI 改性醇酸树脂综合性能优异，所得产品在固含量、表干时间、实干时间、硬度、耐水性、耐酸碱性等方面均体现出了优良特性，可以带来一定的经济效益和社会效益。新型改性醇酸树脂的开发和应用，不仅降低了 VOC 的排放量，而且可满足不同领域对涂装的较高要求。

三、水性环氧改性醇酸树脂涂料

1. 原材料与配方

原料名	规格及产地	质量分数/%
水性环氧改性醇酸树脂	(50±2)%，自制	40～50
磷酸锌	合格	4～8
炭黑	C611	3～4
轻钙	古浪	6～9
沉淀硫酸钡	上海	2～2.5

原料名	规格及产地	质量分数/%
重钙粉	2500	6~9
消泡剂	K3	15~20
分散剂	上海	0.2~0.8
催干剂	海门	1.5~5
去离子水		适量

2. 制备方法

（1）水性环氧改性醇酸树脂的制备　将亚油酸或豆油酸、环氧树脂、苯甲酸、季戊四醇、邻苯二甲酸酐、三羟甲基丙烷及回流二甲苯一起加入带有搅拌器、冷凝器、温度计、油水分离器的四口烧瓶中，通入 CO_2 气体，缓慢升温至 $180\sim200℃$，保温酯化至酸值为 $30\sim60mgKOH/g$，降温，加入自制助剂，保温 2h，加入助溶剂搅拌均匀，降温，加三乙胺或氨水中和，然后用去离子水兑稀成固含量为 50% 的水性环氧改性醇酸树脂，备用。

（2）制漆配方及工艺　将上述物料加入调漆罐中，搅拌均匀，在砂磨机上研磨至细度合格，加入催干剂和溶剂兑稀至黏度合格，检验，包装。

3. 涂料性能（见表 6-2）

表 6-2　底漆的性能指标

检测项目	性能指标	
	自干	烘干
漆膜外观	平整光滑	平整光滑
干燥时间		
表干/h	2	80℃，1h
实干/h	15	—
光泽	35	35
耐冲击性/cm	50	50
附着力/级	2	2
柔韧性/mm	1	1
摆杆硬度	0.41	0.33
耐水性/d	>10	>20
耐盐水性(3%NaCl)/d	>10	>15

4. 效果

以环氧树脂为改性剂，用植物油（如蓖麻油、豆油、亚麻油等）或脂肪酸（如亚麻仁油脂肪酸、豆油脂肪酸、椰子油脂肪酸、蓖麻油脂肪酸等）为主要原料，由多元醇（如甘油、季戊四醇、三羟甲基丙烷等）和多元酸（如邻苯二甲酸酐、间苯二甲酸酐，顺丁烯二酸酐等）酯化、缩聚而成的高酸值低黏度水性环氧改性醇酸树脂。通过优化配方设计，制得储存稳定性及水溶性优良、相对分子质量分布均匀的水性环氧改性醇酸树脂，且生产工艺安全、简便。用该树脂配制的自干型或烘干型水性底漆和底面合一漆的性能指标已达到或超过同类溶剂型涂料，广泛用于金属、机器设备、汽车车桥等的涂装。

四、耐高温水性金属闪光醇酸烘烤漆

1. 原材料与配方

原料名称	底色漆/%	珠光面漆/%
SZ-260	40~45	38~42
CYMEL303	5~6	4.5~5.5

原料名称	底色漆/%	珠光面漆/%
氧化铁红	2~3	
氧化铁黄	3~4	
SZ-502		3~5
二甲基乙醇胺（DMEA）	2~4	2~4
润湿剂	0.30	0.3
分散剂	0.40	0.4
消泡剂	0.05	0.05
流平剂	0.40	0.4
水性银粉定向剂		1.0
二乙二醇单丁醚	3~6	3~6
去离子水	余量	余量

2. 制备及施工工艺

制漆工艺分为两部分：底色漆和珠光面漆。底色漆制备工艺如下：先将水性羟基丙烯酸改性饱和聚酯树脂 SZ-260、部分去离子水、适量二甲基乙醇胺混合均匀，在 600~700r/min 转速下依次滴加适量消泡剂、润湿剂和分散剂，搅拌 5~10min；再缓慢向其中添加一定比例的氧化铁红、氧化铁黄，在 2500r/min 高速搅拌 45min；将转速调至 600~700r/min，加入适量二乙二醇单丁醚和氨基树脂 CYMEL303，搅拌 10min 后加入流平剂，继续搅拌 15min。珠光漆的制备与底色漆类似，但由于珠光粉的片状结构在高速机械搅拌下容易被破坏，因而珠光粉的分散转速控制在 500~600r/min；另外，珠光漆中需添加水性银粉定向促进剂以促进珠光粉在涂料表面的平行排列。

施工工艺包括喷涂和烘烤，工序为：在表面处理后的底材上先喷涂底色漆，90℃下闪蒸 10min，待表面冷却后再于底色漆上喷涂珠光面漆，同样在 90℃下闪蒸 10min，然后升至 155℃下烘烤 25min，即得到成品。

3. 性能

主要性能指标及测试方法见表 6-3，不同树脂及其漆膜性能对比见表 6-4。

表 6-3　主要性能指标及测试方法

检测项目	性能指标	检测方法
耐高温[(200 ± 3)℃,4h],ΔE	≤0.5	
附着力/级	≤1	GB/T 1720—1979
铅笔硬度	≥2H	GB/T 6739—2006
柔韧性/mm	≤2	GB/T 1731—1993
耐冲击性/cm	正≥50,反≥30	GB/T 1732—1993
涂层厚度/μm	15~25	GB/T 11374—2012
盐雾试验/h	≥48	GB/T 1771—2007
光泽(60°)	≥85	GB/T 9754—2007
湿热试验/h	≥72	GB/T 1740—2007
耐碱性(10% Na$_2$CO$_3$ 溶液)/h	≥24	

表 6-4　不同树脂及其漆膜性能对比

项目	成膜树脂类型		
	羟基丙烯酸改性饱和聚酯树脂(SZ-260)	饱和聚酯树脂(W-50)	饱和聚酯树脂(POL-274)
树脂外观	无色,透明	无色,透明	淡黄色,透明
固含量/%	65	75	80

项目	成膜树脂类型		
	羟基丙烯酸改性饱和聚酯树脂(SZ-260)	饱和聚酯树脂(W-50)	饱和聚酯树脂(POL-274)
羟值/(mgKOH/g)	80	80	65
湿膜外观(100μm)	透明	透明	透明
铅笔硬度	4H	4H	4H
耐冲击性/cm	正50,反50	正40,反15	正30,反10
柔韧性/mm	1	2	2
附着力/级	0	1	1
耐湿热/h	≥72	≤28	≤63
光泽(60°)	95	93	84

注：烘烤条件为155℃，25min。

金属闪光漆的装饰效果是由于涂料中添加了金属铝粉或珠光粉等效应颜料，光线照射后通过有规律的反射、透射和干涉，呈现出有金属光泽随角异色的闪光效果。金属闪光漆涂件不仅外表美观，并且漆膜有较强的抗腐蚀作用（耐酸碱、耐溶剂），耐热、耐磨、抗紫外线、耐候性强，因而广泛应用于家用电器、汽车、发动机、机动车钢圈等部件。

4. 效果

① 选用水性丙烯酸改性饱和聚酯树脂 SZ-260 以及甲醚化三聚氰胺甲醛树脂 CYMEL303 为成膜物质，m(SZ-260)∶m(CYMEL303) 为 8∶1，珠光粉选用红棕系列 SZ-502，添加比例占总量的 3%，以纤维素改性物 4060 为定向排列剂，添加比例为总量的 1%，此时获得的漆膜综合性能较好，尤其是耐高温性能优良。

② 施工工艺对漆膜外观有一定影响，采用低温预烘干处理可有效避免因涂料中水的沸腾而引起的漆膜起泡现象。另外，"两喷两烘"工艺可减少"湿碰湿"引起的溶剂互渗、浮化等现象，避免了珠光粉排列杂乱无章。

五、环氧改性水性醇酸氨基烤漆

1. 原材料与配方（见表 6-5 和表 6-6）

表 6-5 环氧改性水性醇酸树脂基础配方

原材料	用量/质量份
豆油酸	45～55
环氧树脂 E-44	10～14
邻苯二甲酸酐	14～22
三羟甲基丙烷	15～20
顺丁烯二酸酐	0.6～0.9
偏苯三酸酐	4～6
三乙胺	适量
丙二醇甲醚	适量
其他助剂	适量

表 6-6　环氧改性水性醇酸氨基烤漆配方

原材料	用量/质量份
水性醇酸树脂	20～30
高甲醚化三聚氰胺甲醛树脂	10～15
钛白粉	20～30
润湿分散剂	1～3
消泡剂	0.1～0.3
流平剂	2～4
去离子水	适量
其他助剂	适量

2. 制备方法

（1）环氧改性水性醇酸树脂的合成

① 醇酸树脂的合成。将部分豆油酸、环氧树脂 E-44 和催化剂加入配有搅拌浆、氮气管、球形冷凝管的四颈烧瓶中，升温至 120℃，保温反应 1h。加入剩余的豆油酸、邻苯二甲酸酐、三羟甲基丙烷、顺丁烯二酸酐和二甲苯，缓慢升温至 180℃，保温反应 1h。随后缓慢升温至 220℃保温反应，直到酸值低于 20mgKOH/g 为止。

② 醇酸树脂的水性化。降温至 140℃，加入配方量的偏苯三酸酐，升温至 170℃，保温反应 1h 左右，至酸值 30～40mgKOH/g 时终止反应，降温至 140℃，撤去分水器和氮气，改成减压蒸馏装置，将溶剂二甲苯全部抽滤出后降温至 60℃，加入一定量的助溶剂丙二醇甲醚，用三乙胺中和，加入蒸馏水高速乳化分散得到固含量约为 40% 的产品乳液。

（2）环氧改性水性醇酸氨基烤漆的制备　首先加入部分改性水性醇酸树脂、钛白粉和润湿分散剂在 1000r/min 的高速下搅拌均匀，用砂磨机研磨至颜料浆细度＜30μm，然后在烧杯中加入配方中剩下的改性树脂、高甲醚化三聚氰胺甲醛树脂、润湿分散剂、消泡剂、流平剂，搅拌均匀，加入适量水，调匀，用 80～100 目筛网过滤。

3. 性能

表 6-7　改性前后水性醇酸氨基烤漆的性能对比

项目			未改性漆膜性能	改性后漆膜性能
漆膜外观			平整、光滑	平整、光滑
铅笔硬度			2H	4H
耐冲击性/cm			50	50
柔韧性/mm			1	1
附着力/级			1	1
耐水性			48h 无变化	48h 无变化
耐乙醇擦洗/次			20	32
耐二甲苯擦洗/次			6	13
干燥时间	100℃	表干/min	10	5
		实干/min	30	15
	80℃	表干/min	15	10
		实干/min	40	20

从表 6-7 中可以看出改性后漆膜硬度、耐冲击性均达到或超过改性前涂料的技术指标，同时克服了常规水性醇酸树脂涂料干性、耐溶剂擦洗性较差等缺点。

4. 效果

① 以环氧树脂为改性剂，以豆油酸、三羟甲基丙烷、苯酐、顺酐和偏苯三酸酐为原料合成改性水性醇酸树脂，当环氧树脂用量为 $10.6\%\sim15.2\%$、酸值为 $30\sim40$mgKOH/g 时，改性产品的涂膜具有良好的硬度、附着力、水溶性和耐溶剂性。

② 以高甲醚化三聚氰胺甲醛树脂作为交联树脂，合成环氧改性水性醇酸氨基烤漆，当醇酸树脂与氨基树脂比例为 $2:1$ 时，该漆在 80℃烘烤 10min 表干、烘烤 20min 实干，降低了烘干温度，缩短了烘干时间，漆膜硬度、附着力、耐水性、耐冲击性及耐溶剂性等均达到使用要求。

六、硅溶胶-有机硅改性聚酯复合水性涂料

1. 原材料与配方

不饱和聚酯树脂	100	流平剂	0.5
有机硅树脂	30	消泡剂	0.1~1.0
50%硅溶胶水溶液	10~15	碳酸钠	1~2
钛酸四丁酯	1~4	异丙醇	适量
硅油	1~2	其他助剂	适量

2. 制备方法

称料—配料—混料—中和—卸料—备用

3. 性能

最优硅树脂含量（30%）所得涂膜的性能见表 6-8。

表 6-8　最优硅树脂含量（30%）所得涂膜的性能

项目	测试条件	结果
不粘性	140~170℃无油煎蛋	5 次不粘
耐高温性	380℃,1h	轻微黄变,无开裂
耐热骤冷稳定性	(170±5)℃,保温 5min,室温水骤冷 1min,重复 5 次	无起泡、开裂、变色
耐盐水性	5%盐水微沸 7h,室温下放置 24h,重复 2 次	无起泡、侵蚀点
耐酸性	2%醋酸溶液浸泡 2h	无起皮、开裂、缩孔
耐碱性	2%Na_2CO_3 溶液浸泡 2h	无起皮、开裂、缩孔

涂膜的不粘性可用表面能进行表征，表面能越低，摩擦因数越小，不粘性越好。硅组分在涂膜表面富集，大大降低了表面张力，表面能降低，憎水性提高，从而提升了不粘性。硅溶胶在聚合物中起物理交联点的作用，形成三维立体结构，限制聚合物分子的链段运动，固化成膜时，在共聚物的表面生成了富含 Si—O—Si 键的热稳定保护层，增强了材料的耐热性、耐盐水性和耐酸碱性。经热处理后，涂膜内部存在一定的残余应力，残余应力达到临界值后，涂膜就会产生裂纹，且裂纹沿着热生成氧化物扩展，直至失效。这种残余应力主要是由涂膜的热膨胀系数小于金属基体的热膨胀系数引起的。复合树脂所制涂膜的热膨胀系数比基材大，在骤冷处理后不会出现应力集中而导致膜层破裂，表现出良好的耐热骤冷稳定性。

4. 效果

研制了含 Si—O—Si 和 Si—O—C 结构的硅溶胶-有机硅树脂改性聚酯复合涂料，其涂膜集合了聚酯和硅树脂两种涂料的优异性能。最佳反应温度为 35~40℃。当硅树脂含量为

30%时，涂膜的光泽度虽稍有下降，但铅笔硬度由 2H 增至 6H，附着力为 1 级，在高温下也能保持较高的硬度，综合性能明显提高。

七、丙烯酸改性醇酸树脂快干型涂料

1. 原材料与配方

原料名称	规格及产地	质量分数/%		
		白色涂料	橘黄色涂料	红色涂料
快干高固体分丙烯酸改性醇酸树脂	(70±2)%	48～55	50～53	58～63
顺酐树脂液	(50±2)%	8～15	8～15	10～15
钛白粉	R-215	32.3	2.3	—
中铬黄	重庆	—	17.7	—
钼铬红	重庆	—	3.3	—
大红粉	上海	—	—	9
LW-110 润湿分散剂	英国	0.3	0.5	1.5
聚酰胺蜡	广州	0.2～0.5	0.2～0.5	0.2～0.5
增塑剂	山东	1～2	1～2	1～2
防结皮剂	国产	0.15～0.2	0.15～0.2	0.15～0.2
金属催干剂	8%	0.8～1.2	0.8～1.2	1.0～1.4
流平剂	进口	0.2～0.4	0.2～0.4	0.2～0.4
硅油	1%	0.1～0.2	0.1～0.2	0.1～0.2
兑稀溶剂	工业品	3～6	3～6	3～8
合计		100	100	100

2. 生产工艺

将部分快干高固体分丙烯酸改性醇酸树脂和顺酐树脂加入配料罐，然后加入 LW-110 润湿分散剂，搅拌均匀后依次加入颜料，搅匀后研磨，当研磨温度达到 50～60℃时，加入聚酰胺蜡，保温下研磨 20～30min 后，降温至 40℃ 以下研磨漆浆至细度合格，然后加入兑稀溶剂，再加入金属催干剂、防结皮剂、各种助剂、溶剂后测黏度，黏度合格后包装。

3. 性能与效果

快干丙烯酸改性醇酸涂料的性能检测结果见表 6-9。

表 6-9 快干丙烯酸改性醇酸涂料的性能检测结果

检测项目	性能指标	检测结果
漆膜颜色和外观	漆膜平整光滑	漆膜平整光滑
细度/μm	≤20	20
表干时间/min	≤20	10
实干时间/h	≤16	12
光泽	≥87	90
硬度	≥0.4	0.42
抗流挂性/μm	≥125	175
耐老化性/h		500

① 制备高固体分丙烯酸改性醇酸树脂时，设备要求简单，工艺稳定，可操作性强。

② 由该高固体分丙烯酸改性醇酸树脂配制的快干丙烯酸改性醇酸涂料，性价比较高。

③ 通过加入防流挂助剂、厚涂消泡剂、低沸点快挥发溶剂，解决了快干丙烯酸改性醇酸涂料在北方寒冷地区厚涂流挂的问题，并解决了寒冷地区冬季施工时间长的问题，缩短了用户的施工期限。

八、钢结构用水性丙烯酸改性醇酸氨基烤漆

1. 原材料与配方

原材料	$w/\%$	原材料	$w/\%$
丙烯酸改性醇酸树脂	30～35	触变剂	2～7
去离子水	32～37	颜填料	8～13
中和剂	2～7	氨基树脂	7～12
丙二醇甲醚	3～5	流平剂	0.1～1.0
分散剂	0.1～1.0	催化剂	0.1～1.0
消泡剂	0.1～1.0		

2. 制备方法

先加入去离子水、丙二醇甲醚、中和剂、触变剂、分散剂、消泡剂和部分水性丙烯酸改性醇酸树脂，高速分散均匀后，然后加入颜料，高速分散均匀至无浮色，之后通过砂磨机研磨制得水性色浆。

将剩余的水性丙烯酸改性醇酸树脂、氨基树脂、丙二醇甲醚水溶液、中和剂、消泡剂、流平剂、催化剂以及余量的水按配方量加入到干净的不锈钢活动桶中，低速分散 15min，然后加入水性色浆，再高速分散均匀，过滤后包装。

3. 性能 （见表 6-10）

表 6-10 性能与指标

项目	指标	检测方法
容器中的物料状态	搅拌后无硬块，呈均匀状态	目视
细度/μm	≤20	GB/T 6753.1—2007
黏度(涂-4)/s	≥40	加原涂料量15%（质量分数)的去离子水稀释，按 GB/T 6753.4—1998 测试
pH 值	8～10	pH 计
烘干(140℃)/min	30	GB/T 1728—1979
涂膜外观	涂膜平整	目视
光泽(60°)	≥85	GB/T 9754—2007
附着力(划圈)/级	≤2	GB/T 1720—1979
硬度(中华铅笔)	≥HB	GB/T 6739—2006
柔韧性/mm	≤1	GB/T 6742—2007
耐冲击性/(kg·cm)	50	GB/T 1732—1993
耐酸性[10%(体积分数)硫酸溶液,5h]	无异常	GB/T 9274—1988
耐挥发油[SH0005 涂料工业用溶剂油/甲苯＝9/1,4h]	无异常	GB/T 9274—1988
储存稳定性(72h,50℃)	稳定	GB/T 6753.1—2007

4. 效果

用松香酸与环氧树脂共改性醇酸树脂，选用丙烯酸、苯乙烯混合单体，在引发剂过氧化

苯甲酰作用下，对松香酸与环氧树脂改性醇酸树脂进行接枝改性。然后采用部分甲醚化氨基树脂作为固化剂，配以合适的助剂、溶剂和颜料，制备了综合性能优异的适用于钢结构防护的水性丙烯酸改性醇酸氨基烤漆。

九、水性醇酸面漆

1. 原材料与配方

原料名称	质量分数/%
改性树脂	70.0~75.0
助溶剂	5.0~10.0
钛白粉	15.0~20.0
酞菁蓝	0.01
塑料紫	0.01
分散剂	0.5~1.0
消泡剂	0.3~0.6
催干剂	1.5~3.0
水	适量

2. 制备方法

(1) 基础树脂的合成 将制备醇酸树脂的各种原料按配方量装入反应瓶中，开始搅拌，升温至240℃，保持酯化反应至反应终点，加入助溶剂备用。

(2) 水性丙烯酸改性醇酸树脂的合成 在反应瓶中加入基础树脂，将丙烯酸酯类单体和引发剂混合均匀加入滴液漏斗中，升温至125~130℃开始滴加单体，用4~5h滴加完，至转化率≥98%为终点。降温至室温，加入三乙胺中和至pH为8左右，加水稀释至规定固体含量，搅拌均匀，即可制得水性丙烯酸改性醇酸树脂。

(3) 制漆工艺 用中和剂将树脂pH调整至合格，依次加入助溶剂和各种助剂搅拌均匀，加入颜填料，上砂磨机分散至细度合格，用去离子水调整黏度，加入催干剂，过滤包装。

3. 性能 （见表6-11）

表6-11 性能检测结果

检测项目	技术标准	溶剂型醇酸磁漆	水性醇酸面漆
在容器中的状态	搅拌无硬块	搅拌无硬块	搅拌无硬块
漆膜状态	平整光滑	平整光滑	平整光滑
黏度[涂-6杯,(23±2)℃]/s	≥35	90	75
表干时间/h	≤8.0	4.5	0.5
实干时间/h	≤15	15	15
光泽(60°)	≥85	86	88
细度/μm	≤20	≤20	≤20
摆杆硬度	≥0.20	0.32	0.35
耐冲击性/cm	50	50	50
柔韧性/mm	1	1	1
附着力/级	2	2	2
耐水性	8h不起泡、不脱落、允许轻微变色	通过	通过
耐汽油性(120#)	4h不起泡、不脱落、允许轻微变色	通过	通过

4. 效果

选择自制的水性丙烯酸改性醇酸树脂，通过对各种助剂的品种和用量的选择，制备了各项性能与溶剂型相媲美的水性醇酸面漆。该涂料具有快干、光泽高、附着力好等特点，有很好的市场推广价值。

十、汽车用水性聚酯树脂面漆

1. 原材料与配方

原材料	$w/\%$	原材料	$w/\%$
组分 1		组分 2	
水溶性聚酯树脂	2～5	水溶性聚酯树脂	25～40
颜料（R-706）	15～20	氨基树脂	4～15
分散剂	1～3	流平剂	0.5～1.5
消泡剂	0.05～0.2	消泡剂	0.1～0.5
润湿剂	0.1～0.2	润湿剂	0.1～1
中和剂	0.01～0.05	中和剂	0.1～1
去离子水	适量	去离子水	适量

2. 制备方法

（1）水溶性聚酯树脂的合成　按比例称取 TMP、NPG、SIPM、CHDM、FASCAT 4100 及抗氧剂 1010，加入装有冷凝器、搅拌器、温度计和油水分离器的 1000mL 四口烧瓶中，通入 N_2，缓慢升温到 170～180℃，二甲苯开始回流，待反应液透明后，再保持反应约 4h，之后加入 AD 和 THPA，升温至 230～240℃，二甲苯回流带出水，酸值降至 10mgKOH/g 以下时降温，蒸除残留的二甲苯，加入乙二醇丁醚，调整固体分为 70%，即得到无色透明或淡黄色的水溶性聚酯树脂溶液。

（2）汽车 OEM 水性面漆的制备　按比例称取组分 1 部分的树脂、颜料（R-706）和助剂，用立式砂磨机研磨分散至细度≤10μm 后，过滤出料，测定固体分。再加入组分 2 部分的原材料，搅拌分散均匀后，过滤，出料。所得面漆的固化条件为：80℃闪干 5～10min 之后，于 140℃烘烤 30～45min。

3. 性能

由表 6-12 可见，研制的汽车 OEM 水性面漆的性能接近或达到溶剂型面漆的水平，在某些应用领域完全可以替代溶剂型面漆，以减少 VOC 的排放，达到绿色环保的目的。

表 6-12　制备的水性面漆与溶剂型面漆比较

检测项目	检测结果		检测标准
	汽车 OEM 水性面漆	溶剂型面漆	
光泽(20°/60°)	86/94	92/96	GB/T 9754—2007
雾影	18	15	—
耐冲击性/cm	50	50	GB/T 1732—1993
铅笔硬度	H	H	GB/T 6739—2006
柔韧性/mm	1	1	GB/T 1731—1993
附着力/级	1	1	GB/T 9286—1998
耐水性(40℃,10d)	不起泡、不起皱、不脱落	不起泡、不起皱、不脱落	GB/T 1733—1993
耐老化性(1000h)	失光 2 级、变色 1 级	失光 1 级、变色 1 级	GB/T 1865—2009
耐盐雾性(500h)	不起泡、不起皱、不脱落	不起泡、不起皱、不脱落	GB/T 1765—1979

4. 效果

首先以 SIPM 与 TMP、NPG 和 CHDM 反应制备聚酯中间体，然后与多元酸反应合成了水溶性聚酯树脂。采用该树脂制备水性聚酯氨基汽车面漆，当 m（水溶性聚酯树脂）/m（Cymel 325）＝85/15 时，漆膜的力学性能平衡性最好。选用 N,N-二甲基乙醇胺作为中和剂，并且中和度为碱性（pH＝8～9）时，水性面漆的储存稳定性最佳，漆膜性能达到或接近溶剂型涂料的水平。

十一、水性醇酸防腐涂料

1. 原材料与配方

磺酸盐基水性醇酸防腐底漆配方见表 6-13。

表 6-13　磺酸盐基水性醇酸防腐底漆配方

原材料	红色	黑色	灰色 1	灰色 2	红色
水性醇酸树脂	24.4	24.4	24.4	24.4	24.4
氧化铁红	6.7				10
氧化铁黑		6.7			
氧化铁灰			6.7	9.8	
Alcophor 827	1.7	1.7	1.7		1.7
SZP-391				6	
Nubirox 106					4
滑石粉(CMS-555)	3.8	3.8	3.8	3.8	3.8
沉淀硫酸钡	7.7	7.7	7.7	7.7	7.7
助溶剂	3.6	3.6	3.6	3.6	3.6
氨水(25%)	1.2	1.2	1.2	1.2	1.2
催干剂	1	1	1	1	1
消泡剂	0.3	0.3	0.3	0.3	0.3
流平剂(BYK-333)	0.2	0.2	0.2	0.2	0.2
去离子水	33	33	33	33	33

2. 磺酸盐基水性醇酸防腐底漆的配制工艺

（1）研磨色浆阶段

① 在分散釜中加入配方量的助溶剂和去离子水，在搅拌下慢慢加入配方量的部分水性醇酸树脂，使之稀释，然后加入 pH 调节剂，调整 pH 值为 7～8。

② 在搅拌下，慢慢加入配方量的消泡剂、水性催干剂。

③ 在搅拌下，慢慢加入配方量的防锈颜料和填料，然后用砂磨机进行研磨，直至细度＜30μm。

④ 细度达到要求后，放出色浆，用计量的去离子水分 3 次冲洗砂磨釜，并将该部分冲洗水用于后面的配漆中。

（2）混合阶段

① 在调漆釜中加入配方量的乙二醇丁醚助溶剂和去离子水（包括研磨色浆阶段的冲洗水），在搅拌下，慢慢加入配方量剩余的水性醇酸树脂，使之稀释，然后加入 pH 调节剂，调整 pH 值为 7～8。

② 在搅拌下，慢慢加入配方量的消泡剂、流平剂等助剂。

③ 在搅拌下，慢慢加入第（1）步制好的色浆。

④ 检测 pH 值，用 pH 调节剂调整 pH 值为 7～8，可加适量的去离子水调节黏度。

⑤ 用 80～120 目滤网过滤，即得水性醇酸防腐底漆。

3. 性能 （见表 6-14）

表 6-14 　磺酸盐基水性醇酸防腐底漆的性能指标

检测项目	红色	黑色	灰色	灰色	红色
储存稳定性	无沉降	无沉降	无沉降	无沉降	无沉降
细度/μm	≤30	≤30	≤30	≤30	≤30
固体含量/%	50	50	50	50	50
遮盖力/(g/m^2)	≤80	≤80	≤80	≤80	≤80
干燥时间(25℃)					
表干/h	2	2	2	2	2
实干/h	24	24	24	24	24
柔韧性/mm	1	1	1	1	1
耐冲击性/cm	50	50	50	50	50
铅笔硬度	F	HB	F	HB	HB
附着力/级	0	0	0	0	0
杯突试验/mm	7	7	7	7	7
耐盐水性/h	168	168	168	168	168
耐盐雾性/h	192	192	192	192	192

4. 效果

采用自制的水性醇酸树脂，配以高效无毒的防锈颜料，制备了具有优异防腐性能的水性醇酸防腐底漆。该底漆与现有的水性防腐底漆相比有以下优点：①储存稳定性好；②耐水性和防腐性能优异；③自交联性好；④使用安全方便；⑤应用前景广阔。

第七章

水性聚氨酯涂料

第一节　水性聚氨酯乳液

一、简介

　　水性聚氨酯涂料以水为主要分散介质，不燃，对环境友好。水性聚氨酯涂料分为单组分和双组分两种。其中单组分水性聚氨酯涂料施工方便，但其涂膜的耐化学介质性能无法与相应的溶剂型涂料媲美。水性双组分聚氨酯涂料由于涂膜交联密度高，具有优异的物理机械性能和耐化学介质性能。可代替同类型溶剂型产品用作汽车涂料、高级木器涂料、塑料涂料及工业防腐涂料等，满足不同的性能要求。

　　自 20 世纪 80 年代后期以来，由于环保法规的日益严格，水性聚氨酯树脂的发展步伐逐渐加快。水性聚氨酯与溶剂型聚氨酯树脂的性能差距逐步缩小，在硬度、耐磨、抗冲击、抗弯曲等力学性能方面甚至超过溶剂型聚氨酯。在相对湿度小于 50% 的条件下，干燥速率也不逊于溶剂型涂料。水性聚氨酯产品开发力度之大和产品系列之丰富尤以拜耳、巴斯夫、罗地亚等公司为突出。应用于涂料的水性聚氨酯树脂除考虑对人和环境友好的因素外，高品质的水性聚氨酯更多地考虑了户外耐候性、耐黄变性的因素，较多采用六亚甲基二异氰酸酯（HDI）、异佛尔酮二异氰酸酯（IPDI）等脂肪族异氰酸酯合成综合性能优异的水性聚氨酯，且较为突出的是水性聚氨酯固化剂采用脂肪族或脂环族二异氰酸酯，其耐水解性好于采用芳香族二异氰酸酯的固化剂，易制得相对分子质量高且分布窄、黏度低的预聚体。对水性聚氨酯的研究表明，聚氨酯结构中的—NCO 基团与水的反应速率小于水的蒸发速率，含官能基的脂肪族—NCO 反应性如下：胺＞羟基＞水＞脲＞氨基甲酸酯。在水蒸发后，漆膜中以—NCO 与—OH 的反应为主。国外学者研究表明：只有在—NCO 基团自由释放时，水才能离开漆膜，—NCO 基团才有可能与含羟基的组分反应。因此—NCO/—OH 应在 1.2～2.5，才能使水快速脱离漆膜。且过量的异氰酸酯与水反应生成脲结构，产生网状交联结构，使漆膜硬度增大，耐化学品性能提高。考虑到性价比因素，最适宜的比例应为 1.5 左右。

二、桐油基水性聚氨酯乳液

1. 原材料与配方（单位：质量份）

桐油基多元醇 TBPO	100	催化剂有机锡	0.5
异佛尔酮二异氰酸酯（IPDI）	80	三乙胺（TEA）	3.0
2,2-羟甲基丙酸（DMPA）	10	去离子水	适量
N-甲基吡咯烷酮（NMP）	5.0	其他助剂	适量

2. 制备方法

（1）桐油基多元醇 TBPO 的制备　将 1,4-丁二醇（BDO）和 MEA 按羟基与羧基的物质的量之比为 3∶1 的比例加入到反应器中，并加入相当于 MEA 质量 0.5％的对甲苯磺酸 PTSA 作为催化剂。首先 120～130℃下反应 3h，然后在减压条件下继续反应 3h 并收集反应副产物，所得产物为琥珀色较黏稠的桐油基多元醇 TBPO，测定其羟值为 172.87mg KOH/g。

（2）桐油基水性聚氨酯的合成　将 IPDI、TBPO 按一定比例加入到反应器中，搅拌升温至 60℃，加入微量有机锡催化剂（DBTDL），随即升温至 80～85℃，反应 2h；加入计量好的 DMPA 和 NMP，继续反应 3h；降温至 50～60℃，加入计量好的 TEA，搅拌 10～15min；将搅拌速度升高至 1500r/min，并迅速加入计量好的去离子水，高速分散 20min；最后在低速搅拌下保温反应 30～40min，降温，即得淡黄色半透明桐油基水性聚氨酯分散液 WTBPU。

3. 性能与效果

通过桐酸甲酯酸酐和 1,4-丁二醇的反应，制备了桐油基多元醇。利用桐油基多元醇、二羟甲基丙酸和异佛尔酮二异氰酸酯制备了聚氨酯预聚体，并进一步分散于水中制备了桐油基水性聚氨酯乳液。该桐油基聚氨酯具有高硬度，耐热性得以改善，而聚氨酯乳液的平均粒径约 85nm，且具有单分散性，该水性聚氨酯乳液可应用于涂料领域。

三、氯化聚丙烯改性水性聚氨酯乳液

1. 原材料与配方（单位：质量份）

聚酯多元醇	100	扩链剂	0.2
异佛尔酮二异氰酸酯	80	三乙胺	1～2
马来酸酐接枝改性 CCP	30～50	丙酮	1～3
催化剂	1.0	其他助剂	适量
去离子水	适量		

2. 制备方法

（1）乳液制备　称取一定量原料 MAH 和 CPP 加入到 250mL 三口瓶中，首先用二甲苯在 60℃下将 CPP 及 MAH 溶解，升高温度至 100℃，在氮气保护下缓慢滴加已用二甲苯溶解的引发剂 BPO，反应 3h。将反应后所得溶液倒入丙酮溶液中，放置一段时间后滤出沉淀，烘干。之后再用二甲苯溶解并用丙酮沉淀，过滤烘干，如此反复处理 3 次后得到 MCPP。

将制得的马来酸酐接枝氯化聚丙烯（MCPP）加入计量好的 IPDI 中，于 110℃下反应 1h，加入计量好的聚酯多元醇，在 90℃下反应 2h，降温至 70℃，加入适量催化剂及扩链剂，以丙酮调节体系黏度，待扩链结束，快速搅拌下三乙胺中和后，加入去离子水乳化，蒸出溶剂，得到氯化聚丙烯改性阴离子型水性聚氨酯乳液。

（2）胶膜的制备　将所制得的 WPU 乳液取一定质量倒入聚四氟乙烯板上成膜，室温下进行初步干燥，待表干后再放入烘箱中，于 60℃ 干燥至恒重，取出放入干燥器中自然冷却，备用。

3. 性能与效果

① 合成了不同接枝率的 MCPP 接枝产物，通过与水性聚氨酯接枝后，发现接枝率过低或接枝率过高都会导致乳液稳定性下降或在后期乳化过程中出现无法乳化的情况，在接枝率为 1.5% 时，所得的乳液状态较好。

② 在 1.5% 的接枝率条件下加入不同含量接枝物的水性聚氨酯中，胶膜的力学性能得到提升，对于 PP 薄膜的黏结强度增加，但由于 CPP 的耐热性较聚氨酯差，随着接枝物的加入胶膜的耐热性变差，综合考虑在 MCPP 的加入量为 5% 时，得到的接枝改性水性聚氨酯具有较好的性能。

四、阳离子水性聚氨酯乳液

1. 原材料与配方（单位：质量份）

聚醚二元醇（PTMEG-2000）	25	三羟甲基丙烷（TMP）	0.4
4,4-二环己基甲烷二异氰酸酯（MMDI）		冰乙酸	适量
	100	丙酮	适量
二月桂酸二丁基锡（T12）	1.0	蒸馏水	适量
N-甲基二乙醇胺（MDEA）	4～5	其他助剂	适量

2. 制备方法

（1）实验准备阶段　实验前分别将异佛尔酮二异氰酸酯、聚醚二元醇、4,4-二环己基甲烷二异氰酸酯、N-甲基二乙醇胺进行干燥，置于 110℃ 的真空干燥箱中干燥 4h；丙酮用活化过的 4A 分子筛干燥 7d 处理。

（2）制备阶段

① 按一定比例把处理过的 HMDI、IPDI、PTMEG 加入到干燥的三口烧瓶中，电动搅拌并测量温度，直至加热到 75℃ 后，滴入几滴催化剂 T12，在氮气的保护下恒温反应 3.5h。

② 反应达到预定时间后，控制反应温度使其降至 55℃，为降低反应液黏度需加入适量丙酮，再加入 MDEA 恒温反应 3h。

③ 在 55℃ 下加入 TMP 继续反应 2h。

④ 加入 1,4-丁二醇反应 2h（反应中注意加入适量丙酮）。

⑤ 控制反应温度为 40℃，滴加冰乙酸中和反应液，反应 0.5h，然后快速搅拌加入适量蒸馏水进行乳化，然后对乳液减压蒸馏以除去剩余的丙酮。

⑥ 取一干净干燥的培养皿，倒入乳化好的乳液，室温下放置干燥 7d 成膜，再放烘箱中，在 50℃ 下干燥 5d。

由 HMDI 和聚醚二元醇制备出的聚氨酯编号为 WPU（Ⅰ）；由 IPDI 和聚醚二元醇制备出的聚氨酯编号为 WPU（Ⅱ）；由混合二异氰酸酯（HMDI 和 IPDI）和聚醚二元醇制备出的聚氨酯编号为 WPU（Ⅲ）。

3. 性能与效果

以异佛尔酮二异氰酸酯（IPDI）、4,4-二环己基甲烷二异氰酸酯（HMDI）、聚醚二元醇（PTMEG-2000）为单体，用 N-甲基二乙醇胺作亲水扩链剂，制备阳离子型水性聚氨酯

（WPU），并对其进行了红外光谱和粒径分析，主要探讨了影响阳离子水性聚氨酯固含量、断裂伸长率、吸水率的因素如混合二异氰酸酯摩尔比 n（IPDI/HMDI）、预聚时二异氰酸酯与二元醇摩尔比 n（二异氰酸酯/二元醇）、N-甲基二乙醇胺用量、三羟甲基丙烷用量和中和度。结果表明：当 n（IPDI/HMDI）在 $0.47:1$ 与 $0.23:1$ 之间时，所制得的阳离子型水性聚氨酯的固含量、断裂伸长率和吸水率均呈较稳定的状态；预聚阶段 n（二异氰酸酯/二元醇）对 WPU 固含量影响不大，对断裂伸长率、吸水率影响明显；MDEA 的用量对固含量、断裂伸长率和吸水率都有较大的影响；TMP 的用量对 WPU 膜的固含量、吸水率及断裂伸长率影响一般；中和度对 WPU 固含量以及断裂伸长率的影响不大，但对吸水率影响较大。

五、聚酯多元醇水分散体

1. 原材料与配方

原料名称	规格	原料名称	规格
新戊二醇（NPG）	工业品	Carduar™E10P	工业品
间苯二甲酸（IPA）	工业品	间苯二甲酸-5-磺酸钠（5-SSIPA）	
对苯二甲酸（TPA）	工业品		工业品
三羟甲基丙烷（TMP）	工业品	酸催化剂	工业品
己二酸（AA）	分析纯		

2. 制备方法

（1）聚酯中间体的制备　在带有搅拌器、冷凝管、分水器、热电偶及氮气入口的四口烧瓶中加入 5-SSIPA、NPG、少量去离子水和酸催化剂，通入氮气保护，用 2h 加热升温到（160±2）℃，然后每 0.5h 升温 10℃，分水器中收集馏分，直到温度达到 200～210℃，保温，定时取样测酸值，当酸值降到 1.0～5.0mgKOH/g 时停止反应，将混合物料趁热倒入研钵碾至粉末状，干燥条件下储存。

（2）带羟基的聚酯树脂的制备

方法 1：在带有搅拌器、冷凝管、分水器、热电偶及氮气入口的四口烧瓶中加入适量聚酯中间体、NPG、TMP、IPA、AA 及酸催化剂，通入氮气保护，升温至（120±2）℃，然后在 6h 之内将温度升至 210～230℃，分水器中收集馏分（水），保温，直到酸值小于 10mgKOH/g，降温出料。

方法 2：在带有搅拌器、冷凝管、分水器、热电偶及氮气入口的四口圆底烧瓶中加入聚酯中间体、NPG、IPA、部分 TMP 及少量酸催化剂，导入氮气并缓慢升温，当反应器中混合物料变透明时，降温至 120℃，加入 AA；缓慢升温至 180℃，恒温加热 1h 后加入剩余的 TMP，继续缓慢升温至 210～230℃，恒温加热，反应时间 8～20h，直至酸值小于 10mgKOH/g，降温出料。

方法 3：将配方量的聚酯中间体、NPG、TMP、IPA、AA 及酸催化剂加入装有分馏柱、搅拌器、热电偶和氮气入口的四口烧瓶中加热，通氮气保护，当物料大部分熔化后开始搅拌，当釜温升至（150±2）℃时，保温，观察分馏柱顶温度，当温度不再上升时，将釜温升高 10℃，控制分馏柱顶温度不超过 100℃，直到釜温升至 210～230℃，保温，直到酸值小于 10mgKOH/g，降温出料。

将上述树脂降温到 80℃左右，缓慢加适量的去离子水（按所需固含量计算），搅拌分散 30min，即得到半透明带蓝光的聚酯多元醇水分散体。

（3）配漆工艺　固化剂采用脂肪族聚异氰酸酯 Bayhydur® XP 2487/1，由

BayerMaterial Science 提供。

室温下按 $n(—NCO)：n(—OH)＝1.5：1～2.0：1$ 的比例加入聚酯多元醇水分散体与固化剂，充分混合后，加水稀释至涂布黏度，加少量消泡剂，搅拌均匀即可。

3. 性能与效果

水性聚酯树脂也称为聚酯多元醇水分散体，其制备大多是先获得端羟基聚酯多元醇，再引入自乳化官能团，胺中和后在水中分散获得。为了得到稳定的乳液，这种聚酯多元醇的酸值通常高达 $20～30mgKOH/g$，因此以这类树脂制备的涂膜往往存在耐水性差、易黄变等缺陷。为了改善这些缺点，在聚酯树脂合成中，带有磺酸盐官能团的单体得到了广泛的应用。由这类单体合成的聚酯树脂本身含羟基官能团，且酸值降至 $4～8mgKOH/g$ 仍可得到稳定的乳液。由于其酸值较低，不需要用胺中和来使其分散在水中，树脂中没有残余的胺，所制备的涂料不仅耐水性好，而且不会有胺带来的不愉快的气味。

① 首先以 5-SSIPA 与 NPG 反应制备聚酯中间体，然后将用量约为单体总质量 12％的中间体与有关的多元醇、多元酸进行反应可以制备高性能的聚酯多元醇水分散休。合成工艺采用方法 3，反应时间可缩短至 4h，酯化率高达 99.1％。

② 在合成聚酯多元醇时引入叔碳酸缩水甘油酯单体，不仅能明显降低树脂的黏度、提高固含量、减小分散体的粒径，还能使该水分散体与固化剂配套后所成涂膜的耐水性、耐酸性和耐碱性提高。

③ 制备聚酯多元醇时，以酸作催化剂，反应速度较快，酸值降低迅速。这种聚酯多元醇水分散体无须胺中和，固含量高、稳定性好，VOC 含量接近零，可与水性多异氰酸酯固化剂合用制备水性双组分聚氨酯涂料，也可与水性氨基树脂固化剂合用作为水性汽车面漆。

六、丙烯酸异冰片酯共聚改性水性聚氨酯乳液

1. 原材料与配方（单位：质量份）

聚酯多元醇（xcp-244）	100	一缩二乙二醇（DEG）	0.75
异佛尔酮二异氰酸酯（IPDI）	80	二月桂酸二丁基锡（DBTDL）	1.0
丙烯酸异冰片酯（IBOA）	30	三乙胺（TEA）	适量
2,2-二羟甲基丙酸（DMPA）	4.5～5.0	水	适量
偶氮二异庚腈（ABVN）	1～2	其他助剂	适量

2. 制备方法

（1）IBOA 改性水性聚氨酯乳液共聚反应机理　首先制备含亲水基团的聚氨酯（PU）预聚体，由于聚氨酯（PU）大分子上既有亲水基团又有亲油基团，可以将其看作聚合物大分子乳化剂，加入丙烯酸酯（PA）单体和引发剂进行再聚合，最后乳化形成较稳定的核壳结构乳液。PU 预聚体为憎水链相对集中、亲水性离子基团分布在微胶粒表面的一种高稳定性、高分散性的胶体体系，分子链上的亲水基团与水的亲和力大，乳化时大分子始终朝向粒子表面、聚丙烯酸酯与水作用力相对较差则留在粒子内部，因此形成以 PU 为壳、PA 为核的 PUA 乳液。

（2）实验步骤　将一定量真空脱水后的 XCP-244 和 IPDI 加入到带有搅拌器、温度计、恒压滴液漏斗和冷凝管的四口烧瓶中，搅拌升温至 50℃后反应 0.5h，再加入一定量的DMPA 继续反应，适当降温，加入一定量的 DEG、IBOA 和几滴催化剂反应，并将适量的引发剂 ABVN 溶于丙酮中缓慢滴加，滴完后保温反应一段时间。将预聚体在冰浴的情况下

用 TEA 中和，之后转移到均质机加水乳化，得到泛蓝光乳液。减压蒸馏脱去丙酮后得到共聚改性水性聚氨酯乳液。

将上述乳液倾入聚四氟乙烯铺膜板，常温静置于水平台面上，待水分蒸发凝固后置于鼓风干燥箱中 100℃加热干燥至恒质量。

3. 性能

IBOA 添加量为 30％时，DMPA 含量 5％，DEG 含量 0.75％，中和度 100％及反应时间为 5h 条件下制得的 WPUA 乳液，经过测试乳液粒径为 194nm，粒径较小，乳液稳定性良好。

将乳液铺制成膜后与未经过改性的 WPU 胶膜各项性能进行对比，结果如表 7-1 所示。

表 7-1　改性前后胶膜各项性能比较

项目	WPU	WPUA
吸水率/％	11.53	5.43
拉伸强度/MPa	23.42	43.85
T_g/℃	-7.23	-5.69

对比表 7-1 数据可以发现，由于 IBOA 改性后的胶膜刚性环增加，胶膜的吸水率降低，拉伸强度升高，T_g 也提高了，说明胶膜的耐水性、耐热性以及力学性能均得到了改善。

4. 效果

① 以 IBOA 为原料采用共聚的方法合成了 IBOA 改性水性聚氨酯复合乳液，在 IBOA 添加量为 30％时，取 R 值为 1.80，DMPA 含量 5％，DEG 含量 0.75％，中和度 100％及反应时间为 5h 所制得的 IBOA 改性水性聚氨酯乳液的综合性能较好。

② 与未经过改性的 WPU 相比，经过 IBOA 改性后的水性聚氨酯胶膜在耐水性、耐热性、拉伸强度等方面都有了一定程度的提高。

③ IBOA 与 PU 反应后形成了以 IBOA 为核以 PU 为壳的壳核结构，经红外检测表明 IBOA 成功地引入到 PU 中。

▶ 第二节　水性聚氨酯建筑与防腐涂料

一、水性聚氨酯建筑涂料

(一) 实用配方

1. 水性聚氨酯弹性建筑防水涂料

原材料	用量/质量份	原材料	用量/质量份
水性聚氨酯树脂（PU）	100	填料	30～50
丙烯酸酯（PA）	50～60	其他助剂	适量
增塑剂	2～6	去离子水	适量

采用混合聚醚、—NCO／—OH 比值为 5/4、亲水单体用量为 6％及适度扩链、交联的方法能制得性能优异的水性聚氨酯弹性体。

水性聚氨酯防水涂料的主要性能达到并超过聚氨酯防水涂料的国家标准，为新型的环保聚氨酯防水涂料。

2. 沥青聚氨酯水性防水涂料

		质量份
A 组分：	聚氨酯预聚体	86
	改性剂	10
	助剂	4
B 组分：	沥青乳液	80
	改性材料	20

A：B＝1：(0.1～1.2)（质量比）

将防水性能优良、价格低、来源广的沥青与固体的彩色聚氨酯防水涂料相结合，保持了水固化彩色聚氨酯防水涂料的优良性能，又降低了成本，具有很好的经济效益和社会效益，推广前景良好。

水性自交联纳米改性聚氨酯道路标志涂料见表 7-2，纳米复合道路标线涂料的性能指标见表 7-3。

表 7-2　水性自交联纳米改性聚氨酯道路标志涂料

组成	用量(质量分数)/%	组成	用量(质量分数)/%
2342 弹性乳液①	30～45	纳米 SiO₂	1～4
多胺聚合物（自制）	1～4	杀菌防霉剂	0.4～0.9
金红石型 TiO₂	8～10	成膜助剂	1～2
绢云母	8～16	分散剂	1～3
三氧化二铝粉	5～8	消泡剂	0.4～1.0
玻璃粉	10～20	表面活性剂	0.3～0.6
碳酸钙、滑石粉等	8～15	氨水(28%)	2～4

① 2342 为水溶性脂肪酸改性聚氨酯弹性体。

表 7-3　纳米复合道路标线涂料的性能指标

性能	指标	性能	指标
外观	白色	耐水性/d	120
固含量/%	60～75	耐紫外光照射/h	1000
表干时间/min	3～10	pH 稳定性	通过
实干时间/min	20～40	冻融稳定性	通过
不粘胎时间/min	4～10	高温稳定性	通过

注：干燥时间测定温度在 10℃以上，相对湿度小于 90%。

（二）水性丙烯酸聚氨酯建筑涂料

1. 原材料与配方

序号	原材料	规格产地	用量/%
1	水性羟基丙烯酸分散体	进口或国产	60～70
2	消泡剂 A	迪高	0.1～0.2
3	消泡剂 B	迪高	0.05～0.1
4	分散剂	巴斯夫	1.5～2.5
5	润湿剂	迪高	0.3～0.5
6	钛白粉	国产	20～25
7	炭黑	进口	0.2～0.5
8	去离子水	—	4～5

序号	原材料	规格产地	用量/%
9	助溶剂	江苏天音化工	2～4
10	防爆泡剂	毕克	0.4～0.6
11	增稠剂	海名斯	0.3～0.6

2. 制备方法

（1）主漆配制　在分散容器中准确加入水性羟基丙烯酸树脂分散体，将分散容器固定在高速分散机搅拌杆中心，在低速 500r/min 下依次缓缓加入分散剂、润湿剂、消泡剂、基材润湿剂后，提高转速至 1000r/min，高速分散 10min，降低分散机转速至 500r/min，加入钛白粉、炭黑等颜料，提高转速至 1500r/min，分散 30min 后，置入砂磨机研磨至细度合格，在 500r/min 转速下缓缓加入助溶剂、防爆泡剂、增稠剂，提高转速至 1200r/min 继续分散 30min，即得双组分水性聚氨酯 A 组分。

（2）水性多异氰酸酯固化剂配制　要求避免在潮湿环境下进行操作，在容器中准确称量水性多异氰酸酯固化剂，500r/min 转速下依次加入 PMA、DMM，至搅拌均匀，即得双组分水性聚氨酯 B 组分。

3. 性能 （见表 7-4）

表 7-4　水性聚氨酯工业涂料检测结果

项　　目	技术指标	项　　目	技术指标
涂膜颜色外观	光亮,平整光滑	硬度	≥H
表干时间/h	≤2	光泽(60°)	90±2
实干时间/h	≤24	耐人工老化(2000h)/级	失光<1,变色<1
60℃烘烤/h	1	耐酸(5%H_2SO_4,200h)	不起泡,有轻微变色
附着力/级	≤2	耐碱(5%KOH,27h)	不起泡,有轻微变色
弯曲/mm	≤1	耐盐雾(400h)	不起泡,有轻微变色
抗冲击(正反冲)/kg·cm	50		

4. 效果

采用水性羟基丙烯酸分散体为主要成膜物，配以水性多异氰酸酯，通过改变水性多异氰酸酯分散工艺提高涂膜光泽。该涂膜具有良好的力学性能、优良装饰性、长久的保光保色性，具有广泛的施工性能，可低温烘烤或常温自干，与传统溶剂型聚氨酯涂料比较，在环境友好、节能方面有明显改善。试制的双组分水性聚氨酯产品 VOC 低，在施工条件下 VOC 可控制在 110g/L 以下，可以替代传统溶剂型聚氨酯涂料在大巴车、轨道交通、工程机械、一般工业涂装使用。目前双组分水性聚氨酯涂料的技术已经发展成熟，在未来几年用户产品升级中具有广阔市场前景。

（三）水性聚氨酯外墙涂料

1. 原材料与配方

序号	原料名称	用量/%
1	疏水改性分散剂	1.20～2.0
2	消泡剂	0.20～0.40
3	云母粉	5.00～7.50
4	金红石型钛白粉	18.00～21.00
5	改性聚氨酯复合乳液	41.00～45.00
6	消泡剂	0.20～0.30

序号	原料名称	用量/%
7	漆膜防霉防藻剂	1.00～1.50
8	丙二醇	2.00～4.00
9	防腐剂	0.10～0.20
10	增塑剂	1.50～2.50

2. 制备工艺

制备步骤：将分散剂、成膜助剂、消泡剂、增塑剂、pH 稳定剂在水中搅拌，加入填颜料高速分散，然后将改性聚氨酯复合乳液缓慢倒入搅拌，再加入流平剂、消泡剂、增稠剂，结合分散技术继续低速搅拌，即得水性聚氨酯建筑防水涂料，然后测定该水性涂料各种理化性能指标。制备工艺流程图见图 7-1。

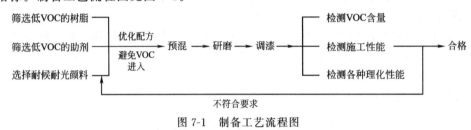

图 7-1　制备工艺流程图

3. 性能

以水性聚氨酯树脂为基料，以水为分散介质并结合纳米分散技术进行改性，通过交联改性的水性聚氨酯涂料研发一种新型建筑外墙涂料，使其具有良好的储存稳定性、涂膜力学性能、耐水性、耐溶剂性及耐老化性能等。各种理化性能指标见表 7-5。

表 7-5　各种理化性能指标

检测项目	目标值
黏度(25℃)/KU	84～88
细度/μm	0～50
密度/(g/cm³)	1.38～1.44
对比率	≥0.90
耐碱性	48h 无异常
耐水性	96h 无异常
干燥时间(表干)/h	≤2
耐洗刷性/次	≥2000
耐人工老化性	450h 不起泡、不剥落、无裂纹粉化≤1 级、无变色≤1 级
耐沾污性(5 次)/%	≤15
拉伸强度/MPa	≥1
耐醇性(50%,1h)	无异常
挥发性有机化合物的含量(VOC)/(g/L)	≤150
乙二醇醚及醚酯含量总和/%	≤0.03
铅、镉、铬、汞/(mg/kg)	≤1000

（四）水性聚氨酯防水建筑涂料

1. 原材料与配方

成分	含量（质量分数）/%	成分	含量（质量分数）/%
主要成膜物质	70～82	透明粉	5～10
成膜助剂	0.3～0.6	消泡剂 131	0.1～0.2
老化剂	0.4～0.8	水	13～20

采用了三种主要成膜物质，分别为：闭端型预聚体高分子材料（PNU）、丙烯酸酯乳液（2010）、乙烯-醋酸乙烯酯乳液（EVA101）。

2. 制备方法

称料—配料—混料—中和—卸料—备用。

3. 性能

酸碱处理对涂料性能的影响见表7-6。

表7-6　酸碱处理对涂料性能的影响

项目	处理介质		
	15%氢氧化钾	饱和氢氧化钙	15%硫酸
拉伸强度/MPa	22.1	23.8	21.6
断裂伸长率/%	718	694	685
透明性/%	97.4	96.8	58.2
低温柔性（-20℃）	通过	通过	通过

从表7-6可以看出，酸碱处理对PNU防水涂料的拉伸性能影响不大，拉伸强度依然保持在20MPa以上，断裂伸长率保持在600%以上，低温柔性保持在-20℃以下，足以适应外墙热胀冷缩的需要。酸碱处理后变化最大的是涂膜的透明性，实验中发现，酸处理后的涂膜呈白雾状，即使烘干了透明性也不好，表面似乎有一层难以擦除的白粉状物质；饱和氢氧化钙溶液处理过的涂膜未烘干前有点轻微发白，但是干燥后透明性恢复如初；氢氧化钾溶液处理过的涂膜未烘干前透明性与处理前一样，没有色泽上的变化。

4. 效果

采用了闭端型预聚体高分子材料（PNU）、丙烯酸酯乳液（2010）、乙烯-醋酸乙烯酯乳液（EVA101）三种主要成膜物质，配制了三种透明防水涂料并考察其综合性能。结果表明，以PNU为主要成膜物质的防水涂料拉伸性能优异，透明性好，不遮盖建筑既有外观与色泽，耐沾污性好且耐酸耐碱性强，是有特殊要求的外墙或外围护结构防水的理想选择。

（五）水性聚氨酯热反射隔热外墙涂料

1. 原材料与配方

（1）原材料　成膜物质：拜耳材料科技有限公司的聚氨酯乳液；玻璃微珠；陶瓷微珠；红外陶瓷粉；滑石粉；重质$CaCO_3$；纳米轻质$CaCO_3$；钛白粉；分散剂；增稠剂；消泡剂及去离子水。

（2）配方（见表7-7～表7-9）

表7-7　单组分反射隔热外墙涂料基本配方

项目	T_1	T_2	T_3	T_4	T_5	T_6	T_7
D. Iwater	8.00	8.00	8.00	8.00	8.00	8.00	8.00
AMP 95	0.10	0.10	0.10	0.10	0.10	0.10	0.10
SN5027	0.80	0.80	0.80	0.80	0.80	0.80	0.80
PE 100	0.20	0.20	0.20	0.20	0.20	0.20	0.20
901W	0.15	0.15	0.15	0.15	0.15	0.15	0.15

项目	T_1	T_2	T_3	T_4	T_5	T_6	T_7
R706	15.00	15.00	15.00	15.00	15.00	15.00	15.00
重质 $CaCO_3$	10.00	10.00	10.00	10.00	10.00	10.00	10.00
ASE-60	0.20	0.20	0.20	0.20	0.20	0.20	0.20
2468M	42.00						
9169M		36					
2606		9					
1537			40		40		36
401-A				40		40	
玻璃微珠 S38HS					10	10	
陶瓷微珠 W-210	15.00	15	15	15			
BYK 093	0.30	0.30	0.30	0.30	0.30	0.30	0.30
RM 8W	0.40	0.40	0.40	0.40	0.40	0.40	0.40
50% BD/BDG in water	6.00	6.00	6.00	6.00	6.00	6.00	6.00
DIwater	6.00	6.00	6.00	6.00	8.85	8.85	7.85

表 7-8　双组分反射隔热外墙涂料基本配方

项目		T_8	T_9	T_{10}	T_{11}	T_{12}	T_{13}	T_{14}
组分 A	DIwater	10	10	10	10	10	10	10
	3KB	0.2	0.2	0.2	0.2	0.2	0.2	0.2
	DEMA	0.2	0.2	0.2	0.2	0.2	0.2	0.2
	FA 182	0.6	0.6	0.6	0.6	0.6	0.6	0.6
	EFKA 4560	0.4	0.4	0.4	0.4	0.4	0.4	0.4
	901W	0.1	0.1	0.1	0.1	0.1	0.1	0.1
	BYK 349	0.3	0.3	0.3	0.3	0.3	0.3	0.3
	R944,钛白粉	20						
	R706		20	20	10	10	10	10
	重质 $CaCO_3$	7	7					
	纳米轻质 $CaCO_3$			7				
	BayhydrolA	55.3	55.3	55.3	55.3	55.3	55.3	55.3
	红外陶瓷粉				16			
	玻璃微珠 S38HS					10		8
	陶瓷微珠 W-210						15	7
	BYK 022	0.3	0.3	0.3	0.3	0.3	0.3	0.3
	OMG 0435	0.4	0.4	0.4	0.4	0.6	0.6	0.6
	DIwater	5.2	5.2	5.2	5.2	12	7	7
组分 B								
	Bayhydur XP	10	10	10	10	10	10	10

表 7-9　改进后反射隔热外墙涂料基本配方

项目		T_{15}	T_{16}	T_{17}	T_{18}	T_{19}	T_{20}	T_{21}	T_{22}	T_{23}
组分 A	DIwater	6	6	6	6	6	6	6	6	6
	BYK 190	3	3	3	3	3	3	3	3	3
	901W	0.1	0.1	0.1	0.1	0.1	0.1	0.1	0.1	0.1

项目	T_{15}	T_{16}	T_{17}	T_{18}	T_{19}	T_{20}	T_{21}	T_{22}	T_{23}
BYK 349	0.3	0.3	0.3	0.3	0.3	0.3	0.3	0.3	0.3
钛白粉 R 706	30	22.5	15	22.5	15	15	15	15	0
陶瓷微珠	0	7.5	15	0	0	4.5	7.5	10.5	30
Borchi0435	0.4	0.4	0.4	0.4	0.4	0.4	0.4	0.4	0.4
BayhydrolA	55.3	55.3	55.3	55.3	55.3	55.3	55.3	55.3	55.3
玻璃微珠	0	0	0	7.5	15	10.5	7.5	4.5	0
BYK 022	0.3	0.3	0.3	0.3	0.3	0.3	0.3	0.3	0.3
OMG 0435	0.4	0.4	0.4	0.4	0.4	0.4	0.4	0.4	0.4
DIwater	4.2	4.2	4.2	4.2	4.2	4.2	4.2	4.2	4.2
组分 A 总计	100	100	100	100	100	100	100	100	100
组分 B									
Bayhydur X	10	10	10	10	10	10	10	10	10

2. 涂料的制备

依次将分散剂、消泡剂、润湿剂、增稠剂准确称量后加入到去离子水中，在 SFJ-400 搅拌机作用下低速搅拌，同时加入填料，转速大致为 3000r/min，搅拌 30min 左右。所得的胶体溶液细度小于 $30\mu m$ 后加入树脂及定量的消泡剂以减少在搅拌过程中产生的气泡，转速为 1500～1800r/min，搅拌 5min，同时根据涂料的状态适当加入一定量的增稠剂、去离子水等，搅拌 10min，最终配制出涂料。

3. 性能

单组分和双组分涂料的性能测试结果分别见表 7-10 和表 7-11，优化配方后的反射隔热涂料见表 7-12。

表 7-10　单组分涂料的性能测试结果

序号	光泽			涂膜硬度	耐沾污性/%	耐水性	吸收率	放射性
	20℃	60℃	85℃					
1	1.6	4.3	6.6	20	31.19	168h 无异常	0.279	0.899
2	1.6	4.1	7.3	14	26.97	168h 无异常	0.299	0.868
3	1.6	4.8	6.6	20	32.05	168h 无异常	0.331	0.904
4	1.6	3.4	6.3	25	18.81	168h 无异常	0.334	0.903
5	1.5	2.7	0.7	24	28.07	168h 无异常	0.319	0.879
6	5	3.2	0.7	25	20.86	168h 无异常	0.256	0.895
7	1.9	7.7	23.4	20	26	168h 无异常	0.289	0.849

表 7-11　双组分涂料的性能测试结果

序号	光泽			涂膜硬度	耐沾污性/%	耐水性	吸收率	放射性
	20℃	60℃	85℃					
8	1.9	5.4	25	94	5.31	168h 无异常	0.268	0.919
9	1.7	5.3	24	98	10	168h 无异常	0.228	0.901
10	1.9	6.5	26	108	7.9	168h 无异常	0.245	0.858
11	1.7	6.5	25.8	94	12.2	168h 无异常	0.244	0.853
12	1.5	2.7	0.9	52	8.59	168h 无异常	0.253	0.865
13	1.8	4.8	11	90	7.4	168h 无异常	0.28	0.919
14	1.5	3.3	1	60	15	168h 无异常	0.24	0.88

表 7-12　优化配方后的反射隔热涂料

序号	光泽			涂膜硬度	耐沾污性/%	耐水性	吸收率	放射性
	20℃	60℃	85℃					
15	1.5	4.3	6.6	75	6.41	168h 无异常	0.1675	0.8797
16	1.6	4.1	7.3	80	7.84	168h 无异常	0.1577	0.8748
17	1.6	4.8	6.6	62	8.88	168h 无异常	0.1627	0.89
18	1.6	3.4	6.3	87	5.27	168h 无异常	0.166	0.8649
19	1.5	2.7	0.7	85	5.92	168h 无异常	0.1587	0.8846
20	5	3.2	0.7	83	7.42	168h 无异常	0.166	0.8604
21	1.9	7.7	23.4	76	7.06	168h 无异常	0.167	0.8912
22	1.5	3.7	2.6	69	5.55	168h 无异常	0.1426	0.92
23	3.1	7.9	2.9	73	4.29	168h 无异常	0.22	0.85

由图 7-2 的曝晒实验可以看出，涂覆不同涂料的装置升温幅度及其与环境的最大温差不同。T_{22} 升温速度最慢，与环境的最大温差最小，较市面上的材料表现出来优势。进一步地证明了 T_{22} 是具有低吸收率、高发射率的材料。

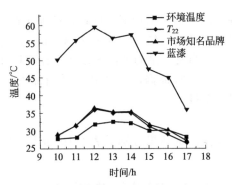

图 7-2　几种涂料的曝晒实验图

4. 效果

① 双组分涂料的综合性能大体上是优于单组分涂料的。

② 陶瓷微珠和玻璃微珠在与钛白粉不同比例的掺量下，都能表现出较为优异的反射隔热性能。

③ 钛白粉、陶瓷微珠和玻璃微珠互掺比例为 10∶7∶3，其反射隔热性能最为优异。

（六）水性聚氨酯单组分地板涂料

1. 原材料与配方（单位：质量份）

聚氨酯乳液	100	增稠剂	3～5
成膜助剂	1～3	流平剂	1～2
DPM	2～5	防滑剂	0.1
消泡剂	0.5	紫外线稳定剂	0.25
表面活性剂	0.25	乙二醇	适量
蜡乳液	2～4	其他助剂	适量
去离子水	适量		

2. 制备方法

称料—配料—混料—中和—卸料—备用

3. 性能与效果

实际应用中地板用面漆对于耐磨、耐刮、耐冲击，耐黑鞋印等性能的要求较高，而水性聚氨酯的耐磨性、低温柔韧性等性能较为突出。

二、聚氨酯水性木器涂料

（一）实用配方

1. 水性聚氨酯木器漆

原材料	用量/%	原材料	用量/%
聚氨酯分散体	89.0	润湿流平剂 C	0.3
成膜助剂 A	2.0	抗划伤剂 A	1.0
成膜助剂 B	2.0	抗划伤剂 B	2.5
消泡剂	0.5	增稠剂 A	0.8
润湿流平剂 A	0.1	增稠剂 B	0.5
润湿流平剂 B	0.3	去离子水	1.0

高性能和低 VOC 含量的水性聚氨酯涂料，由于其分子具有"可裁剪性"，结合新的合成和交联改性技术，可以有效控制涂料的组成与结构，从而使其具有很高的强度、特别耐磨损、使用安全、无毒、不燃、无环境污染等优异性能，可广泛用于涂料、黏合剂、木材加工、轻纺、印染、皮革加工、建筑和造纸等行业。水性聚氨酯涂膜性能达到甚至优于传统溶剂型涂料，已成为发展最快的涂料品种之一。

2. 聚氨酯丙烯酸乳液木器涂料

原材料	含量/%	原材料	含量/%
PUA 乳液	85~90	增稠剂 1	0.2~0.3
去离子水	2~5	增稠剂 2	0.1
润湿剂	0.1~0.2	杀菌剂	0.05~0.1
消泡剂	0.3~0.5	防冻剂	1~2
成膜助剂	3~4		

涂膜性能见表 7-13。

表 7-13　涂膜性能指标

检测项目	实际检测指标
固含量/%	30.5
光泽(60°)	91
表干(25℃)/h	0.5
实干(25℃)/h	2
硬度	0.6
附着力/级	≤2
黏度(涂-4 杯)/s	32
耐水性	72h，无起泡，无脱落，轻微失光
耐冻融性	−10℃~室温条件各 2h，五个循环，涂料外观正常，性能不变
耐溶剂擦拭(乙醇)	150 次膜破，稍失光
耐污渍性(红茶水)	25℃浸泡 24h，不泛白，洗净，晾干后不显痕迹

3. 水性双组分聚氨酯木器涂料

原材料	用量/%
组分一：	
羟基丙烯酸树脂（29.16）	69.43
BYK-346（0.04）	0.08
RM-825（10%去离子水溶液）（0.06）	2.85
去离子水	22.11
组分二：	
聚醚改性水分散多异氰酸酯（WDP）	5.53

水性双组分聚氨酯防腐涂料在西欧占有一定的市场；改变该涂料的配方，能满足诸如家具、橱柜、办公家具和实验室用具的要求，以 NCO：OH＝1：1 更适用于典型的橱柜应用的要求。如果用户需要有更好的抗化学品性，可通过增加 WDP 的量来实现。NCO：OH＝1.5：1 也能满足烘烤型汽车在线涂装的要求。

4. 氨基硅烷偶联剂改性水性聚氨酯木器涂料

（1）水性聚氨酯预聚体的基本配方

原材料	用量/质量份	原材料	用量/质量份
聚醚二醇（N210）	60	二羟甲基丙酸（DMPA）	4～10
甲苯二异氰酸酯（TDI）	28～40		

（2）改性水性聚氨酯木器涂料基本配方

原材料	用量/质量份	原材料	用量/质量份
聚氨酯预聚体	100	消泡剂	0.5～2
氨基硅烷偶联剂（KH-550）	0.5～2	乳化助剂	0.5～3
三乙胺	3.5～9	分散剂、流平剂等	1～5
去离子水	125～200		

① 在无溶剂的条件下，采用扩链的方式制得氨基硅烷偶联剂改性的水性聚氨酯乳液，通过配以分散剂、防霉剂、消泡剂等助剂，制成了稳定的水性聚氨酯木器涂料。

② 以硅烷偶联剂改性的水性聚氨酯乳液制得的木器涂料，具有优良的耐水性、附着力和力学性能等，且该制备方法操作性好，具有良好的推广应用前景。

5. ER-05 丙烯酸聚氨酯水性木器涂料

原材料	用量/%	原材料	用量/%
ER-05	85～90	消泡剂	0.1～0.2
pH 调节剂	0.05～0.1	流变改性剂	0.3～0.5
成膜助剂	3～5	增稠剂	0.3～0.5
流平剂	0.5～0.6	其他助剂	适量

① 成膜助剂的种类对乳液的稳定性有较大的影响，用量对成膜性有很大影响。对于 ER-05 乳液体系，成膜助剂应选用二乙二醇乙醚，其用量应在 3% 以上。

② 以水性丙烯酸改性聚氨酯分散体 ER-05 为基料，并配以合适的助剂制备而成的水性木器涂料综合性能优良。在基本配方的基础上可制成清漆和不同光泽的亚光漆，也可制成各种色漆。

③ 该水性木器涂料主要适用于家庭装修。

6. 水性紫外线固化木地板涂料

原材料	1#配方用量/%	2#配方用量/%
水性 PUA	6.80	11.40
水性 EB	27.30	22.60
AMP-95	2.20	2.60
H_2O	58.70	54.40
I-3	3.50	3.50
润湿剂	0.30	0.30
流平剂	0.70	0.70
消泡剂	0.50	0.50

以水性 UV 固化木地板涂料为研究目标，合成了水性环氧丙烯酸酯树脂（EB）和水性聚氨酯丙烯酸酯（PUA），然后配制成水性 UV 固化木地板涂料。环氧丙烯酸酯（EA）、聚氨酯丙烯酸酯（PUA）都是常用的 UV 固化低聚物，研究的目的在于使其水性化后共聚固化，获得具有优异性能的水溶性涂料。水性 UV 固化材料具有无毒性、无污染、无刺激和生产安全等优点，在木地板涂料领域有广阔的应用前景。

7. 室温固化双组分水性聚氨酯木器涂料

原材料	用量/g
羟基组分（组分 A）	
水性聚氨酯分散体	100.0
Henkel-636	0.5
BYK-037	0.3
固化剂（组分 B）	
水性多异氰酸酯交联剂 WT-2102	85.0
丙二醇甲醚乙酸酯	15.0

双组分水性聚氨酯漆的性能指标见表 7-14。

表 7-14 双组分水性聚氨酯漆的性能指标

项　目	指　标	项　目	指　标
附着力/级	1	耐冲击性/cm	50
表干时间/h	0.5	60℃光泽	89
实干时间/h	4.0	柔韧性/mm	1
硬度	0.70	耐水性(48h)	无变化

8. 单组分自交联水性聚氨酯木器涂料

单组分自交联水性聚氨酯清漆和色漆配方分别见表 7-15 和表 7-16。

表 7-15 单组分自交联水性聚氨酯清漆配方

原材料	用量/质量份	原材料	用量/质量份
水性聚氨酯分散体	90~93	消泡剂	0.1~0.2
水性混合干料	0.8~1	氨水(25%)	0.2~0.3
流平剂	0.1~0.4	去离子水	5~8

表 7-16 单组分自交联水性聚氨酯色漆配方

原材料	用量/质量份	原材料	用量/质量份
水性聚氨酯分散体	65～75	消泡剂	0.6～0.8
钛白粉	15～20	防沉剂	0.3～0.4
分散剂	0.3～0.5	氨水(25%)	0.2～0.3
水性混合干料	0.6～0.7	去离子水	7～10
流平剂	0.3～0.5		

① 研制的水性聚氨酯分散体属单组分体系，通过金属催干剂进行氧化交联。

② 利用水性聚氨酯分散体试制的单组分水性清漆和色漆，性能指标达到和超过同类溶剂型涂料，且具有有机挥发物含量低、快干、施工性好、长期的贮存稳定性和环保适宜性、优异的户外耐久性、耐冲击性、耐污和耐刮擦性、耐化学和耐腐蚀性，且漆膜不易变黄。

③ 这种单组分自交联水性聚氨酯分散体涂料，适用于皮革、纸张、钢材、家具等行业，具有推广应用价值。

9. 水性双组分聚氨酯防腐涂料

原材料	用量/质量份
主漆 A（含羟基组分）	
Luhydran S937T（BASF 羟基丙烯酸乳液）	400
DMEA（1:1 在水中）	8
FuC2030（分散剂）	3
DC65（消泡剂）	0.5
润湿剂	5
防沉剂	1
金红石型钛白粉	52.5
硫酸钡	87.5
三聚磷酸铝	50～100
改性磷酸锌	50～100
TEGO 822（消泡剂）	0.8
二乙二醇丁醚乙酸酯	15
去离子水	60
总计	约 800
固化剂 B（—NCO 组）	
水性自乳化 HDI 型固化剂 Basonat HW160PC	

注：Luhydran S937T 为德国 BASF 羟基丙烯酸乳液；HW160PC 为德国 BASF 水性自乳化脂肪族异氰酸酯（HDI）。

① 采用 BASF 羟基丙烯酸乳液 S937T 和 HW160PC 固化剂制备的水性双组分聚氨酯防腐涂料的综合性能优越，施工容易，完全可以取代目前大部分溶剂型防腐涂料。

② 在配方设计时要充分考虑到各种助剂对水性固化剂—NCO 基团的影响，如：pH 值、活性基团等。水性双组分聚氨酯涂料可成为水性防腐涂料中的佼佼者，不但有优异的物理性能，而且具有优异的耐老化、耐强酸、耐强碱、耐盐雾（>480h）、耐盐水（>480h）、耐油等化学性能。

（二）水性聚氨酯双组分涂料

1. 原材料与配方（单位：质量份）

Bayhyodrol XP 系列水性含羟基丙烯酸分散体	45～55
Bayhydur XP 系列亲水性脂肪族聚异氰酸酯	15～20
润湿剂	3.0
消泡剂	1.0
流平剂	1.5
颜填料	5～15
水	适量
其他助剂	适量

2. 制备方法

称料—配料—混料—中和—卸料—备用。

3. 性能（见表 7-17～表 7-19）

表 7-17　Bayhydrol XP 系列水性含羟基丙烯酸分散体

Bayhydrol XP 丙烯酸酯分散体		固含量/%	黏度/mPa·s	—OH 含量/%
一级分散体	2546	41	≤200	1.7
	2457	40	≤100	1.1
二级分散体	2470	45	约2000	3.9
	2542	50	1000～3500	2.7
	2695	41	2500	5.0

表 7-18　Bayhydur XP 性能指标

品种	牌号	特性	固含量/%	黏度/mPa·s	—NCO 含量/%
第二代亲水性 HDI 三聚体	2451	聚醚脲改性	100	1200	18.5
第三代亲水性 HDI 聚异氰酸酯	2655	氨基磺酸盐改性	100	3500	20.6
	2547	氨基磺酸盐改性	100	700	22.5

表 7-19　羟基丙烯酸分散体与亲水性固化剂配漆性能

实验编号		A-1	A-2	A-3	A-4	A-5	A-6	A-7	A-8	A-9	A-10	A-11	A-12	A-13	A-14	A-15
Bayhydrol XP/%	2457	82					85					87				
	2470		74					78					77			
	2546			75					78					77		
	2542				65					69					68	
	2695					74					71					70
Bayhydur XP/%	2451	18	26	25	35	26										
	2547						15	22	22	31	29					
	2655											16	23	23	32	30
表干时间/min		15	20	25	120	45	28	20	30	240	50	35	45	30	150	90
实干时间/h		1.0	1.2	1.5	6.0	2.0	1.5	1.2	1.5	8.0	2.5	2.0	2.5	2.0	7.0	6.0
光泽(60°)		13	56	7	70	70	8	70	6	90	13	73	91	38	85	88
铅笔硬度		H	2H	H	2H	2H	H	1H	2H	1H	2H	H	2H	2H	2H	2H

注：NCO/OH=1.5，下同。

4. 效果

采用 Bayhydrol XP 和 Bayhydur XP 系列配合的双组分水性聚氨酯涂料在干燥速率、力学性能、抗划伤、硬度、光泽方面有较佳表现。其中干性、力学性能接近溶剂型聚氨酯涂料，硬度、抗划伤性甚至超过溶剂型聚氨酯涂料。但在抗高温粘连性、耐介质性能、可厚涂性方面还有些差距。前述数据可用于水性木器涂料、地面涂料、建筑涂料等配方的选择。水性聚氨酯配方选择时，除需考虑涂料的性能因素外，在实际应用方面需要考虑如下因素。

① 性价比因素。Bayhydrol XP 和 Bayhydur XP 系列产品环保性卓越，涂膜性能优异，但到目前为止，价格仍然较高，这对产品的规模应用尚有阻碍。

② 配方中对蜡类产品的选择问题。蜡对于木器涂料或建筑涂料是有必要的，能增加丝滑手感和抗污性能，但对地面涂料是不必要的，地面需要摩擦力。

③ 同样配方，采用不同的增稠体系，对光泽可有 $10\%\sim20\%$ 的影响．这需要按照成本和需求实验选择纤维素类、聚氨酯类增稠剂的类型和用量。

④ 采用不同的施工方法（喷、刷、辊），涂料的表面张力和消泡效果以及对黏度的要求不同，应与实验采用相应的合适配方，相对来说，辊涂施工更容易达到较好的施工效果。

⑤ 水性聚氨酯厚膜大于 $150\mu m$ 时容易鼓泡，要达到厚度需多道涂装。

(三) 水性聚氨酯/羟基聚丙烯酸酯涂料

1. 原材料与配方

原材料	用量/g	原材料	用量/g
羟基聚丙烯酸酯分散体	80~90	助溶剂	3~6
流平润湿剂	0.2~0.3	增稠剂	适量
消泡剂	0.1~0.2	去离子水	补足余量

2. 制漆工艺

按上述配方将羟基聚丙烯酸酯分散体加入容器中，在中速搅拌下依次加入去离子水、流平润湿剂、助溶剂、消泡剂、增稠剂，高速分散 20~30min。按照一定的比例加入水分散性多异氰酸酯固化剂，充分搅拌后，制得水性双组分聚氨酯清漆。

3. 性能 （见表 7-20）

表 7-20　水性双组分聚氨酯清漆的性能指标

检测项目	性能指标
表干时间/min	30
实干时间/h	4.5
60°光泽	＞90
铅笔硬度	＞H
柔韧性/mm	1
耐冲击性/cm	50
附着力（划格间距 1mm)/级	0
耐水性/h	96
耐乙醇擦拭性	100 次,通过
耐候性(人工气候老化,1500h)	变色 0 级,失光 1 级

4. 效果

① 选择较小粒径与相对分子质量分布的含羟基聚丙烯酸酯分散体，磺酸盐型离子化亲水改性的多异氰酸酯，控制 n(—NCO)$/n$(—OH)配比为 1.5，制备的水性双组分聚氨酯涂

料涂膜性能优异。

② 随着固化时间的延长，水性双组分聚氨酯体系的固化程度逐渐提高，涂膜的硬度和耐水性也得到提高，80℃干燥条件下固化的涂膜性能要优于23℃、相对湿度55％的条件下固化的涂膜；溶剂型双组分聚氨酯体系中常用的有机锡催化剂在水性双组分聚氨酯体系中不适用。

③ 本体系研究的水性双组分聚氨酯涂料的活化期小于4h。

（四）非异氰酸酯聚氨酯涂料

1. 原材料与配方

（1）乳液配方（单位：质量份）

2,3-环碳酸甘油酯甲基	12.36	苯乙烯（st）	12
丙烯酸酯（PCMA）		偶氮二异丁腈	3.5
甲基丙烯酸甲酯（MMA）	27	引发剂	1.0
甲基丙烯酸缩水甘油酯（IBMA）	25	环己醇	适量
丙烯酸丁酯（BA）	36	其他助剂	适量

（2）涂料配方（单位：质量份）

乳液	100	颜料	3～6
分散剂	3.5	消泡剂	1.0
润湿剂	2.0	水	适量
填料	5～10	其他助剂	适量

2. 制备方法

（1）乳液制备　具体合成工艺如下：按配方将苯乙烯、丙烯酸丁酯、甲基丙烯酸甲酯、甲基丙烯酸异丁酯、环状碳酸酯 PCMA 加入烧杯混合均匀，加入占丙烯酸酯单体质量 0.8％的偶氮二异丁腈至烧杯中，使其溶解在混合单体中，装入分液漏斗备用。在氮气保护下往 250mL 三口烧瓶中加入占丙烯酸酯单体质量 0.8％的环己酮，开动搅拌装置，同时加热体系至（100±2）℃；然后开始从分液漏斗匀速滴加引发剂到混合单体，在（3±0.2）h 内滴完，同时控制反应温度在（110±2）℃；然后，恒温反应约 3h，直至测定反应液碘值小于 0.01gI₂/100g，终止反应。减压脱除反应介质，产物经乙醇洗涤、过滤、干燥、研磨得淡黄色粉末状共聚物。

（2）涂料制备　称料—配料—混料—中和—卸料—备用。

3. 性能（见表 7-21 和表 7-22）

表 7-21　非异氰酸酯聚氨酯涂料物性指标

项目	配方				
	Q1	Q2	Q3	Q4	Q5
黏度(涂-4 杯,25℃)/s	14.62	14.55	14.09	14.61	13.78
固含量/％	30.11	30.18	30.33	30.42	30.45

表 7-22　非异氰酸酯聚氨酯涂料漆膜性能

性能	配方				
	Q1	Q2	Q3	Q4	Q5
附着力/级	4	3	1	0	0
硬度	H	2H	2H	3H	4H
柔韧性/mm	1	3	3	3	5

性能	配方				
	Q1	Q2	Q3	Q4	Q5
耐冲击性/cm	50	45	40	40	25
耐乙醇浸泡(常温)/h	3	6	12	24	24
耐水浸泡(常温)/h	48	48	72	96	24

4. 效果

① 通过红外光谱测定，证实了丙烯酸酯与环状碳酸酯（PCMA）共聚合成的聚合物与多元胺反应，所形成的漆膜中具有传统聚氨酯氨基甲酸酯的特征结构。

② 通过不同配方聚合物作主要成膜物制备的清漆漆膜综合性能比较，环碳酸酯（PCMA）作为活性基团单体在聚合物合成配方中，其最佳用量为占丙烯酸酯单体质量17.08%。

③ 对丙烯酸酯与环碳酸酯（PCMA）聚合物作主要成膜物，二乙烯三胺作固化剂配制的清漆漆膜性能测试结果表明，非异氰酸酯涂料可以替代传统的聚氨酯涂料。

（五）双组分桐油基水性丙烯酸聚氨酯木器涂料

1. 原材料与配方

原料名称	用量/%	原料名称	用量/%
水性丙烯酸树脂	68.2～70.1	基材润湿剂	0.1～0.3
多异氰酸酯固化剂	24.0～27.4	消泡剂	0.3～0.5
PMA	5.3～6.8	流平剂	0.5～0.7

2. 制备方法

（1）桐油基丙烯酸树脂的合成　在 N_2 保护且装有机械搅拌的反应器中加入 DPNB，升温至80℃。按配方量取 MMA、BA、St、MAA、HEMA、EAG、AIBN、NDM 均匀混合。将1/3混合液加入反应器中反应30min后，再滴加剩余混合液，在3～4h内滴完。滴完后反应30min，补加引发剂，升温至85℃，反应3～4h。降温至60℃，滴加 TEA 中和，强烈搅拌，滴加去离子水，60℃保温30min，出料，得桐油酸丙烯酸甘油酯改性的水性丙烯酸树脂。

（2）清漆的配制工艺　由于水性多异氰酸酯固化剂黏度较大，配制时先用 PMA 稀释到约80%再使用，使得固化剂在丙烯酸树脂组分中较均匀混合。将稀释好的固化剂慢慢加入到水性丙烯酸树脂中，调高搅拌器的转速，均匀滴加适量的基材润湿剂、流平剂，最后加入消泡剂。所有原料滴加完毕后，调低搅拌器转速继续搅拌10min. 即得双组分水性丙烯酸聚氨酯木器清漆。

3. 性能

表 7-23　使用桐油基丙烯酸树脂及未经改性丙烯酸树脂的涂膜性能比较

项目	测试结果	
	未改性丙烯酸树脂	桐油基丙烯酸树脂
硬度	HB	2H
附着力/级	3	1
耐冲击性/cm	40	50
耐水性(40℃,24h)	漆膜泛白	无变化
耐酸性(10% H_2SO_4,24h)	漆膜剥落,起泡	无变化
玻璃化温度/℃	21.5	38.5

由表 7-23 可以看出，经桐油酸丙烯酸甘油酯改性的丙烯酸树脂的硬度、附着力、耐冲击性等性能均得到提高。

4. 效果

采用桐油基水性丙烯酸树脂为主要成膜物质，选用 Bayhydur 305 为适宜的水性多异氰酸酯固化剂制备双组分桐油基水性丙烯酸聚氨酯清漆。当 R 值为 1.5 时，—NCO 与 —OH 反应基本完全，提高了树脂的耐热性，第 2 个最大速率分解温度提高 49.3℃，玻璃化温度提高近 20℃。双组分桐油基水性丙烯酸聚氨酯漆膜的外观光滑平整，漆膜的光泽度为 88，硬度为 2H，在水中放置 48h 无变化，其他性能均能达到木器漆行业对漆膜的基本性能要求。

（六）水性聚氨酯木器涂料

1. 原材料与配方

原材料	用途	$w/\%$
聚碳酸亚丙酯（PPC）/聚氨酯乳液（PUD）	成膜树脂	80～85
AMP-95	pH 值调节剂	0.05～0.15
BYK-024	消泡剂	0.1～0.3
二丙二醇甲醚＋水	成膜助剂	（1～3）＋（0.5～0.8）
Silok 8000	润湿剂	0.2～0.3
RHEOLATE® 299	增稠剂	0.5～1
COAPUR 2025	增稠剂	0.5～1
水		5～15

2. 制备方法

（1）水性聚氨酯合成　在装有搅拌器、温度计和冷凝器的容器内，依次加入 PPC、PCL、IPDI、TDI 在 80～90℃反应 3h，加入 BDO、DMPA、TMP 和丙酮在 70～80℃下反应 3～5h，再补加入 DBTDL 在 60～70℃下反应至—NCO 含量达到理论值。将反应物移入高速剪切分散机内，在高速搅拌条件下，加入 TEA 中和，并加入去离子水乳化，减压蒸馏后除去溶剂，得到 PPC 型水性聚氨酯分散体（PPC-PUD）。

（2）水性木器涂料制备　涂料制备分为色浆制备和配漆过程。按照配方将所制备的水性树脂（PPC-PUD）与消泡剂、润湿剂和去离子水高速搅拌均匀，最后调节涂料黏度，过滤出料。将上述制备涂料静置一段时间消泡后，用喷枪喷板，成膜得到水性木器涂料，分别测试涂层性能。

3. 性能（见表 7-24）

表 7-24　基于 PPC-PUD 的水性木器涂料的性能

测试项目	测试方法	测试结果
涂膜外观	目测	平整光滑，无泡
光泽(60°)	GB/T 9754—2007	87.3
附着力/级	GB/T 9286—1998	≤1
铅笔硬度	GB/T 6739—2006	H
耐水性(24h)	GB/T 1733—1993	无明显变化
耐醇性(50%,1h)	GB/T 23999—2009	无明显变化
耐碱性(50g/L NaHCO$_3$,1h)	GB/T 23999—2009	通过
抗粘连性(500g,50℃/4h)	GB/T 23999—2009	通过

4. 效果

以聚碳酸亚丙酯为大分子二元醇，加入异氰酸酯、亲水扩链剂、小分子扩链剂和交联剂，制备出 PPC 型水性聚氨酯乳液，利用制备的水性树脂配制水性木器涂料，对涂层性能进行测试，得到如下结论。

① 采用 PPC 制备的水性聚氨酯乳液外观良好，黏度适中，动态光散射结果表明采用 PPC 为软段所制备的水性聚氨酯乳液平均粒径约为 53.98nm，粒径分布较为均匀；通过高速离心证实水性聚氨酯乳液储存稳定性好。

② 采用 PPC 型水性聚氨酯作为成膜树脂，通过实验筛选合适的助剂，得到综合性能优异的水性木器涂料。实验测试性能表明：基于 PPC-PUD 的水性木器涂料，涂层平整光滑，光泽高，硬度高，涂膜的耐水性、耐乙醇性和耐碱性能较优，抗粘连性好，综合性能较好，在水性木器涂料领域具有广泛的应用前景。

（七）UV 固化水性丙烯酸酯/聚氨酯涂料

1. 原材料与配方（质量份）

UV 固化水性丙烯酸酯/聚氨酯	100	消泡剂	0.5
光引发剂	0.2	消光粉	1~2
硬脂酸锌乳液	3.0	乙醇	2~4
滑石粉	5~6	去离子水	适量
流平剂	1~2	其他助剂	适量

2. 制备方法

（1）UV 固化水性木器涂料的配制

① 底漆和面漆的配制。分别取适量的 UV 固化水性树脂 AC 和 AE，加入少量乙醇温热助溶，滴加适量光引发剂搅拌，再加入适量去离子水、流平剂、消泡剂，继续搅拌 30min。过滤后，静置待用。

② 光固化水性腻子的配制。取适量的 UV 固化水性树脂 AC 和 AE，加入少量乙醇温热助溶，滴加适量光引发剂搅拌，按配方依次加入去离子水、流平剂、消泡剂、硬脂酸锌乳液和滑石粉，继续搅拌，并用分散机分散 60min，过滤后，静置待用。

（2）UV 固化水性木器涂料涂膜的制备　使用木器刷将 UV 固化水性木器涂料刷涂在三层夹合板上，得到一定厚度的木器涂膜。制得涂膜后，置于 80℃烘箱中干燥 5min，再置于 HB-WYF-20 型 UV 紫外线固化机下进行照射固化，参数设置 40m/min。

3. 性能

表 7-25　施工方式对涂膜性能的影响

项目	施工方式		GB/T 23999—2009 指标
	喷涂	刷涂	
涂膜外观	平整、光滑、透明	平整、光滑、透明	正常
附着力/级	0	0	1
硬度	2H~3H	2H~3H	B
耐刮擦性	优	优	优
耐水性	无变化	无变化	无变化
耐化学品性	合格	合格	合格

由表 7-25 可见，两种施工方式都可以获得性能优异的涂膜，但喷涂对施工者的经验技术要求比较高。而手工刷涂则比较容易上手，适合一般家庭 DIY 涂装，可以获得能很好地

展现和强化表面木纹、增加木质美感的漆膜。另外通过与现行标准 GB/T 23999—2009 中对木器涂料涂膜性能要求对比，发现制得的涂膜性能均能达到相关要求，有些方面如附着力和硬度还优于传统水性木器涂料。

4. 效果

UV 固化水性木器涂料结合了水性涂料和 UV 固化涂料的双重优势，适合于工业化规模生产。通过调整底面漆配比，添加硬脂酸锌、消光粉等填料及助剂，结合适当工艺，制得了施工简单、性能优异的水性 UV 固化木器涂料。

（八）环氧改性水性丙烯酸聚氨酯木器涂料

1. 原材料与配方（单位：质量份）

环氧改性水性 PUA 树脂	800～900	自制
丙二醇甲醚	20～50	助溶剂
Wet 270	2～5	润湿剂
Wet 500	1～2	流平剂
Glide 410	3～5	抗划伤
Dispers-760	1～3	分散剂
Foamex 825	2～5	消泡剂
23F	10～30	消光粉
Hlolat 288	0.5～2	增稠剂

2. 制备方法

（1）乳液制备　在干燥氮气保护下，先将蓖麻油、聚醚二醇加入装有温度计、搅拌器的磨口四口烧瓶中，通蒸汽，加热升温至 100℃ 左右，脱水 1h，至不产生气泡为止。降温至 50℃ 左右，然后加入甲苯二异氰酸酯，升温到 70℃，加入催化剂，反应 1.5h，取样分析—NCO 含量，加入计量的二羟甲基丙酸、环氧树脂和丙烯酸羟乙酯，继续反应，测量—NCO 含量。加入计量的三羟甲基丙烷，反应至—NCO 达到规定值，在反应过程中，加入丙烯酸酯混合体（环氧丙烯酸，甲基丙烯酸甲酯、丙烯酸丁酯）以降低体系黏度，如果黏度过大，可加入少量丙酮调节黏度，制得预聚体。将体系温度降至室温，加入计量的三乙醇胺，搅拌均匀后，在较高速率的剪切搅拌的过程中，缓慢中和。然后，在较高剪切搅拌速率下，加入扩链剂乙二胺，再加入蒸馏水进行乳化，最后减压抽除丙酮，即得到半透明带蓝光的水性 PU 乳液；在 80℃ 下，慢慢地向体系中滴加过硫酸钠水溶液，反应 3～5h，完成乳液聚合，最终合成环氧丙烯酸酯改性水性聚氨酯乳液。

（2）环氧改性水性丙烯酸聚氨酯木器涂料的配制　准确称量 PUA 乳液，开启搅拌，在中速搅拌状态下依次加入配方中的原料。

高速分散 30min，转速控制在 800r/min。

进行低速分散，分散均匀后加入 Hlolat 288 调整黏度。

3. 性能（见表 7-26）

表 7-26　环氧改性水性丙烯酸聚氨酯木器涂料性能指标

项目	标准	指标
表干时间/min	GB/T 1728—1979	15
实干时间/h	GB/T 1728—1979	2
耐水性(浸水 72h)	GB/T 9274—1988	无异常

项目	标准	指标
硬度	GB/T 6739—2006	H
附着力（划圈法）/级	GB 1720—1979	1
耐磨性（CS-10,750g×500r）/g	GB/T 1768—2006	0.025
柔韧性/mm	GB/T 1731—1993	1
耐冲击性/kg·cm	GB/T 1732—1993	50
耐醇性（50%乙醇）	GB/T 9274—1988	无异常

4. 效果

先以丙烯酸酯单体混合液为溶剂，采用传统溶液聚合法制备聚氨酯溶液，然后再在水中将含 PU 的丙烯酸酯单体混合液在乳化剂，引发剂等助剂存在下进行乳液聚合即得 PUA 的 IPN 乳液。利用环氧树脂具有高模量、高强度和耐化学性好等优点，可直接参与水性聚氨酯的合成反应，另外在丙烯酸酯乳液聚合部分也接入了环氧树脂，使之部分形成网状结构，最后合成的环氧改性水性 PUA 树脂的耐水性、耐磨性、耐醇性等得到明显改变。从制得的水性木器涂料性能检测结果可以看出，硬度达到 H，耐磨性优良，突破了单组分水性聚氨酯木器涂料涂膜软、耐水性、耐醇性差的缺点，可广泛应用于高性能的水性木器家具涂料中。

三、防腐聚氨酯水性涂料

（一）PPC 基水性聚氨酯氨基烘烤漆

1. 原材料与配方

原材料	用量/质量份	原材料	用量/质量份
PPC 基水性羟基聚氨酯分散体（35%）	80	润湿流平剂	0.38
		消泡剂	0.26
氨基树脂（80%）	8	增稠剂	0.2
BCS	2	去离子水	9
DMEA	0.08	其他助剂	适量
分散剂	0.08		

2. 制备方法

（1）烘烤漆制备工艺

① 向 PPC 基水性羟基聚氨酯分散体中加入中和剂 DMEA，调节体系 pH 至 7.5～8.5。

② 将上述调节好 pH 的 PPC 基水性羟基聚氨酯分散体和氨基树脂加入到拉缸中，调节转速为 700r/min，分散 15min，依次向其中加入流平剂、分散剂、BCS、增稠剂、消泡剂和去离子水，调节固含量为 30%，调节转速至 300r/min，低速分散 20min，制得清澈无泡的烘烤漆。

（2）施工工艺　用 600 目砂纸打磨马口铁，除去基材表面铁锈和油污，采用喷涂施工，制备膜厚约为 30μm 的样板，在 150℃下烘烤 30min。

3. 效果

① 采用水性羟基聚氨酯分散体与高亚氨基型高甲醚化氨基树脂制得性能优异的水性烘烤漆，最佳的工艺条件为：水性羟基聚氨酯分散体的—OH 含量为 1.0%；水性羟基聚氨酯分散体与氨基树脂配比为 10:1；烘烤温度为 150℃；烘烤时间为 30min。

② 考察了分散剂、消泡剂对漆膜性能的影响，添加适量的分散剂有利于提升漆膜外观；

选择聚醚改性有机硅氧烷类消泡剂能够实现消泡和相容性的平衡。

③ 该烘烤漆具有良好的附着力、硬度和柔韧性，优异的耐水性和耐溶剂性，适用于一般金属表面的装饰和保护。

(二) 水性聚氨酯防锈涂料

1. 原材料与配方 (质量份)

A 组分

多羟基丙烯酸乳液	45～60	消泡剂	0.5
防锈颜料	10～25	流变剂	0.3～0.5
钛白粉	20～25	防锈抑制剂	0.5
复合高岭土	0.8～1	成膜助剂	1～3
滑石粉	15～30	硅烷偶联剂	0.5
分散剂	1～1.5	B 组分	
润湿剂	0.8～1	六亚甲基二异氰酸脂 (HDI)	100

2. 制备方法

按比例投入配制罐中，在高速分散机上以 800r/min 分散 40～60min，最后转至加入树脂 500r/min 过滤至容器中待涂料消泡后即可。A 组分与 B 组分按 8∶1 配比配制。

3. 性能与效果 (见表 7-27)

表 7-27　水性聚氨酯防锈涂料性能

项目		国家标准	实测
附着力		<3 级	0 级 (完好无损)
表干/实干		≤2h	45min
硬度		≥B	2H
耐冲击性		无异常	无异常
耐盐水性		未出现起泡,掉粉等弊病	无异常
耐化学性	3% H_2SO_4	未出现起泡,掉粉等弊病	无异常
	3% NaOH	未出现起泡,掉粉等弊病	无异常
	3% NaCl	未出现起泡,掉粉等弊病	无异常

成膜后的硬度值也较高。聚氨酯本身有着良好附着力，在各基材上附着力性能优异，抗冲击性良好，不会脱层、鼓泡。均符合国家标准。

① 该系列中防锈底漆不仅具有防锈功能，还解决了水性涂料在光滑表面附着力低的问题。

② 使用亮光复合隔离漆能形成一层隔离层，使漆膜更致密。

③ 罩光层起到保护面漆和提高表面效果 (亚光或亮光) 的作用。

该体系涂料保护基材同时，在基材表面形成的致密涂层还耐水分、盐分、微酸微碱腐蚀。长久使用依旧如新。

(三) 自乳化环氧磷酸酯聚氨酯防腐蚀涂料

1. 原材料与配方 (单位：质量份)

自乳化环氧磷酸酯	50	颜填料	5～8
水分散异氰酸酯	50	增稠助剂	1～2
乳化剂	3.0	中和剂	适量
润湿剂	1～2	水	适量
分散剂	2～3	其他助剂	适量

2. 制备方法

（1）自乳化环氧磷酸酯的合成　将双酚 A 环氧树脂（E-44）溶于 40mL 丙酮中，室温下滴加到含磷酸的丙酮溶液（85% 磷酸溶于 20mL 丙酮，环氧基团与磷酸的摩尔比为 3.0：2.5）中，滴加完后继续反应直到酸值不变，其酸值为 92.14mgKOH/g；加入三乙胺进行中和，按照 40% 固含量加入去离子水，减压蒸馏去除丙酮之后，得乳白色的环氧磷酸酯（P-E44）乳液（记为 P_1），其羟值为 2.307×10^{-3} mol/g。

采用相同方法，改变环氧基团与磷酸的摩尔比为 3.0：3.0（9.22g，85% 磷酸），得到固含量为 50% 的 P-E44 乳液（记为 P_2），羟值为 2.495×10^{-3} mol/g。

（2）环氧磷酸酯聚氨酯涂料及涂层制备　分别向 2g P_1 和 P_2 中加入 1.08g 和 1.16g 水可分散异氰酸酯固化剂 Aquolin® 161［NCO：OH＝1（摩尔比）］，磁力搅拌混合均匀，得到自乳化环氧磷酸酯聚氨酯涂料。

3. 性能与效果

采用一步法即自乳化法将磷酸基团直接引入环氧树脂分子中，使其在成膜过程中实现磷化，合成了含有羟基的水性环氧磷酸酯乳液，利用羟基和异氰酸酯交联固化反应制备了环氧磷酸酯聚氨酯涂料。

该涂料涂层对 Q235 钢有较好的防护效果，当环氧基团和磷酸的摩尔比为 3.0：2.5 时，其防护性能较好。

综合比较可知，两种涂层对 Q235 钢的防护效果均较好，其中 P_1 涂层更好。涂层中磷酸基团能够与金属作用转化成疏水基材，提高涂层耐蚀性，但 P_2 涂层中磷酸基团过多会部分残留，从而影响涂层耐蚀性。

（四）水性聚氨酯改性防腐涂料

1. 原材料与配方（见表 7-28 和表 7-29）

表 7-28　水性聚氨酯防腐涂料的部分配方

成分	用量/%	备注
水性改性聚氨酯乳液	35.0～55.0	乳液
N,N-二甲基乙醇	0.5～1.5	pH 值调节剂
104BC	0.5～2.0	分散剂
Airex 901W	0.5～1.0	消泡剂
BYK 605	0.3～1.0	触变剂
有机改性铝钼正磷酸锌	5.0～12.5	防锈颜料 1
防闪锈的特殊疏水化合物	0.5～5.0	防锈颜料 2
SW-160	1.0～5.0	炭黑
滑石粉(1250 目)	2.0～15.0	填料
去离子水	适量	溶剂
BYK 024	0.3～1.0	消泡剂
SER-AD FA379	0.5～2.0	防闪锈剂
聚氨酯（RM-8W）	0.5～1.0	增稠剂

注：pH 值调节剂另选氨水（26%）、AMP-95、三乙胺进行对比分析；防锈颜料另选磷酸锌＋三聚磷酸铝、氧化铁红＋磷酸锌进行对比分析；增稠剂另选改性纤维素、聚丙烯酸酯进行对比分析。

表 7-29　桐油酸酐酯改性水性聚氨酯防腐蚀涂料配方

成分	用量/%	备注
水性聚氨酯乳液	45.0	乳液
N,N-二甲基乙醇	1.5	pH 调节剂

成分	用量/%	备注
104BC	0.8	分散剂
Airex 901W	0.5	消泡剂
BYK 605	0.3	触变剂
有机改性铝钼正磷酸锌	12.5	防锈颜料1
防闪锈的特殊疏水化合物	1.5	防锈颜料2
SW-160	3.0	炭黑
滑石粉(1250目)	15.0	填料
去离子水	19.0	溶剂
BYK 024	0.2	消泡剂
SER-AD FA379	0.5	防闪锈剂
RM-8W	0.2	增稠剂

2. 制备方法

（1）改性水性聚氨酯乳液的合成　在反应器中加入 10g 低聚物多元醇聚四氢呋喃二醇（PTMG），110℃下真空脱水 1h。加入 28.7g 丙酮，60℃下滴加 6.2g 甲苯 2,4-二异氰酸酯（TDI），反应 1h。加入 1 滴催化剂二月桂酸二丁基锡（DBTDL），滴加 1.2g 二羟甲基丙酸（DMPA）、0.3g 1,4-丁二醇（BDO）及 2.4g 改性剂桐油酸-马来酸酐加合物，反应 4h。降温至 40℃后，加入 0.9g 三乙胺，反应 20min。降温至 40℃后，在高速搅拌下加入 28.3g 去离子水，乳化分散 30min 后减压脱去丙酮，得到桐油酸酐酯多元醇改性水性聚氨酯乳液。

此外，采用未改性及丙烯酸酯改性的水性聚氨酯乳液作对比研究，丙烯酸酯改性时，仅将上述工艺中的改性剂换成丙烯酸酯，其他各条件同上。

（2）水性聚氨酯涂料的配制　表 7-8 为水性聚氨酯防腐蚀涂料的配方。配制过程：将改性水性聚氨酯乳液加入搅拌釜中，在搅拌状态下依次加入 pH 值调节剂、分散、消泡剂、触变剂和适量的水，然后以转速 500r/min 搅拌 20min，得均匀分散液；边搅拌分散液边加入防锈颜料、炭黑、滑石粉，以转速 1500 r/min 搅拌 20min，研磨至细度≤45μm；在 1500 r/min 高速搅拌下，缓慢加入脱泡剂、防闪锈剂、增稠剂和配方中余下的水，搅拌均匀，过滤。

（3）涂膜的制备　用于检测耐化学试剂性、耐盐雾性时，基材采用碳素钢板（尺寸 50mm×120mm，厚度 0.45～0.55mm），涂膜干膜厚（75±5）μm；用于检测其他项目时，基材采用马口铁板（材质符合 GB/T 2520—2008，尺寸 50mm×120mm，厚度 0.2～0.3mm），涂膜干膜厚度（45±5）μm；样板干燥按 GB/T 9278—2008 规定标准环境条件，温度（23±2）℃，湿度 50%±5%，干燥 7d 后进行各项性能测试。

3. 性能 （见表 7-30）

表 7-30　三种涂层性能检测结果

检测项目		性能测试结果		
		未改性	丙烯酸酯改性	桐油酸酐酯多元醇改性
涂膜外观		平整、无颗粒	平整、无颗粒	平整、无颗粒
干燥时间	表干/h	1	1	1
	实干/h	9	10	8
附着力/级		2	1	1
弯曲性能/mm		3	2	2

检测项目	性能测试结果		
	未改性	丙烯酸酯改性	桐油酸酐酯多元醇改性
耐冲击性/kg·cm	30	50	50
耐热性/(150℃,1h)	涂膜开裂	涂膜开裂	涂膜基本无变化
硬度/H	1	2	2
耐磨性(500g/1000r)/mg	55	46	23
耐水性(40℃,24h)	涂膜剥落,起泡	无起泡、起皱、脱落	无起泡、起皱、脱落
耐酸性(10%H_2SO_4,24h)	涂膜剥落,起泡	涂膜起泡	无起泡、起皱、脱落
耐碱性(10%NaOH,24h)	涂膜剥落,起泡	涂膜变色	无起泡、起皱、脱落
耐盐雾(500h)	120h后板面起泡	300h后板面起泡	不起泡、不生锈、不脱落,划痕处单向扩蚀≤2mm

4. 效果

以自制的桐油酸酐酯多元醇改性聚氨酯乳液为成膜物质，通过 pH 值调节剂、增稠剂、防锈颜料及颜料体积浓度的优选，设计出了综合性能较好、防腐蚀性能优异的水性聚氨酯防腐涂料配方。制备的涂料涂膜具有较好的耐水性和耐化学品性，防腐蚀性能优于未改性及丙烯酸酯改性的聚氨酯涂料涂层。新型环保防锈颜料的使用，使涂料的防腐蚀效果更好，基本符合铁路货车涂料使用要求，可进一步推广使用。

（五）聚碳酸亚丙酯基聚氨酯（PPC-PUD）水性防腐涂料

1. 原材料与配方

序号	组分	质量份
	色浆	
1	PPC-PUD	40～60
2	分散剂	0.5～2
3	去离子水	8～15
4	消泡剂	0.05～0.2
5	颜填料	65～100
	配漆	
6	PPC-PUD	180～230
7	氨基树脂	15～25
8	消泡剂	0.1～0.25
9	流平剂	0.3～0.5
10	防闪锈剂	0.1～0.2
11	增稠剂	0.5～2.5
12	去离子水	10～35

2. 制备方法

（1）水性聚氨酯的合成　在装有搅拌器、温度计和冷凝器的容器内，依次加入 PPC、IPDI 在 80～90℃反应 3h；加入 BDO、DM-PA，TMP 和丙酮，在 70～80℃下反应 3～5h；

加入 DBTDL，在 60～70℃下反应至—NCO 含量达到理论值。将反应物移入高速剪切分散机内，在高速搅拌条件下，加入 TEA 中和，并加入去离子水乳化，减压蒸馏后除去溶剂，得到 PPC 型水性聚氨酯分散体（PPC-PUD）。

（2）涂料制备

① 色浆制备。按照配方将序号 1～5 的物料计量投入容器，高速搅拌均匀，在砂磨机中研磨达到规定细度后，过滤出料，备用。

② 配漆。将序号 6～10 的物料混合均匀，搅拌 30min，缓慢加入上述步骤制备的色浆，最后加入序号 11、12 的物料调节涂料黏度，过滤出料。

③ 涂层制备。将制备的涂料静置一段时间消泡后喷板，140℃烘烤 30min，得到 PPC 型水性聚氨酯涂层。

3. 性能

表 7-31　PPC-PUD/氨基树脂水性涂料性能

测试项目	测试结果	测试方法
涂膜外观	平整光滑，无泡	目测
光泽（60°）	63.2	GB/T 9754—2007
附着力/级	≤1	GB/T 9286—1998
铅笔硬度	2H	GB/T 6739—2006
耐甲乙酮擦拭（100 次）	无明显变化	GB/T 23989—2009
耐水性（168h）	无明显变化	GB/T 1733—1993
耐盐雾（168h）	生锈起泡面积<5%	ASTM B117—2011

由表 7-31 可知，PPC-PUD/氨基树脂水性涂料成膜后漆膜平整光滑，光泽高，硬度高，漆膜的耐溶剂性、耐水性和耐腐蚀性能出色，综合性能优异。该涂料还具有较大的成本优势，在水性工业涂料领域具有广泛的应用前景。

4. 效果

以聚碳酸亚丙酯为大分子二元醇，加入异氰酸酯、亲水扩链剂、小分子扩链剂和交联剂，制备出 PPC-PUD，与氨基树脂 R717 配合制备水性涂料，对涂层性能进行测试，得到如下结论。

① FT-IR 谱图证明成功合成了基于 PPC 型的水性聚氨酯乳液；动态光散射结果表明采用 PPC 为软段所制备的 PPC-PUD 平均粒径约为 53.98nm，粒径分布较为均匀；通过高速离心证实 PPC-PUD 储存稳定性好，所制备涂料的储存稳定性较好。

② 用聚碳酸亚丙酯型水性树脂配制的水性涂料，具有优异的耐盐雾性、耐水性和溶剂性能，可广泛应用于汽车零部件、工程机械等工业防腐装饰领域。

（六）常温自干型水性聚氨酯金属防腐涂料

1. 原材料与配方

原料	质量份
自制水性聚氨酯树脂	80
润湿剂	0.3
色浆	8
分散剂	0.15

原料	质量份
共溶剂	2
增稠剂 1	0.7
增稠剂 2	0.3
防闪锈剂	0.2
消泡剂	0.1
去离子水	8.25

2. 制备方法

（1）水性聚氨酯树脂合成　将 PPC、TDI 按照计量加入到装有回流冷凝管、温度计和搅拌浆的四口烧瓶中，体系混合均匀后升温至 80℃，反应 2h，加入适量丙酮稀释之后，加入 DMPA 亲水剂、NPG 扩链剂、TMP 作为交联剂，并加入 DBTDL 催化剂，60℃ 反应至—NCO 值达到理论值，降温至 40℃ 出料，向上述合成的预聚体中加入 TEA 中和，加入 KH550 反应 10min，加水高速乳化，得到水性聚氨酯乳液，随后在旋转蒸发仪上脱除丙酮即得产品。

（2）涂料制备　称料—配料—混料—中和—卸料—备用

3. 性能（见表 7-32 和表 7-33）

表 7-32　水性聚氨酯技术指标

检测项目	检测标准	技术指标
外观	目测	半透明,蓝光
固含量/%	GB/T 1725—2007	35±2
黏度/mPa·s	≤100	20
pH 值	7～8	7.6
储存稳定性	55℃,14d	无异常
机械稳定性	3000r/min,30min	无异常

表 7-33　常温自干型水性聚氨酯金属涂料的性能

测试项目	测试结果
涂膜外观	平整光滑,无气泡
光泽(60°)	90
附着力(马口铁)/级	≤1
涂膜硬度	≥H
耐冲击/次	50
耐水性(48h)	无气泡,涂膜不脱落
耐碱性(5%NaOH,48h)	无气泡,涂膜不脱落
耐酸性(5%H_2SO_4,48h)	无气泡,涂膜不脱落
耐盐水(3%NaCl,48h)	无气泡,涂膜不脱落

4. 效果

利用聚碳酸亚丙酯多元醇（PPC）制备水性自干型涂料的方法，聚碳酸亚丙酯多元醇是由二氧化碳和环氧丙烷共聚合成的，与性能相近的聚碳酸酯多元醇相比，除了制备反应操作简单、成本低廉外，还能有效提高对于二氧化碳的综合利用，缓解"温室效应"，另外由于兼具聚碳酸酯和聚醚的优良特性，故其具备优异的耐磨、耐水、耐溶剂性能，十分适合应用于金属表面的装饰、防腐等领域。

（七）水性聚氨酯/聚苯胺导电防腐涂料

1. 原材料与配方

原料	质量分数/%	原料	质量分数/%
水性 189-1 醇酸树脂	4.0～7.0	烷基聚氧乙烯醚	0.8～1.5
ADM-2719 水性聚氨酯	38.0～47.0	阳极型缓蚀剂复配物	1.5～2.5
胺类中和剂	1.5～2.0	HT-2 导电钛白粉	9.0～12.0
水性聚苯胺	2.5～4.0	导电云母	9.0～12.0
钴类水性催干剂	0.4～0.6	钛白粉	4.0～7.0
矿物油、蜡类催化剂	0.3～0.5	去离子水	11.0～14.0

2. 制备方法

（1）聚苯胺的制备　以具有优良耐酸性能的不锈钢为工作电极（阳极），多层钛板为对电极（阴极），Hg/Hg_2SO_4 为参比电极，采用 Princeton 公司的电化学测量系统分别进行恒电位和恒电流聚合：在 0.5mol/L 苯胺单体中加入少量锌粉，减压蒸馏后，在 2mol/L $HClO_4$、$2mA/cm^2$ 恒定电流密度、20℃下聚合 45min 即得到聚苯胺。

（2）聚氨酯/聚苯胺导电防腐蚀涂料的制备　首先将醇酸和去离子水搅拌均匀，然后依次加入聚氨酯、中和剂搅拌，将聚氨酯用适量的水混合均匀后加入到上述溶液中去。将催干剂、消泡剂、分散剂、防闪锈剂混合均匀后，依次加入导电粉、导电云母粉、钛白粉，混合均匀后，加入到上述溶液中去。最后用去离子水调节黏度值（涂-4 杯，黏度值 40～70s）。

（3）聚氨酯/聚苯胺导电防腐蚀涂层的制备

① 要求被涂物表面干燥、无油迹、无水迹、无污物和杂质，用 0 号砂纸轻微打磨粗糙底漆，增加层间附着力。底材温度应该高于露点3℃以上；湿度大于80％应有去湿处理，温度低于5℃应有保温处理，否则不宜涂装。

② 开罐后搅拌均匀，防止颜料沉底引起色差。必要时采用80～120目筛网过滤后使用。

③ 如黏度过高，可用清洁中性水适量调整。一般按0～10％稀释，兑稀时应遵循少量多次的原则，边加边搅拌以保证漆液均匀。

④ 可刷涂、辊涂、无气喷涂。涂装未表干时防止接触水，复涂以涂层实干为宜，一般间隔24h（根据环境）建议涂装2～3遍。

⑤ 干燥固化条件：温度25℃，湿度50％。

3. 性能 （见表7-34）

表 7-34　聚氨酯/聚苯胺防腐蚀涂层的性能

项目	指标
附着力(划圈法)/级	1
冲击强度/N·cm	500
柔韧性/mm	1
遮盖力/(g/m²)	50
细度/μm	50
导电性(90d 后)	导电
t(耐酸)/h	240
t(耐碱)/h	240
t(耐二甲苯汽油)/h	240
t(3％NaCl 耐盐雾)/h	360

水性聚氨酯/聚苯胺涂层防腐蚀涂料除了具有水性聚氨酯无毒无臭味、无污染、不易燃烧、施工方便、易于清理等优点外，还具有以下优良性能。

（1）耐盐雾腐蚀性好　聚苯胺防腐蚀涂料的防腐蚀机理是充分利用导电聚苯胺可逆的氧化还原性能，理论上涂膜厚度较薄即可达到比环氧富锌底涂料更好的耐盐雾腐蚀性。

（2）环境友好性　水性聚氨酯/聚苯胺防腐蚀涂料不含有重金属 Cr、Pb、Zn 等，使用过程中无重金属离子析出，具有环境友好性。

（3）兼具导静电和防腐蚀性能　水性聚氨酯/聚苯胺导电态防腐蚀涂料可以底涂料和面涂料合一使用，不仅具有抗静电的性能，还兼有高效的防腐蚀性能。

（4）良好的性价比　与富锌涂料相比，水性聚氨酯/聚苯胺防腐蚀涂料密度低，不易沉降，施工简单，涂料耗量少，涂装费用低。耐腐蚀时间高出富锌底涂料 3 倍以上，维修费用大幅降低。

（5）边缘及划伤部位抗腐蚀　水性聚氨酯/聚苯胺防腐蚀涂料具有非常好的边缘防腐蚀性能和很好的抗划伤能力，涂层可抵抗 1～2mm 的划痕，使锈层不再扩展。

（6）焊接环保性能好　水性聚氨酯/聚苯胺防腐蚀涂料因不含 Zn，具有独特的焊接性，焊接过程中无锌烧蚀现象，这也是富锌底涂料所不及的。

（7）耐酸碱性能好　水性聚氨酯/聚苯胺防腐蚀涂料耐酸碱，可在非常恶劣的酸性或碱性环境下使用，特别适用于海洋环境及航天工业的重防腐蚀涂装，而富锌涂料不耐酸。

（8）长寿命防腐蚀　水性聚氨酯/聚苯胺防腐蚀涂料中的聚苯胺在涂层中处于氧化还原状态，理论上不会损耗，这也有别于富锌涂料牺牲自己保护金属，因此采用较少量的聚苯胺即可达到防腐蚀效果。在本研究中，聚苯胺的添加量只有百分之几便可以达到要求的功能。

第三节　水性聚氨酯专用涂料

一、高速列车车厢专用水性聚氨酯双组分涂料

1. 原材料与配方

组分	原材料	用量/% 中涂漆	用量/% 面涂漆
	去离子水	5～10	5～10
	羟基丙烯酸酯水分散体	50～60	50～60
	分散剂	0.5～0.7	0.5～0.7
	基材润湿剂	0.2～0.3	0.2～0.3
	消泡剂	0.3～0.5	0.3～0.5
	流平剂	0.3～0.5	0.3～0.5
	防腐剂	0.1～0.2	0.1～0.2
	防沉剂	0.1～0.2	0.1～0.2
A	金红石钛白粉	15～18	18～20
	绢云母	5～7	
	滑石粉	5～7	

| 组分 | 原材料 | 用量/% | |
		中涂漆	面涂漆
	陶瓷微珠	5~8	3~5
	pH 调节剂	适量	适量
	成膜助剂	1~2	1~2
	纳米 SiO_2 水性浆	5~10	5~10
	增稠剂	0.5~0.8	0.5~0.8
B	氨基磺酸盐改性亲水 HDI 异氰酸酯	19~21	19~21

注：按 $n(—NCO):n(—OH)=1.4~1.5$ 配漆。

2. 制备工艺

将去离子水和部分羟基丙烯酸酯水分散体加入分散罐内搅拌均匀，依次加入分散剂、基材润湿剂、消泡剂、防沉剂、颜填料，高速分散 30~40min，细度<20μm，调至中速搅拌，加入余量羟基丙烯酸酯水分散体、流平剂、成膜助剂、纳米 SiO_2 水性浆、pH 调节剂、增稠剂，搅拌 10~20min，过滤出料，成 A 组分。

B 组分单独包装。

3. 性能 （见表 7-35）

表 7-35　双组分水性聚氨酯中涂、面漆的性能

| 检测项目 | 性能指标 | |
	中涂漆	面漆
遮盖力(白漆)/(g/m²)		87
光泽(60°)		92
附着力(划格法)/级	82	0
杯突试验/mm	61	8
弯曲试验(圆柱轴)/mm	1	<1
耐冲击性/cm(正/反冲)	5	60/50
铅笔硬度	1	2H
耐沾污性/%	50/50	7
耐磨性(1kg,1000r)/mg	H	19
耐盐雾性(1000h)/级		1
耐水性(10d)		无变化
耐温差变化性(20 个周期)/级		1
耐人工老化(1000h)/级		1
耐 120# 汽油(1d)		无变化
耐酸性(0.05mol/L,H_2SO_4 水溶液,1d)		轻微失光
耐碱性(0.1mol/L NaOH 水溶液,1d)		无变化

注：从耐磨性往下至耐碱性均按底漆、面漆配套制板进行测试，其中底漆干膜厚度为 50μm，面漆干膜厚 40μm。

4. 效果

本双组分水性聚氨酯高速列车车厢中涂、面漆配套涂料，以含羟基树脂水分散体与亲水改性 HDI 三聚体固化体系为成膜物，以金红石型钛白粉、绢云母、滑石粉、陶瓷微珠为颜填料，以纳米 SiO_2 为改性剂，在多种功能助剂的配合下制备而成。是一种低 VOC 含量、低 HAP 排放量、节约能源、安全环保的绿色涂料。

涂膜具有优异的附着力、柔韧性、抗冲击性、抗风沙磨蚀性、耐候性、耐化学品性、耐

沾污性等，同时还具有高光、高饱和度、高装饰性等特点。该配套涂料可广泛应用于高铁、地铁车厢、汽车、风电叶片等涂装，具有广阔的市场前景。

二、飞机舱内装饰专用水性聚氨酯涂料

1. 原材料与配方

原材料名称	质量份	原材料名称	质量份
水性羟基丙烯酸树脂	36.0	润湿分散剂	2.0
钛白粉	18.0	表面润湿剂	0.5
环保型溴系阻燃剂		聚乙烯蜡	1.5
三氧化二锑阻燃剂	26.0	去离子水	16.0
氢氧化铝阻燃剂		合计	100.0

2. 制备方法

① 在干净的调漆缸内，按照配方量分别投入 1/3 水性羟基丙烯酸树脂，以及润湿分散剂和 2/3 去离子水，启动搅拌器，在低速搅拌下，分别加入钛白粉、环保型溴系阻燃剂、三氧化二锑阻燃剂和氢氧化铝阻燃剂，高速搅拌 30min 后，停止搅拌，启动砂磨机进行砂磨至细度 15μm 以下，过滤，出料，备用。

② 在干净的调漆缸内，按照配方量投入剩余的水性羟基丙烯酸树脂，在低速搅拌下加入剩余的去离子水、聚乙烯蜡和表面润湿剂，中速搅拌 15min 后，加入上述制得的浆料，中速搅拌 10min 后，用 200 目绢丝布过滤，出料。

③ 将上述制得的漆料和 HDI 固化剂以 6∶1 的配比混合，即制得飞机舱内装饰用水性双组分聚氨酯涂料。

3. 性能（见表 7-36）

表 7-36　飞机舱内装饰用水性双组分聚氨酯涂料的性能

检测项目	性能指标	检测结果
附着力/级（在铝合金基材上）		
干膜	≥7	10
湿膜	耐水 24h 后，无起泡，≥7	10
潮湿状态	35℃，80%湿度下 24h 后，无起泡，≥7	10
附着力/级（在塑料基材上）		
干膜	≥7	10
湿膜	耐水 24h 后，无起泡，≥7	9
潮湿状态	35℃，80%湿度下 24h 后，无起泡，≥7	10
抗划痕性	5kg 载荷，无划痕	5kg 载荷，无划痕
耐污渍沾污性	$\Delta E \leqslant 1$	$\Delta E = 0.5$
耐操作沾污性	$\Delta E \leqslant 1$	$\Delta E = 0.8$
耐磨性	磨耗指数<80	30
耐光性	$\Delta E \leqslant 1$	$\Delta E = 0.5$
阻燃性		
自熄时间/s	≤12	6
燃烧长度/mm	≤100	65
滴落物自熄时间/s	≤3	0

注：测试方法按该项目规定的测试方法进行。

4. 效果

① 选用水性羟基丙烯酸树脂与 HDI 固化剂配套，使附着力在湿膜及潮湿状态下≥7 级，且耐光性好。

② $n(—NCO)/n(—OH)$ 比例在 1.2 时，漆膜性能最佳。

③ 选用溴-三氧化二锑-氢氧化铝协同阻燃剂，阻燃性、附着力、耐沾污性、耐磨性均较好。

④ 选用聚乙烯蜡抗划伤剂能在其 1.5%～2% 添加量下承受 5kg 载荷，且对阻燃性影响较小。

三、车辆专用水性聚氨酯面漆

1. 原材料与配方

原材料	用量/%	原材料	用量/%
羟基丙烯酸树脂（70%）	40～50	二月桂酸二丁基锡	0.01～0.05
聚酯树脂（80%）	5～10	防流挂剂	0.3～1.0
钛白粉	15～20	二甲苯	5～10
酞菁蓝	0.1～0.3	醋酸丁酯	5～10
润湿分散剂	0.1～0.3	丙二醇甲醚醋酸酯	3～5
有机硅流平剂	0.1～0.6	S100 溶剂油	3～5
聚丙烯酸酯流平剂	0.3～1.0	多异氰酸酯固化剂	12～18

2. 涂料的制备

（1）色浆的制备

① 白浆：将溶剂加入到羟基丙烯酸树脂中，搅匀，再加入钛白粉，充分搅拌均匀后，研磨至细度≤15μm，出料，待用。

② 蓝浆：将润湿分散剂、溶剂加入到羟基丙烯酸树脂中，搅匀，再加入酞菁蓝粉，充分搅拌均匀后，研磨至细度≤15μm，出料，待用。

（2）面漆的制备　将白浆、蓝浆、羟基丙炳酸树脂、聚酯树脂加入到调漆容器中，在搅拌下依次加入有机硅流平剂、聚丙烯酸酯流平剂、二月桂酸二丁基锡、防流挂剂等，充分搅拌后，加入二甲苯、醋酸丁酯、丙二醇甲醚醋酸酯、S100 溶剂油兑稀。按一定比例加入多异氰酸酯固化剂，充分搅拌后，制得天蓝色双组分聚氨酯面漆。

3. 性能（见表 7-37）

表 7-37　天蓝色双组分聚氨酯面漆的性能指标

检测项目	检测结果	检测方法
干燥时间 　表干时间/min 　实干时间/h	≤30 ≤24	GB/T 1728—1979
20°光泽	≥88	GB/T 9754—2007
60°光泽	≥96	GB/T 9754—2007
铅笔硬度	>2H	GB/T 6739—2006
耐冲击性/cm	50	GB/T 1732—1993
附着力/级	0	GB/T 9286—1998

检测项目	检测结果	检测方法
柔韧性/mm	1	GB/T 1731—1993
鲜映性(DOI值)	≥90	ASTM E 430—2005
耐水性(360h)	无变化	GB/T 1733—1993(甲法)
耐90#汽油性(240h)	无变化	GB/T 1734—1993
耐酸性(5%H$_2$SO$_4$,168h)	无变化	
耐碱性(5%NaOH,168h)	无变化	
耐候性(人工气候老化,1500h)	变色1级,失光1级	GB/T 1865—2009

4. 效果

在高固体分羟基丙烯酸树脂中拼入线型聚酯树脂,选用合适的固化剂、助剂、溶剂和颜料,制成高性能的双组分聚氨酯车用面漆。该面漆光泽度高,丰满度、流平性和鲜映性极佳,综合性能优异,完全能够满足车用面漆的涂装要求。

四、水性聚氨酯防火涂料

1. 原材料与配方(单位:质量份)

水性聚氨酯乳液(WPU)	100	甲基纤维素	3~4
硅溶胶(SG)	30	聚乙烯醇	2~3
三聚氰胺氰脲酸盐(MCA)	30	水性防沉剂	0.5
消泡剂	1.0	磷酸三丁酯	1~2
成膜助剂	1~2	水	适量
气相二氧化硅	5~8	其他助剂	适量

2. 制备方法

将WPU乳液、基于WPU乳液质量5%的成膜助剂2,2,4-三甲基-1,3-戊二醇单异丁酸酯和0.5%消泡剂OS-5201于500mL烧杯中混合,以200r/min速度搅拌约5min,待用。

将硅溶胶与WPU乳液以不同质量比配制硅溶胶改性水性聚氨酯涂料(G-WPU),搅拌10min,再用超声波仪器超声分散30min,制成各种标准试样,测试阻燃性能、力学性能、耐水性等。

将上述方法制得的硅溶胶改性WPU涂料和一定质量MCA阻燃剂、水性防沉剂等共混,以200 r/min搅拌0.5h后,转入球磨机进行球磨分散。球磨分散工艺:采用直径5mm的玻璃球和直径10mm的玻璃球,质量比约1:1,玻璃球总质量与WPU阻燃涂料质量比约3.5:1,并以400r/min的公转、800r/min的自转,双向交替旋转球磨4h进行分散。最后制成各种标准试样,进行阻燃性能、力学性能、耐水性、防沉降等相关性能测试。

3. 性能

表7-38为阻燃涂料的硬度、附着力、耐水性等涂膜性能测试结果,其中G-WPU由WPU和SG按7:3的质量比构成。当MCA含量从0增加到50%时,涂膜硬度从HB降低到2B。可能是因为MCA经过球磨分散后破坏了G-WPU结构,而粒径较细的MCA在固化涂层中呈现一定的蓬松结构,这种结构导致涂层的硬度随着MCA用量的增加而下降。

表 7-38 阻燃涂料的涂膜性能

试样	G-WPU：MCA	硬度	附着力/级	耐水性
1	100：0	HB	2	轻微泛白,24h恢复,合格
2	85：15	B	1	不起泡,合格
3	70：30	B	1	轻微起泡,24h恢复,合格
4	50：50	2B	4	起泡,24h不恢复,不合格

当 MCA 用量从 0 增加到 30％时,其涂膜的附着力从 2 级提高到 1 级;但当 MCA 增加到 50％时,涂膜的附着力却降低到 4 级。这可能是因为一定质量的 MCA 的加入减弱了 G-WPU 的内聚力,使涂膜的附着力上升,而添加量过多时,MCA 不仅减弱了 G-WPU 内聚力而且破坏了涂膜与基体的氢键作用,从而导致附着力下降。

当 MCA 用量在 0～30％时,其涂膜经过 24h 耐水性实验,有轻微泛白、起泡现象,但是置于标准状态下 24h 可以恢复,耐水性合格。然而,当 MCA 用量增加到 40％及以上时,涂层起泡严重,且置于标准状态下不能恢复,耐水性不合格。MCA 的加入导致阻燃涂料的耐水性变差,其主要原因:一是 MCA 破坏了 G-WPU 体系中聚氨酯分子间或聚氨酯与硅溶胶分子间作用力,从而使其与水的实际接触面积增大;二是 MCA 易吸水受潮,质量越大吸水越多。

4. 效果

通过球磨分散制备 MCA 阻燃硅溶胶改性 WPU,所制备的聚氨酯防火涂料具有良好的乳液稳定性,其涂层固化时间较短,固化后的膜层不但具有良好的热稳定性、附着力、耐水性和硬度,而且展现出显著的阻燃效果,当 WPU：硅溶胶：MCA 质量比为 49：21：30 时,耐燃时间可达 521s。

五、轮胎防老化专用水性聚氨酯涂料

1. 原材料与配方 (质量份)

(1) 乳液配方

聚四氢呋喃醚二醇 (PTMG 1000)	100	二月桂酸二丁基锡	0.5
异佛尔酮二异氰酸酯 (IPDI)	80	N-甲基-2-吡咯烷酮	0.2
γ-氨丙基三乙氧基硅烷 (KH-550)	1.5	三乙胺	适量
		PA 乳液	50
聚氧化丙烯三醇 (MN-400)	2～3	其他助剂	适量
2,2-二羟甲基丙酸	1～2		

(2) 涂料配方

复合乳液	100	颜料	1～2
填料	20～40	消泡剂	0.1
分散剂	3～5	中和剂	1～3
润湿剂	1～3	水	适量
SiO_2 气凝胶	10～15	其他助剂	适量

2. 制备方法

(1) 复合乳液制备

① PA/PU 自交联固化方法及原理。

乙酰乙酸基团可以与（甲基）丙烯酸酯和胺类发生交联反应。因此，在合成 PA 乳液时，添加一定量的 AAEM 单体，通过乳液聚合，就可以将乙酸乙酯基团引入到丙烯酸酯聚合物分子链上，再向 PU 乳液中引入适量乙二胺，使聚氨酯链上带上氨基，氨基可以与 PA 分子链上的 AAEM 发生自交联反应，从而改变聚合物乳液的最终性能。通过改变乙酰乙酸基团的引入量改善聚合物乳液的分子交联性，从而改善其防护性能。

② PA/PU 复合乳液的制备。

a. 可交联固化型水性 PA 乳液的制备。将质量份为 2/3 的 SDS 及部分水加入到三口烧瓶中，加热至 70℃，搅拌均匀。加入部分 MMA、AA、HEMA、EA、AAEM 单体，继续升温至 75℃，加入部分引发剂（APS）溶液，反应约 30min。将剩余的 SDS 和单体以及部分水进行预乳化，与 APS 溶液一起在一定时间内分批滴加入体系，待单体及引发剂滴加完毕后，升温，80～82℃下保温反应 1h，降温。用质量分数为 25% 的氨水调节乳液的 pH 为 8 左右，过滤出料，得到 PA 乳液。将引入 AAEM 量为 0 的 PA 乳液命名为 PA-0，将引入适量 AAEM 的 PA 乳液命名为 PA-1。

b. PA/PU 复合乳液的制备。在装有温度计、搅拌器、回流冷凝管的四口烧瓶中加入计量好的 PTMG-1000 和 DMPA，少量的 NMP（溶解 DMPA），升温至 85℃，80 r/min 下通入 N_2。DMPA 全部溶解后，加入 IPDI 及适量 DBTDL，85℃反应约 2h，至体系中—NCO 含量达理论值。加入 MN-400 降温至 75℃，反应 3h，期间检测体系中的—NCO 含量达理论值。降温至 60℃，加入计量的 TEA，快速搅拌反应约 5～8min。将转速提高至 1500r/min，加入一定量的 PA 乳液高速分散约 20min。添加计量的 KH-550，转速为 550r/min，反应 20min。再升温至 50℃，转速为 370r/min，保温反应 60min，即得到固含量为 35% 的 PA/PU 复合乳液。

（2）涂料制备　称料—配料—混料—中和—卸料—备用。

3. 性能

改性 SiO_2 气凝胶用量为 10.02% 时，根据相关标准做了一系列基本性能的测试，测试结果如表 7-39 所示。

表 7-39　涂膜的基本性能

项目	检测结果	参考标准
涂层颜色及外观	光泽,透明	
附着力/级	2	GB/T 1720—1979
铅笔硬度	2H	GB/T 6739—2006
耐水性(直接浸水)/h	＞96	GB/T 1733—1993
耐热性(120℃烘箱)	5h 涂层不起泡	GB/T 1735—2009
耐冲击性/cm	50	GB/T 1732—1993
耐候性/级	0	GB/T 1766—2008

由表 7-39 数据可知，涂膜不仅隔热效果好，透光率高，而且综合性能优异。

4. 效果

以自制的 WJ-454 疏水剂改性后的二氧化硅气凝胶为主要填料制备了纳米 SiO_2 气凝胶透明隔热涂层。研究表明，经疏水剂改性后的浆料具有良好的分散稳定性，当气凝胶的含量为 10% 左右时，涂层的硬度、耐水性、耐热性以及附着力等综合性能优异；该透明隔热涂层在可见光区的透过率在 85% 以上，表现出良好的透明性；涂层对近红外区太阳光能量有较强的阻隔，阻隔率大于 86%；隔热效果测试表明，在碘钨灯的照射下样品玻璃与空白玻璃之间的温差可达到 10.2℃。制得的涂膜具有明显的隔热性能和优异的综合性能，具有广泛的应用前景。

六、高弹性水性聚氨酯橡胶用涂料

1. 原材料与配方

原料名称		质量/g	原料名称		质量/g
甲组分	水性聚氨酯乳液	100	甲组分	防沉剂	0.2～0.5
	颜料	20～28		消泡剂	0.2～0.5
	功能填料	10～16		增稠剂	0.2～0.5
	流变剂	0.2～0.5		流平剂	0.1～0.5
	润湿分散剂	0.1～0.5	乙组分	异氰酸酯类	10～15
	基材润湿剂	0.1～0.5		醇醚类溶剂	10～15

2. 制备工艺

按顺序将配料量40%的树脂、颜料、功能填料、流变剂、润湿分散剂等加入到配料罐中，用高速搅拌机进行预分散，物料分散均匀后用篮式砂磨机进行研磨，研磨至细度达到 $25\mu m$ 以下，制得色浆。在研磨罐中补加剩余的60%树脂，增稠、防沉、消泡、流平等助剂以及消光粉等，调整漆的黏度、喷涂性能及光泽等，搅拌均匀后过滤、包装。

3. 性能（见表7-40）

表 7-40　高弹性水性聚氨酯橡胶涂料的技术指标

项目		指标	试验方法
有机挥发物含量(VOC)/(g/L)		≤120	GB 18582—2008
细度/μm		≤40	GB/T 1724—1979
黏度/s		≥30	GB/T 1723—1993
遮盖力/(g/m²)	白色	≤150	GB/T 1726—1979
	红色	≤120	GB/T 1726—1979
	绿色	≤100	GB/T 1726—1979
	天蓝色	≤80	GB/T 1726—1979
适用期/h		≥3	将涂料甲组分和乙组分按规定配比混合，用去离子水调节至黏度15～23s，作为初始黏度值。在GB/T 9278—2007规定的条件下,密封、避光3h后，与初始黏度值相比，黏度变化不超过8s
表干时间/min		≤30	GB/T 1728—1979
实干时间/h		≤4	GB/T 1728—1979
完全固化	常温/d	7	GB/T 1728—1979
	(60±2)℃/h	3	GB/T 1728—1979
涂层颜色及外观		符合标准样板，在色差范围内，光滑平整	GB/T 9761—2008
涂层光泽(60°)/%		40～80	GB/T 9754—2007
柔韧性/mm		≤1	GB/T 1731—1993
耐冲击性/cm		50	GB/T 1732—1993

项目	指标	试验方法
划格法附着力/级	≤1	GB/T 9286—1998
固化度(50 次)	不露底	用食指按压蘸有丁酮的棉布,在涂层表面擦试 50 次(向前 25 次,向后 25 次)不露底
耐热性(150℃,24h)	不脱落、不起皱,允许轻微变色	GB/T 1735—2009
耐低温性(−55℃,4h)	不起泡、不脱落	将试片置于(−55±2)℃的条件下 4h,按 GB/T 9278—2007 规定的条件下放置 30min,1h 之内检查涂层
耐水性[(38±2)℃,96h]	不脱落、不起皱,允许轻微变色	GB/T 1733—1993
耐 4109 滑油[(120±2)℃,24h]	不脱落、不起皱,允许轻微变色	GB/T 9274—1988
耐航空洗涤汽油[(23±2)℃,24h]	不脱落、不起皱,允许轻微变色	GB/T 9274—1988
涂层弯曲试验	允许轻微龟裂,不允许分层	
加速储存性能[甲组分,(60±2)℃,7d]	允许轻微结皮、易搅起,无结块	GB/T 6753.3—1986

4. 效果

该水性橡胶涂料对橡胶基材的附着力强、弹性高,是一种综合性能优异的绿色环保涂料。高弹性水性聚氨酯橡胶涂料目前已经在多个型号飞机上代替常规的聚氨酯磁漆、醇酸磁漆使用,避免了生产中因反复补修而造成生产周期拖延及原材料浪费,提高了产品质量及橡胶管使用的可靠性,满足生产使用的要求.一次性彻底解决了长期遗留的生产问题。

七、皮革涂饰专用环氧树脂蓖麻油改性水性聚氨酯涂料

1. 原材料与配方(单位:质量份)

聚丙二醇(PPG-2000)	70	无水乙二胺(EDA)	1～2
异佛尔酮二异氰酸酯(IPPI)	30	二月桂酸二丁基锡(DBTDL)	0.5
环氧树脂(E-44)	3～7	颜填料	5～6
蓖麻油(CO)	4～7	消泡剂	0.2
二羟基甲基丙烯(DMPA)	3～4	去离子水	适量
三乙胺(TEA)	2～3	其他助剂	适量
分散剂	1～3		

2. 制备方法

(1) 环氧树脂蓖麻油双重改性水性聚氨酯乳液(ECOWPU)的制备 将蓖麻油(CO)、PPG2000、IPDI 按照计量加入装有电动搅拌桨、温度计和回流冷凝管的四口烧瓶中,滴加适量 DBTDL(占固体总质量的 0.03%),在 70℃反应 2h,然后加入 DMPA 和溶有环氧树脂 E-44 的丙酮溶液,70℃继续反应 3h,反应过程中加入丙酮调节黏度。降温至 50℃,加入三乙胺中和,反应 30min。接着将乙二胺溶解于去离子水中,缓慢加入至快速搅拌的预聚体中,分散 30min 最后将丙酮减压蒸馏出去.制得固含量为 30%的环氧树脂蓖麻油双重改性水性聚氨酯乳液。

(2) 胶膜的制备 将制备好的乳液浇注在正方体凹槽玻璃模具中(模具上均匀涂一层真空硅脂),室温下自然干燥,待乳液成膜外观呈透明状时,放入烘箱,在 50～55℃下干燥成膜,得到胶膜的厚度约为 0.8mm,置于干燥器中保存。

3. 性能（见表 7-41 和表 7-42）

表 7-41 环氧树脂用量对乳液及胶膜性能影响

羟基比	用量(E-44)/%	乳液外观	离心稳定性	邵尔硬度	拉伸强度/MPa	断裂伸长率/%
1:4	3	半透明	无沉淀	71	6.81	1677
1:4	5	半透明泛蓝光	无沉淀	75	7.02	1450
1:4	7	半透明泛蓝光	无沉淀	79	7.32	1030
1:4	9	乳白色不透明泛蓝光	无沉淀	81	7.93	768
1:4	11	固化				

表 7-42 蓖麻油含量对乳液及胶膜性能影响

用量(E-44)[1]/%	羟基比	用量(CO)[2]/%	乳液外观	离心稳定性	邵氏硬度	拉伸强度/MPa	断裂伸长率/%
0	1:5	4.0	半透明泛蓝光	无沉淀	62	—	—
0	1:4	4.9	半透明泛蓝光	无沉淀	68	—	—
0	1:3	6.4	半透明泛蓝光	无沉淀	68	—	—
0	1:2	9.0	半透明泛蓝光	无沉淀	70	—	—
0	1:1	15.2	凝胶	—	—	—	—
5	1:5	4.0	半透明泛蓝光	无沉淀	73	6.84	1736
5	1:4	4.9	半透明泛蓝光	无沉淀	75	7.02	1450
5	1:3	6.4	半透明泛蓝光	无沉淀	77	7.26	1120
5	1:2	9.0	半透明泛蓝光	无沉淀	80	7.92	932

①环氧树脂 E-44 占乳液固含量的百分比。②蓖麻油占乳液固含量的百分比。

4. 效果

采用环氧树脂和蓖麻油作为交联剂，合成了一系列双重改性的水性聚氨酯乳液，并制备胶膜。E-44 及蓖麻油的引入，增大了胶膜的交联密度，提高了胶膜的热稳定性和耐水性。随着添加量的增大，胶膜的拉伸强度逐渐增大，断裂伸长率逐渐减小。适宜的蓖麻油添加量为 4.0～6.4 份，适宜的 E-44 添加量为 3～7 份。双重改性后的水性聚氨酯综合性能较好，对于将其应用于工业化生产，提高产品的性能有一定的参考价值。

八、可绘画和抗涂鸦专用水性聚氨酯涂料

1. 原材料与配方

（1）配方原料　水性聚氨酯 A 及其固化剂、水性聚氨酯 B 及其固化剂、水性聚氨酯 C 及其固化剂、水性聚氨酯 D 及其固化剂、润湿剂、防腐防霉剂、增稠剂，进口；分散剂、消泡剂、颜填料，国产。

（2）涂鸦材料　水性白板笔、水彩笔、无尘粉笔、番茄酱、咖啡、红茶、鞋油、墨水，市售。

（3）聚氨酯内墙绘画涂料的配方

	组分	质量份
	水	10～15
	润湿剂	0.1～0.4
	分散剂	0.5～1.0
	消泡剂 1	0.1～0.4
A 组分	颜填料	30～40

组分	质量份
消泡剂 2	0.1～0.4
防腐防霉剂	0.3～0.6
水性聚氨酯乳液	30～50
增稠剂	0.5～1.0
B 组分　水性聚氨酯固化剂	10～30

2. 制备方法

在水中加入一定量的润湿剂、分散剂、消泡剂，搅拌几分钟，然后在搅拌下加入颜填料，高速分散达到规定的细度要求。随后在低速搅拌下加入消泡剂、防腐防霉剂，搅拌均匀后，加入水性聚氨酯乳液搅拌，充分混合均匀．再加入增稠剂，充分混合均匀，即制备得水性双组分聚氨酯内墙绘画涂料 A 组分。内墙绘画涂料 B 组分为水性聚氨酯固化剂。施工使用时，将 A 组分和 B 组分按一定比例充分混合即可。

3. 性能

水性双组分聚氨酯内墙绘画涂料与普通内墙涂料涂鸦清除性能对比见表 7-43。

表 7-43　水性双组分聚氨酯内墙绘画涂料与普通内墙涂料涂鸦清除性能对比

涂料种类	涂鸦物质							
	水性白板笔	水彩笔	无尘粉笔	番茄酱	咖啡	红茶	鞋油	墨水
普通内墙涂料	差	差	差	一般	一般	一般	差	差
水性双组分聚氨酯内墙绘画涂料	好	好	好	好	好	好	好	好

所制备的水性双组分聚氨酯内墙绘画涂料产品已全面达到了国家标准规定的优等品要求，在涂鸦清除性能、耐擦洗、抗霉菌等性能方面均具有优异的表现，尤其是挥发性有机化合物含量仅为 11g/L，远低于 T31/01002-C001—2014《儿童水性内墙涂料》标准中 VOC 的限制 20g/L。

研制的水性双组分聚氨酯内墙绘画涂料具有极其优异的涂鸦清除性能，能够轻松清除水性白板笔、水彩笔、无尘粉笔、鞋油、墨水、番茄酱、咖啡、红茶等多种涂鸦物质及生活污渍。水性双组分聚氨酯内墙绘画涂料的综合性能见表 7-44。

表 7-44　水性双组分聚氨酯内墙绘画涂料的综合性能

测试项目		标准参考值	水性双组分聚氨酯内墙绘画涂料的性能
挥发性有机化合物(VOC)/(g/L)			11
对比率		≥0.95	0.97
光泽	60°		7.4
	85°		28.8
白度			87.68
耐擦洗/次		优等品≥5000	>30000
冻融稳定性(3 个循环)			通过
厚膜开裂(900μm)			通过
耐污渍	耐污渍综合能力	≥60	92
	光泽变化差值的绝对值、单位值(60°光泽<10)	≤40	1

测试项目		标准参考值	水性双组分聚氨酯内墙绘画涂料的性能
耐污渍持久性	耐污渍综合能力	≥50	85
	光泽变化差值的绝对值、单位值(60°光泽<10%)	≤40	2
耐溶剂擦拭性(100次不露底)			通过
附着力(划格法)/级		≤1	0
防涂鸦性(墨汁)/级		≤2	1
抗霉菌性能(28d)/级			0(56d)
抗霉菌耐久性/级			0
游离甲醛/(mg/kg)		≤50	未检出
可溶性重金属/(mg/kg)			未检出
苯、甲苯、二甲苯、乙苯的总量/(mg/kg)		≤100	未检出
耐水性(96h)			1个月无异常
耐碱性(24h)			1个月无异常
混合使用期/h			1.5~2
干燥时间(表干)/h		≤2	1
施工性能			好
铅笔硬度		≥2H	3H
50℃加速老化储存稳定性(90d)			好

4. 效果

通过研究了多种水性聚氨酯乳液及其固化剂,对比了不同水性聚氨酯乳液和固化剂比例,最终开发了一种兼具优异的涂鸦清除性能、耐擦洗性能、环境友好性、装饰性及时尚性的水性双组分聚氨酯可擦洗绘画涂料,其性能完全达到和超过国家内墙环保的多个标准要求,尤其是远低于 T31/01002-C001—2014《儿童水性内墙涂料》标准中 VOC 的限制 20g/L,是优异的环境友好型水性内墙涂料,特别适合家居儿童室和厨房、幼儿园、医院和宾馆等场所使用,具有良好的推广优势与应用前景。

九、印花专用羟基硅油改性水性聚氨酯涂料

1. 原材料与配方（质量份）

（1）乳液配方

聚乙二醇600（PEG 600）	60	丙二醇	1~3
异佛尔酮二异氰酸酯（IPDI）	40	二月桂酸二丁基锡	0.5
二羟甲基丙酸（DMPA）	3.0	羟基硅油	20
甲基丙烯酸羟乙酯（HEMA）	2.5	去离子水	适量
三乙胺	1.0	其他助剂	适量

（2）涂料配方

乳液	20	增稠剂	0.5
光引发剂	5.0	消泡剂	0.1
丙二醇	5.0	去离子水	57
颜料色浆	3.0	其他助剂	适量

2. 制备方法

（1）UV 固化水性聚氨酯的合成　在装有温度计、恒压漏斗、冷凝管和搅拌棒的四口烧瓶中加入聚乙二醇和羟基硅油合计 0.017mol［保持 $n(—NCO)/n(—OH)$ 不变，在羟基硅油与聚乙二醇的混合物中调整二者的比例，使羟基硅油在该混合物中的质量分数分别为 5%、10%、20%、30%、60%］、0.12g 催化剂、0.04g 阻聚剂、30g 甲苯溶液，用恒压漏斗缓慢滴加 0.033mol 的 IPDI，搅拌速度约 150r/min，升温至 60℃，反应 2h；然后加入 0.008mol 的 DMPA，温度升至 80℃，反应 2h；加入 0.017mol 的 HEMA 和 20g 的甲苯混合溶液反应 3h；反应后降温至 45℃，加入 0.008mol 的三乙胺进行中和反应；用旋转蒸发仪去除甲苯，温度 50℃，蒸发约 0.5h；最后加入一定量的去离子水（使乳液的固含量达到 30% 左右）在 45℃条件下进行乳化反应，搅拌转速约 230r/min，乳化 1h，得到 UV 固化水性聚氨酯的乳液。

（2）印花浆制备及印花工艺　将 5% 的光引发剂 DAROCUR 1173、10% 的去离子水以及 5% 的丙二醇混合均匀，然后加入 3% 的颜料色浆，20% 制备好的水性聚氨酯乳液以及 57% 去离子水混合均匀，边搅拌边逐滴加入增稠剂 PFL 直至印花浆的黏度及触变性达到印花要求。

织物印花后，放入 60℃的热风烘箱中 5min 后取出，再放入干燥箱中 24h 确保织物中的水分完全干燥，用紫外线固化仪照射至完全固化。

3. 性能

表 7-45　不同质量分数羟基硅油的水性聚氨酯涂料印花布的摩擦牢度

羟基硅油质量分数/%	干摩擦牢度/级	湿摩擦牢度/级
5	2	1
10	3～4	2～3
20	4～5	4
30	4～5	4～5
60	4～5	4～5

由表 7-45 可得，当羟基硅油质量分数在 5%～20% 时，随着羟基硅油质量分数的增加，干、湿摩擦牢度得到增强，羟基硅油的质量分数为 5% 时，印花布的湿摩擦牢度仅为 1 级，这是由于羟基硅油质量分数为 5% 的水性聚氨酯的耐水性较差，在湿摩擦时很容易吸水并导致膜层破坏；羟基硅油的质量分数为 10% 时，印花织物的耐摩擦牢度得到很大的改善，继续增加羟基硅油的质量分数，印花布的耐摩擦牢度达到了优良，这是由于随着羟基硅油质量分数的增加，羟基硅油链段在涂层表面有序排列，而且有机硅链段的内聚能较高，难以被外力破坏，所以表现出较好的耐摩擦性能；当羟基硅油质量分数达到或大于 20% 时，印花布的沾色牢度稳定在 4～5 级不再增强，说明了继续增加羟基硅油的质量分数对印花布的耐摩擦牢度的提高没有意义，考虑到水性聚氨酯的耐摩擦性能，羟基硅油的质量分数为 20% 比较合适。

4. 效果

当羟基硅油质量分数为 10％时，异氰酸根与羟基硅油的反应较完全。随着改性羟基硅油质量分数的增加，羟基硅油改性水性聚氨酯乳液的黏度降低、固化速度变慢、固化膜的耐水性增强，印花织物的耐摩擦牢度变好。羟基硅油质量分数超过 20％后，继续增加羟基硅油会导致异氰酸酯反应不完全，固化速度变慢，所以综合考虑各项性能指标，选择质量分数为 20％的羟基硅油改性的水性聚氨酯作为 UV 固化涂料印花的黏合剂，用该黏合剂印花得到的织物有很好的耐摩擦性能。

十、蓖麻油改性水性聚氨酯耐水型紫外线（UV）固化涂料

1. 原材料与配方（单位：质量份）

蓖麻油改性紫外线固化	100	消泡剂	0.5
水性聚氨酯乳液		分散剂	1～3
光固化引发剂	3～5	其他助剂	适量
填料	1～3		

2. 制备方法

（1）蓖麻油基 UVWPU 乳液的制备　UVWPU 乳液的制备步骤如图 7-3 所示。

先将化学计量的蓖麻油和 DMPA 加入到干燥的带电动搅拌器、冷凝管、温度计和 N_2 保护的反应器中，加适量丁酮调节黏度并搅拌均匀，升温，滴加 IPDI 和二月桂酸二丁基锡的混合液，70～75℃下恒温反应，用二正丁胺法检测—NCO 的含量，达到理论值后再加入化学计量的 BDO，扩链反应 2.5h；降温至 70℃，加入化学计量的 HEA 和对苯二酚，加适量丁酮降低体系黏度，反应 2.5h；再降温至 55℃，加三乙胺中和羧基，反应 0.5h；继续降温至 45～50℃，加入适量的去离子水，高速搅拌 0.5h。最后用旋转蒸发仪除去丁酮，制得固含量约 30％的乳液。

聚丙二醇（$M_n=1000$）型紫外线固化水性聚氨酯乳液的制备方法与上述步骤相同。

（2）涂料的制备　称料—配料—混料—中和—卸料—备用。

（3）UVWPU 涂料的涂装及固化

① 称取一定质量的 UV 固化水性聚氨酯乳液，加入 3％～5％的光引发剂 UV1173，搅拌 20min，混合均匀。

② 称取适量的已配制好的乳液，将其均匀地涂覆在干净的聚四氟乙烯板上，在鼓风干燥箱中 30℃条件下干燥 12h，真空干燥箱中温度为 50℃、真空度为 0.01～0.04MPa 条件下干燥过夜。

③ 将已涂装好的聚四氟乙烯板放入功率为 40W 的紫外线固化装置内，室温照射 10min，即得紫外线固化涂膜。

3. 性能（见表 7-46）

表 7-46　涂膜拉伸性能数据

拉伸性能	C-32	C-34	C-36	C-38
断裂伸长率/％	116	121	128	53
拉伸强度/MPa	1.79	3.07	4.61	6.13

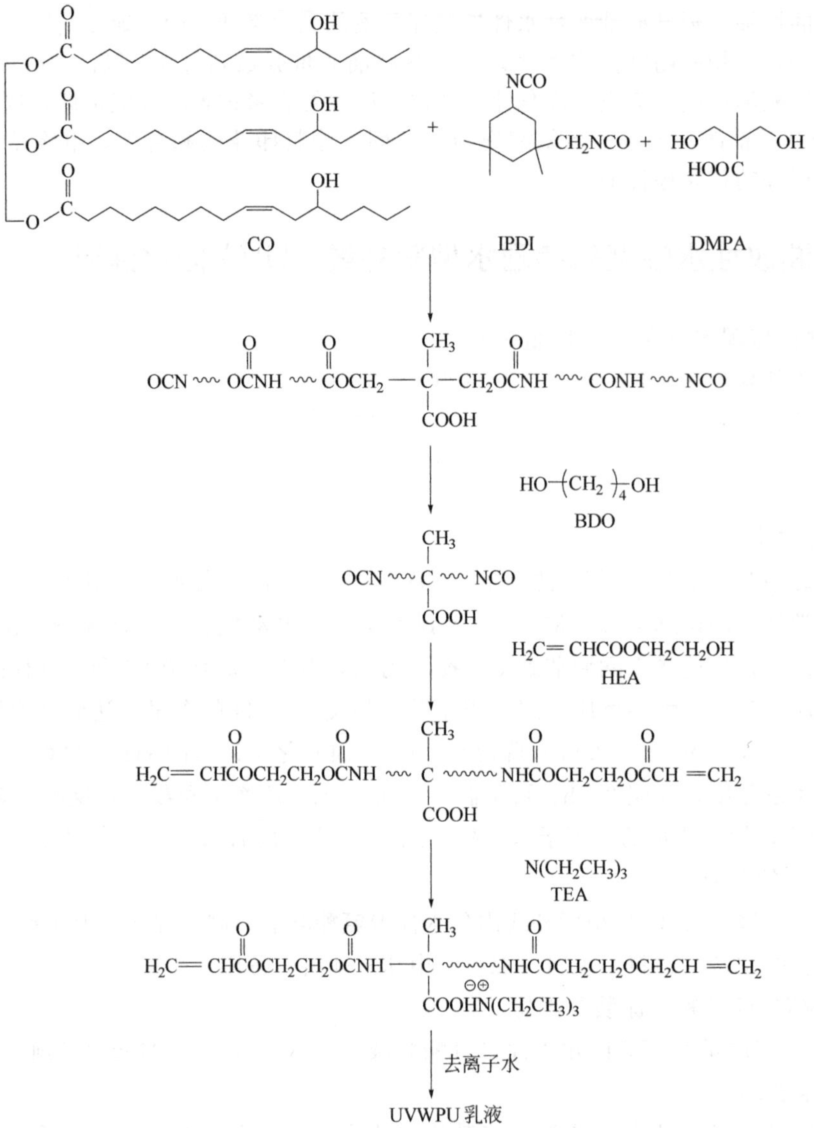

图 7-3　UVWPU 乳液的制备

4. 效果

① 以蓖麻油、异佛尔酮二异氰酸酯等为主要原料制备了主链和端基均含不饱和双键的 UVWPU 乳液，该乳液稳定性良好，可为蓖麻油基 UVWPU 涂料的工业应用提供技术支持。

② 蓖麻油基 UVWPU 涂料涂膜的吸水率较低，其耐水性优于聚醚型 UVWPU 涂料，解决了水性涂料耐水性较差的问题。

③ 随着 $n[\mathrm{OH(CO)}]/n(\mathrm{NCO})$ 增大，蓖麻油基 UVWPU 涂膜的热稳定性、耐水性及拉伸强度都得到显著提高，$T_{5\%}$ 和 $T_{10\%}$ 分别由 228℃、274℃提高到 280℃、299℃，C-38 的吸水率为 8%，拉伸强度由 1.5MPa 提高到 6.5MPa，断裂伸长率先增大后减小。

十一、水性聚氨酯/苯丙可剥保护涂料

1. 原材料与配方

原料	质量分数/%	原料	质量分数/%
苯丙乳液	60	有机硅助剂	5
水性聚氨酯	30	成膜助剂	1~5
丙二醇	1~2	增稠剂	1~2
消泡剂	0.2~0.5	三乙胺	适量
流平剂	0.2~0.5	去离子水	适量

2. 制备方法

（1）水性聚氨酯的制备　在装有回流冷凝管、机械搅拌和温度计的四口烧瓶中加入一定量的聚四氢呋喃醚（PTMG）、异佛尔酮二异氰酸酯（IPDI）和 N-甲基-吡咯烷酮（NMP），加入少许二月桂酸二丁基锡，升温至 80℃ 反应 1.5h，降温至 50℃，加入二羟甲基丙酸（DMPA）扩链，反应完成后加入丙酮调节黏度，经三乙胺中和后，在快速搅拌下加入去离子水乳化分散，用乙二胺扩链，再用少量氨水处理后，减压脱除丙酮，最后得到蓝色半透明乳液。

（2）苯丙乳液的制备　将一定量的混合乳化剂（十二烷基硫酸钠与 OP-10 质量比为 1:1）用去离子水总量 80%~90% 的水溶解后加入到四口烧瓶中，调节温度到 70℃，搅拌速度 160~180r/min。先加入质量分数约 20% 的由苯乙烯（St）、甲基丙烯酸（MAA）、甲基丙烯酸甲酯（MMA）、丙烯酸乙酯（EA）、丙烯酸正丁酯（BA）组成的混合单体和总质量 3%~4% 的引发剂过硫酸钾。待温度恒定到 70℃ 后，再加入 pH 缓冲剂碳酸氢钠和剩余的引发剂和水，然后在 4h 内滴加完剩余的混合单体，最后用氨水调节乳液 pH 在 8.0~9.0，最后得到乳状白色液体。

（3）水性可剥保护涂料的制备　在敞口容器中加入一定量的苯丙乳液，开动搅拌器在 600~800r/min 下，加入一定量的水性聚氨酯、丙二醇；搅拌 10min 后加入适量消泡剂，流平剂；继续搅拌 30min 后加入一定量的有机硅助剂，继续搅拌 10min 后加入成膜助剂、增稠剂，最后用三乙胺调整 pH 至 7.2~8.5。

3. 性能（见表 7-47~表 7-50）

表 7-47　水性聚氨酯乳液的性能指标

测试项目	测试值
pH 值	7.5~8.0
固含量/%	30±2
玻璃化温度 T_g/℃	约 -25
断裂伸长率/%	400~500
拉伸强度/MPa	30
24h 水中浸泡吸水率(25℃)/%	70

表 7-48　苯丙乳液的性能指标

测试项目	测试值
pH 值	8.0～9.5
固含量/%	50±1
最低成膜温度	约 20℃
玻璃转化温度 T_g/℃	约 25
钙离子稳定性	良好

表 7-49　涂膜性能检测结果

检测项目	检测结果	执行标准
外观	平整光滑透明	GB 1721—2008
黏度(涂-4 杯)/s	40～55	GB/T 1723—1993
干燥时间(25℃)	表干 2h,实干 24h	GB/T 1728—1979
固含量/%	40～45	GB/T 1725—2007
耐水性[①]/h	10	GB/T 1733—1993
细度/μm	15	GB/T 1724—1979
硬度/B	5	GB/T 1731—1993
柔韧性/mm	1	
180°剥离强度/(N/25mm)	0.22	GB/T 2792—2014

① 水性可剥涂料中加入各种相容性好的水性色浆可以制备各种颜色的涂膜,但涂膜耐水性大大下降。

表 7-50　不同基材涂膜性能测试结果（200μm 膜厚下测得）

基材	180°剥离强度/(N/25mm)(GB/T 2792—2014)	硬度/B(GB/T 6739—2006)	柔韧性/mm(GB/T 1731—1993)
有机玻璃	0.22	5	—
无机玻璃	0.70	5	—
汽车面漆	0.60	5	1
光滑铜片	0.65	4	—
光滑陶瓷	0.30	5	—
光滑马口铁板	0.70	5	1

4. 效果

采用水性聚氨酯和苯丙乳液作为成膜物质,辅以有机硅助剂来降低涂层的剥离强度,加入各种助剂后制成单组分水性可剥涂料。该可剥涂料几乎可以在任何光滑表面如有机玻璃、无机玻璃、光滑金属、光滑陶瓷、汽车等表面进行临时保护并剥离。

可剥涂膜的剥离强度受到不同底材的影响,当涂膜达到一定厚度后硬度受底材影响不大,涂膜的剥离强度随着涂膜厚度的增加而降低,达到 150μm 膜厚后剥离强度基本不变;剥离强度随着有机硅助剂含量的增加而降低,有机硅助剂含量达到 2%以后,剥离强度基本不变。

十二、水性聚氨酯防污涂料

1. 原材料与配方（单位：质量份）

聚氨酯分散体 NeoRtz R-986	40	润湿分散剂	2～4
苯丙乳液 NeoCryl A-615	100	防沉增稠剂	2～3
氧化亚铜	500	消泡剂	1～2
氧化铁红	3～4	pH 值调节剂	1～2
氧化锌	1～2	其他助剂	适量
吡啶硫酮铜	1～2		

2. 制备方法

首先将配方量的分散剂、防沉剂和 30％的消泡剂制备成溶液，充分搅拌均匀。在常温下将防污剂和其他颜填料加到以上溶液中，进行预分散；然后采用砂磨研磨至要求的细度（≤60μm），过滤后静置 16h，加入配方量的乳液、聚氨酯分散体、增稠剂和余下的 70％消泡剂，分散均匀，调节 pH 值至 8.0～8.5，最后添加水调节黏度，即制成水性防污涂料。

3. 性能与效果

确定了以苯丙乳液 NeoCryl A-615 为基体树脂，通过聚氨酯分散体 NeoRez R-986 的添加改性，提高涂料的耐磨性、柔韧性、抗开裂性，制备的涂料具有优异的成膜性与优良的附着力和储存性能。所选择的水性乳液与复配的防污剂具有良好的相容性，所制备的水性防污涂料具有防污性能好、使用方便、环境友好等特点，能够满足水产养殖业对渔网防污涂料防污期效的要求。

第八章
其他树脂基水性涂料

第一节 酚醛水性涂料

一、水性腰果酚醛树脂涂料

1. 原材料与配方

原材料	用量/质量份	原材料	用量/质量份
桐油	30～35	氨水	14～16
亚麻油	15～20	丁醇	18～22
顺丁烯二酸酐	15～18	催干剂	适量
腰果壳油	30～35	颜料	适量
甲醛	8～11	去离子水	50～60

2. 制备方法

将腰果壳油、甲醛和氨水投入反应瓶中,开动搅拌机,加热升温至 80～100℃,保持半小时以上,加入丁醇脱水,当温度升到 150℃时迅速降温,备用。

另将亚麻油、桐油和顺酐一起加入反应瓶中,搅拌并逐渐升温至 200℃±5℃,保持 1h,停止加热后缓缓加入上述制得的腰果酚醛缩合物中,加入速度以控制不胀锅为限。加完后,升温到 200℃±5℃,保温至取样完全溶于稀氨水时,立即降温,降温至 120℃左右,加入丁醇,继续降温到 60℃以下时加入氨水中和,并加入自来水,搅拌均匀即得到棕色透明的水溶性腰果酚醛清漆。

将颜料和清漆按比例投入砂磨机中砂磨,至细度合格,加入催干剂.即制成所要求颜色水性腰果酚醛漆。

3. 性能

性能见表 8-1。

4. 效果

采用腰果酚醛缩合物与顺酐化油交联制取的水性腰果酚醛漆,工艺简便,产品性能同溶剂型酚醛漆相似,价格低廉,环境污染小,施工方便,有推广应用价值。

表 8-1　水性腰果酚醛漆性能

项目	实测数据	项目	实测数据
细度/μm	37.5	固含量/%	42.5
遮盖力/(g/m²)	86.2	光泽	91
干燥时间/h		硬度	0.31
表干	4	附着力/级	2
实干	<21	柔韧性/mm	1

二、水溶性改性酚醛防腐涂料

1. 原材料与配方

原材料	用量/g	原材料	用量/g
苯酚	117	精制豆油	85.7
硼酸	75.6	顺丁烯二酸酐	15.9
甲醛	152	六次甲基四胺	10
氢氧化钠	6.2	其他助剂	适量

2. 制备方法

① 称取苯酚117g与75.7g硼酸反应制得硼酸酚酯，然后将甲醛152g、氢氧化钠6.2g加到装有回流装置的三口烧瓶中，混合搅拌后，用水浴锅控制温度为90℃左右进行加热。反应温度在85～90℃，反应1.5～2h。测反应后溶液的溶水比合格后，降温出料。

② 在500mL三颈瓶中加入85.7g精制豆油，搅拌，加热至120℃，一次加入顺丁烯二酸酐15.9g，升温到190～200℃时，保温2h，测水溶性并分析酸值，加入步骤①制备的酚醛树脂82.7g，升温到230～240℃时，保温1h，取样测水溶性并分析酸值；酸值在30～40并水溶时，降温至200℃反应1h关炉。

③ 反应后的产物用草酸调整其pH值为7.5左右，然后过滤脱盐，再向溶液中加入10g左右的六次甲基四胺，适当加热搅拌使六次甲基四胺完全溶解，即得制水溶性改性酚醛树脂涂料。

3. 性能

该产品作为涂料，其涂膜硬度高，附着力大，耐酸碱、耐化学腐蚀、耐水。

4. 效果

该工艺合理、可行，综合性能优良，价格适中，黏度低，施工方便，有利环保，具有良好的发展前景。

三、水溶性酚醛防锈涂料

1. 原材料与配方

原材料	用量/g	原材料	用量/g
亚麻油	32.5	滑石粉	2.0
顺丁烯二酸酐	9.5	轻质碳酸钙	2.0
改性酚醛树脂	3.5	正丁醇	10mL
亚磷酸钙	15.0	氨水	适量
磷酸锌	10.0	环烷酸钴	0.85
硫酸钡	2.0		

2. 制备方法

（1）原理　亚麻油与顺丁烯二酸酐通过加成反应，在疏水性的油分子上引入足够数量的亲水性羧基，同时引入提高涂膜强度的改性酚醛树脂，经氨水中和后即得水溶性树脂。将水溶性树脂按一定比例与防锈颜料、填料混合，加入催干剂环烷酸钴后即制得一种新型水性防锈涂料。

（2）操作步骤

① 水溶性树脂的制备。在装有冷凝管和温度计的 250mL 三口烧瓶中加入 32.5g 亚麻油和 9.5g 顺丁烯二酸酐，升温至 180~200℃，保温反应 2h，然后加入 3.5g 改性酚醛树脂，升温至 220~230℃继续反应，取样测定树脂的酸值，当酸值达到 60%~80%时，降温至 100℃以下，加入 10mL 正丁醇，继续降温至 60℃以下，用氨水调节 pH 值为 7.5~8.5，搅拌下加水稀释至固含量为 50%左右，搅匀后即得水溶性树脂基料，备用。

② 水溶性防锈涂料的制备。按配比量将亚磷酸钙、磷酸锌、硫酸钡、滑石粉和轻质碳酸钙于研钵中研磨混匀，然后与备用基料一起加入砂磨机进行砂磨，当砂磨至细度小于 50μm 后，加入 0.85g 环烷酸钴，最后加入约 15mL 去离子水调匀至漆料黏度合格即可。

3. 性能

性能检测结果见表 8-2。

表 8-2　性能检测结果

测试项目	结果
涂层外观	白色(微黄)，平整光滑
黏度/s	60
固含量/%	≥55
表干时间/h	≤2
实干时间/h	≤24
附着力/级	≤2
柔韧性/mm	1
耐盐水性(盐水中浸 168h)	不起泡不生锈

4. 效果

该涂料以水为溶剂，成本低、环境污染小、工艺简单，且涂膜附着力强，防锈性能好，基本上消除了涂料的吸附失干现象，并在消泡、储存稳定性和提高涂膜的综合性能等方面都达到了比较满意的效果。

四、水溶性酚醛光敏耐高温涂料

1. 原材料与配方（单位：质量份）

羧基酚醛光敏树脂	100	消泡剂	1.0
光敏剂	10	丙酮	适量
TMPTA	2~3	氨水	1~3
活性稀释剂	3~5	其他助剂	适量

2. 制备方法

将多羧基酚醛光敏树脂与活性稀释剂、光引发剂和其他助剂按一定比例搅拌混合均匀，涂布于已用 0# 水性砂纸打磨的镀铜线路板上，在 50℃下真空预处理，然后用 1000W 高压汞灯光固化成膜，测定漆膜的表干时间，最后 150℃热处理 1h。

3. 性能

该体系在光交联、热交联后具有良好的耐酸碱性、耐溶剂性，在 280℃ 的导热油中 30s 无变化。

4. 效果

① 多羧基酚醛光敏树脂体系中添加丙烯酰胺可以改善漆膜的附着力，但延长了漆膜的光交联时间，对体系的水溶性没有明显改善。但改用氨水代替丙烯酰胺则能明显缩短体系的光交联时间，而且可以获得完全水溶性的涂料体系。

② 氨水与丙烯酰胺共用既可以起到改善漆膜附着力的作用，又能缩短漆膜的光交联时间，还可以获得完全水溶性的涂料体系。

第二节　氨基树脂-脲醛水性涂料

一、HQ-1 水性建筑涂料

1. 原材料与配方

见表 8-3。

表 8-3　HQ-1 水性建筑涂料配方　　　　　　　　　　单位：%

原材料	1#	2#	3#	4#	5#
PVA	5.0	5.0	5.0	5.0	5.0
甲醛	1.5	1.0	2.0	1.0	1.0
尿素	1.0	0.5	1.0	1.0	1.0
三聚氰胺	0.5	0.5	0.5	0.5	0.5
立德粉	7.0	7.0	7.0	6.0	6.0
滑石粉	7.0	7.0	7.0	7.0	7.0
轻质碳酸钙	3.0	3.0	3.0	2.0	2.0
六偏磷酸钠	2.0	2.0	2.0	1.0	1.0
磷酸三丁酯	适量	适量	适量	适量	适量
盐酸	适量	适量	适量	适量	适量
NaOH	适量	适量	适量	适量	适量
DBP	适量	适量	适量	适量	适量
去离子水	70	70	70	72	72
硼砂	—	—	—	—	适量

2. 制备工艺

将定量的水加入反应瓶中，启动搅拌，加入 PVA，加热至全溶。加入盐酸调 pH 至酸性，加入甲醛，保温反应一段时间，用 NaOH 溶液调 pH，加入尿素进行氨基化。之后，加入三聚氰胺进行氨基化。反应完毕，降温出料，备用。如反应过程中泡沫较多，应酌加消泡剂消泡。

将扣除制造基料的水和溶解分散剂用的水后的剩余水加入配料罐，启动搅拌，投入立德粉、滑石粉和轻质碳酸钙及配好的分散剂溶液，分散均匀后送研磨机研磨，细度合格后加入基料及 DBP，并用适量的消泡剂消泡。搅拌均匀后出料。如要制造彩色涂料，色浆应在基料加入前加入。

3. 性能

性能检测结果见表 8-4。

表 8-4 性能检测结果

检测项目	实验检测结果						
	1#	2#	3#	4#	5#	803	107
涂料外观	平整、光滑						
固体分/%	28	27	26	26	26	35	35
黏度(25℃)/s	43	80	50	86	—	29	30~40
细度/μm	30	35	30	35	35		
遮盖力/(g/m²)	275	280	280	250	250	260	290
附着力/%	100	100	100	100	100	100	100
白度/%	85	85	85	85	85	83	83
耐湿擦性/次	>350	>450	>350	>500	>1000	35	50
耐水性	24h后起泡	48h后仍良好	24h后起泡	48h后仍良好	96h后仍良好	掉粉	掉粉
基料中游离醛含量/%	0.14	0.12	0.17	0.13	0.13	—	—

注：表中803涂料为尿素改性的PVA缩甲醛胶内墙涂料，107涂料为PVA缩甲醛内墙涂料。

4. 效果

HQ-1 水性建筑涂料已工业化。实验和工业实践表明，使用尿素和三聚氰胺与游离醛进行氨基化，并进而与 PVA 缩醛胶缩合，是降低游离醛含量、提高涂料的耐水性和耐湿擦性的有效方法。在这种涂料中酌加硼砂或在其湿膜表面喷涂一道硼砂的水溶液，涂层的耐水性和耐湿擦性有更大幅度的提高。

二、HQ-2 水性建筑涂料

1. 原材料与配方（见表 8-5）

表 8-5 HQ-2 水性建筑涂料配方

原材料	用量/%	原材料	用量/%
PVA(DP1700,皂化度99%)	5~7	滑石粉	5~7
36%甲醛(工业纯)	0.5~1.5	36%盐酸	适量
尿素(农用)	0.5~1.5	DBP	适量
三聚氰胺(工业)	0.3~1.0	磷酸三丁酯	适量
钛白粉	1.0~2.0	氨水	适量
立德粉	5.0~6.0	硼砂	适量
氧化锌	5.0~6.0	水	余量
六偏磷酸钠	0.2~0.5	合计	100.0
轻质碳酸钙	5~7		

2. 制备工艺

将定量的水加入三口烧瓶中，启动搅拌，接通回流冷凝器，加入 PVA，升温至全溶。加入盐酸，调 pH 值至酸性，加入甲醛，保温反应一段时间，用氨水调 pH 值至碱性，加入已配好的尿素水溶液进行第一次氨基化反应，之后仍用氨水调 pH 值至碱性，加入三聚氰胺，当第二次氨基化反应结束后，降温至 50℃ 以下，过滤，出料，备用。在基料制造过程中，如泡沫多，应酌加消泡剂抑泡。

按配方将定量的水加入配料罐，启动搅拌，加入预先配制好的六偏磷酸钠溶液，然后依次加入立德粉、氧化锌、钛白粉、轻质碳酸钙、滑石粉至无块状或团状粉料后加入基料，加入 DBP，并酌用消泡剂消泡，送研磨。

3. 性能（见表 8-6）

表 8-6　HQ-2 水性涂料和涂层的性能

实验项目		测试结果
涂料性能	涂料外观	易分散，无结块现象
	黏度/s	30～50
	固体分/%	30～35
	表面干燥时间/min	<60
	实际干燥时间/h	<24
	白度/%	85
	储存稳定性/月	>6
涂层性能	涂层表观	平整、光滑、无光
	遮盖力/(g/m²)	270～300
	附着力/%	100
	耐水性(25℃)/d	>15
	耐湿擦性/次	>2500
基料	游离醛含量	0.02%

4. 效果

应用尿素和三聚氰胺对 PVA 缩甲醛胶进行两次氨基化改性，在合理的配方、合理的工艺条件下可以制得耐水性优良、游离甲醛极微的胶黏剂，以其为基料，配合适当的颜料及助剂，可以制得高湿擦下涂膜仍完好的 HQ-2 水性涂料。

三、水性膨胀型改性脲醛防火涂料

1. 原材料与配方

原材料	用量/质量份	原材料	用量/质量份
改性 UF 树脂（自制）	40～60	增塑剂	0.08～0.1
磷酸及磷酸盐	8～10	流平剂	0.08～0.1
淀粉	10～14	阻燃填料及颜料	5～10
分散润滑剂	0.1～0.5	去离子水	10～15

2. 制备方法

（1）改性脲醛树脂的合成工艺（A 组分）　将配比量的甲醛置于三口烧瓶中，开动搅拌器，加入定量的六次甲基四胺，将温度控制在 40℃ 左右。待六次甲基四胺完全溶解时，加入第一批尿素（总量的 60%），在 20～30min 内加热升温至 90～95℃，调节 pH＝7.8～8.0。保温回流反应 20～30min 后加入第二批尿素（总量的 40%），并继续回流 30min，加入不同的醇进行醚化改性，用甲酸调节 pH＝4.5～6.0。继续回流约 65～85min，检测反应终点（当反应物在 30℃ 的清水中呈现细小的沙粒状时视为终点），停止加热，降温至 75℃时，加入增塑剂，然后改用减压蒸馏装置进行真空脱水，脱水量控制在总量的 15%～20%，随后停止脱水。降温至 30℃ 出料，并用 10% 的氢氧化钠溶液调节 pH 值为 8.0～9.0。适当添加分散润滑剂（自制），搅拌均匀备用。

（2）复合阻燃固化剂合成方法（B 组分）　将配比量的淀粉和水加入 500mL 的烧瓶中，

充分搅拌下，加热至 90℃。当淀粉糊化后，加入磷酸，升温至 $100\sim105℃$，加入适当的无机阻燃剂和其他助剂。在此过程中，不断进行搅拌，直至磷酸和淀粉溶解为一均匀体系。降温至室温，放于阴凉处储存。

(3) 膨胀型脲醛树脂防火涂料的配制　本防火涂料采用双组分装罐，现场按下列比例进行调配；A 组分∶B 组分＝6∶4（质量比）。

3. 性能（见表 8-7）

表 8-7　膨胀型脲醛树脂防火涂料性能指标

检测项目	检测结果	结 论
涂膜外观	光亮透明	目测合格
干燥时间/h	表干≤4；实干≤14	合格
附着力（划圈法）	2～3 级	合格
柔韧性/mm	3～5	合格
耐冲击性/cm	20～25	合格
耐水性（浸泡 24h）	不起泡,不脱落	合格
耐燃时间/min	15～26	合格
发泡厚度/mm	10～14	合格
遮盖力/(g/m²)	250～280	合格

4. 效果

采用乙醇-仲丁醇改性所得的 UF 树脂适宜作膨胀型防火涂料的基料，用量占总量的 $40\%\sim60\%$ 为好。改性 UF 树脂的优选工艺参数为：反应温度 $90\sim95℃$，反应时间分别控制在回流反应 $55\sim65min$ 后加入醇进行改性，然后继续回流 $70\sim88min$，pH 值控制在 $4.8\sim6.0$，醇的加入量与尿素的质量比为 $(0.5\sim1.0)∶1.0$。本涂料既可以作木材透明装饰性防火涂料，也可添加填料和颜料制成阻燃性更好的调和性装饰性防火涂料，该方法制得的涂料具有成本低、无污染、易上马、性能优等特点，有较大的推广应用价值。

四、膨胀型透明防火涂料

1. 原材料与配方 （质量份）

异丙醇改性三聚氰胺-脲醛树脂	100	增稠剂	1～2
氯乙基磷酸酯	30～40	消泡剂	0.5
分散剂	3～5	中和剂	适量
润湿剂	1～2	其他助剂	适量

2. 制备方法

(1) 异丙醇改性三聚氰胺脲醛树脂制备　将甲醛、异丙醇按配方加入四颈烧瓶，并用 1mol/L 甲酸调 pH＝4.5～6.0。搅拌下升温到 60℃ 以上，加尿素和三聚氰胺。回流反应至溶液无色透明，在 $78\sim80℃$ 保温反应 1.5h，然后用 10% 氢氧化钠调 pH＝8～9。降温到 70℃ 以下，真空脱水至要求黏度，冷却，出料，得无色透明黏稠液体。

(2) 氯乙基磷酸酯的制备

① 在室温下将三氯氧磷加入蒸馏烧瓶，在磁力搅拌下用恒压漏斗慢慢滴加氯乙醇。

② 滴加完毕，在 60～70℃ 水浴中回流 2h 左右，反应完成。

③ 在 65℃ 减压蒸馏 30min，除去未反应的氯乙醇及反应生成的氯化氢气体。

④ 在充分搅拌下，于冰水浴中滴加蒸馏水，然后在冰水浴中水解 1h。

⑤ 水解完成后，在 65℃ 蒸馏 2h，蒸出水解生成的氯化氢气体。最后得到淡黄色的氯乙

基磷酸酯。

（3）膨胀型透明防火涂料的制备　在 31℃将一定配比的阻燃剂加入到基料中，充分搅拌得涂料。将所制涂料涂到光滑平整的松木板上，测定其性能。

3. 性能

产品质量指标：外观为无色透明液体，黏度为 18.5s（涂-4 杯，25℃），固含量为 59.5%。不同配比涂料的理化性能见表 8-8。

表 8-8　不同配比涂料的理化性能

配方序号	基料/%	阻燃剂/%	表干/min	实干/min	保存期	漆膜外观	耐水性(24h)	附着力（划格法）
1	59	41	12	51	片刻固化	漆膜红黄色，且有油状物质析出	稍有泛白现象，但硬度不受影响	不合格
2	72	28	9	26	几分钟后固化	实干后的漆膜光亮透明	浸入水中前后漆膜的硬度、光泽、透明度均无变化，耐水性合格	合格
3	81	19	10	31	12min后凝胶			
4	88	12	14	31	20min后凝胶			

4. 效果

制备的防火涂料是一种膨胀型透明涂料，低毒，装饰性好，易于施工。原料立足国内，成本低廉，工艺简单。可广泛用于木质结构的防火阻燃，干后有加深木材纹理的作用，具有较好的装饰效果，应用前景十分广阔。

五、改性氨基水性透明防火涂料

1. 原材料与配方

原材料	用量/%	原材料	用量/%
甲组分			
甲醛	66.5	浓盐酸	少量
尿素	26.5	氢氧化钠	少量
乙醇	5	去离子水	适量
乙组分			
甲组分树脂	68.8	磷酸	31.2

2. 制备方法

树脂合成工艺流程见图 8-1。

（1）甲组分的合成　依次将甲醛、尿素加入反应罐中，搅拌下缓缓升温至 85℃。调 pH 在 4.5～4.8，恒温 4h 后，测黏度，达涂-4 杯 12.5s 时，真空脱水（约为总量的 15%～20%）。当黏度达到 25s 以上时，降温至 30℃ 以下，加入乙醇调整黏度在 15～20s，调 pH 为 8.5 左右，出料，即获得甲组分树脂。

（2）乙组分的合成　在配方量甲组分树脂中，加入配方量磷酸，于 85℃ 左右搅拌反应 1～2h 后，冷至 30℃ 以下，出料，即得乙组分。

使用时甲、乙组分按 1:1 混合即配制成氨基水性透明防火涂料。

3. 性能

各项性能检测结果见表 8-9。

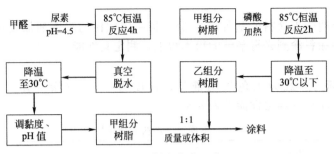

图 8-1 树脂合成工艺

表 8-9 产品各项性能检测结果

项目	标准	甲组分	乙组分	甲:乙=1:1
外观	水白色或淡黄色透明液体	合格	合格	合格
黏度(涂-4 杯)/s	10～30	16	19	18.5
表干时间/h	0.5	0.3		
实干时间/h	12	10		
附着力/级	1	1		
固含量/%	40	49.0	50.4	
燃烧试验/min	30			50

4. 效果

该防火涂料经检测，防火性能达 1 级，理化指标达到饰面型防火涂料国家标准。该产品价廉易得，生产过程简单，是水溶性、透明、膨胀型防火涂料。室温下可自干成膜，且干后光亮，对环境无污染，可用作木材、纸张、布匹及房屋装饰的阻燃涂料，具有很强的实用价值。

六、木材透明防火涂料

1. 原材料与配方

木材透明防火涂料配方见表 8-10 和表 8-11。

表 8-10 木材透明防水底涂料配方

原材料	用量/质量份
三聚氰胺-甲醛树脂	25～40
阻燃发泡剂	30～50
辅助阻燃剂	5～12
助剂	20～40
水	10～20

表 8-11 木材透明防火面涂料配方

原材料	用量/质量份
聚氨酯清漆	30～40
硝基木器漆	20～40
稀释剂	20～50

2. 制备工艺

（1）底涂料

① A 组分。将成膜剂的原材料依次投入反应釜中，升温搅拌。达到一定温度后，开始滴加辅助原材料，严格控制反应温度。滴加结束，保温反应数小时。加入阻燃剂，保温数小时。加入助剂和水，保温数小时。停止反应，降温至 30℃ 以下，出料、过滤、包装。

② B 组分。将酸性介质投入反应釜中，升温搅拌。开始加阻燃剂 1，达到一定温度后，停止加热。控制反应温度，直至完全溶解。将阻燃剂 2 加到上述溶液中，全部溶解后立即冷

却降温。加入辅助阻燃剂，保温＞10min。全部溶解后，降温至 30℃ 以下，出料、过滤、包装。

（2）面涂料

① 甲组分。将木器清漆加入不锈钢搅拌桶中，加入稀释剂，慢速搅拌均匀。出料装入密封性好的容器中储存。

② 乙组分。为成型产品用密封容器作相应配套包装。

3. 技术性能指标（见表 8-12）

表 8-12　木材透明防火涂料性能指标

项目	性能指标	
	底涂料	面涂料
固含量	≥50％	≥30％
黏度[(23±2)℃]	A：15～25s B：0.5～1.0Pa·s	0.4～1.0Pa·s
外观	呈透明状，无明显机械杂质	
干燥时间	表干≤2h 实干≤24h	
附着力(划圈法)	≤2 级	
耐水性	24h 浸泡不起泡,不脱落	
耐燃性	1 级	

4. 效果

该涂料由底涂料（膨胀发泡型防火涂料）和面涂料（装饰性涂料）组成，具有良好的耐水性、附着力和耐燃阻燃性能，涂膜平整，光亮透明，可充分显示木质基材的花纹。在高温下，涂层膨胀发泡，形成比原涂层厚度大几十倍的不易燃海绵状的碳质层，隔断外界火源对基材加热。涂层具有不燃性，是一种理想的木材装饰保护涂料。

七、水性氨基树脂阻燃涂料

1. 原材料与配方

在膨胀型木材阻燃涂料中，组分比例最大的是阻燃剂体系，一般占到干膜质量的70％～80％；基料及填料占 20％～30％。另外起膨胀阻燃作用的催化剂、成炭剂和发泡剂三者的比例是很重要的，其中成炭剂占 10％～20％，催化剂占 40％～50％，发泡剂占 30％～40％。根据上述原则，拟定配方如下。

配方	基料/g 脲醛树脂	阻燃剂体系/g 三聚氰胺	磷酸氢二铵	季戊四醇	填料/g 轻钙	氢氧化铝	稀释剂/g 水
1	25	4	8	3	30	30	10
2	25	6	1	4	3	3	1
3	25	15	25	6	3	3	1
4	20	15	25	6	15	15	0
5	20	15	25	6	5	5	0
6	30	15	25	6	2.5	2.5	0

2. 制备方法

称料—配料—混料—中和—卸料—备用。

3. 性能分析

配方 1：微发泡，且发泡速率低。阻燃性差，接近火源后仅 1~2min 即发烟燃烧。

结果分析：阻燃体系比例较小，故发泡效果不佳，阻燃性能差。

配方 2：发泡效果优于配方 1，阻燃性能仍较差，焙烤 15min，木材表面即发烟燃烧。

结果分析：阻燃剂体系比例仍偏低，导致涂层阻燃性能较差。

配方 3：阻燃效果较配方 2 为好，但仍不理想。焙烤 20min，木材开始起烟，再过 10min，开始冒烟。

结果分析：阻燃剂体系用量增大，阻燃效果增强，但阻燃时间短，故仍不宜采用。

配方 4：发泡及阻燃效果均较配方 3 好，但焙烤 30min 后，木材表面有发烟现象。

结果分析：阻燃性能仍不佳的原因可能是填料量还大，可考虑减少其用量；也可能是阻燃剂体系用量不够，可考虑增大其用量。

配方 5：发泡及阻燃效果均良好。原涂层厚 0.5mm，发泡后达 15mm 以上。焙烤放置 1~1.5h 木材表面没有发烟及燃烧现象。

结果分析：在增大阻燃剂体系用量的同时，必须降低填料用量，这样可使发泡及阻燃效果大大提高。

配方 6：发泡及阻燃效果均接近配方 5，但涂料黏稠度小，且干燥时间长。

结果分析：基料的增加，虽使发泡及阻燃性能基本不减，但会增大涂料成本，且给施工带来不便，故不可取。

4. 效果

经实验证明，在木材阻燃涂料中，阻燃剂体系中各组分的用量影响很大。其中，影响最大的是磷酸氢二铵，其次为三聚氰胺，季戊四醇用量影响较小。磷酸氢二铵用量增大有利于提高防火性能，但影响涂层的力学性能；三聚氰胺用量增大有利于增加隔热层厚度，但超过一定量则会引起涂层力学性能下降和隔热层不稳定；季戊四醇是可燃物质，用量增大导致防火性能降低，其用量以能形成碳骨架即可。

此涂料涂层外观均匀、光滑，涂层遇强热及火焰后膨胀性能良好，可应用于建筑装饰木材表面，起到阻燃效果，又同时具有装饰功能，是一种成本较低的阻燃涂料。

八、含脲醛基水性阻尼涂料

1. 原材料与配方（单位：质量份）

甲基丙烯酸脲醛基乙酯乳液	70	二氧化硅	3.0
苯丙乳液	30	碳酸钙	5.0
玻璃微球	10	邻苯二甲酸二辛酯（DOP）	20
云母粉	5.0	去离子水	适量
超细石墨	5.0	其他助剂	适量

2. 制备方法

（1）乳液制备　首先在分散容器中加入蒸馏水，边搅拌边加入适量乳化剂，使其充分溶解。然后称量相应的混合单体并一次性加入到乳化剂溶液中，充分搅拌制成均一乳白色液体，即得预乳化液。

在装有搅拌器、电子温度计、回流冷凝管、滴液漏斗的四口烧瓶中加入适量混有乳化剂的蒸馏水，然后将上述预乳化液和引发剂水溶液分别加入到各自的滴液漏斗中，调节滴液漏斗滴加速度，使其在 3～3.5h 内匀速滴完，水浴加热控制在（84±2）℃。反应至无单体回流，冷却至室温，即得共聚乳液。

（2）涂料制备　选用乳液作为基料，并按一定比例添加填料、去离子水和助剂，搅拌均匀得到水性阻尼涂料，然后制备涂层，待涂层干燥后裁成测试要求尺寸的样品。

3. 性能（见表 8-13）

表 8-13　阻尼涂料综合性能

项目	A 类指标	检测结果
涂料外观及颜色	无结皮和搅不开的硬块	合格
稠度/cm	8～14	12
涂膜外观	基本平整，无流挂	合格
干燥时间/h	≤48	24
柔韧性/mm	≤50	50
附着力/级	≤2	1
耐冲击性/cm	≥50	50
耐热性(100℃,4h)	无流挂,无气泡,无起皱,无开裂	合格
耐低温性能(−40℃,4h)	不分层,不破裂	合格
施工性能	可刮涂或高压喷涂,湿膜 3mm 无流挂	合格
45°燃烧试验	≥难燃级	合格
闪点/℃	≥33	合格

4. 效果

① 制备了含脲醛侧基的苯丙乳液，脲醛基团的存在使高分子链与链之间形成氢键，从而提高了材料的阻尼性能。

② 当 St、BA、AA、MAAUFEE 4 种单体的添加量分别为 90g、110g、5g、2g 时，涂料在 18～43℃ 区间内的损耗因子 $\tan\delta \geq 0.6$。

③ 在上述乳液的基础上，添加 5.0% DOP 和 10.0% 云母粉，制备的涂料的最大损耗因子为 1.25，涂料在 3～60℃ 区间内的损耗因子 $\tan\delta \geq 0.6$，有效阻尼温域增宽，涂料的阻尼性能达到最优，且综合性能均满足铁路机车的各项技术要求。

九、聚天门冬氨酸酯聚脲重防腐涂料

1. 原材料与配方（见表 8-14）

表 8-14　聚天门冬氨酸酯聚脲重防腐涂料的基本配方

原料名称	$w/\%$	原料名称	$w/\%$
A 组分		B 组分	
F520 树脂	80	190B/S	29.2
F524 树脂	80	SP-103P	7.3
金红石型钛白粉	88	分子筛活化粉	3
炭黑	2	醋酸丁酯	4.6
迪高 628	4		
EFKA 2722	1		
R 972	5		
玻璃鳞片	72		
KH-560	1		
醋酸丁酯	20		

2. 制备方法

（1）涂料制备　按配方称量，将气相二氧化硅加入到聚天门冬氨酸酯树脂中，加入少部分溶剂，高速分散至透明。分别加入助剂、颜填料和剩余溶剂，搅拌并高速分散，研磨至细度 30μm 以下，分散均匀制得 A 组分。A 组分制备流程见图 8-2。

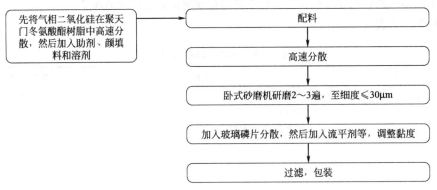

图 8-2　涂料 A 组分制备流程

将分子筛活化物加入醋酸丁酯中，搅拌均匀后加入 190B/S 和 SP-103P，高速分散，制得 B 组分。

（2）漆膜制备　取—NCO 指数[$n(—NCO)/n(—NH)$]为 1.05，按 $m(A)/m(B)=2:1$ 的比例配漆。参照 GB 1727—1992 标准要求，采用空气喷涂，用马口铁板和钢板制备样板并养护。

3. 性能 （见表 8-15）

表 8-15　聚天门冬氨酸酯聚脲涂料的性能指标

检测项目	性能指标	检测结果
容器中状态	均匀,无结块	均匀,无结块
干燥性/h	表干时间≤2h,实干时间≤24h	表干时间 1h,实干时间 20h
适用期/h	≥1	2
施工性能	无障碍	无障碍
固含量/%	≥90	90.8
细度/μm	≤60	50
涂膜外观和颜色	正常,均匀	正常,均匀
拉拔附着力/MPa	≥6	6.9
耐冲击性/cm	≥50	50
耐水性	1000h,不起泡,不生锈,不脱落	通过
耐盐水性(3% NaCl 溶液)	168h,不起泡,不生锈,不脱落	通过
耐酸性(5% H_2SO_4 溶液)	168h,不起泡,不生锈,不脱落	通过
耐碱性(5% NaOH 溶液)	168h,不起泡,不生锈,不脱落	通过
耐盐雾性(配套富锌底漆)	2000h,不起泡,不生锈,不脱落	通过
人工气候老化	2000h,不起泡,不生锈,不脱落	通过

4. 效果

以聚天门冬氨酸酯树脂为基体树脂，配以改性玻璃鳞片研制的聚天门冬氨酸酯聚脲重防腐涂料，具有高耐候性、耐水性、耐化学介质腐蚀性，施工期长，可常规喷涂等优点。涂膜对金属基材有较好的附着力，配套环氧富锌底漆，可对水工钢结构、桥梁、钻井平台等起到长效的保护作用。

第三节　水性 FEVE 氟碳涂料

一、简介

水性 FEVE 氟碳树脂是以水为分散介质的一类氟碳树脂，呈乳白色或半透明状，制备的涂料具有超耐候性、耐沾污性、耐化学介质性、热稳定性等，是符合环境保护要求的氟碳树脂品种。

水性 FEVE 氟碳树脂以水乳型为主，常见的制备方法有乳液聚合法和溶液聚合-转相乳化法，也有文献报道采用无皂乳液聚合法制备。无皂乳液聚合工艺采用高分子乳化剂、聚合物分散液，或可参与反应并对单体有乳化能力的乳化剂（包括具有内乳化作用的大分子单体）等，在含有引发剂的水相中进行乳液聚合制备得到水性 FEVE 氟碳树脂。无皂乳液聚合法制备的水性 FEVE 氟碳树脂的综合性能优于乳液聚合法和转相乳化法，由于反应型内乳化作用高分子乳化剂选择难度大，工业生产采用无皂乳液聚合法制备水性 FEVE 氟碳树脂的报道并不多见。

水性 FEVE 氟碳树脂从产业化的角度考虑，氟烯烃单体以使用三氟氯乙烯最为常见，乳化剂一般采用阴离子乳化剂和非离子乳化剂混合使用，以保证乳液有良好的化学稳定性、机械稳定性以及冻融稳定性等。水性 FEVE 氟碳树脂制备过程需在压力状态下进行，在工艺控制方面需要做很多工作。

水性 FEVE 氟碳树脂根据性能特点和涂料使用要求，分为水性单组分 FEVE 氟碳树脂、水性单组分可交联 FEVE 氟碳树脂和水性双组分 FEVE 氟碳树脂，后两者乳液树脂结构中要引进特殊功能单体。

（一）水性单组分

1. 发展现状

水性单组分 FEVE 氟碳树脂生产最常用的方法是乳液聚合法。乳液聚合是将各种单体和乳化剂、调节剂等助剂混合在水相中，控制合理工艺条件，制备储存稳定、性能优异的水性 FEVE 氟碳树脂。

由于含氟单体亲水性差，在合成过程中需要选择合适的乳化剂。对生产工艺控制要求非常严格，在任一环节出现问题，都会造成聚合后期出现或多或少的凝聚物，影响产品质量。另外，采用乳液聚合法生产水性单组分 FEVE 氟碳树脂时，三氟氯乙烯回收难度大，且呈酸性，不容易回收利用。如果三氟氯乙烯不回收利用，排放大气过程中会造成环境污染，增加原料消耗。表 8-16 给出了水性单组分 FEVE 氟碳树脂的主要技术指标。

2. 应用现状

水性单组分 FEVE 氟碳树脂采用小分子单体直接乳液聚合，工艺简单，成本低，作涂料基料使用时，涂膜具有优良的耐碱、耐水、耐人工加速老化性能，各项主要性能技术指标符合 HG/T 4104—2009《建筑用水性氟涂料》技术规范，目前主要应用于建筑内外墙涂料。表 8-17 给出了水性单组分 FEVE 氟碳涂料的主要技术指标。

表 8-16　水性单组分 FEVE 氟碳树脂主要技术指标

树脂牌号	台湾长兴 ETERFLON4317	大连振邦 F500	检测标准
外观	乳白色液体	乳白色液体	目测
固体含量/%	48～50	47±1	GB/T 1725—2007
黏度	<100cP	30～300mPa·s	GB/T 1723—1993
粒径/μm	0.1～0.3	—	激光粒度分析仪
最低成膜温度/℃	—	23±2	GB/T 9267—2008
氟含量/%	≥8	12±1	HG/T 3792—2005
乳液类型	阴离子	阴离子	—
pH 值	8.0～10.0	7.0～9.0	精密 pH 试纸

注：1cP=1mPa·s。

表 8-17　水性单组分 FEVE 氟碳涂料的主要技术指标

项目	技术指标	检测标准
容器中状态	搅拌后均匀无硬块	目测
基料中氟含量/%	≥8	HG/T 3792—2005
附着力/级	≤1	GB/T 9286—1998
耐碱性(168h)	无异常	
耐酸雨性(48h)	无异常	
耐水性(168h)	无异常	GB/T 1733—1993
耐洗刷性/次	≥3000	HG/T 4104—2009
耐沾污性/%	≤15	HG/T 4104—2009
氙灯加速老化	5000h,变色≤2 级,粉化≤1 级	HG/T 4104—2009

　　水性单组分 FEVE 氟碳树脂氟含量低，一般小于 13%，含氟单体在树脂结构中所占物质的量的比不到 50%，得不到严格交替共聚树脂结构，难以形成氟碳键对分子链中弱键的有效保护，涂层耐蚀耐候性等综合性能与溶剂型双组分 FEVE 氟碳涂料相比有很大差距。涂层在成膜过程中不发生化学反应，耐溶剂性很差。

　　水性单组分 FEVE 氟碳涂料除耐候性优异这一最大亮点外，其他如自洁性、不粘性、防污性等方面与普通水性丙烯酸、聚氨酯涂料相比并没有展现出巨大的优越性。由于缺少易被市场大众认可的功能性和特殊性能，导致了水性单组分 FEVE 氟碳涂料在国内建筑涂料市场的用量一直没有显著增长，产品还没有被广大用户普遍接受。

（二）水性单组分可交联型

　　水性单组分可交联型 FEVE 氟碳树脂采用乳液聚合工艺生产，树脂主要结构由三氟氯乙烯、双丙酮丙烯酰胺、不饱和羧酸和其他非氟单体按比例聚合而成，其中双丙酮丙烯酰胺是关键功能单体。固化剂选用分子中至少含有两个肼基团的化合物，如乙二酸二酰肼、己二酸二酰肼等。

　　水性单组分可交联 FEVE 氟碳树脂涂料，加入固化剂后，化学上仍然是稳定的。固化反应是一个可逆反应，乳液中存在大量水时，反应实际上不发生，在干燥成膜过程中，随着水从涂膜中逸出，反应开始进行，活泼羰基与酰肼反应生成腙和水，发生交联，从而固化涂膜。水性单组分可交联 FEVE 氟碳涂层具有良好的耐沾污性、耐候性、耐水性、耐碱性外，还具有一定的耐溶剂性能。

　　与水性双组分 FEVE 氟碳涂料相比，水性单组分可交联 FEVE 氟碳涂料在成膜过程中的交联度不高，只是一定程度上的适度交联。涂层耐蚀、耐候性介于水性单组分和双组分 FEVE 氟碳涂层之间。由于可按单组分包装施工，目前主要在高档建筑和普通工业防护涂料中推广应用，实际涂装应用效果还有待进一步检验。表 8-18 给出了水性单组分可交联 FEVE 氟碳树脂的主要技术指标。

表 8-18　水性单组分可交联 FEVE 氟碳树脂的主要技术指标

树脂牌号	常熟中昊 ZH-01	检测标准
外观	乳白色液体	目测
固含量/%	50±1	GB/T 1725—2007
黏度/mPa·s	20～40	GB/T 1723—1993
粒径/μm	0.12～0.22	激光粒径分析仪
氟含量/%	≥11.5	HG/T 3792—2005
乳液类型	阴离子	—
pH 值	8.0～10.0	精密试纸

注：ZH-01 氟碳树脂 100 份∶己二酸二酰肼（5％）2 份。

（三）水性双组分

1. 发展现状

水性双组分 FEVE 氟碳树脂的制备方法主要有乳液聚合法、溶液聚合-转相乳化法两种。

乳液聚合法以三氟氯乙烯与不含氟乙烯基醚单体进行自由基乳液聚合制备得到水性双组分 FEVE 氟碳树脂。在制备过程中，为获得稳定的 FEVE 共聚乳液，需要在共聚单体中引入具有内乳化作用的聚氧乙烯基醚大分子单体 $CH_2 = CHOR_4(C_2H_4)_nH$（简称：EOVE），如丙烯酸聚氧乙烯酯等。

溶液聚合-转相乳化法通过选择合适的溶剂，设计适当的酸值、羟值，调节相对分子质量。先制备溶剂型 FEVE 氟碳树脂，在一定温度下蒸除大部分溶剂，然后通过氨化成盐，把乳化剂熔化或溶解到油相中。在搅拌下，把水加到油相中，在不断加水的过程中，连续相由油相转变为水相，形成水包油型乳液，获得水性双组分 FEVE 氟碳树脂。溶液聚合-转相乳化法可通过在有机溶剂中自由基溶液聚合，选择不同单体及配比，合成出各种类型的氟碳树脂，制备的乳液粒径小，稳定性好，方法相对简单，容易实施。缺点是生产过程中溶剂气味重，溶剂要进行回收利用，能源消耗量大。表 8-19 给出了水性双组分 FEVE 氟碳树脂的主要技术指标。

表 8-19　水性双组分 FEVE 氟碳树脂的主要技术指标

树脂牌号	台湾长兴 ETERFLON4302	日本旭硝子 FE4400	大连永瑞 SRF-E620	日本旭硝子 FD1000	检测标准
生产工艺	乳液聚合	乳液聚合	转相乳化	转相乳化	
外观	乳白色液体	—	浅黄色液体	—	目测
固含量/%	48～50	50	41±2	40	GB/T 1725—2007
黏度	<100cP	—	10～30s	—	GB/T 1723—1993
羟值(固体)/(mgKOH/g)	45～55	49	70±5	85	GB/T 12008.3—2009
酸值(固体)/(mgKOH/g)	—	—	12±1	15	GB/T 14455.5—2008
粒径	0.1～0.2μm	—	—	80nm	激光粒径分析仪
最低成膜温度/℃	—	55	—	29	GB/T 9267—2008
氟含量/%	≥23	—	23±2	—	HG/T 3792—2005
乳液类型	阴离子	阴离子	阴离子	阴离子	—
pH 值	7.0～9.0	—	7.0～9.0	8.0	精密试纸

乳液聚合法生产水性双组分 FEVE 氟碳树脂的固含量一般高于转相乳化法。转相乳化法制备的水性 FEVE 氟碳树脂当固含量提高时，乳液储存稳定性不够理想，容易在存放过

程中出现絮凝、软沉淀等弊病。乳化剂含量偏高则会导致涂层耐水性、耐碱性等物化性能的下降。采用转相乳化法生产水性双组分 FEVE 氟碳树脂时，为使树脂获得更好的亲水性，容易乳化，设计的树脂羟值和酸值一般要高于乳液聚合法。另外，转相乳化法的乳化工艺选择很重要，若浓缩回收溶剂程度、氨中和、乳化、加水、工艺顺序选择不合理，都会造成出现大量凝聚或乳液不稳定。

2. 应用现状

（1）性能特征　水性双组分 FEVE 氟碳树脂制备涂料时需要使用水性多异氰酸酯作为交联剂，如德国拜耳的 2655、日本聚氨酯公司的 AQ210 以及法国 Rhodia 公司的 WT2102 等。可常温固化，制备涂层力学性能、耐沾污性、耐溶剂性、耐热性、耐化学腐蚀性等方面都优于水性单组分的 FEVE 氟碳涂料。因具有与溶剂型树脂相同的结构与反应性能，它是耐化学药品性好、硬度高的高耐候性水性氟碳树脂。转相乳化法生产水性 FEVE 氟碳树脂制备涂料成膜后更多地保留了溶剂型树脂的特性，涂层性能比乳液聚合法生产的水性 FEVE 氟碳树脂制备的涂料更好。

水性双组分 FEVE 氟碳涂料在装饰性和功能性之间能够取得很好的平衡，用其制备的涂料的 VOC 一般<100g/L，属于环境友好型涂料。表 8-20 给出了水性双组分 FEVE 氟碳涂料的主要技术指标。

表 8-20　水性双组分 FEVE 氟碳涂料的主要技术指标

项目名称		技术指标	检测结果	检测标准
柔韧性/mm		1	1	GB/T 1731—1993
耐冲击性/cm		50	50	GB/T 1732—1993
附着力/级		1	1	GB/T 9286—1998
铅笔硬度		≥H	2H	GB/T 6739—2006
耐酸性($5\%H_2SO_4$)		7d 不起泡、不生锈	30d 不起泡、不生锈	
耐碱性($5\%NaOH$)		7d 不起泡、不生锈	30d 不起泡、不生锈	
耐盐水性($5\%NaCl$)		7d 不起泡、不生锈	30d 不起泡、不生锈	
耐水性		7d 不起泡、不生锈	30d 不起泡、不生锈	GB/T 1733—1993
耐盐雾性(1000h,不划线)		不起泡、不生锈	不起泡、不生锈	GB/T 1771—2007
耐人工老化性(1000h)	粉化/级	0	0	GB/T 1865—2008 GB/T 1766—2008
	生锈/级	0	0	
	脱落/级	0	0	
	色差 ΔE	0~1.5(0 级)	1.3(0 级)	

注：1. 基材，柔韧性等机械性能测试用底材为马口铁板；耐酸碱等性能测试用底材为钢板。

2. 配套涂层为水性环氧富锌底漆＋水性环氧云铁中涂漆＋水性氟碳面漆。

（2）应用方向　水性双组分 FEVE 氟碳涂料可室温固化，也可中低温烘烤，在各种预处理或预涂底漆基材表面作为面漆使用，可应用于建筑外墙、工业钢结构、光伏背板、混凝土桥梁等领域，城市轨道、立交桥等结构也适宜采用更加环保的水性氟碳体系。

在一些高档建筑，采用水性双组分 FEVE 氟碳涂料可以获得更好的耐候性。随着技术发展，今后在仿铝板涂层体系中也可采用水性双组分 FEVE 氟碳涂层体系。在建筑外墙应用时常见的配套涂层体系为：水性抗碱封闭底漆＋水性氟碳面漆。水性抗碱封闭底漆一般以抗碱封底乳液为主要成膜物质，加以各种颜填料制备而成。水性抗碱封闭底漆要求具备良好基材附着力、高渗透性、优良耐水性和耐碱性，同时与相应水性氟碳面漆具备良好配套性。

水性双组分 FEVE 氟碳涂料应用于建筑涂料不足之处是施工现场将固化剂均匀分散在水中比较困难，不如水性单组分涂料方便。固化剂混合不均匀会导致涂膜耐水、耐候、耐沾污等性能下降，这在一定程度限制了水性双组分 FEVE 氟碳涂料在建筑涂料市场的发展。

水性双组分 FEVE 氟碳涂料防腐性能优异，耐候性更好，应加强在工业和特殊领域的应用开发力度。目前，水性双组分 FEVE 氟碳涂料在工业防腐涂料领域应用还十分有限。

水性双组分 FEVE 氟碳涂料可涂覆于 PET 基材表面制备涂覆型 PET 膜。烘干工艺为 $145℃ \times (2.5 \sim 3)min$，固化后涂层硬度高，与 PET 膜附着力好。在涂覆前需要对 PET 膜进行表面处理，使其表面张力$>50dyn/cm$（$1dyn = 10^{-5}N$）。经检测，各项主要性能技术指标满足涂覆型技术要求，包括湿热老化、蒸煮性、EVA 剥离强度等。

水性双组分 FEVE 氟碳涂料可用于混凝土结构表面防护和文物保护。三峡大坝采用日本旭硝子公司水性双组分 FEVE 氟碳清漆体系，既能保持混凝土本色，又能起到对混凝土保护的作用。

水性双组分 FEVE 氟碳涂料一个重要应用领域就是用于旧项目重涂，与其他树脂相比，水性氟碳涂料大幅降低成本、减少 VOC 及二氧化碳的排放。

二、水性纳米氟碳钢构涂料

1. 原材料与配方（见表 8-21）

表 8-21　水性纳米氟碳钢构涂料配方组成

序号	成分	用量/%	序号	成分	用量/%
1	去离子水	$18 \sim 22.4$	6	成膜助剂	2.5
2	分散剂	0.6	7	增稠剂	0.5
3	稳定剂	0.6	8	颜填料	46.5
4	消泡剂	0.5	9	纳米浆体	$3 \sim 5$
5	防霉杀菌剂	0.4	10	氟碳乳液	25.6

2. 制备方法

（1）分散稳定剂 JP-100 的制备　先将 47.6 份去离子水加入反应器升温至 $60℃$，然后将丙烯酸 12 份、甲基丙烯酸 10.5 份全部加入，搅拌均匀，继续升温至 $80℃$，加乙二胺四乙酸和保护胶体，搅拌均匀，升温至 $120℃$ 开始滴加引发剂 0.25 份，控制加料速率，1.5h 加完。搅拌均匀，过滤，包装，可得分散稳定剂。

（2）纳米 Al_2O_3 的制备　铝金属经除油、表面粗糙化后作为牺牲阳极。电解槽自行设计，80mL 无隔膜电解槽，阴极、阳极平行放置，电解槽装备一个回流冷凝管。阳极面积为 $2 \sim 4cm^2$，阴极面积为 $10cm^2$。将醇和乙酰丙酮溶液分别配制成 $0.001 \sim 0.005mol/L$ 的四乙基溴化铵溶液，电解得到不同的铝醇盐及铝配合物。

强烈搅拌电解液形成胶状物，将此胶状物用无水乙醇清洗，以 3000r/min 的离心速度进行沉降分离。对下层胶状物醇洗、离心分离两次。放置陈化，得到具有弹性的胶体，真空干燥 12h，得到分散的粉体。将此粉体分别在 $200℃$、$600℃$，$800℃$ 煅烧 1h，均得到纳米 Al_2O_3。

（3）分散浆体的制备　先将去离子水、聚羧酸胺、六偏磷酸钠、消泡剂、润湿剂缓慢分散至均匀，然后慢慢筛入纳米 Al_2O_3 和羟丙基纤维素高速分散 1h（1200r/min），再加入自制的分散稳定剂 JP-100 高速分散 20min（1200r/min），再在三辊研磨机研磨四次即得分散稳定浆体。

（4）水性纳米氟碳钢构涂料的制备　将各组分物料慢分散约 10min 至均匀，然后加入 7 慢分散至均匀，8 加入后高速分散至细度＜30μm，再加 9 高速分散 10min 后加氟碳乳液，慢分散至均匀，调 pH 值为 8～9，过滤，包装。

3. 性能（见表 8-22）

表 8-22　本产品与目前市面普遍使用的溶剂型钢构涂料性能比较

检测项目	本产品	醇酸涂料	丙烯酸涂料	环氧涂料
施工性	刷涂两道无障碍	刷涂两道无障碍	刷涂两道无障碍	刷涂两道无障碍
涂膜外观	光滑、有荷叶效应	光滑、无荷叶效应	光滑、无荷叶效应	光滑、无荷叶效应
对比率	≥0.96	≥0.93	≥0.94	≥0.95
人工气候变化	≥2100h	≥500h	≥1000h	≥1200h
耐沾污性	≤12	≤16	≤14	≤14
耐洗刷性	≥14000 次	≥7500 次	≥10000 次	≥10000 次
耐碱性	≥300h 无异常	≥150h 无异常	≥200h 漆膜有轻微起泡	≥300h 无异常
耐水性	≥400h	≥350h	≥400h	≥400h
耐酸性（30%H_2SO_4）	148h 无异常	96h 漆膜有轻微起泡	96h 漆膜有轻微起泡	148h 漆膜有轻微起泡、变色
耐盐雾性	≥1000h	≥600h	≥800h	≥800h
附着力	≤2 级	≤2 级	≤2 级	≤2 级
表干	2h	2h	40min	4h
实干	10h	24h	24h	4d
耐溶剂油 120#	1000h 无变化	500h 漆膜部分溶解起泡	800h 漆膜部分溶解起泡	1000h 漆膜部分溶解起泡

4. 效果

用自制的纳米 Al_2O_3 和分散稳定剂，采用独特的分散工艺，成功制备出水性纳米氟碳钢构涂料。分散稳定性用 756 紫外线分光光度计进行表征；涂膜性能按国家标准检测并与传统钢构涂料进行比较。结果表明：纳米材料增加到 4%（质量分数）时，分散浆体储存 100d 后，可见光透过率仍为 93% 左右；耐人工气候变化、耐洗刷性、耐盐雾性等性能均优于传统溶剂型钢构涂料，且节能环保，易于施工。

三、水性氟碳涂料

1. 原材料与配方（见表 8-23）

表 8-23　氟碳涂料配方

原料	用量/g
含氟硅乳液	40.00～50.00
PA 树脂乳液	30.00～40.00
纳米 TiO_2 粉体	8.00～12.00
增稠剂（羟乙基纤维素）	0.20
分散剂（CA-131）	0.30
固化剂（己二酰肼）	0.05

2. 制备方法

（1）核壳型含氟硅聚丙烯酸酯乳液的合成　在装有搅拌器、回流冷凝管、温度计的 250mL 三口烧瓶中加入去离子水、pH 值调节缓冲剂 $NaHCO_3$、磺酸盐类阴离子表面活性剂/脂肪醇聚氧乙烯醚类非离子表面活性剂（均为工业品）组成的复合乳化剂（质量比为 1.5 : 1.0），搅拌下升温至 75℃，再加入 1/3 核单体［丙烯酸丁酯（BA，分析纯），苯乙烯（ST，工业品），γ-甲基丙烯酰氧基丙基三甲氧基硅烷（MPMS，工业品）］预乳化液和 1/4 引发剂过硫酸铵（APS，分析纯）开始反应，在液体出现蓝色荧光，即种子乳液形成后，开始滴加剩余核单体和 1/4 引发剂，滴加完毕后升温至 80℃并保温反应 30min；开始滴加壳单体甲基丙烯酸十二氟庚酯（DFMA，工业品）和剩余 1/2 引发剂，加料完毕后反应 3h，补加一次引发剂，用量为引发剂总量的 1/10，继续反应 1h。冷却至室温，调 pH 值约为 7，得到带蓝色荧光的乳液，即为核壳型含氟硅丙烯酸酯乳液。

（2）氟碳涂料及涂层的制备　在高速搅拌条件下，按配方，先加入去离子水、分散剂、增稠剂，待到一定黏度后，加入纳米 TiO_2，直到纳米颜料分散至所需细度后缓慢加入含氟硅聚丙烯酸酯乳液和丙烯酸树脂乳液（工业品，固含量 50%），搅拌均匀后添加固化剂，最后得白色均匀流体，密封保存，即为水性氟碳涂料。

将制备的氟碳涂料涂刷于 3cm×4cm 铁片表面，自然流平，在无尘条件下自然晾晒约 30min；表干后将其于 160℃下烘焙固化 3min，再室温平衡 1h，即制得氟碳涂层。

3. 性能与效果

当涂层中各组分质量比 m（含氟硅乳液）: m（PA 乳液）: m（TiO_2）: m（增稠剂）: m（分散剂）: m（固化剂）＝45.00 : 35.00 : 10.00 : 0.20 : 0.30 : 0.05，涂层在 160℃下固化 3min 时，涂层表面平整、无裂纹。

由此可见，涂层表面宏观上光滑、平整、无裂纹，但在微观下则是由不规则的微孔和纳米粒子组成的，有一定的微/纳米粗糙结构。这种微观粗糙的基质更有利于疏水界面表现出较大的静态接触角和较小的滚动角，水在其上接触角为 133°。

四、清水混凝土水性透明氟碳涂料

1. 原材料与配方

氟碳乳液	100	消泡剂	0.1
成膜助剂	2～7	水	适量
增稠剂	5～8	其他助剂	适量
消光粉	4～6		

2. 制备方法

称料—配料—混料—中和—卸料—备用。

3. 性能（见表 8-24）

表 8-24　透明氟碳面漆的性能指标

序号	检验项目名称	技术指标
1	容器中状态	搅拌后均匀无硬块
2	低温稳定性	不变质
3	施工性	涂刷 2 道无障碍
4	表干时间/h	0.5
5	氟含量/%	＞8
6	光泽度（60°）	＜10
7	附着力（划格法）/级	1
8	耐污染性（油性笔试验）	用酒精擦拭后不留痕迹

序号	检验项目名称	技术指标
9	耐水性	240h 无异常
10	耐酸性(10% H_2SO_4)	168h 无异常
11	耐碱性(5% NaOH)	168h 无异常
12	耐洗刷性/次	≥10000
13	耐溶剂性(二甲苯)	100 次不露底
14	耐人工气候老化性 QUV B	1500h 无气泡、无剥落、无粉化,失光<1 级,粉化<0 级
15	湿-冷-热循环	>10 次

测试结果表明,该水性透明氟碳涂料的性能已经达到或超过了 HG/T 4104—2009《建筑用水性氟涂料》的标准要求,并且该涂料的某些特性,使其非常适合于作为混凝土的长效保护涂层。

4. 效果

① 实验选择了合适的水性氟碳乳液,其具有良好的耐候性,耐水性和力学性能等,并且通过加入硅烷表面改性剂,其耐水性和耐碱性可以得到进一步提高,非常适合作为混凝土保护涂层的成膜物质。

② 通过配方的研制,选择了合适的增稠剂、滑光剂、消泡剂等,制备的涂料各项性能指标可以达到相关标准,且透明性好,能保持混凝土的原色基本不变。

③ 在水性氟碳面漆涂装前先涂刷一道界面剂,实验证明能大幅提高涂层附着力,且可以改善外观效果。

目前该涂料已经在一些大坝混凝土的保护中得到使用,通过几年的现场使用和结果反馈来看,该涂料能够满足实际环境中混凝土的保护需要,具有较好的外观、优良的耐候性、较强的耐介质性等优异性能,而且施工方便,绿色环保。水性氟碳透明涂层由于其优异的综合性能,必将在混凝土的防护领域得到越来越广泛的应用。

五、水性氟碳可制备涂料

1. 原材料与配方（单位：质量份）

氟碳乳液	60	消泡剂	0.1
丙烯酸乳液	40	流平剂	0.3
增稠剂	3~6	表面改性剂	0.2
成膜助剂	2~5	水	适量
色浆	10~20	其他助剂	适量

2. 制备方法

(1) 色浆的制备　根据筛选的能提高涂膜力学性能的填料,把金红石钛白粉、滑石粉、气相二氧化硅按照一定比例混合,加入适量的润湿分散剂、增稠剂和水,并经锥形磨研磨至细度合适后作为该剥离涂料的色浆使用。金红石钛白在涂料中 PVC 为 20% 时能达到最高的遮盖力,同时体系中气相二氧化硅用量过多则不利于分散,对涂层外观有负面影响。经实验确定,当三者比例为 3.0∶6.0∶1.5 时,既能节约成本,又能在分散性、着色力、粒径分布和储存稳定性上达到较好的平衡。

(2) 涂料制备　称料—配料—混料—中和—卸料—备用。

3. 性能 （见表 8-25 和表 8-26）

表 8-25　可剥离涂料的性能指标

检验项目	指标
耐热性(80℃,500h)	剥离性无变化
加速耐候性(紫外 500h)	剥离性无变化
耐水性(水温 25℃)[①]	4h 无发白
初始可剥离性[①]	成片揭下
漆膜外观	漆膜致密、无微孔及其他涂膜缺陷
剥离强度/(N/cm)	<20
断裂伸长率/%	>100
拉伸强度/MPa	>6
表干时间/h[②]	≤1
实干时间/d[②]	<7

① 漆膜干燥温度分别为：20℃、6h 和 80℃、15min。
② 干燥条件为 30℃，相对湿度 50%。

表 8-26　在一些物体上的剥离效果

被涂覆物体	可剥离等级[①]	被涂覆物体	可剥离等级[①]
不锈钢	5	大理石	5
铝材	5	聚酯	5
玻璃	4	有涂膜的木材	4

① 1 为难剥离（无法剥离）；2 为较难剥离（能起剥，易破碎）；3 为可剥离（能起剥，较难破碎）；4 为较易剥离（易起剥，几乎不破碎）；5 为易剥离（易起剥，易整块剥下）。

4. 效果

① 制备了一种以水性氟碳和水性丙烯酸乳液为主要成膜物质的水性可剥离涂料，其具有较好的韧性和强度，可作为多种物体的表面临时性保护涂料使用，对环境无污染。

② 研究了可剥离涂料中填料量和可剥离性的关系，找到了较为合适的填料并确定了其用量，既能提高涂层的拉伸强度，又能在一定程度上降低剥离强度，并通过加入剥离促进剂，进一步降低了整个涂层的剥离强度，利于涂层的剥离。

③ 由于涂层中含有氟碳树脂，所以涂层有一定的耐候性，在人工加速老化下，成膜物质也不会受到破坏，从而保持了可剥离涂料的剥离性能。

六、水性氟碳隔热涂料

1. 原材料与配方

物质名称	质量份	物质名称	质量份
去离子水	17.7	消泡剂	0.3
水性氟碳树脂 E	50	分散剂	1.4
纳米氧化物溶液（30%固含量）	25	增稠剂	0.6
醇酯-12	2.5	其他助剂	适量
基材润湿剂	2.5		

2. 制备方法

（1）纳米浆料的分散　将纳米氧化物氧化锡锑（ATO）放入烘箱，在 40～50℃条件下干燥 5h，将干燥好的纳米氧化物加入溶有硅烷偶联剂的乙醇溶液中，超声分散 1h，制得预分散液。将预分散液加入带有回流冷凝器和搅拌器的 500mL 圆底烧瓶中，然后将体系升温到 80～90℃，中速搅拌，反应 24h，出料，在 70～80℃下真空干燥，制得改性的纳米氧化物粉体。在高速分散机中加入去离子水、分散剂、润湿剂，搅拌均匀，加入经硅烷偶联剂改性过的纳米 ATO 粉体，高速分散砂磨 6～8h，调 pH 值为 7.5～8.0，制得纳米 ATO 含量为 10%（质量分数）左右的纳米氧化物浆料。

（2）水性玻璃隔热涂料的制备　取水性氟碳乳液和去离子水于容器中，在分散的情况下缓慢滴纳米 ATO 溶液，充分分散 40min；依次加入消泡剂、增稠剂、中和剂，分散 15min，即制得水性疏水型玻璃隔热涂料。

3. 性能

表 8-27 为水性玻璃隔热涂料的基本性能测试数据，该涂料具有比较好的隔热效果，同时由于采用了氟碳乳液作为基料树脂，因此其同时具有比较优异的疏水、耐老化性能。

表 8-27　水性玻璃隔热涂料性能

种类	性能项目	指标	参考标准
光学性能	紫外线透过率/%	5.73	GB/T 2680—1994
	可见光透过率/%	77.32	
	近红外透过率/%	21.28	
	太阳能总透射比	58.2	
物理化学性能	铅笔硬度	H～2H	GB/T 6739—2006
	附着力/级	1	GB/T 9286—1998
	耐水性(148h)	无起层、皱皮、鼓泡	GB/T 1733—1993
	耐温差性	无起层、皱皮、鼓泡	GB/T 9286—1998
	耐热性(100℃,2h)	无起层、皱皮、鼓泡	GB 1735—2009
	耐紫外老化性	16.8%	500h(失光率)

4. 效果

① 对市面上的氟碳乳液进行了筛选，选出了一种性价比较高的乳液作为基料树脂，并对其性能进行了测试。

② 考察了纳米氧化物溶液用量与涂料性能的关系，并测试了其光学性能。实验结果表明：纳米氧化物溶液用量在 30% 时，其具有比较好的隔热效果和紫外线屏蔽功能。

③ 测试了不同 ATO 溶液用量的玻璃隔热涂料的隔热性能，随着 ATO 溶液用量的增加，隔热性能有所提高，但效果区分不明显，其与空白玻璃的最大温差在 8℃ 左右，稳定温差在 5℃ 以上。

④ 比较全面地测试了玻璃隔热涂料的性能，测试结果表明，由于氟碳乳液的存在，该玻璃隔热涂料具有疏水、隔热综合功能，比市面上传统隔热涂料有很大的性能优势，是一款性价比很高的节能环保涂料，可广泛应用于玻璃幕墙、家装建筑等领域。

第九章 >>> 无机-有机复合水性涂料

第一节 无机-有机复合水性建筑涂料

一、无机-有机复合水性内墙涂料实用配方

1. TL-1 建筑内墙涂料

原材料	用量/%	原材料	用量/%
TL-1 乳液	35	轻质 $CaCO_3$	25
锐钛型 TiO_2	10	去离子水	18.6
滑石粉	10	各种助剂	1.40

该涂料采用优质的 TL-1 型建筑乳液和优质填料及各种优质助剂科学配制而成。工艺配方合理、可行，综合性能优良，价格适中，其环保优势更为突出，具有良好的发展前景。

2. 硅溶胶/苯丙复合环保内墙涂料

原材料	用量/%	原材料	用量/%
苯丙乳液	6.5~10	增稠剂 DSX1514	适量
硅溶胶	6.5~10	羟乙基纤维素 QP4400	适量
膨润土	5~6	润湿剂 759	适量
钛白粉（R706）	4~5	消泡剂 50A	0.05~0.1
硅灰石	8~10	AMP-95	3~8
滑石粉	8~10	Texanol 酯醇	适量
高岭土	18~20	乙二醇	适量
分散剂 436	适量	防霉剂 DF19	适量
防腐剂 DF35	适量	去离子水	补足余量

复合涂料的性能见表 9-1。

表 9-1　复合涂料的性能

项目	标准要求	测试结果
在容器中状况	无硬块,搅拌后成均匀状态	无硬块,搅拌后成均匀状态
施工性	刷涂 2 道无障碍	刷涂 2 道无障碍
低温稳定性	不变质	不变质
干燥时间(表干)/h	≤2	1
涂膜外观	正常	正常
耐水性	48h 无异常	96h 无异常
耐碱性	24h 无异常	48h 无异常
耐洗刷性/次	≥200	1500

3. 低成本硅溶胶/苯丙乳液内墙涂料

原材料	用量/%	原材料	用量/%
苯丙乳液	6~8	消泡剂	适量
硅溶胶	10~14	多功能助剂 (AMP-95)	0.05~0.1
膨润土	2~6	Texanol 酯醇	3~8
钛白粉、硅灰石粉等	35~45	防腐防霉剂	0.2
羟乙基纤维素 (HEC)	适量	增稠剂	适量
分散剂	适量	去离子水	补足余量

以苯丙乳液和硅溶胶为主要成膜物,成膜后既保持了无机涂料的硬度和有机涂料的快干和易刷性,又具有一定的柔韧性,发挥了两者的优势,有利于提高涂料性能,降低成本。硅溶胶型建筑涂料原料来源广泛,是一种具有发展前景的建筑涂料。

4. 低成本硅溶胶-苯丙乳液-聚乙烯醇复合内墙涂料

原材料	规格	用量/%
苯丙乳液	固含量 47.4%	10.0~12.0
硅溶胶	固含量 24.0%~25.0%	3~4
聚乙烯醇溶液	醇解度 99%	21~25
羟乙基纤维素溶液 (2.5%)	15000 型	2.5~5.0
膨润土	钙质	2.5
"快易"分散剂	湿润、分散	0.3
681F 消泡剂	抑制、消泡	0.1
K20 防霉、杀菌剂	防霉、杀菌	0.1
Texanol 酯醇	成膜助剂	0.3
乙二醇	冻融、稳定剂	1.0
颜料和填料		45.0
去离子水		补足 100%配方的用量

应用合成树脂乳液涂料配方理论,向高颜料体积浓度的低成本乳胶漆中引入少量硅溶胶,并使用聚乙烯醇和膨润土作为增稠剂,以及优选填料并通过实验合理配合,可使涂料中的某些助剂的使用量减少,从而使涂料中助剂的成本降低,而降低的成本用于使用聚乙烯醇以提高涂料的性能,得到水稀释性能稳定、流平性能好和涂膜手感光滑的新型内墙涂料。该

涂料所具有的这些特性，正好解决了目前低成本乳胶漆常见的问题。

5. 水玻璃/苯丙乳液复合内墙涂料

原材料	用量/%	原材料	用量/%
水玻璃	22～25	成膜助剂	2
氧化锌	1	滑石粉	10～12
48%苯丙乳液	6～8	消泡剂	0.02
氧化镁	1	改性膨润土	5
10%增稠剂	15	各种助剂	2
六偏磷酸钠	0.1	去离子水	适量
轻质碳酸钙	15～20	其他助剂	适量

以水玻璃为主成膜物质，苯丙乳液为次成膜物质，丙二醇丁醚为助成膜剂，增稠剂为浓度10%的高分子化合物的水溶液，有助于颜料的悬浮和防止涂料在涂刷时出现流挂现象。采用无机复合生产工艺，在高速搅拌机中，无须加热，与颜料、体质颜料和其他助剂搅拌合成，经研磨，即得产品。该产品白色、无光，可作为中高档内墙涂料使用，可采用刷涂、辊涂、喷涂等施工方法，各项性能指标均符合行业标准。

6. 钠水玻璃/苯丙乳液内墙涂料

原材料	用量/质量份	原材料	用量/质量份
钠水玻璃	100	增稠剂	1～3
苯丙乳液	10	成膜剂	0.3～0.8
颜填料	10	其他助剂	适量
分散剂	2～3		

苯丙乳液/水玻璃复合涂料的性能见表9-2。

表 9-2 苯丙乳液/水玻璃复合涂料的性能

项目	标准要求	复合涂料测试结果
在容器中状态	搅拌后无硬块,呈均匀状态	合格
施工性	刷涂2道无障碍	刷涂2道无障碍
涂膜外观	正常	正常
干燥时间/h	≤2	1
对比率	≥0.93	0.95
耐碱性	无异常	无变化
耐洗刷性/次	≥300	450
涂料耐冻融性	不变质	不变质

7. 酸改性钠水玻璃/苯丙乳液复合内墙涂料

原材料	用量/%	原材料	用量/%
酸改性钠水玻璃	20.0～25.0	AMP-95	0.1～0.3
苯丙乳液（固含量48%）	6～10	分散剂	0.1～0.6
聚乙烯醇水溶液（10%）	2.0～2.8	消泡剂	0.4～0.6
钛白粉、立德粉	10～16	成膜助剂（Texanol酯醇）	0.3～0.8
重质碳酸钙、硅灰石粉等	25～30	去离子水	补足余量
防霉剂	0.1		

酸改性钠水玻璃复合涂料主要性能优良，性价比在同档次的内墙涂料中占有优势。同时，水玻璃作为主要粘接剂所使用的原材料直接取材于自然界，资源十分丰富，成本低，配制工艺比较简单，并具有技术性能可靠、装饰效果良好、工程造价较低等优点。因此，水玻璃系列有机-无机复合型涂料是一种颇有发展前途的涂料。

8. 水玻璃/有机硅丙烯酸酯乳液复合内墙涂料

原材料	用量/质量份	原材料	用量/质量份
有机硅丙烯酸酯	30～40	消泡剂	0.55
水玻璃	60～70	增稠剂	3.0
固化剂（氟硅酸钠）	12～15	其他助剂	适量
分散剂	2.5		

二、无机-有机复合水性外墙涂料实用配方

1. 水性聚氨酯弹性外墙涂料

原材料与配方如下：

原材料	用量/质量份	原材料	用量/质量份
水	80.0～90.0	沉淀硫酸钡	115.0～140.0
丙二醇	20.0～30.0	云母粉	20.0～45.0
分散剂	1.5～2.0	APU-R100 树脂	480.0～520.0
消泡剂	10.0～18.0	APU-Y100 树脂	160.0～200.0
杀菌剂	1.0～2.0	多功能助剂	1.0～2.0
钛白粉	70.0～80.0	增稠剂	适量

性能如下：

断裂伸长率/%	≥400	耐水性（24h）	无变化
拉伸强度/MPa	≥3.5	耐洗刷性/次	5000
耐沾污性（5 次）/%	<20	低温稳定性	通过
涂层温变性（5 次循环）	无异常	−20℃低温挠曲性	不开裂

通过调节软硬链段聚氨酯树脂的使用比例，制备不同弹性的水性弹性外墙涂料，既具有优良的弹性及拉伸强度，又具有良好的耐沾污性、耐水性和耐候性，且低温性好，能满足各种外墙涂料对涂膜弹性和耐沾污性的要求，它解决了传统涂料所不能解决的涂膜弹性与耐沾污之间的矛盾以及热胀冷脆的缺点，适用于墙体表面的装饰与保护。

2. SiO₂ 溶胶外墙涂料

原材料	用量/%	原材料	用量/%
SiO_2 溶胶	35～40	膨润土	2.8
醇酯-12	0.65	CR2 增稠剂	0.25
磷酸三丁酯	0.3＋0.3	去离子水	余量
钛白粉	23～28		

涂料及涂膜部分性能见表 9-3。

表 9-3　涂料及涂膜部分性能

指标	测试结果	指标	测试结果
常温稳定性	>6 个月无异常	涂膜干燥时间/h	≤4
黏度(ISO 杯)/s	52	耐洗刷性	>3000 次
耐水性/h	21 天无异常	耐人工老化性	42 天无粉化
耐碱性/h	21 天无异常		

3. 硅溶胶复合外墙涂料

原材料	用量/%	原材料	用量/%
硅溶胶	10～30	成膜助剂	1～2
T-1 或 T-1D 乳液	20～30	润湿分散剂	0.5～1
羟乙基纤维素增稠剂	0.15～0.2	金红石型钛白粉	15～20
碱溶胀增稠剂	0.5～0.8	滑石粉	5～10
DF-19 防霉剂	0.1	pH 调节剂	0.1
NXZ 消泡剂	0.1～0.3	去离子水	补足 100% 用量
高岭土或硅灰石粉	5～7		

硅溶胶与丙烯酸酯乳液复合制得的涂料性能十分优异，尤其在耐水性、耐碱性、耐擦洗性和耐沾污性等方面有较大的改善。随着有机高分子聚合物材料的发展，可供选用的材料也越来越多，这类涂料的品种和性能可以满足不同用途的要求，是一类大有前途的建筑涂料品种。

4. 硅溶胶苯丙乳液复合型外墙涂料

原材料	用量/%	原材料	用量/%
硅溶胶（25%）	28～37	助剂	5～10
苯丙乳液（48%）	22～13	去离子水	适量
钛白粉（金红石型）	10～15		
滑石粉及其他填料（硅灰石粉、重钙）	40～45		

以无机高分子硅溶胶为主要成膜物，有机高分子乳液改性制成的复合型外墙涂料，具有无机材料和有机树脂的各自优点，符合建筑涂料的装饰和保护要求。尤其具有耐久、不燃、抗霉变、耐污染、成膜温度低等特性，可广泛用于高级建筑的外墙装饰，至今仍是人们关注的一类建筑涂料。

5. 硅酸钾涂料

① KH-101 型液-液双组分涂料配方。

原材料	用量/%
组分 A：	
硅酸钾（模数 2.4～3.4）	42～44
颜填料（320 目）	43.0
增稠剂	1.4
分散剂	1.0
去离子水	10.6
组分 B：	
液态固化剂（聚磷酸盐、氟硅酸盐等，固含量 30%）	

组分 A：组分 B＝100∶13

② KH-102 固、液双组分涂料配方。

原材料	用量/％
组分 A：	
填料（320目）	83～86
颜料（320目）	15～18
分散剂	1.0
固化剂	3.5～6.0
组分 B：	
硅酸钾溶液（模数 2.4～3.4）	
涂料混合比：组分 A：组分 B＝3∶1	

③ KH-103 单组分涂料配方。

原材料	用量/％	原材料	用量/％
硅酸钾（模数2.4～3.4）	63.94	分散剂	2.19
有机成膜物（固含量48％±2％）	9.23	成膜助剂	0.50
颜、填料（320目）	19.15	固化剂	4.99

KH-103、KH-102 和 KH-101 三种硅酸钾无机涂料装饰效果、使用性能、施工性能能够满足设计、施工、使用的要求。在施工过程中不污染环境、无异味，工人愿意采用。

6. 硅溶胶/纯丙乳液外墙涂料

原材料	用量/％	原材料	用量/％
复合基料	46	HX 消泡剂	适量
钛白粉	18	羟乙基纤维素	0.5
硅灰石粉	10	HX 增稠剂	0.9
滑石粉	6	氨水	适量
F-974 成膜助剂	2.8	去离子水	补足100％用量
Tamo 1731	0.5		

复合涂料性能测试结果见表 9-4。

表 9-4　复合涂料性能测试结果

项目		一等品指标	复合涂料测试结果
状态		搅拌混合后无硬块,呈均匀状态	搅拌混合后无硬块,呈均匀状态
施工性		刷涂2道无障碍	刷涂2道无障碍
涂膜外观		涂膜外观正常	涂膜外观正常
对比率(白色和黑色)	≥	0.90	0.98
耐水性(96h)		无异常	18d 无异常
耐碱性(48h)		无异常	18d 无异常
耐酸性		—	12d 无异常
耐洗刷性/次	≥	1000	2000 不露底
耐紫外线照射/h		250	250
涂层耐温变性(10次循环)		无异常	无异常
涂层耐污染性(5次循环)	常温		5％
	高温		6％

三、纳米硅溶胶外墙涂料

1. 原材料与配方

原材料	质量分数/%	原材料	质量分数/%
硅丙乳液	19.00	消泡剂	0.20
纳米硅溶胶	11.00	硅烷偶联剂	0.25
水	18.00	相容稳定剂	0.20
pH 调节剂	0.10	钛白粉	20.00
润湿剂	0.20	滑石粉	4.00
分散剂	0.50	重钙	13.00
防腐杀菌剂	0.20	增稠剂	0.40
成膜助剂	0.60		

2. 制备方法

称料—配料—混料—中和—卸料—备用。

3. 性能与效果

水性无机建筑涂料成膜物是硅酸盐、硅溶胶，来源十分丰富，且以水为溶剂，无毒、无异味、无刺激性，可配制成低 VOC（挥发性有机化合物）或零 VOC 涂料，是很有发展潜力的一类环保型涂料。本实验通过选用清澈透明、粒径分布小、杂质少的硅溶胶，并用有机物质通过偶联剂进行改性，配用稳定的颜填料、无机增稠剂进行增稠，制备出性能优异、稳定的无机建筑涂料。

四、仿石灰石外墙涂料

1. 原材料与配方

（1）专用仿石灰石中涂漆的配方

原材料	质量份	原材料	质量份
水	18.2	706 金红石型钛白粉	5.0
分散剂	0.5	滑石粉	18.6
防腐剂	0.1	重质碳酸钙	35.0
消泡剂	0.2	高岭土	5.0
纤维素	0.3	有机硅改性高聚物乳液	15.0
AMP-95 多功能助剂	0.4	疏水改性碱溶胀增稠剂	0.7

（2）效果涂料的配方

原材料	质量份	原材料	质量份
水	41.7	AMP-95 多功能助剂	0.4
有机硅改性高聚物乳液	50.0	疏水改性碱溶胀增稠剂	0.8
丙二醇	1.0	防腐剂	0.1
十二醇酯	3.0	水性色浆	适量
气相二氧化硅	3.0		

（3）耐候性罩面清漆的配方

原材料	质量份	原材料	质量份
热塑性丙烯酸树脂	5～20	分散剂	1～5
二甲苯	80～95	其他助剂	适量

2. 制备方法

（1）仿石灰石涂料制备　按上述配方依次加入水、分散剂、防腐剂、消泡剂，搅拌均匀，扬尘式加入纤维素、AMP-95多功能助剂，使其充分溶解，然后依次加入钛白粉、滑石粉、重质碳酸钙、高岭土，高速分散至细度达80μm以下，然后加入有机硅改性高聚物乳液，用增稠剂调节黏度。

（2）效果涂料的制备　按上述配方量依次加入水、有机硅改性高聚物乳液，丙二醇、十二酯醇、气相二氧化硅，中速（800～1200r/min）分散均匀；加入AMP-95多功能助剂、疏水改性碱溶胀增稠剂调整黏度；加入防腐剂，水性色浆调色。

（3）耐候性罩面清漆的制备　按上述配方量依次将热塑性丙烯酸树脂和二甲苯倒入指定容器中，搅拌均匀即可。

3. 性能（见表9-5）

表9-5　仿石灰石效果复合涂层性能测试结果

检测项目	性能指标	检测结果
外观	与样板相符	符合
耐水性(96h)	无异常	无异常
耐碱性(48h)	无异常	无异常
初期干燥抗裂性(6h)	1mm 无裂纹	1mm 无裂纹
耐洗刷性/次	≥5000	6000
耐沾污性/%	≤10	9
光泽度	—	5.5

4. 效果

利用中涂层、效果涂层和罩面层的复合方式，采用特制的施工工具，制备了仿石灰石效果复合涂层。该复合涂层仿真度高，具有天然石灰石的质感，涂层坚固、装饰性强、抗裂性高，耐水性、耐沾污性优良，完全可以替代天然石灰石，广泛用于高档写字楼、别墅等建筑物外墙的涂饰，是一种用途很广的新型建筑材料，市场前景广阔。

五、无机-有机复合防水涂料实用配方

1. 纯丙烯酸乳液-水泥复合防水涂料

（1）液料

原材料	用量/质量份
纯丙烯酸乳液	100

（2）粉料

原材料	用量/质量份	原材料	用量/质量份
32.5级硅酸盐水泥	100～80	填料 FM	适量
增塑剂	13～16	其他助剂	适量
干燥促进剂 GC	适量	去离子水	适量

① 用合成的具有核-壳结构、$T_g = -25℃$ 的纯丙烯酸乳液以及增塑剂 LC 等为液料，合成的涂料低温柔性可达-35℃无裂纹。

② 粉料中用了干燥促进剂 GC 以及填料 FM，使涂料干燥时间达到 JC/T 894—2001 规定的要求。同时也提高了涂膜的力学性能，一次涂刷干膜厚度可达 2mm。

2. 聚丙烯酸酯乳液-水泥复合防水涂料

（1）液料

原材料	用量/质量份	原材料	用量/质量份
乳液	100	过硫酸钾	适量
乳化剂	1.2～1.4	去离子水	适量

（2）粉料

原材料	用量/质量份	原材料	用量/质量份
水泥	80～100	其他填料	0～20

聚丙烯酸酯乳液-水泥复合防水涂料的防水效果优异，抗老化和抗应力龟裂能力强，可长久保持防水效果，加工工艺简单，施工形式多样，可以满足不同形式的防水施工要求。这种涂料的开发，可促进水性防水涂料的推广应用，具有很好的市场前景。

3. 聚合物硅铝水泥复合防水涂料

原材料	用量/质量份	原材料	用量/质量份
液料			
丙烯酸酯乳液	100	分散剂	0～2
改性乳液	20	增稠剂	0.1～2
pH 调节剂	少量	成膜助剂	适量
增塑剂	2～10		
粉料			
粉料（水泥）	80～100	添加剂、填料	20

聚合物硅铝（水泥基）复合防水涂料是由乳液、无机粉料复合而成的，既有橡胶类材料的良好弹性和变形能力，又具有水泥类无机材料耐水、耐候性强等优点，在防水工程使用时具备适用环境变化能力强的特点。该涂料是一种环保型防水涂料，它具有高伸长率，柔韧性好，粘接强度高，可在无明水的潮湿基层上直接施工. 材料无毒、无污染，不会对施工人员及环境造成危害。可广泛应用在各种新旧建筑及构筑物的各类防水工程上，施工简便，具有优良的粘接性能及抗渗性能。

4. 苯丙胶乳水泥建筑防水涂料

（1）液料

原材料	用量/质量份	原材料	用量/质量份
苯丙乳液	100	消泡剂	0.1～0.5
成膜剂	0.5～1.0	增稠剂	0.1～0.5
分散剂	1～2		

（2）粉料

原材料	用量/质量份	原材料	用量/质量份
水泥	100～120	石英粉	适量
重质 $CaCO_3$	10～30	去离子水	适量
滑石粉	适量		

聚合物-水泥复合防水涂料（JS防水涂料）是以水性聚合物分散体和水泥为主的双组分防水涂料，两组分在现场搅拌成均匀、细腻的浆料，涂刷或喷涂于基体表面，固化后可形成柔韧、高强度的防水涂膜。这种涂料既有水泥类胶凝材料强度高、易与潮湿基面粘接的优点，又有聚合物涂膜弹性大、防水性好的优越性，尤其是以水作为载体，克服了沥青、焦油、有机溶剂型防水材料污染环境的弊端，是一种无毒无害、可湿作业、施工简便的新型绿色环保防水材料，不仅适用于各种防水工程，还可用于修补工程、界面处理、混凝土防护、装饰、结构密封等。

第二节　无机-有机水性防腐功能与专用涂料

一、无机-有机水性防腐涂料

（一）硅溶胶水性木器涂料

1. 原材料与配方（单位：质量份）

硅溶胶	60	流变剂	1.0
羟基高聚物	40	打磨助剂	0.5
成膜助剂	3～5	防霉剂	0.1
pH 调节剂	1.0	偶联剂	1.0
消泡剂	0.1	脱水剂	0.2
润湿剂	0.2	水	适量
溶剂	适量	其他助剂	适量
增稠剂	3～6		

2. 制备方法

将高聚物加入分散罐中，依次加入流变剂、消泡剂、助溶剂、pH 值调节剂，1200r/min 快速分散均匀；慢慢加入硅溶胶、打磨助剂、防霉剂、H_2O，800r/min 中速分散 10min；加入增稠剂和硅烷偶联剂，800r/min 中速分散 10min，检测得黏度为（35±2）s 后过滤出料。

3. 性能（见表 9-6～表 9-8）

表 9-6　硅溶胶性能指标

性能	指标
pH 值	9.3
二氧化硅含量/%	30.36
粒径/nm	10.5
黏度/s	7
密度/(g/cm³)	1.21

表 9-7　所用高聚物性能指标

类型	羟基高聚物 1	羟基高聚物 2	羟基高聚物 3
固含量/%	44～45	44～45	34～36

类型	羟基高聚物 1	羟基高聚物 2	羟基高聚物 3
黏度/mPa·s	600～1500	100～1000	10～200
羟值/%	3.5	3.9	3.9
pH 值	7.5～8.5	7.5～8.5	7.5～8.5
MFT/℃	25	45	40

表 9-8 水性木器透明底漆对比结果

类型	（硅溶胶）透明底漆	（水性丙烯酸）透明底漆
成膜性	好	好
透明性	透明	轻微发蒙
耐冷水性能检测（2h）	无变色	发白
25℃环境中可打磨时间/h	2	2.5
硬度	1H	B
初期抗压	无异常	板面压痕
防胀效果（橡木板上，重涂）	板面平整，无胀筋现象	重涂后，导管处鼓起，板面不平整
360#砂纸，打磨	易出粉，不黏砂纸，易磨平整	出粉，黏砂纸
附着力/级	1	1
热储存稳定性（72h）	无异常	无异常

以硅溶胶为主要成膜物的水性木器透明底漆，与水性丙烯酸树脂体系的水性木器透明底漆相比，硬度、干速、耐水性、初期抗压和防胀筋效果等性能都胜出一筹。

4. 效果

① 选择羟基高聚物，添加量为 32%，其羟基能和硅溶胶的硅醇键起协同作用，而有助于硅溶胶凝胶成膜。

② 根据 GB/T 18582—2008 对水性木器涂料 VOC 的要求，对助溶剂的添加量进行平衡，添加量分别为：DPnB 2%，DPM 1.5%，乙酸乙酯 2%，丙二醇 1%。

③ 添加 1% 的水性环氧基有机硅烷偶联剂帮助硅溶胶和高聚物间的交融。

④ 打磨助剂添加量为 1.5%。

综合以上，以硅溶胶为主要成膜物，占配方比例为 65%，开发出的水性透明底漆，具有硬度高、干速快、硬度建立快、初期抗压性好、耐水性优、附着力好、打磨性好等优势。

（二）纳米银水性木器涂料

1. 原材料与配方

面漆组成	质量分数/%	面漆组成	质量分数/%
双重固化乳液	65	成膜助剂（DPM）	3
光引发剂 2959	1.5	消泡剂（cc-505B）	0.35
去离子水	适量	润湿流平剂（BY-9338）	0.5
纳米银溶胶	适量	蜡乳液（cc-549B）	3
有机硅交联剂（BY-9301）	1	增稠剂（830W）	0.6

2. 制备方法

（1）纳米银溶胶的制备　称取 12g 碱性纳米硅溶胶溶解于一定量的去离子水中，搅拌 10min 使其分散均匀。量取 10mL 一定浓度的 $AgNO_3$ 溶液，滴加至硅溶胶中，搅拌均匀。配制 0.01mol/L 的葡萄糖溶液作为还原液，在 50℃水浴温度下，以 30 滴/min 的速度将还原液缓慢滴加到氧化液中，反应 2h 后得到纳米银溶胶，该溶胶的 pH 在 7~8。

（2）热-紫外线双重固化水性抗菌木器面漆的配制　将热-紫外线双重固化乳液稀释后在高速分散机中以 500 r/min 的速度搅拌，然后加入光引发剂 2959，消泡剂、成膜助剂，搅拌 20min 后依次加入纳米银溶胶、有机硅交联剂、润湿流平剂及蜡乳液，再搅拌 15min，最后加入增稠剂增稠，静置，250 目尼龙网过滤得水性抗菌木器面漆。

（3）热-紫外线双重固化水性抗菌木器漆漆膜的制备　将水性木器漆按照一腻一底两面的涂装工艺，即先刮一道水性腻子，打磨后涂一道水性 UV 木器底漆，再做两道双重固化乳液木器面漆，在三层夹合板上进行刷涂，得到一定厚度的木器漆膜。制得漆膜后，置于 80℃烘箱中干燥 5min，再置于 RW-UVA302-30ri 型紫外线固化机下进行固化交联。

3. 性能

由表 9-9 可知，该热-紫外线双重固化水性抗菌木器面漆各项检测结果均达到 HG/T 23999—2009《室内装饰装修用水性木器漆》的技术指标和 GB/T 21866—2008《抗菌涂料（漆膜）抗菌性的测定和抗菌效果》的规定。

表 9-9　水性抗菌木器漆各项技术指标和检测结果

项目	检测方法	技术指标	检测结果
在容器中状态	—	搅拌后均匀无硬块	合格
储存稳定性(50℃,7d)	—	无异常	合格
涂膜外观	—	平整	合格
光固化速度/(m/min)	GB/T 1728—1979	≥20	40
划格法附着力/级	GB/T 9286—1998	≤2	0
铅笔硬度	GB/T 6739—2006	≥H	3H
耐水性(冷水,24h)	GB/T 4893.1—2005	无异常	无变化
耐醇性(50%,1h)	GB/T 4893.1—2005	无异常	无变化
耐碱性(50g/L,NaHCO₃,1h)	GB/T 4893.1—2005	无异常	无变化
耐干热性/级	GB/T 4893.3—2005	≤2	2
光泽度(60°)	GB/T 9754—2007	商定	65.3
对大肠杆菌抗菌率/%	菌落计数法	≥90	96.4
对金黄色葡萄球菌抗菌率/%	菌落计数法	≥90	95.7
对甲醛的降解率/%	GB/T 18204.2—2014	商定	69.9

4. 效果

① 以纳米碱性硅溶胶为载体，硝酸银浓度为 0.05mol/L，葡萄糖为还原剂制备出稳定的纳米银溶胶，该纳米银溶胶颗粒呈类球形，粒径在 20~60nm，纳米银颗粒在水性木器漆漆膜中分散较好。

② 将纳米银溶胶作为纳米抗菌剂引入到热-紫外线双重固化木器漆体系中，利用纳米银抗菌性和降解甲醛的双重功能，制备出一种纳米复合水性抗菌木器涂料，其漆膜物化性能符合水性木器漆行业标准，对大肠杆菌和金黄色葡萄球菌的抗菌率超过 90%，在自然光下对甲醛的降解率达 70%，有较好的应用前景。

（三）水性金属防腐隔热涂料

1. 原材料与配方

原料名称	质量份	原料名称	质量份
水	18～25	颜料	5～20
润湿剂	0.1～0.5	填料	15～25
分散剂	0.1～0.3	硅苯乳液	32～40
消泡剂	0.1～0.3	防霉剂	0.1～0.2
空心玻璃微珠	0～7	成膜助剂	2～4
增稠剂	0.1～0.6	防冻剂	1～2

2. 制备方法

按照配方中的量，依次在水中加入润湿剂、分散剂、部分消泡剂、部分增稠剂，搅拌均匀之后缓慢加入颜填料，再高速搅拌 20～30min，使其细度小于 50μm。然后在中速条件下加入空心玻璃微珠搅拌分散 10min，再在低速搅拌下加入乳液、成膜助剂、防冻剂、剩余的消泡剂，最后添加剩余的增稠剂调节黏度，过滤，即得水性金属防腐隔热涂料。

3. 性能（见表 9-10）

表 9-10　金属防腐隔热配套涂层的防腐性能测试结果

项目	测试结果
耐水	15d 轻微变色
耐盐水(5%NaCl)	12d 轻微起泡
耐酸(5%H$_2$SO$_4$)	5d 少泡
耐碱(5%NaOH)	40d 正常
耐中性盐雾(5%NaCl)	55d 正常

4. 效果

根据《钢制石油储罐防腐蚀工程技术规范》对于易挥发油品储罐隔热配套涂层的要求，制备了中间隔热涂层和反射面层，该配套涂层隔热性能良好，箱体内部中心点隔热温差为 10.3℃，反射面层的太阳光反射比为 0.83。此外，该配套涂层的防腐性能良好，具有一定的应用价值。为了满足设备对装饰性的要求，下一步计划在面漆中加入反射型功能颜料，制备彩色型金属隔热涂料。

（四）水性转锈型涂料

1. 原材料与配方（见表 9-11）

表 9-11　水性转锈型低表面处理涂料配方

原料名称	用量/%	原料名称	用量/%
填料浆		填料	55～65
水	25～35	配漆	
助溶剂	5～10	水性乳液	40～60
分散剂	1.5～2.5	填料浆	30～50
触变剂	1.0～2.0	单宁酸(50%水溶液)	3～10
消泡剂	0.3～0.5	磷酸(50%水溶液)	0.5～3.5

2. 制备方法

（1）填料浆　根据工艺配方的用量按顺序将水、助溶剂、分散剂、触变剂、消泡剂，投入调漆罐中，高速搅拌 10～15min，加入填料，搅拌均匀后高速分散 30～40min。砂磨机研磨至≤30μm，出料待用。

（2）配漆　按配方量将水性乳液加入调漆罐中，在中高速搅拌下加入填料浆，充分搅拌均匀，将预先溶好的单宁酸水溶液在中低速搅拌下缓慢加入，搅拌分散 10～15min；再将预先溶好的磷酸水溶液在中低速搅拌下缓慢加入，搅拌分散 20～30min，即可出料，得到水性转锈型低表面处理涂料。

3. 性能（见表 9-12）

表 9-12　水性转锈型低表面处理涂料达到的技术指标

序号	项目		技术指标		检测方法
			A	B	
1	VOC 含量/(g/L)		<80		—
2	固含量/%		>50		GB/T 1725—2007
3	干燥时间/h	表干	<0.5		GB/T 1728—1979
		实干	<24		
4	柔韧性/mm		2		GB/T 1731—1979
5	冲击强度/cm		50		GB/T 1732—1993
6	附着力（划圈法）/级		≤1		GB/T 1720—1993
7	附着力（拉开法）/MPa		≥3	≥2	GB/T 5210—2006
8	耐水性（7d）		涂膜不起泡,不生锈	涂膜不起泡,不生锈	GB/T 9274—1988
9	耐盐水性（3.5%NaCl,7d）		涂膜不起泡,不生锈	涂膜不起泡,不生锈	GB/T 10834—2008
10	耐酸性（10%H₂SO₄,2h）		涂膜不起泡,不剥落	涂膜不起泡,不剥落	GB/T 9274—1988
11	耐碱性（10%NaOH,2h）		涂膜不起泡,不剥落	涂膜不起泡,不剥落	GB/T 9274—1988
12	耐柴油性（48h）		涂膜不起泡,不剥落	涂膜不起泡,不剥落	GB/T 9274—1988
13	耐盐雾性（240h）/级		1	1	GB/T 1771—2007

注：1. 1～6 项指标。马口铁板 50mm×120mm×(0.2～0.3)mm，用 0 号砂纸打磨除锈和镀锡层；涂膜厚度 (23±3)μm，强制干燥 70℃×60min，室温养护 24h 后进行性能测试。

2. 7～13 项指标。A，普通低碳薄钢板 65mm×130mm×(1.5～3.0)mm，表面除油和电动打磨达到 St3 级；B，自然生锈的普通低碳薄钢板 65mm×130mm×(1.5～3.0)mm 表面除去浮锈；涂膜厚度 (40±5)μm×2，室温养护 15d 后进行性能测试。

4. 效果

以氯化乙烯-丙烯酸共聚体作为成膜物质，单宁酸-磷酸作为转化剂，制备水性转锈型低表面处理涂料。

① 带锈施涂，该涂料能润湿渗透入疏松多孔的锈蚀层，与铁和铁锈反应生成螯合物，将铁锈转化为惰性的无腐蚀黑色物质，在钢铁上面形成连续稳定的封闭涂膜，隔绝了外界腐蚀介质对钢铁的锈蚀，达到了有效的防锈防腐作用。

② 仅需简单除去浮锈后就可直接涂刷，涂装前处理工艺大大减化，工期缩短，施工成本降低。

③ 该水性涂料体系本身 VOC 低，环保无污染。性能测试及应用结果显示，该涂料附着强、转锈性能好、防腐性能优异，与醇酸、氯化橡胶、环氧、聚氨酯、氟碳等各种常规面漆均有良好的兼容性. 对钢结构以及防腐要求高的桥梁、港机、储罐等有较好的防腐保护作用，特别是在维修领域有着广阔的应用前景。

（五）高耐腐蚀性水性锈转化涂料

1. 原材料与配方（质量份）

G-OA1 螯合型转锈剂	5～10	增稠剂	0.5～0.7
氯乙烯成膜材料	1～6	消泡剂	0.1～0.3
聚磷酸铝（粒径18μm）	0.5～2.0	pH 值调节剂	0.5～1.0
纳米二氧化硅（40nm）	5～10	成膜助剂	1～2
绢云母（11μm）	2～4	水	适量
滑石粉（18μm）	2～4	其他助剂	适量

2. 制备方法

（1）G-OA1 的配制　转锈剂 G-OA1 主要由 3,4,5-三羟基-2-肟基苯甲酸、乙醇、异丙醇按质量比 2∶1∶1 混合配制。其中，3,4,5-三羟基-2-肟基苯甲酸通过改性 3,4,5-三羟基苯甲酸制得，其分子中含有的羧基、羟基、肟基可与铁锈发生螯合配位作用，从而封闭锈层，阻止铁锈继续膨胀扩展，达到转锈防锈的目的，其结构如下：

（2）涂料的制备

① 将 pH 值调节剂、成膜助剂加入到部分（约 20%）水中，与成膜物质混合，并搅拌均匀。

② 将增稠剂加入到剩余水中，再依次缓慢加入三聚磷酸铝、绢云母、滑石粉、纳米二氧化硅，放入 SFJ-400 型砂磨、分散、搅拌多用机分散容器中高速分散，并加入消泡剂，控制转速约 3000～3500r/min，分散 30min，调整转速至 800～900r/min，加入①中的混合物以及转锈剂，搅拌 30min 左右，80 目滤网过滤出料。

（3）涂膜的制备　对 120.0mm×50.0mm×0.5mm 普通锈蚀 Q235 钢清除浮锈，根据 GB 1727—1992 在其上喷涂新型水性锈转化涂料两道，第 1 道涂膜表干后，进行第 2 道喷涂，室温下放置 30～40min 后，放入电热鼓风恒温干燥箱中 40℃干燥 12h，干燥后涂膜厚度为 55～60μm。

3. 性能（见表 9-13 和表 9-14）

表 9-13　最优涂料与涂膜的性能

检测项目	结果	检测标准
涂料外观	均一、乳白黏稠状液体	目测
涂料细度	≤30μm	GB/T 1724—1979
涂膜外观	黑色	目测
t(表干)/min	15～20	GB/T 1728—1979
t(实干)/h	<24	GB/T 1728—1979
附着力(划格法)	1 级	GB/T 9286—1998
耐水性(25℃浸泡)	400h，无返锈、不起泡、不起皱、不脱落	GB/T 1733—1993
耐中性盐雾腐蚀	500h，无返锈、不起泡起皱、单向锈蚀扩展小于 1.8mm	GB/T 1771—2007

表 9-14　复合涂层盐雾试验结果

复合涂层	t(测试)/h	检测结果	
		单向锈蚀宽度	起泡情况
本锈转化涂料底涂＋环氧云铁中涂＋丙烯酸面涂	800	1.1～1.9mm	3(S3)～4(S3)
本锈转化涂料底涂＋环氧云铁中涂＋氟碳面涂	1200	1.2～1.5mm	无变化

4. 效果

① 新型水性锈转化涂料选用氯乙烯乳液作为成膜物质，转锈剂 G-OA1 的用量为 4.0%～5.0%时，涂料涂膜性能最佳。涂料具有良好的带锈施工性能和铁锈转化能力，涂膜附着力、防腐蚀性能好。

② 涂膜厚 55～60μm，外观平整有光泽，附着力达 1 级，盐雾腐蚀 500h 未出现返锈、起泡、起皱、脱落。作为底漆与溶剂型或水性面漆有较好的匹配性，与旧漆膜亦有良好的附着力；可广泛用于钢铁设备，建筑的防腐蚀维护、维修和保养，施工无须严格除锈，节省了大量人力、物力资源，且环保、无危害，具有良好的经济效益。

二、无机-有机水性功能涂料

（一）硅溶胶苯丙乳液太阳能吸热涂料

1. 原材料与配方

原材料	用量/质量份	原材料	用量/质量份
（硅溶胶∶苯丙乳液＝ 5∶1）基料	60～70	铁粉	30～40
		其他助剂	适量

2. 制备方法

取 50mL 2.2 模数的水玻璃，加入 50mL 水，在 80℃下搅拌，分数次加入 20%的活性硅酸100g，保温搅拌 1h，得硅溶胶150mL，加入 30mL 苯丙乳液，搅拌混合成膜基料。用 60～70 份成膜基料与 30～40 份 1μm 粒径铁粉，研磨成均匀的分散体系，即得太阳能吸热涂料，将涂料涂布在铝板和石英玻璃板上，1h 完成固化。固化干燥膜在水中浸渍 1 个月无脱落。

3. 膜的光学性质

石英膜在 300nm、320nm、500nm、1000nm 的紫外线和可见光下透视，透过率为 0；在 1000～2600nm 的红外线下透视，透过率为 5%～40%，膜有选择性吸收。

在可见光区反射率很低，约为 0.06；而在近红外区逐渐增大，根据 A1 板膜透过率为 0，可见光区的吸收率 α 可视为 0.94。

4. 效果

以改性硅溶胶作成膜物，以 Fe 粉作发色体制成的太阳能吸热涂料是一种价廉、具有良好耐候性、防水性和一定光谱选择性的涂料。

（二）无机水性防火涂料

1. 原材料与配方

(1) 非膨胀型无机水性防火涂料配方

① 厚涂型钢结构无机防火涂料配方

原材料	用量/%	原材料	用量/%
硅酸盐	30	粉煤灰	21
膨胀珍珠岩	12	无机填料	16
硅酸铝纤维	6	各种助剂	15

② 混凝土楼板无机防火涂料配方

原材料	用量/%	原材料	用量/%
硅酸盐黏结剂	24	阻燃剂	21
聚乙酸乙烯酯乳液	10	各种助剂	8
膨胀珍珠岩	12	去离子水	18
空心微珠	7		

③ 隧道隔热无机防火涂料配方

原材料	用量/%	原材料	用量/%
硅酸盐	30	四硼酸钠	9
氢氧化铝	15	硅酸铝纤维	7
膨胀珍珠岩	19	各种助剂	6
三硅酸镁	14		

（2）膨胀型无机水性防火涂料配方　E60-1 膨胀型无机防火涂料配方

原材料	用量/%	原材料	用量/%
磷酸铝盐	40	脲醛树脂	5
复合阻燃剂	25	尿素	6
氧化铝	5	增塑剂	5
二氧化钛	4	去离子水	10

注：对于复合阻燃剂（100 份基料中），三聚氰胺 8 份＋滑石粉 10 份。

（3）无机水性防火涂料配方

原材料	用量/%	原材料	用量/%
硅酸盐	40	无机耐火材料	24
磷酸铝	8	各种助剂	8
三硅酸镁	20		

（4）国外无机水性防火涂料专利配方

① 膨胀型无机水性防火涂料配方。

原材料	用量/质量份	原材料	用量/质量份
液体水玻璃（SiO_2/Na_2O＝3.4）	100	水合玻璃粉（平均粒径 $100\mu m$）	20
氢氧化铝	150		

② 用于钢结构的无机防火隔热涂料配方。

原材料	用量/%
硅酸钠水溶液（含 9.4％Na_2O、29.4％SiO_2）	20
复合磷酸盐固化剂	8
中空陶瓷粒子（含 40％Al_2O_3 和 60％SiO_2）	25

原材料	用量/%
花岗石粉	43
无机填料	0.5
添加剂	3.5

③ 用于木材的无机防火涂料配方。

原材料	用量/%	原材料	用量/%
硅酸钾	20	Silicadol 30	0.5
$MgSO_4 \cdot 7H_2O$	2	二氧化钛	1

2. 制备方法

将无机基料、填料和助剂加入搅拌釜中，混合均匀，研磨至细度合格，过滤、包装即可。

3. 性能

与有机防火涂料相比，无机水性防火涂料具有如下特点。

① 不使用有机树脂和有机溶剂，生产、使用过程无污染。

② 以硅酸盐、无机矿物、去离子水等为原料，来源广、能耗省、成本低，易于制备。

③ 燃烧阻火时不产生毒性气体和烟雾。

④ 产生的无机炭质隔热层强度高，能有效地抵抗燃烧气流的冲击作用，阻火性能突出。

⑤ 涂层表面硬度高，有较好的耐磨性、耐化学品性和耐老化性。

⑥ 施工方便，干燥迅速，储存、运输安全。

4. 效果

随着民用高层建筑和工业钢结构建筑的发展，消防法规和防火管理的加强，防火涂料的应用日趋广泛。为适应环保的要求，各种水性防火涂料应运而生并迅速发展。但相比较而言，由于无机水性防火涂料使用无机水性基料而不使用有机乳液树脂，因此更具有省资源、节能耗、无污染的环保优势，更加受到生产企业和施工行业的重视和关注。

（三）改性水玻璃防火涂料

1. 原材料与配方

原材料	用量/%	原材料	用量/%
改性水玻璃	40～50	成膜助剂	2～3
无机盐防火助剂	6～8	去离子水	10～15
填料	35～40		

2. 制备方法

将磷酸盐和硼酸盐用计量的水溶解，加入到改性的水玻璃中，搅拌均匀后加入各种填料及助剂，经研磨而成。

3. 性能

以无机材料为主要成膜物的防火涂料的阻燃隔热性优于有机材料。有机材料中常含有磷、氯、溴、氮等阻燃性物质，这些元素在高温易产生有毒气体，给消防人员进入火场灭火造成困难。而无机防火涂料材料来源广泛，生产过程简单，成本低廉，阻燃隔热性能好而受到国内外防火界人士的重视。

4. 效果

该无机膨胀型防火涂料具有原料来源广、生产过程简单、成本低廉、涂层装饰性好、发泡温度低等优点，可有效地防止和减缓易燃建材（如木材等）的燃烧及钢铁、水泥制品等非易燃建材因高温而引起的结构性破坏。涂层受火焰及高温作用时形成的蜂巢状发泡层，不但具有较高的隔热作用，而且有较高的强度经受火焰的冲击。

（四）LA 高温陶瓷涂料

1. 原材料与配方

原材料	用量/%	原材料	用量/%
铝矾土	57.05	助剂	适量
锂基膨润土	3.35	去离子水	33.56
黏结剂	6.04		

2. 制备方法

（1）锂基膨润土的制备　先将锂盐加入一定量的有机酸，再加水制成活化液，然后加入钙基膨润土，经加热搅拌便得到锂基膨润土膏，再经干燥、粉碎即得到锂基膨润土。

锂基膨润土的性能用胶质价和膨胀倍数两个指标来评价。

（2）LA 型陶瓷涂料的制备　LA 型陶瓷涂料，即锂基膨润土铝矾土基陶瓷涂料其制备工艺过程为：将预先制好的锂基膨润土制成凝胶，然后加入定量的水和黏结剂，球磨 20min 后加入耐火骨料和助剂，继续球磨 30min，即制得 LA 型陶瓷材料。

3. 性能

涂料性能比较见表 9-15。

表 9-15　LA 型陶瓷涂料与锆英粉等涂料的性能比较

项目	测试方法	三种涂料性能指标		
		LA 型涂料	锆英粉类涂料	一般铝硅酸盐涂料
外观	目测	淡黄色黏稠液体	灰白色黏稠液体	灰白色黏稠液体
涂料 pH 值	pH 试纸	2～3	2～3	2～3
涂料密度/(g/mL)	质量-体积法	1.83	1.90	1.75
固含量/%	105℃恒温 2h	65	62	58
涂层外观	目测	平整、光洁、无裂纹、淡黄色	平整、光洁、无裂纹、白色	平整、无裂纹、白色
附着力	样品破碎至 2mm	与基体结合紧密	与基体结合紧密	与基体结合紧密
硬度	铅笔硬度	>6H	>5H	>5H
耐水性	20℃水中浸泡 120h	无异常	无异常	无异常
耐酸性	10%盐酸溶液中浸泡 120h	无异常	无异常	无异常
耐碱性	10% NaOH 溶液中浸泡 120h	无异常	无异常	无异常
高温性能	1410℃,27h	完好无损	完好无损	完好无损
料浆黏度/s	涂-4 杯,25℃	38	29	25
储存稳定性	静置 24h	少量分层	少量分层	分层
涂层厚度/mm	游标卡尺	0.4～1.0	0.4～0.8	0.5～0.8
使用温度/℃	隧道窑	1410	1410	1410
使用次数/次	隧道窑	>10	>10	最多 10

4. 效果

① 锂基膨润土铝矾土基（即 LA 型）陶瓷涂料，使用原材料品种少，性能优良，制造工艺简单。

② 与其他钙基、钠基膨润土相比，锂基膨润土作悬浮的涂料，悬浮性、涂刷性、高温性均要好，因此，锂基膨润土是一种性能优良的悬浮剂。

③ LA 型陶瓷涂料使用铝矾土作为耐火骨料，其价格远比锆英粉、工业氧化铝低，且涂料涂刷后使用次数高，经济前景可观。

（五）无机耐高温标志涂料

1. 原材料与配方

原材料	用量/%		
	白色	绿色	黑色
硅酸钾（41.3%）	40～45	40～45	40～45
氢氧化铝	8～12	6～9	8～12
填料 1（400 目）	3～5	2～4	3～5
填料 2（325 目）	5～7	3～5	5～7
助剂	适量	适量	适量
钛白粉（金红石型）	8～15		
氧化铬绿		12～15	
Black No. 1			8～12
去离子水	26	26	26

2. 制备方法

将配方中所有原料混合，然后在搪瓷罐中球磨 80～100h，用杠杆千分尺测定细度不大于 15μm 时为合格。在打磨除锈的不锈钢板上，采用喷涂法施工 2 道，控制厚度小于 30μm，在 150℃下烘干 30min 后进行性能测试。

3. 性能

① 涂膜外观：平整光滑。

② 细度：不大于 40μm。

③ 干燥时间：150℃±5℃，0.5h。

④ 附着力：刻划 3.18mm 宽方格划至金属表面，涂层突起或脱落不大于 5%，即为合格。

⑤ 耐热性：沿对角线划至金属表面。PL149 450℃，100h 漆膜完整不起泡；PL150 650℃，100h 漆膜完整不起泡；PL152 650℃，100h 漆膜完整不起泡。

⑥ 耐介质性能试验：合格。

4. 效果

① 本产品原料成本低，水性介质分散具有良好的使用安全性，并符合环保法规。

② 在解决耐温性的同时，以其合理的原料配比、合理的配方设计解决了漆膜耐各种介质的"边缘浸入"效应。

（六）水性热反射隔热涂料

1. 原材料与配方（见表 9-16）

表 9-16　水性热反射隔热涂料的基本配方

原材料名称	用量/g	原材料名称	用量/g
去离子水	100～150	滑石粉	30～50
分散剂	3～6	空心玻璃微珠	100～200
润湿剂	1～3	重钙	50～200
消泡剂	0.5～1	氟碳乳液	200～250
AMP-95	0.5～1	成膜助剂	3～6
防腐剂	0.3～1	消泡剂	0.5～1
金红石型二氧化钛	100～150	AMP-95	0.5～1
云母粉	50～80	增稠剂	2～6

2. 制备工艺

在搅拌的状态下，按顺序加入以上助剂，搅拌均匀后，按顺序加入颜填料，注意低速搅拌，以防将空心玻璃微珠破坏，影响保温隔热性能，搅拌 30min 后，加入乳液、助剂，将涂料的黏度调整至 100KU 左右，以防空心玻璃微珠上浮至乳胶漆的上层，形成干皮，且施工时不易搅匀，影响保温性能。

3. 性能与效果

① 成膜基料对涂料的性能影响较大，但对隔热性能影响较小，氟碳乳液不含吸热基团，折射率低，制备的涂层隔热性能好。

② 对颜填料有特殊的光学性能要求，以利于涂膜的反射隔热。金红石型钛白粉具有高反射系数，高遮盖力；而功能性填料空心玻璃微珠以其独特的性能，使隔热涂层的反射隔热性能达到极致，且其种类、用量等要严格控制。

③ 本涂料采用特种材料配制而成，对光和热具有很高的反射和散射作用，减少热量的进入，节约能源；此外，空心玻璃微珠在涂膜干燥过程中，能在表面形成一层空心隔离层，隔热同时隔声，营造安静舒适的环境。

三、铸造用水性涂料

（一）多用途金属用水性涂料

1. 原材料与配方（质量份）

原材料	配方 1	配方 2	配方 3	配方 4	配方 5	配方 6	配方 7
中空莫来石	21.85	34.0	42.5	51.0	63.75	85.0	0
氧化铝	63.75	51.0	42.5	34.0	21.25	0	85
膨润土	5.0	5.0	5.0	5.0	5.0	5.0	5.0
水玻璃	10.0	10.0	10.0	10.0	10.0	10.0	10.0
去离子水	50.0	50.0	50.0	50.0	50.0	50.0	50.0
其他助剂	适量	适量	适量	适量	适量	适量	适量

2. 制备方法

首先将涂料喷涂在铸型表面，然后将金属型加热到 200℃，通过加热使氟化铁与金属型本体中的铁化合，同时氟化铁作为涂层和金属型本体材料之间的黏结剂。涂层厚度为 $30\sim50\mu m$。

涂层厚薄可根据使用场合调节。压铸时涂层最薄，因为此时向铸型传热快可使铸件快速凝固；挤压铸造时，涂层厚度中等，铸型充填时间较长，然后受到高压进气冲击，因此这里较小的热传导是有利的，低压铸造因铸型充填较慢，厚涂层对铸件慢冷是有利的。

3. 性能与效果

此涂料适用于有色合金压力铸造、挤压铸造和低压铸造等的金属型模具。涂料（离型剂）由完全除盐的水组成，同时还含有：①钠碱液和（或）钾碱液；②含有氟化锆的黏结剂 H_2ZrF_6；③粒度 $80\sim200nm$ 的 Al_2O_3 和（或）SiO_2 和（或）TiO_2；④有机分散剂如 Gelantine；⑤粒度为 $1\sim10nm$ 的 Al_2O_3、SiO_2、TiO_2、ZnO、ZrO_2、CeO；⑥润滑剂，粒度为 $2\sim15nm$ 的 BN 和（或）硅酸铝镁和（或）二硫化钼和云母。

本涂料低压铸造薄壁铸件效果很好，例如发动机用的球墨铸铁或耐热钢的排气歧管、涡轮壳体。

（二）低压与重力铸造用水性涂料

1. 原材料与配方

原材料	用量/质量份	原材料	用量/质量份
氟化锆	100	其他助剂	适量
聚苯乙烯	4.0		

2. 制备方法

将陶瓷粉末和聚合物粉末混合，并借助火焰喷涂在低压铸造金属型的型腔表面形成涂层。陶瓷粉是被 MgO 稳定化的氧化锆，粒度为 $-53\sim+4$ 目，熔点 2140℃，密度为 $4.2g/cm^3$。聚苯乙烯是经过液氮中研磨的。ZrO_2 和聚苯乙烯混合物中聚苯乙烯的体积分数是 15%，质量分数为 4%。粉状混合料的共沉淀是在 MetCO6P-11 型热喷射系统中实现的，该系统装有 P7C-K 喷嘴和一个 3MPa 粉末输送机。喷射条件：压力为 $2.07\times10^{-1}MPa$；流速，氧为 20L/min，聚苯乙烯为 24L/min。载气 N_2 在 $3.78\times10^{-1}MPa$ 和 18L/min 条件下，粉末输送机为 15r/min；射程为 76mm。

该系统还要用空气射流，压力为 $3.45\times10^{-1}MPa$，在离喷嘴 63.5m 处与粉末混合料的射流相交。

在混合料共沉淀之后，将沉淀的涂料加热到 45℃，保温 1h 引起聚苯乙烯热分解，聚苯乙烯在 $320\sim350℃$ 的氮气中分解（DTA/TGA），分解除去聚苯乙烯的二氧化锆有良好的耐磨性，能经受低压和重力浇注时熔融金属的冲击，同时具有良好的绝热性。

3. 性能与效果

本涂料用于低压和重力铸造的铸型表面，包括利用热喷涂技术产生的粉状材料和适当的有机聚合物共沉积形成的多孔陶瓷材料涂层。该涂层是在共沉积之后，通过加热使聚合物逸出而形成的。

粉状材料是氧化物、氮化物、碳化物和硼化物（如氧化铝、氧化钛、氮化硼、碳化硅、碳化钨、硼化钛、硼化锆）中的一种或几种。然而陶瓷粉末可能是一种合适的矿物原料，例如黏土矿、硬岩石和重矿砂，或钛铁矿、金红石和锆英石。一种特别适宜的矿粉是从熔矿渣或浮石中得到的，因为这些材料的颗粒是内都有孔隙的，同时具有有利的多角形。

对聚合物的要求是：具有合适的粉状和能完全经受热分解期间的温度以及在实际温度下

和不进行反应期间能燃烧或分解。这类聚合物包括热塑性塑料，如聚苯乙烯、苯乙烯-丙烯腈、聚甲基丙烯酸酯、聚酯、聚酰胺、聚亚胺-亚胺和聚四氟乙烯，陶瓷材料的粒度最好不大于 $60\mu m$，不小于 $1\mu m$，聚合物的粒度不小于 $5\mu m$。涂层厚度为 $250\sim400\mu m$，涂层至少由两层组成。该涂料热导率低，因而能延缓浇注期间金属液的凝固，直到铸型完全浇满，从而减少缩孔的发生。

涂料中没有单独的黏结剂。陶瓷粉是部分熔化的，然后黏结在一起，这就产生了强黏结体系。热导率可以通过改变涂料中聚合物的含量实现。改变涂料中聚合物的大小能改变涂料的粗细。为了获得良好的附着力，第一层涂料中可以不添加聚合物；第二层涂料可含有聚合物，以便产生孔隙，改善涂料的绝热性；如果要求表面光滑，最后一层可不用聚合物。

（三）含BN金属用水性涂料

1. 原材料与配方

原材料	用量/g	原材料	用量/g
纳米勃姆石粉	34	氮化硼	30
异丙醇铝	98	聚乙烯醇缩丁醛	3.3
硼酸	1.0	去离子水	适量
硼砂	1.0	其他助剂	适量
碳酸硼	4.0		

2. 制备方法

（1）溶胶制备 将 400mL 去离子水加热到 $85\sim95℃$，然后在强搅拌下添加 34g 的纳米勃姆石粉，搅拌 10min 使悬浮液均匀，在工作温度下添加浓硝酸使悬浮液胶溶，不进行老化程序，在合成期间溶胶浓缩。加水将溶胶稀释到勃姆石含量为 7.1%。

准备 500mL、$85\sim100℃$ 的去离子水，在合成之前用硝酸将水的 pH 值调整到 1，然后添加 98g 异丙醇铝，溶胶在沸腾温度下体积迅速缩减为初始体积的 60%。在第二次加酸时用 10mL 浓硝酸使溶胶胶溶，然后溶胶迅速冷却。加水稀释到溶胶中勃姆石含量为 7.1%。

（2）涂料制备 用制备的溶胶 108.3g 作为分散剂，然后在分散机开动后，按顺序添加硼酸1g、硼砂1g、平均粒度为 $1\mu m$ 的碳酸硼4g、平均粒度为 $3\mu m$ 的氮化硼30g、聚乙烯醇缩丁醛3.3g，混合均匀，即成为涂料。

3. 性能 （见表9-17）

表 9-17　不同 BN 涂层的格孔板断面试验结果

涂料	本涂料	Al_2O_3 黏结剂（1型）	Al_2O_3 黏结剂（2型）	硅酸镁黏结剂
GT 值	0	1	5	5

注：GT 值 0~5 分别对应无剥落和 5%、15%、35%、65%、>65%的剥落。

4. 效果

该涂料的固体成分包括 45%～90% 的 BN、3%～25% 的纳米勃姆石、0.5%～5% 的硼酸盐、2%～30% 的水溶性硼化物。本涂料的优点是在常温下经长期使用仍有柔韧性，从而可避免由于基底和涂层之间膨胀系数不同而产生的裂纹。本涂料有自愈性，可以填满和愈合基体上的裂纹。涂层中所含的不溶于水的硼黏结剂在 600℃ 的金属或石墨基底上分解可以有效地防止基底的侵蚀。

（四）离心铸造用涂料

1. 原材料与配方

涂料配方见表 9-18。

表 9-18　离心铸造用涂料配方

名称	偏高岭石	叶蜡石	膨润土	锂蒙脱石	二氧化物（防腐剂）	水
含量/%	25	25	0.6	0.2	0.2	49

2. 制备方法

准备适量的去离子水，将膨润土和锂蒙脱石放在去离子水中，通过高速分散机（EKato，转速 1000r/min，叶轮 $d/D=0.5$）分散，至少分散 15min，然后得到均匀的混合料，临近结束时添加防腐剂。涂料的黏度：6 号黏度杯 9.6s，4 号黏度杯 33s。

3. 性能与效果

本涂料由 15%～40% 偏高岭石、7%～20% 叶蜡石以及膨润土、黏结剂、润滑剂、消泡剂等组成。黏结剂有淀粉、糊精、缩氨酸、聚乙烯醇、聚醋酸乙烯共聚物、聚苯乙烯酸、聚苯乙烯、聚醋酸乙烯-聚丙烯酸的混合物。主要是聚乙烯醇和聚醋酸乙烯共聚物，其含量为涂料的 0.1%～5%，最好是 0.5%～2%。润滑剂为非离子型 Tenside，二钠-二辛基琥珀酸酯，加入量为涂料的 0.01%～1%，最好为 0.05%～3%。消泡剂为硅油或矿物油，加入量为涂料的 0.01%～1%。防腐剂主要是 2-甲基-4-异噻唑啉-3-酮（MIT）和 5-氯-2-甲基-4-异噻啉-3-酮（CIT），加入量为涂料的 0.01%～0.5% 或 10×10^{-6}～1000×10^{-6}，最好为 50×10^{-6}～500×10^{-6}。溶剂首先是去离子水，也可以是挥发醇或混合醇，例如乙醇、丙醇、异丙醇和它们的混合物，水基涂料中固含量为 20%～80%，最好是 30%～70%，醇基涂料中固含量为 20%～60%，最好为 30%～40%。该涂料具有良好的耐磨性和绝热性。

（五）铝合金铸造用水性涂料

1. 原材料与配方

原材料	用量/质量份	原材料	用量/质量份
硅藻土	100	聚乙烯醇	1.0
钠基膨润土	14.0	去离子水	240
CMC	0.3	其他助剂	适量
水玻璃	11.0		

2. 制备方法

在钠基膨润土中加入其质量 3% 的 NaCl，对其起到活化作用，再加入其质量 4 倍的去离子水，球磨 2h，静置 48h 使活化反应充分进行；PVA 和 CMC 分别配成 10% 和 5% 的水溶胶。

涂料制备的工艺过程：将预制的膨润土浆、CMC 以及 PVA 水溶胶、水玻璃和去离子水按照实验设定的比例依次加入到硅藻土中，球磨 4h，得到所需的涂料。

3. 性能与效果

① 涂料有优良的工艺和使用性能。将其喷涂到金属型上进行浇注，能够得到表面粗糙度 Ra 在 $1.0～2.0\mu m$ 左右的铝合金铸件。

② 影响涂料24h悬浮率和黏度最显著的因素是钠基膨润土；影响涂料涂刷性最显著的因素是PVA。

③ 涂料中钠基膨润土含量增加时，涂料的悬浮率以及黏度都升高。CMC含量增加时，黏度以及涂刷性升高。水玻璃含量的增加导致悬浮率、黏度和涂刷性均大幅度下降。PVA含量的增加导致涂料悬浮率和涂刷性均降低。

（六）消失模铸钢水性涂料

1. 原材料与配方

原材料	用量/质量份	原材料	用量/质量份
复合耐火骨料	100	OP-10	1～2
钠基膨润土	1.5	消泡剂	0.5
粉状CMC	1.5	去离子水	适量
改性淀粉	1.2		

2. 制备方法

首先按照最佳配比称取添加剂质量，然后按图9-1涂料配制工艺进行涂料的制备。先将添加剂加入水中高速分散搅拌30～40min，然后将耐火骨料加入水溶液中高速搅拌3h，再低速搅拌1h后装桶备用。

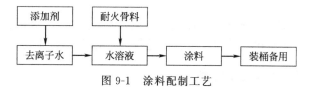

图 9-1　涂料配制工艺

涂料的涂挂采用浸涂法，该方法生产效率高，涂挂均匀。涂挂后的聚苯乙烯样模放入烘房内烘干，烘房内温度保持在50～60℃，且保持烘房内通风良好，以便烘房内湿度不能太大。样模涂挂3遍涂料，烘干后的样模装箱造型后进行浇注，浇注温度为1580℃。烘干后样模及浇注后铸件样模强度高，表面没有裂纹。浇注后铸件表面质量良好，没有出现粘砂、气孔等铸造缺陷，能够满足实际生产需要。

3. 性能与效果

选用石英粉和铝矾土熟料作为复合耐火骨料，以改性淀粉作为黏结剂，钠基膨润土和粉状纤维素（CMC）作为复合悬浮剂，通过正交实验确定铸钢水基消失模涂料的最佳配比，即钠基膨润土含量1.5%，粉状CMC含量1.5%，改性淀粉含量1.2%。并进行生产验证。结果表明，该涂料具有良好的工艺性能，解决了现有涂料在使用过程中存在的问题，能够很好地满足实际生产需要，且成本低廉，具有推广应用价值。

（七）消失模铸造水性涂料

1. 原材料与配方（见表9-19）

表 9-19　消失模铸造涂料配比　　　　　　　　　　　　单位：%

耐火骨料		悬浮剂		黏结剂			润湿剂	消泡剂	载体	其他
铝矾土	锆英粉	钠基土	CMC	酚醛树脂	PVB	硅溶胶	OP-10	正丁醇	去离子水	滑石粉
70	30	3	0.7	0.7	0.3	4	适量	适量	适量	2

2. 制备方法

先按照配方精确称量，启动搅拌设备，将悬浮剂、黏结剂、去离子水及其他助剂加入到搅拌器中，高速搅拌分散 30～50min 后，使其形成均匀水溶液，然后再把耐火骨料加入水溶液中，混合后高速搅拌 3～4h. 之后再低速搅拌 1h 后即成水性涂料。

3. 性能

消失模铸造涂料要求有高强度、高透气性、良好的悬浮性、热稳定性、易从铸件表面脱落、操作简单、成本低等特性，特别是水基涂料。而对消失模铸造来说，更要求涂料层有良好的透气性，以减少表面增碳量。

对美国某化学公司涂料的性能进行检测，运用同样方法对自制涂料进行性能测试，结果见表 9-20。由表中数据可以看出，自制涂料与美国某化学公司涂料性能接近。

表 9-20　消失模铸造最佳配方性能

涂料	透气性	悬浮性	流杯黏度/s	pH 值	涂挂性	涂层抗裂性
自制涂料	120	98%	36	8	I	不起皮不开裂
美国涂料	90	98%	20	9	I	不起皮不开裂

4. 效果

① 以铝矾土 70%、锆英粉 30% 为骨料的组合所配制的涂料透气性和强度能满足消失模铸钢的要求。

② 以钠基膨润土和 CMC 作复合悬浮剂，以酚醛树脂、PVB 和硅溶胶作复合黏结剂所配制的涂料具有良好的黏度和悬浮性，优良的透气性、强度和涂挂性。

（八）球墨铸铁管用消失模涂料

1. 原材料与配方

涂料的具体组分见表 9-21。

表 9-21　涂料成分配比

与耐火骨料的质量比									
铝矾土	石英粉	云母	膨润土	CMC	PVA	表面活性剂	消泡剂	防腐剂	去离子水
60	25	15	31	0.5	5	微量	微量	微量	适量

注：耐火骨料总量为 100%，其他成分为其与耐火骨料的比值。

2. 制备方法

耐火骨料选用铝矾土、石英粉和云母。铝矾土不仅耐火度高、资源丰富、成本低，而且用其配制的涂料悬浮性、触变性好。石英粉熔点高、来源广、成本低，石英粉离子在水中呈负电性，其表面离子层间电位差较高，离子层电荷多，斥力大，使石英粉颗粒分布弥散，不易聚结。CMC 与膨润土配合使用作悬浮剂可提高涂料的屈服强度，改善悬浮性。这是因为细小分散的膨润土质点，可黏附在 CMC 大分子链上，这种黏附可阻止细粒膨润土质点的直线运动，使它们不易互相接触合并而长大，同时 CMC 高分子长链参与了网状结构的形成，使耐火材料的质点不易沉淀。从而提高涂料的触变性、屈服强度和悬浮性。

涂料的制备：先在高速分散机内分散混合，再经设备研磨。制备程序是先将悬浮剂和水装入机内搅拌成浆状，再加入黏结剂并不停搅拌，然后依次加入耐火骨料、表面活性剂、消泡剂、防腐剂，搅拌 2.5h 后，经研磨后备用。

3. 性能（见表 9-22）

表 9-22　涂料的性能指标

密度/(g/cm³)	pH 值	悬浮率/%	黏度($\phi4$孔)/s	透气率/%	触变性	流平性	涂挂性
1.5	7.1	92	35	55	良好	良好	良好

4. 效果

经过球墨铸铁管件的生产验证，该涂料具有较高的耐火性能，可防止浇注时铸件表面粘砂，且具有较高的强度、刚度以及良好的涂挂性和透气性等优异性能，废品率较低，可满足大多数企业（特别是中小企业）的生产要求。

参 考 文 献

[1] 许晶，王赫，胡明星等．水性隔热保温建筑涂料的研究 [J]．化学与黏合，2014，36（2）：122-125.

[2] 邓德安，阿那，丁天华等．彩色栗性 K11 防水涂料性能研究及应用 [J]．广东建材，2014，（2）：17-19.

[3] 刘宝，王帅，高敬等．多彩仿外墙砖涂料的制备 [J]．中国涂料，2013，28（1）：59-62.

[4] 叶秀芳，崔兰洲，高永辉等．复合型水性丙烯酸外墙隔热涂料的研制 [J]．涂料工业，2011，41（7）：51-53.

[5] 谢厚礼，彭家惠，黎燕利．复合外墙隔热涂料的制备和隔热性能研究 [J]．涂料工业，2011，41（3）：53-57.

[6] 毛雄伟，耿立滨，游洪．高耐寒型改性丙烯酸酯防水乳液的合成及应用 [J]．中国建筑防水，2014，（22）：29-32.

[7] 李成吾，杨晓宁，刘艳辉．聚合物水泥防水涂料的制备及其拉伸性能 [J]．新型建筑材料，2015，（1）：72-76.

[8] 赵春林，钱振宇，赵晓龙等．阻燃型聚合物乳液防水涂料的研究 [J]．中国建筑防水，2014，（2）：7-10.

[9] 王廷勖，李京龙，颜小洋等．硅丙乳液弹性涂料的研究及在保温墙体上的应用 [J]．中国涂料，2011，26（4）：59-61.

[10] 陈明毅，陈炳耀，黄德等．环保缓释杀虫内墙乳胶漆的制备 [J]．中国涂料，2013，28（3）：59-62.

[11] 郑臣标，闵绍进．高性能单组份水性地板涂料的研制及应用 [J]．中国涂料，2012，27（6）：52-53.

[12] 刘玉德，张兴艺，钱皓等．环保型木器涂料用核壳乳液的制备 [J]．中国涂料，2012，27（12）：48-51.

[13] 罗爱民，杨筱秋，刘臻贤等．水性裂纹漆的制备及应用研究 [J]．中国涂料，2014，29（7）：54-57.

[14] 徐明磊，林争超，邓俊英等．户外水性木器涂料用丙烯酸酯浮液的制备与应用 [J]．中国涂料，2015，30（8）：40-43.

[15] 李炎，刘方方，卜小峰．用于水性木器涂料聚合物乳液的制备 [J]．中国涂料，2013，28（6）：22-24.

[16] 赵文爱，陈镜宏．自交联水性木器漆乳液的合成与应用 [J]．印网工业，2015，（1）：28-33.

[17] 潘莉莎，文秀芳，程江等．有机硅氯烷改性水性羟基丙烯酸树脂的研制 [J]．华南理工大学学报，2004，32（6）：45-48.

[18] 陈中华，胡梦，陈剑华等．户外钢结构用高光泽高硬度水性丙烯酸面漆的研制 [J]．电镀与涂饰，2012，31（10）：57-62.

[19] 韩仁璐，张一帆等．预油漆纸用水性氨基-丙烯酸涂料的制备与性能研究 [J]．涂料工业，2010，40（4）：20-23.

[20] 刘玉欣，吕耀辉，魏世丞等．有机硅-丙烯酸酯水性带锈防锈涂料的研制 [J]．上海涂料，2014，52（2）：1-3.

[21] 奚祥．水性阴离子丙烯酸金属防锈底漆的开发与探讨 [J]．中国涂料，2014，29（11）：54-58.

[22] 秦少雄，晏高翔．水性丙烯酸酯类防腐涂料性能研究 [J]．长江大学学报，2012，9（1）：6-8.

[23] 陈姣英，张伟政，卢阳春．水性单组分丙烯酸防锈涂料的制备与性能分析 [J]．中国涂料，2015，30（9）：30-35.

[24] 张东阳．磷酸酯改性丙烯酸酯乳液的合成与性能研究 [J]．中国涂料，2014，29（10）：38-43.

[25] 于郭，李杰，王健成．快干汽车修补清漆的制备 [J]．中国涂料，2013，28（5）：40-42.

[26] 刘兴高，杨小艳，王立久．水性印铁涂料的研制及其应用 [J]．广东化工，2013，40（14）：99-100.

[27] 郭文录，朱华伟，张莉．环氧丙烯酸酯共聚物复合乳液的研究 [J]．电镀与涂饰，2011，30（5）：59-62.

[28] 任家红，彭桂荣，夏超等．环氧丙烯酸酯涂料的制备与性能研究 [J]．涂料工业，2011，41（3）：14-17.

[29] 刘虎，原玲，杨瑞等．低表面能纳米复合涂层的制备及其性能研究 [J]．涂料工业，2015，45（11）：25-29.

[30] 熊竹，熊远钦，尹辉军等．聚氨酯-丙烯酸酯复合胶乳的制备及其性能研究 [J]．高校化学工程学报，2012，26（2）：301-307.

[31] 官任龙，陈协，胡登华，陈思．水性丙烯酸乳液的合成 [J]．武汉工程大学学报，2013，35（4）：30-34.

[32] 张启忠，王澍，刘仲一等．聚丙烯酸酯透明防结露涂料的研制 [J]．涂料工业，2012，42（1）：39-49.

[33] 曹擎，董炎明．印花用含氟丙烯酸酯水性乳胶的制备与表征 [J]．厦门大学学报，2012，51（2）：241-244.

[34] 杜红波，张琳萍，毛志平．新型环保隔热涂料的研究 [J]．涂料工业，2010，40（3）：54-56.

[35] 梁新方．浅灰水性丙烯酸低播焰船舱涂料的研制 [J]．中国涂料，2011，26（5）：51-53.

[36] 杨新革．纳米水性丙烯酸抗菌涂料的制备与性能研究 [J]．临沂师范学院学报，2007，29（3）：38-41.

[37] 陈兰，熊诚．高附着力单组分环氧改性丙烯酸涂料的制备 [J]．上海涂料，2015，53（2）：16-18.

[38] 汪鹏主，王继虎，温绍国等．一种丙烯酸酯共聚乳液及其涂料的制备与性能研究 [J]．中国胶粘剂，2014，23（4）：42-46.

[39] 蒋巍，侣庆波．汽车用水性阻尼涂料的制备及性能研究 [J]．化学世界，2014，（4）：208-210.

[40] 张松，段玉丰，张淑兰等．水性油墨用丙烯酸酯乳液的制备及应用 [J]．包装工程，2014，35（5）：137-142.

[41] 任秉康，李国华，胡开堂等．高抗水性丙烯酸酯乳液的合成．表征及其在工业滤纸中的应用 [J]．应用化工，2014，43（12）：2137-2143.

[42] 孟婷婷，吕正伟，姜金梅等．耐水性阳离子丙烯酸酯乳液的制备 [J]．涂料工业，2015，45（7）：63-67.

[43] 欧阳娜，林松柏，李云龙等．丙烯酸酯共聚物乳液调温涂料的制备与性能研究［J］．涂料工业，2013，43（2）：27-30．

[44] 罗明，黄志强，张发爱等．用于防水涂料的自交联丙烯酸弹性乳液［J］．中国涂料，2013，28（13）：33-37．

[45] 谭建权，刘伟区，王红蕾等．水性丙烯酸酯/改性CPP复合涂料的制备及性能研究［J］．中国涂料，2015，29（2）：73-78．

[46] 李建涛，苏智魁，李倩等．水性含氟丙烯酸酯核壳乳液的制备及性能研究［J］．涂料工业，2011，41（9）：50-53．

[47] 郭军红，张鹏飞，杨保平．水性聚氨酯/苯丙复合可剥保护涂料的研制［J］．中国建材科技，2011，（4）：33-37．

[48] 刘松洁．外墙反射隔热涂料的制备［J］．上海涂料，2015，53（6）：10-14．

[49] 刘惠平，朱鹏，刘章蕊等．一种环保水性发光防火涂料的研究［J］．上海应用技术学院学报，2012，12（2）：108-112．

[50] 杨国深，魏峰，董仕晋等．水性导电涂料PEDOT/pssm研究进展［J］．涂料与染色，2015，52（5）：24-29．

[51] 刘玉，陈小琴，王杰．新型耐候性丙烯酸阳极电液涂料的研制［J］．MPF试验研究与应用，2012，15（10）：6-8．

[52] 李学良，聂孟云，刘华，肖正辉．聚乙二醇改性环氧丙烯酸阴极电泳涂料用乳液的制备［J］．电镀与涂饰，2012，31（2）：57-61．

[53] 陈兴兰，陈卫东，吕赟等．光固化阴极电泳涂料的研制［J］．上海涂料，2015，53（7）：5-9．

[54] 方博，张伟山，李国军，黄海庆．有色UV固化塑料涂料的制备与研究［J］．上海涂料，2015，53（6）：15-18．

[55] 王新菊，孙嘉星，肖永等．耐水性聚醋酸乙烯酯乳液的制备与性能研究［J］．化学工程师，2015，（7）：5-7．

[56] 王晶，赵振河，陡媛，张文博．醋丙乳液的合成及应用［J］．粘接，2014，（2）：73-77．

[57] 郑光普，刘毅．用于JS防水涂料的醋丙乳液的合成［J］．化学与粘合，2014，36（1）：75-77．

[58] 吕红秋，高俊刚，张雪芳．苯基硅氧烷改性醋丙乳液涂料的合成与性能研究［J］．中国涂料，2012，27（2）：38-41．

[59] 刘玉欣，孟声，张纾等．无纺布涂料的研制［J］．纺织科技进展，2011，（1）：24-25．

[60] 解忠雷，邓跃全，李华玲等．一种快干型水性彩瓦涂料的制备［J］．西南科技大学学报，2011，26（1）：37-39．

[61] 黄菊，杨莹．纳米ATO/PVB透明隔热涂料制备与性能研究［J］．电镀与涂饰，2016，35（2）：58-62．

[62] 金贞玉，邹国华．聚乙烯醇硅溶胶系水性建筑涂料［J］．涂料工业，2013，43（3）：41-44．

[63] 张兰河，李尧松，庞香蕊等．不同掺杂聚苯胺/聚乙烯醇磷酸酯导电水性防腐蚀涂料的制备［J］．腐蚀与防护，2014，35（7）：679-683．

[64] 陈中华，张玲．水性建筑隔热保温外墙涂料的研制［J］．电镀与装饰，2012，31（12）：57-62．

[65] 王静，曹延鑫，冀志红等．水性建筑反射隔热涂料的研制［J］．化工新型材料，2010，38（增刊）：140-143．

[66] 殷武，孙志元，蔡青青等．新型薄层保温隔热涂料的研制［J］．涂料工业，2010，40（2）：27-29．

[67] 胡玲霞，陈姣英，李元桢等．水性木器涂料配方组成对涂层性能的影响［J］．中国涂料，2014，29（12）：47-51．

[68] 于雪艳，汤传贵，陈正涛等．水性自抛光防污涂料的制备及评价［J］．化工新型材料，2014，42（4）：74-77．

[69] 叶琪，闫福安．丙烯酸酯无皂乳液在水性防腐漆上的研究及应用［J］．涂料技术与文摘，2015，36（9）：22-25．

[70] 陈焕铭，陈萍，吴勇等．水性快干防腐漆的研制［J］．上海涂料，2015，53（9）：6-8．

[71] 王鹏跃，刘立柱，翁凌等．水溶丙烯酸酯树脂硅钢片漆的研制［J］．绝缘材料，2011，44（6）：1-3．

[72] 贺亮洪，梁亮，曾凡初等．氟改性羟基丙烯酸酯乳液的研究［J］．涂料工业，2011，41（7）：14-18．

[73] 马红霞，李耀仓，魏凡等．丙烯酸酯乳液的合成及改性研究［J］．中国胶粘剂，2012，21（6）：14-17．

[74] 刘海，张爱黎，吴松浩．有机硅改性环氧-丙烯酸酯乳液的合成与性能研究［J］．沈阳理工大学学报，2011，30（1）：67-71．

[75] 赵青岩，赵辉．新型硅丙杂化乳液［J］．粘接，2014，（6）：76-77．

[76] 江河，曾和平，黎常成等．环氧树脂改性硅丙乳液的制备及水性涂料的研究［J］．广东化工，2014，41（6）：3-5．

[77] 邢宏龙，吴芳群，陈水林．印花涂料用粘合剂聚丙烯酸酯微乳液的制备研究［J］．涂料工业，2011，41（11）：36-39．

[78] 陈维维，王嘉钰，王恒等．玻璃漆用羟基丙烯酸乳液的制备与性能［J］．四川师范大学学报，2015，38（2）：270-274．

[79] 王艳艳，刘汉功，张汉青等．ABS塑料用双组份柔感涂料的研制［J］．上海涂料，2015，53（11）：24-27．

[80] 聂建华，周志盛，霍泽荣．空调铝箔用耐水性含氟丙烯酸疏水涂料的研制［J］．电镀与涂饰，2014，33（6）：234-237．

[81] 沈若冰，姚伯龙，王崇高．空调铝箔用纳米亲水涂料的制备及表征［J］．广东化工，2012，46（15）：110-112．

[82] 康思琦，尹庚明，余爱民．铜系水性丙烯酸电磁屏蔽涂料的制备［J］．五邑大学学报，2010，24（4）：32-34．

[83] 李芸，黄凌云．醋酸乙烯-乙烯乳液用于气味环境友好高性能涂料［J］．涂料工业，2012，42（8）：51-53．

[84] 左艳梅，傅智盛，李为康．单体预聚乳化结合成水性苯丙乳液及性能研究［J］．山西化工，2016，（1）：5-8．

[85] 杨金明. 核/壳苯乙烯-丙烯酸碳共聚乳液的制备与性能研究 [J]. 涂装与电镀, 2011, (6): 7-9.

[86] 陈来申. 弹性苯丙乳液的制备及质量控制 [J]. 上海涂料, 2015, 53 (4): 16-19.

[87] 董凡, 张旭东, 黄怡等. 自乳化法制备水性上光油用核壳苯丙乳液 [J]. 涂料工业, 2012, 42 (2): 10-14.

[88] 周爱军, 曾文娟, 饶唯蕾等. 含氟苯丙乳液的合成及其耐水性 [J]. 武汉工程大学学报, 2013, 35 (9): 64-67.

[89] 穆锐, 杨蓓. 有机硅改性耐热性核壳苯丙乳液的制备与性能研究 [J]. 化学与粘合, 2016, 38 (1): 1-3.

[90] 陆婷, 邹玲玲, 毛正和等. 环氧树脂改性苯丙乳液的制备研究 [J]. 涂料工业, 2014, 44 (11): 37-40.

[91] 朱强, 刘勇, 刘志刚. 苯丙乳液的合成及其在内墙涂料中的应用 [J]. 涂料技术与文摘, 2012, 21-23.

[92] 赵苏, 吕剑, 孙艳丽, 赵莹雨. 外墙隔热涂料用复合苯丙乳液的研制 [J]. 沈阳建筑大学学报, 2016, 32 (1): 132-139.

[93] 王叶, 万祥龙, 都方志等. 甲醛捕捉剂改性粉煤灰内墙涂料的制备与性能研究 [J]. 涂料工业, 2016, 46 (2): 1-5.

[94] 李聚刚, 钱振宇. 低 VOC 环保建筑防水涂料的性能与应用 [J]. 上海建材, 2015, (4): 24-26.

[95] 刘力, 曾白玉, 曹建新. 硬硅石复合隔热涂料制备与隔热性能测试 [J]. 涂料工业, 2012, 42 (3): 48-51.

[96] 张军科, 惠学洲. 一种水性隔热涂料的研制 [J]. 化学工程师, 2013, (10): 61-63.

[97] 刘建强, 杨凤玲, 宋慧平等. 煤矿井下壁面封墙涂料的制备试验 [J]. 粉煤灰综合利用, 2015, (6): 14-17.

[98] 刘攀, 王攀, 高志农等. 新型苯丙/有机蒙脱土复合乳液的制备及其在防火涂料中的应用 [J]. 武汉大学学报, 2016, 62 (1): 25-29.

[99] 张虎, 余林, 孙明等. 塑料涂料用脲基单体改性羟基苯丙乳液的合成 [J]. 涂料工业, 2012, 42 (1): 10-13.

[100] 邓剑如, 刘文钊, 朱亚茹. 端羟基苯乙烯改性 UVWPU 涂料制备与性能研究 [J]. 湖南大学学报, 2015, 42 (12): 70-73.

[101] 商武, 袁腾, 王锋等. 水性木器涂料用有机硅改性苯丙乳液的合成与性能研究 [J]. 中国涂料, 2013, 28 (6): 16-21.

[102] 陈鹏, 王静媛, 李亚鹏. 水性 PS/PAL/PN 抗石击汽车底漆的制备 [J]. 功能材料, 2013, 44 (2): 285-288.

[103] 谢唯, 许奕祥, 张红等. 钢结构涂装用水性自干封闭涂料体系的制备 [J]. 上海涂料, 2014, 52 (12): 11-16.

[104] 朱凯辉, 宋伟强, 谢保粘等. 水性环氧树脂涂料研究与应用进展 [J]. 广州化工, 2015, 43 (13): 20-22.

[105] 王晓莹, 王锋, 涂伟萍. 常温固化水性环氧树脂乳液的研制 [J]. 热固性树脂, 2011, 26 (2): 32-34.

[106] 李楠, 魏婷, 张立忠. 水性环氧树脂乳液的制备及性能表征 [J]. 辽宁化工, 2015, 44 (8): 926-927.

[107] 沈志明, 朱殿奎, 李娟等. 水性环氧树脂防锈清漆的制备与性能 [J]. 广东化工, 2016, 43 (3): 29-30.

[108] 白栋. 水性防腐涂料的制备 [J]. 价值工程, 2013, (3): 274-275.

[109] 周晓红, 任智慧, 贾兰英等. 快干水性变速箱车桥防锈涂料的制备 [J]. 中国涂料, 2012, 27 (12): 20-25.

[110] 谢唯, 许奕祥, 张红等. 工程起重机用水性自干防腐底漆的制备 [J]. 中国涂料, 2013, 28 (10): 55-59.

[111] 李国军, 许昭展, 姚煌等. 农用汽车底盘用快干型水性防腐蚀涂料的研究 [J]. 涂料工业, 2015, 45 (9): 61-68.

[112] 许奕祥, 相勇捷, 杨雪洪等. 扶梯专用底面合一水性自干防腐涂料的制备 [J]. 涂料工业, 2016, 46 (1): 13-18.

[113] 许飞, 张汉青, 胡中等. 单组份气干型水性工业涂料的研制及性能研究 [J]. 涂料工业, 2015, 45 (12): 22-27.

[114] 梁新方. 无溶剂环氧饮水舱涂料的制备 [J]. 中国涂料, 2011, 26 (6): 58-62.

[115] 沈远, 刘京唐, 侯峰. 无溶剂环氧涂料在油气管道内涂层中的应用 [J]. 上海涂料, 2013, 51 (5): 18-21.

[116] 李相权. 改性不饱聚酯亮光清漆的研究 [J]. 上海涂料, 2014, 52 (1): 21-23.

[117] 叶庆国, 薛兴楠, 王娇梅. 新型改性醇酸树脂涂料的制备及性能研究 [J]. 化工科技, 2015, 23 (3): 43-46.

[118] 任志慧, 周晓红, 祝丽等. 水性环氧改性醇酸树脂及其涂料的制备 [J]. 上海涂料, 2011, 49 (12): 18-21.

[119] 陈中华, 洪婷, 耐高温水性金属闪光烘烤漆的制备与性能研究. [J]. MPF 试验研究与应用, 2012, 15 (11): 1-4.

[120] 来水利, 于金凤, 王曼丽等. 环氧改性水性醇酸氨基烤漆的合成及其应用 [J]. 涂料工业, 2016, 46 (1): 27-31.

[121] 阳飞, 闫龙龙, 郝西鹏等. 硅溶胶-有机硅改性聚酯复合涂料的合成及应用 [J]. 电镀与装饰, 2015, 34 (18): 1015-1019.

[122] 王朝辉, 周晓红, 任志慧等. 快干高固体分丙烯酸改性醇酸树脂及其涂料的制备 [J]. 上海涂料, 2012, 50 (10): 15-19.

[123] 刘寿兵, 闵长春, 吴志高等. 钢结构用水性丙烯酸改性醇酸氨基烤漆的制备 [J]. 中国涂料, 2014, 29 (1): 23-26.

[124] 谷芹, 肖菲, 苏岳雄等. 水性醇酸面漆的研制 [J]. MPF, 2013, 16 (9): 26-27.

[125] 刘汉功，王艳艳，张汉青等．汽车 OEM 水性面漆的制备 [J]．上海涂料，2015，53（12）：15-18．

[126] 刘卫峰，赵其中，时海峰．水性醇酸防腐底漆的制备 [J]．上海涂料，2011，49（5）：8-10．

[127] 邱星林，叶焕，江燕红等．高附着力醇酸漆料研制 [J]．涂料工业，2010，40（7）：14-16．

[128] 郭艳枝，胡海斌，万长鑫等．动车变压器油箱内壁用醇酸树脂涂料 [J]．中国涂料，2015，36（10）：24-28．

[129] 陈菲葵，章奕．水性双组份聚氨酯涂料的研制及性能研究 [J]．上海涂料，2012，50（8）：5-10．

[130] 李秀玲，刘俊杰，杨帅等．双组份性聚氨酯涂料的应用研究 [J]．现代涂料与涂装，2011，14（1）：30-34．

[131] 黄禹，刘晓国．非异氰酸酯聚氨酯涂料的制备与性能研究 [J]．涂料工业，2011，41（3）：35-37．

[132] 霍春会，刘宪文，薛丹等．新型水性丙烯酸聚氨酯涂料的制备 [J]．中国涂料，2016，31（1）：38-41．

[133] 赵长才，陈晓龙．透明环保型建筑防水涂料的研制 [J]．中国建筑防水，2014，（12）：18-22．

[134] 杜洪利．一种水性聚氨酯型建筑外墙涂料的研制 [J]．廊坊师范学院学报，2012，12（4）：62-64．

[135] 马一平，王翠，李康．热反射隔热外墙涂料的制备和性能测试 [J]．化学工程师，2015，（10）：51-54．

[136] 麻文杰，夏勇，周尽花等．双组份桐油基水性丙烯酸聚氨酯木器清漆的制备及性能研究 [J]．2015，45（12）：38-43．

[137] 许宁，杨劲松，朱太等．基于聚碳酸亚丙酯二元醇的水性聚氨酯的制备及其在水性木器涂料中的应用研究 [J]．中国涂料，2015，30（6）：31-36．

[138] 刘楠，梁亮，罗思远等．UV 固化水性聚氨酯丙烯酸酯木器涂料的研究 [J]．涂料工业，2013，43（8）：60-69．

[139] 于义田，刘志刚，刘顺．环氧改性丙烯酸聚氨酯木器涂料的研究 [J]．中国涂料，2011，26（7）：47-50．

[140] 许宁，何程林，雷琼等．PPC 基聚酯氨基烘烤漆的制备和性能研究 [J]．上海涂料，2015，53（12）：1-4．

[141] 李志生，于雪艳，陈正涛等．水性聚氨酯防污涂料的研究 [J]．中国涂料，2015，30（7）：42-46．

[142] 何志涛，高迎九，祝红良等．改性醇酸树脂及多异氰酸酯预聚物防腐涂料的制备 [J]．上海涂料，2013，53（5）：17-19．

[143] 朱健佳，张胜，张晓强．水性聚氨酯涂料防锈应用 [J]．建筑论坛，2014，（8）：688．

[144] 丁纪恒，刘栓，顾林等．自乳化环氧磷酸酯聚氨酯防腐蚀涂料的制备及其耐腐蚀性能 [J]．材料保护，2015，48（6）：15-17．

[145] 贺玉平，彭时贵．改性聚氨酯防腐蚀涂料的研制 [J]．材料保护，2015，48（11）：56-59．

[146] 许海燕，张兴元，孙伟等．聚碳酸亚丙酯基水性聚氨酯的制备及其在水性防腐涂料中的应用研究 [J]．涂料技术与文摘，2015，36（2）：3-6．

[147] 何程林，许宁，雷琼等．常温自干型水性聚氨酯金属涂料的制备和应用 [J]．中国涂料，2015，30（10）：29-32．

[148] 李振柱，雷亚红，吴荣等．水性聚氨酯/聚苯胺导电防腐涂料的研制 [J]．材料保护，2015，48（9）：11-13．

[149] 刘成楼．双组份水性聚氨酯高速列车车厢涂料的研制 [J]．涂料技术，2013，（1）：21-24．

[150] 董晓蓉．飞机舱内饰用水性双组份聚氨酯涂料的制备 [J]．上海涂料，2015，53（9）：12-16．

[151] 严洪，郑康奇，胡志刚等．水性聚氨酯防火涂料的制备与性能 [J]．消防科学与技术，2015，34（8）：1068-1071．

[152] 章奕．高性能双组份聚氨酯车用面漆的研制 [J]．上海涂料，2015，53（4）：1-5．

[153] 李炳，李艳红，王鑫等．单晶铜线材表面防氧化聚氨酯涂料的研制 [J]．表面技术，2011，40（3）：14-16．

[154] 朱诗顺，吴磊，朱道伟等．车胎防老化聚氨酯涂料的制备与性能研究 [J]．涂料工业，2015，45（11）：30-39．

[155] 刘志，薛玉华，赵乐等．高弹性水性聚氨酯橡胶涂料的研制 [J]．MPF 试验研究与应用，2014，17（11）：17-20．

[156] 李海涛，廖兵，李明娟等．环氧树脂蓖麻油双重改性水性聚氨酯皮革涂饰剂的合成与性能 [J]．精细化工，2015，32（5）：565-570．

[157] 朱春平，周甦，张军等．聚氨酯风电叶片涂料的配方研究 [J]．涂料工业，2012，42（2）：60-65．

[158] 唐英，蔡伟，危春阳．水性双组份聚氨酯可绘画和抗涂鸦涂料的研制 [J]．中国涂料，2015，30（11）：44-48．

[159] 郝宁，吴建文，邢文思等．蓖麻油基 UV 固化水性聚氨酯耐水涂料的制备及性能 [J]．石河子大学学报，2015，33（5）：633-638．

[160] 张涛，杨帆，张开瑞等．羟基硅油改性水性聚氨酯涂料的制备及印花性能 [J]．纺织学报，2015，36（11）：82-86．

[161] 薛玉华，阮润琦，步明升等．具有良好修补性的聚氨酯面漆的研制 [J]．合成材料老化与应用，2015，44（6）：53-56．

[162] 郭丽君，宫晋英．膨胀型木材阻燃涂料的研制 [J]．天津化工，2012，26（2）：33-35．

[163] 崔超，高敬民，贺继东等．含脲醛基水性阻尼涂料的制备及其阻尼性能研究 [J]．涂料工业，2014，44（12）：44-50．

[164] 段衍鹏，赵云鹏，刘景等．聚天门冬氨酸酯聚脲重防腐涂料的制备与性能 [J]．上海涂料，2015，53（7）：

19-22.

[165] 巩永忠. 环保型 FEVE 氟碳涂料应用与研究进展 [J]. 涂料技术与文摘, 2015, 36 (11)：47-56.

[166] 徐世前, 方秀敏, 张强. 水性纳米氟碳钢结构漆的制备及性能研究 [J]. 安徽师范大学学报, 2010, 33 (4)：355-357.

[167] 马丽, 安秋凤, 许伟. 水性氟碳涂料的制备及其性能 [J]. 材料保护, 2012, 45 (2)：31-34.

[168] 武德涛, 沙金, 师华. 清水混凝土水性透明氟碳涂料的配方研究 [J]. 涂料技术与文摘, 2014, 35 (1)：11-14.

[169] 武德, 师华. 一种含氟可剥离涂料的研制 [J]. 试验研究与应用 (MPF), 2012, 15 (8)：23-26.

[170] 张国标, 姚伯龙, 齐家鹏等. 纳米纤状聚吡咯导电涂料的制备与性能研究 [J]. 涂料工业, 2014, 44 (11)：1-6.

[171] 张绘新, 葛圣松, 冯艳斐. 高耐腐蚀性新型水性锈转化涂料的制备及涂膜性能 [J]. 材料保护, 2014, 47 (9)：15-17, 25.

[172] 唐植贤, 王君瑞, 颜敏聪. 仿石灰石效果涂料的制备 [J]. 上海涂料, 2014, 52 (10)：22-24.

[173] 文风, 陈俊, 廖笠等. 水性玻璃隔热涂料的制备与性能研究 [J]. 中国涂料, 2011, 26 (7)：25-29.

[174] 赵绍洪, 张辉耀, 陆小英. 环境友好型水性防腐涂料的研制及其应用 [J]. 中国涂料, 2011, 26 (10)：15-19.

[175] 刘文杰, 余飞, 陈中华. 水性金属防腐隔热涂料的研制 [J]. 中国涂料, 2015, 30 (12)：56-60.

[176] 薛小倩, 刘洪亮, 郭京林. 外墙无批建筑涂料的制备 [J]. 上海涂料, 2014, 52 (1)：9-12.

[177] 张然, 果亮, 亢焱等. 纳米银水性抗菌木器涂料的研制 [J]. 广东工业大学学报, 2015, 32 (4)：40-45.